基于损伤的框架结构非线性分析
方法研究和地震易损性分析

刘阳冰　孙　云　著

四川大学出版社
SICHUAN UNIVERSITY PRESS

图书在版编目（CIP）数据

基于损伤的框架结构非线性分析方法研究和地震易损性分析 / 刘阳冰，孙云著. -- 成都：四川大学出版社，2025. 4. -- ISBN 978-7-5690-7490-1

Ⅰ. TU323.5

中国国家版本馆 CIP 数据核字第 2025N4S029 号

书　　名：基于损伤的框架结构非线性分析方法研究和地震易损性分析
　　　　　Jiyu Sunshang de Kuangjia Jiegou Feixianxing Fenxi Fangfa Yanjiu he Dizhen Yisunxing Fenxi
著　　者：刘阳冰　孙　云

选题策划：王　睿
责任编辑：王　睿
特约编辑：孙　丽
责任校对：周维彬
装帧设计：开动传媒
责任印制：李金兰

出版发行：四川大学出版社有限责任公司
　　　　　地址：成都市一环路南一段 24 号（610065）
　　　　　电话：（028）85408311（发行部）、85400276（总编室）
　　　　　电子邮箱：scupress@vip.163.com
　　　　　网址：https://press.scu.edu.cn
印前制作：湖北开动传媒科技有限公司
印刷装订：武汉乐生印刷有限公司

成品尺寸：170mm×240mm
印　　张：24.5
字　　数：510 千字

版　　次：2025 年 4 月 第 1 版
印　　次：2025 年 4 月 第 1 次印刷
定　　价：138.00 元

本社图书如有印装质量问题，请联系发行部调换

四川大学出版社
微信公众号

前　　言

损伤理论虽然已应用于混凝土材料的损伤分析中,但对于一般的工程结构,因为结构复杂、计算繁复等,很难用材料损伤的分析方法去解决实际工程问题。因此,本书在国外学者关于构件损伤单元研究工作的基础上,建立了一种基于损伤力学、断裂力学以及集中塑性理论的弹塑性损伤单元模型,该单元模型相对于将损伤作为内变量引入材料本构方程的处理方法,将大大减少计算量。

采用弹塑性损伤单元,对钢筋混凝土梁构件进行非线性静力全过程分析,并与基于材料本构关系的弹塑性模型和基于构件本构关系的弹塑性模型的分析结果进行比较,结果表明这一单元对于构件的非线性分析具有良好的适用性,采用这一模型可得到直接从力学意义出发的反映构件损伤状态的损伤内变量。

基于本书推导的弹塑性损伤单元,编制了基于损伤的 RC 平面框架非线性静力全过程分析程序 DAMAGE2D。应用 DAMAGE2D 对 RC 框架结构在不同阶段的受力和变形状态进行分析,讨论了弹塑性损伤单元用于结构分析的力学意义。利用Frank 和 Mohamed 对 RC 框架结构的试验资料,对本书模型进行了验证。通过对试验结构的非线性静力全过程分析(Pushover 分析),并与 DRAIN-2D＋计算结果和试验结果进行比较,说明弹塑性损伤单元对 RC 框架结构静力弹塑性分析有良好的模拟精度,验证了弹塑性损伤单元的有效性和适应性。

建筑能耗已成为我国三大能耗之一,约占总耗能的 30％,传统的施工方法已经无法适应"绿色中国"发展的需求。发展装配式建筑,实现建筑产业现代化,是以技术取代密集劳动力,以工业化制品现场装配取代现场湿作业的绿色施工模式,是实现可持续发展的重要举措之一。装配整体式钢筋混凝土结构是目前我国建筑结构发展的一个重要方向,也是实现建筑工业化和可持续发展的一个重要手段。虽然普遍认为装配整体式钢筋混凝土结构在节约能源、绿色施工、工程质量可靠性等方面优于现浇钢筋混凝土结构,在整体性和抗震性能上劣于现浇钢筋混凝土结构,但对两者受力、变形和抗震性能的差异却没有全面和清楚的认识。因此,本书在前述研究的基础上,以实际工程项目为依托,选用现浇钢筋混凝土框架和装配整体式混凝土框架两种结构方案,采用有限元软件对两个结构方案进行弹性分析、小震下的弹性反应谱分析、弹性时程分析和大震下的弹塑性反应分析。旨在全面对比和分析两种结构方案在受力、变形、抗震性能和破坏形态的差别，从而在深入了解两种结构方案的优缺点的基础上，为该类结构的设计和应用提供合理的建议和参考，也对该类结构的设计提供借鉴和参考。

此外，随着科技的发展、社会需求的变化，建筑结构向高层次、高强度和组合结构发展，结构体系的选择将由建筑的外观和功能效果以及可造性来决定，这使得结构体系和结构材料多样化。在 20 世纪 80 年代以前，我国的高层建筑大多采用钢筋混凝土结构形式，但随着建筑高度的不断增加和使用功能的日趋复杂，单一的结构形式已不能满足建筑设计要求。钢管混凝土框架结构兼有钢结构施工速度快和混凝土结构刚度大，以及结构自重轻、抗震性能好、环保、综合经济效益好等一系列优点，得到了迅速的发展和越来越广泛的应用，成为目前高层建筑领域内应用较多的一种结构形式。因此，本书在钢筋混凝土框架结构研究的基础上，对钢管混凝土框架结构进行了非线性静力分析、动力分析，对比分析了其抗震性能并进行了参数分析，为该类结构的设计提供理论依据以便设计参考。另外，在抗震性能研究的基础上，提出了该类结构基于性能的地震易损性分析方法，对结构进行易损性分析；还考虑了余震对其的影响，可用于钢管混凝土框架结构的震前灾害预测，设计人员可以根据结构易损性的不同，有针对性地提高结构的抗震能力；也可以用于震后损失评估，为估计地震损失提供依据，并提出避免或减少人员伤亡的措施，这对实现防震减灾的目标是十分重要的。

本书编写分工为：刘阳冰编写了第 1～7 章（26 万字），孙云编写了 8～12 章（25 万字）。全书由刘阳冰统一修订与统稿。在本书的撰写过程中，刘晶波教授给予了有益指导，师弟郭冰、研究生陈芳、李杰等参与了本书部分内容的研究工作。

本书中的研究工作得到了国家自然科学基金项目（50978141）、教育部博士学科点新教师基金项目（20110191120032）、河南省专业学位研究生精品教学案例项目（YJS2022AL146）和南阳理工青年学术骨干项目（50104038）等项目的支持，特此致谢。

作者虽然长期从事组合结构和抗震工程领域的科研与教学工作，但由于水平有限和知识面的局限性，书中难免存在不妥和疏漏之处，敬请批评指正。

著 者

2024 年 12 月

目　　录

1 绪　　论

1.1　研究背景和意义

　　建筑能耗已成为我国三大能耗之一,约占总能耗的 30%,传统的施工方法已经无法适应"绿色中国"发展的需求。发展装配式建筑,实现建筑产业现代化,是以技术取代密集劳动力,以工业化制品现场装配取代现场湿作业的绿色施工模式,是实现可持续发展的重要举措之一。随着科技的发展、社会需求的变化,建筑结构向高层次、高强度和组合结构发展,结构的选择将由建筑的外观、功能以及可造性来决定,这使得结构体系和结构材料多样化。在 20 世纪 80 年代以前,我国的高层建筑大多采用钢筋混凝土结构形式,但随着建筑高度的不断增加和使用功能的日趋复杂,单一的结构形式已不能满足建筑设计要求。装配式钢-混凝土组合结构兼有钢结构施工速度快和混凝土结构刚度大,以及结构自重轻、抗震性能好、环保、综合经济效益好等一系列优点,得到了迅速的发展和越来越广泛的应用,成为目前高层建筑领域内应用较多的一种结构形式[1-3]。

　　钢管混凝土柱可以较充分地发挥钢材和混凝土的强度,并相互加强,钢管的存在约束了混凝土的横向变形,使其抗压强度得到了提高,而内部混凝土和连接件的存在限制了外部钢管的局部屈曲[4-6]。由于钢管混凝土柱不仅可以提高结构的承载力和刚度,而且具有很好的延性,应用钢管混凝土柱时,还可以不限制轴压比,因此,钢管混凝土柱框架结构近年来应用越来越广泛,已成为建筑结构的重要发展方向之一。

　　钢-混凝土组合结构是由钢、混凝土两种材料性能完全不同的结构组成,其抗震性能比钢结构和钢筋混凝土结构更复杂。虽然钢-混凝土组合结构在工程中得到了广泛的应用,但目前对其抗震性能的研究主要集中在组合构件[7-12]、节点[13-17]和组合框架[18-20]层面上,对结构体系还需要进行深入、系统的研究[21-24]。结构的设计应用多以具体工程、具体研究的方式进行,缺乏适用和实用的抗震设计方法,且随着这种结构形式逐渐在我国高烈度区应用,如何确保结构在地震作用下的安全性是一个亟待解决的问题。

我国是一个地震频发的国家,约有一半城市位于基本烈度 7 度及以上地区。地震灾害是影响我国乃至世界城市安全的重要灾种。仅 2021 年全球就发生 6 级以上地震 115 次,其中 7 级以上地震 19 次。2013 年巴基斯坦 7.7 级地震,2010 年智利 8.8 级地震和海地 7.3 级地震,2008 年我国汶川 8.0 级地震和 1976 年唐山 7.8 级地震等,更是造成巨大损失。历次震害表明,地震造成的经济损失和人员伤亡与建筑物的受损程度有很大关系,因此,需要采取一套合理的预测方法对建筑物的抗震性能做出正确的评估。虽然设计结构时相关规范考虑了各种不确定因素,引入材料强度、几何尺寸、计算模型以及作用效应等随机变量,并通过分项系数使结构设计具有预期的可靠指标,但从结构破坏的实例来看,大量工程结构的破坏都与偶然作用的荷载有关,如地震作用、爆炸冲击波等。由于地震动随机性较强,往往会发生远高于设防烈度的地震,在高于设防烈度的地震甚至超大震作用下,结构的破坏状态和震害情况很难通过确定性的方法给出准确的评估,因此应该考虑地震对结构的不确定性影响因素。且随着结构抗震设计理论的完善,人们希望能更清楚地了解结构在未来地震作用下的损伤状态,因此研究结构的地震易损性对评定结构的地震安全性和建立基于可靠度的抗震设计规范有重要意义。

随着结构抗震设计思想和方法的完善,为了避免地震灾害中结构由于使用功能的破坏而造成巨大经济损失的情况,世界地震工程界提出了基于性能的抗震设计理论。结构地震易损性分析和基于性能的抗震设计理论之间有着许多本质的联系。因此,将基于性能的理论引入钢管混凝土框架结构的地震易损性分析,对清楚了解该类结构在未来地震作用下的抗震性能,实现基于性能的抗震设计以及震害预估,减轻或避免可能的损失等方面有着重要的理论意义和工程应用价值。

钢管混凝土结构是在钢筋混凝土结构的基础上发展而来的,而钢筋混凝土结构是目前应用最为广泛的一种结构形式。随着使用年限的增长、结构的损伤累积,材料性能将逐渐趋于劣化。因此,需要将损伤内变量的概念引入结构的非线性分析中,但鉴于问题的复杂性,目前的研究还仅限于非常粗略的结构形式,其意义更多地停留在损伤概念上,缺乏真正有效的计算方法,更缺乏大量的数值仿真试验和相应试验结果的支持。大多数研究是在计算结构动力反应之后,寻求一种定量的指标来表示结构的损伤程度。这种对结构损伤评估的后处理方法存在太多人为因素,对于准确、合理地评估结构地震损伤有着明显的缺点。因此对 RC(reinforced concrete,钢筋混凝土)结构进行基于损伤过程的非线性分析,将损伤内变量引入单元,开发非线性分析程序,进行现有 RC 结构的损伤评估具有重要的理论意义和实际应用价值。

1.2　连续介质损伤力学及其对工程研究的意义

结构的破坏控制一直是工程设计的关键。结构的破坏主要是损伤积累的结果。工程结构中的构件在加工成型过程中会产生微裂纹、微缝隙等微观缺陷,它们在外荷载作用下不断扩展汇合成宏观裂纹,宏观裂纹继续扩展,导致结构的强度持续降低,当达到某一临界值时,结构失去承载能力并完全破坏。微观缺陷的存在与扩展也是结构的强度、刚度、韧性下降或者剩余寿命降低的原因之一,这些导致材料和构件力学性能劣化的微观结构变化称为损伤[1,25-27]。

1.2.1　现有结构分析方法

目前,实际工程中采用的结构分析方法(包括有限元技术)大多数都基于经典的弹塑性本构(唯象)理论,没有考虑微观结构的损伤演变,因此不能给出真实结构破坏过程的有关信息。而结构寿命预测作为结构分析一个分支,是在结构应力、应变场确定之后单独进行的,即认为当结构某单元的应力或应变水平符合某一准则时就产生裂纹或发生破坏。然而,实际结构中材料的破坏是一个渐进过程。结构从受力到出现微裂纹(损伤)、裂纹扩展到失稳断裂,整个过程经历了损伤积累和演化的漫长历史。在上述历史演变过程中,材料性能是逐渐趋于劣化的。传统的设计分析方法并未考虑这一点(认为材料始终是完好无缺的,本构特征是永恒不变的),而是采用加大安全系数和偏于保守的破坏准则加以弥补。显然,这与现代设计方法和现代工程结构设计的要求是不相适应的[28]。

众所周知,混凝土不但在受拉时会发生开裂,而且几乎在一切受力状态下都可能产生裂纹。其实,混凝土在凝固成型时,由于水合过程中的不均匀收缩,内部存在许多微裂纹,称之为初始损伤。地震作用下混凝土材料的应变软化及弹性模量的弱化就是材料损伤发展演化的结果,混凝土的这种变形机理与金属的位错不同,寻求用连续介质损伤力学解释混凝土的变形机理已经在很多连续混凝土质结构(如大坝)中取得丰硕成果[29-31];而在非连续的钢筋混凝土结构中,因为材料变形复杂、计算繁复等而未能得到广泛应用。近年来,为了客观模拟地震作用下结构损伤的全过程,国外许多学者开始将损伤内变量的概念引入不连续结构的非线性分析。

损伤是材料、构件劣化的程度,表现为在应力作用下微裂纹和微缝隙的产生和发展,宏观表现为有效工作面积的减小。损伤并不是一种独立的物理性质,它作为一种劣化因素被结合到弹性、塑性、黏弹性介质中[32]。弹性损伤材料加载时,由于损伤引起的模量减少,加载应力-应变曲线呈现非线性特征,但卸载后能立刻恢复原状,如

图 1-1(a)所示,而对于不考虑损伤的弹性材料应力-应变关系,其加卸载曲线都是一条直线。如图 1-1(c)所示,弹塑性损伤材料的加载与卸载模量显然不同,不像无损伤弹塑性材料[图 1-1(b)]的卸载曲线平行于初始的弹性加载曲线,模量改变、试件软化等现象都不能用塑性流动理论加以说明。因为理想的塑性流动只能产生不可恢复性变形,不能影响弹性刚度和应变软化。混凝土材料的非线性特征是由塑性流动和微裂缝的开展两方面产生的,如何将这两者合理地引入材料的本构关系并简化到工程应用的水平有待于进一步研究。

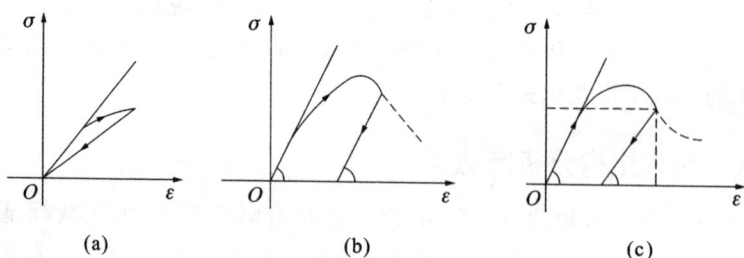

图 1-1　损伤材料模型

1.2.2　连续介质损伤力学的基本理论框架与方法

连续介质损伤力学(continuum damage mechanics,CDM)与断裂力学、疲劳分析理论统归破坏力学范畴,是研究物质不可逆破坏过程的科学。从狭义上讲,连续介质损伤力学是用宏观理论解决微观断裂问题,研究对象是物体内连续分布的缺陷。

连续介质损伤力学研究中,首先要定义具有宏观统计特征的损伤内变量,并用其描述损伤的状态及演变过程。这种损伤内变量应是能通过试验观测得以证实的。另外,损伤演变时,塑性变形或空洞萌生会导致能量的不可逆耗散。从热力学角度看,损伤的演变表示物质内部结构的不可逆变化过程。因此,损伤是一种内变量。而带有损伤内变量的材料本构方程可用带内变量的不可逆过程热力学定律来研究。连续介质损伤力学经学者们的发展,在不可逆过程热力学一般理论框架的支撑下,很快成为一门新的科学。

损伤内变量有其自身的演变规律,同时又对材料的力学行为施加影响,所以连续介质损伤力学问题的分析一般分为以下四个步骤:

(1)选择合适的损伤内变量。从力学意义上讲,损伤内变量的选取应考虑如何与宏观力学量建立联系且易于测量。不同的损伤过程可以选取不同的损伤内变量,即使是同一损伤过程,也可以选取不同的损伤内变量。

（2）建立描述损伤的演化方程。

（3）建立描述损伤材料的力学行为的物理本构方程。

（4）根据初始条件（包含初始损伤和边界条件）求解材料各点的应力、应变和损伤值。由计算得到的损伤内变量值判断各点的损伤状态。

1.2.3 唯象学方法

唯象学方法是唯现象而论的，是指从宏观的现象出发并模拟宏观的力学行为。唯象学研究的目的是在材料的本构关系中掺入损伤内变量，使得含损伤内变量的本构关系能真实描述受损材料的宏观力学行为。

这种方法的基础是连续介质损伤力学和不可逆过程热力学。由于损伤的机制不同和用于描述各个损伤场的损伤内变量不同，故有可能得出许多不同形式的描述损伤演变的方程。由于唯象学方法从宏观的现象出发并模拟宏观的力学行为来确定参数，所以得到的方程往往是半理论半经验的，其研究结果相较微观方法也更容易用于实际问题的分析。其不足之处是不能从细观、微观结构层次上阐明损伤的形态和变化，因此，其研究难以深入本质而且切合损伤在细观、微观层次上的实际。

从损伤力学发展的初期到当今较为成熟的一些损伤模型，主要运用的是宏观唯象理论[33]。

1.2.4 连续介质损伤力学应用于结构分析对现代工程研究的意义

连续介质损伤力学作为固体力学的一个分支，是顺应工程技术发展对基础学科的需求产生的。20 世纪 80 年代以来，连续介质损伤力学得到了迅速的发展并有了大量研究成果，与此同时，损伤理论也被国内外学者广泛应用于金属、混凝土、陶瓷、岩石等物质的研究中[34]，使以往单靠经典力学理论无法阐明的一些材料力学行为得以解释，并在现代工程研究中得以应用。

在结构分析中考虑材料的损伤，采用含损伤内变量的本构理论，将材料的变形性能与材料的损伤演化耦合在一起来研究，这不仅能更合理地描述材料的本构行为，而且能对结构破坏的全过程进行详细分析，给出反映材料或结构损伤状态的内变量值。

由于在结构分析中采用了含损伤内变量的本构关系和损伤演化方程，通过耦合计算可同时得到应力、应变和损伤场，再通过损伤判据确定发生断裂的临界点及该点开始出现裂纹所需的荷载，这样就可以根据该损伤判据来描述结构的损伤状态。

1.3　损伤力学基本概念

损伤力学主要是在两位苏联学者研究材料蠕变破坏时提出的宏观损伤概念及分析方法基础上发展起来的,然后经过 Lechie、Hayhurst、Hult 和 Broberg 等人的工作,损伤概念进一步明确。但上述工作都有局限性,在理论上也不够成熟,不能构成一门独立学科,也不存在损伤力学这一名词。直至 1977 年,Janson 与 Hult 用损伤观点研究了断裂力学,才首次提出了损伤力学这一名词。1981 年 7 月,欧洲力学协会在法国召开第一次名为损伤力学(damage mechanics)的国际学术讨论会,会上交流了 33 篇文章,还只涉及何谓损伤、如何测量损伤和怎样运用损伤概念等问题,属启蒙时期。1988 年,Lemaitre 等人从不可逆过程热力学出发,运用连续介质力学方法,并综合了过去的研究成果,给出了塑性、黏性、疲劳损伤单独存在时的数学模型,形成了一门新的科学——损伤力学[35]。

1.3.1　损伤内变量

根据不同的损伤机制,应选择不同的损伤内变量。如果不考虑损伤的各向异性,损伤内变量是一个标量,即在各个方向的损伤内变量的数值是相同的,没有方向性。如果考虑损伤的各向异性,损伤内变量可以是一个矢量或二阶张量,有的研究甚至使用了四阶张量的损伤内变量。具体的损伤内变量形式要根据所研究问题的类型及其相应的损伤机制决定。因为物质是多种多样的,损伤也形形色色。即使是同一物质,外因不同,造成的损伤也不同。

尽管在各种材料、各种情况下,损伤的表现形式很多、很复杂,但它们有一个共同的特点:都是需要耗散能量的不可逆过程[32]。因此可以利用宏观不可逆过程热力学处理损伤问题。采用宏观变量代表内部因损伤或其他因素而发生的变化,称这样的宏观变量为内部变量,简称内变量。这种内变量的选择具有相当的任意性。在选择时应注意使之能代表物质的内部变化,具有明确的力学意义,还要尽量简单,便于分析计算、间接测量与试验。

各向同性问题中,损伤内变量可以用一个标量来描述,一般用变量 d 来表示,定义为

$$d = \frac{\delta s_d}{\delta s} = \frac{\delta s - \delta s_e}{\delta s} \tag{1-1}$$

式中,δs 表示微元体中一个截面面积;δs_d 表示所考虑截面上已损伤(缺陷)的面积;δs_e 为截面有效面积,如图 1-2 所示,图中 n 为单位法向向量。

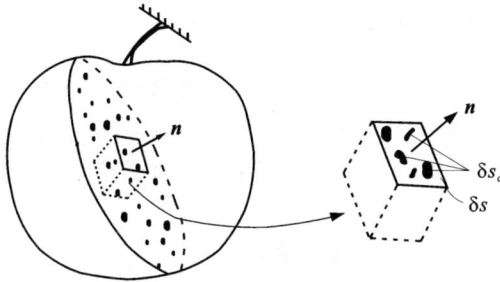

图 1-2 损伤内变量定义示意图

由式(1-1)可见,损伤内变量 d 的变化范围为 $[0,1]$。当 $d=0$ 时,表示 δs_d 为零,截面未受损伤;当 $d=1$,表明 $\delta s_d=\delta s$,截面上遍布损伤(缺陷),材料完全破坏;事实上,往往当 $d<1$ 时,断裂或破坏就已发生。

迄今为止已经发展了很多损伤模型,且对于不同材料或不同破坏特性的结构,其损伤累积模型不同,但损伤内变量具有以下共同特点:

(1)损伤内变量 d 的取值范围应为 $[0,1]$,当 $d=0$ 时为无损伤状态,当 $d=1$ 时结构或构件完全破坏。

(2)损伤内变量 d 应为单调递增的函数,即损伤向着增大的方向发展,且损伤不可逆。

损伤的演化是一种不可逆的劣化过程,必须满足热力学条件,即要求损伤为单调递增的单值函数。弹塑性损伤材料的加载和卸载的模量不同,不同于弹塑性材料,卸载曲线不平行于初始的加载弹性曲线。

1.3.2 有效应力

设损伤体在外力 P 作用下处于平衡状态,则有

$$P=\sigma\delta s=\sigma_e\delta s_e \tag{1-2}$$

式中,σ 为名义应力,即 Cauchy 应力;δs_e 为有效面积;σ_e 为单位有效面积上的应力,称为有效应力,由式(1-1)得到

$$\sigma_e=\frac{\sigma}{1-d} \tag{1-3}$$

1.3.3 两个基本假设

损伤概念建立后,自然要关心损伤对材料力学行为的影响方式。设定损伤状态下应变 ε 仅与有效应力 σ_e 有关,则相应的本构方程可用如下两个基本假设给出。

1.3.3.1 应变等效假设

应变等价性假设是由 Lemaitre 于 1971 年提出的,认为在外力作用下,受损材料的本构关系可用无损时的形式描述,只要将其中的 Cauchy 应力 σ 换成有效应力 σ_e 即可。据此,在一维线弹性问题中,以 ε 表示损伤弹性应变,则有

$$\varepsilon = \frac{\sigma_e}{E} = \frac{\sigma}{E(1-d)} = \frac{\sigma}{E_e} \tag{1-4}$$

$$E_e = E(1-d) \tag{1-5}$$

式中,E 为材料的弹性模量;E_e 为受损材料的有效弹性模量。

1.3.3.2 应力等效假设

应力等效假设认为在外加应变条件下,受损材料中的本构关系仍可借用无损时的形式,只需将其中的应变 ε 换成有效应变 ε_e 即可。

$$\sigma = E\varepsilon_e \tag{1-6}$$

$$\varepsilon_e = \varepsilon(1-d) \tag{1-7}$$

建立计算模型时,与应力及应变等效假设相对应的是以应变为基本变量的弹塑性损伤方程;与应力等效假设相对应的是以应力为基本变量的弹塑性损伤方程。

由式(1-5)推导根据材料弹性模量变化来测定损伤内变量的公式如下:

$$d = 1 - \frac{E_e}{E} \tag{1-8}$$

根据式(1-8),可以借助材料拉伸试验,逐级测量材料弹性模量的变化来研究材料的损伤演变。

1.4 静力非线性分析

1.4.1 混凝土的非线性特征

混凝土的非线性特征是由塑性流动和微裂纹开展两方面产生的,其中理想的塑性流动只能产生不可恢复变形,不能影响弹性刚度和应变软化;而微裂纹的开展则既可产生不可恢复变形,又能影响弹性刚度和应变软化[36-37]。由于这两方面的结合和变化,混凝土在单调加载和疲劳加载过程中表现出以下特征:

（1）损伤沿拉应变方向开展，刚度随应变发展而各向异性劣化；

（2）拉压强度显著不同；

（3）卸载再加载时有滞回现象；

（4）侧压对拉压强度和疲劳寿命有显著影响；

（5）存在应变强化和软化。

1.4.2 钢筋混凝土杆系单元非线性分析综述

钢筋混凝土结构非线性反应分析始于 20 世纪 50 年代末期，迄今已得到长足的发展，随着计算手段的进步以及人们对这一问题认识水平的提高，提出了各种各样的数学力学模型来模拟钢筋混凝土结构的非线性行为。

现有的钢筋混凝土结构非线性分析模型中所采用的广义本构模型关系分为以下五种：

（1）材料模型：材料的应力-应变关系；

（2）截面模型：构件截面广义内力与广义变形的关系；

（3）构件模型：构件杆端力与相应变形之间的关系；

（4）层间模型：层间位移与相应层间剪力的关系；

（5）总体模型：结构的总体外载与总体变形之间的关系。

材料模型分为两类：一类是固体力学有限元模型[38]，它把结构或构件划分为有限元单元，结构材料及几何非线性分布于整个单元，用材料的应力-应变关系来描述。钢材、混凝土的相互作用，开裂面的咬合、摩擦都可以包括在材料应力-应变关系中。这种模型能有效地反映结构比例加载下从受载开始到达承载力极限状态的过程，反映结构在循环荷载作用或动力作用下的非线性性能。

另一类材料模型是纤维模型，这种模型主要借助平截面假定将杆系结构截面变形和截面上各点的应变相联系。它将构件截面分为若干块或若干层，假设每一块或每一层为单轴应力状态，其应力-应变关系就是材料的单轴应力-应变关系，然后得到构件单元的刚度矩阵。与有限元模型相比，纤维模型不能反映剪切变形和黏结滑移等，由于剪切变形和黏结滑移在细长结构中往往相对较小，因此这种模型是模拟梁、柱单元在轴力、双轴弯矩等任意广义应力作用下性能的有效方法。

截面模型即分布塑性模型，其本构关系是构件截面内力及其相应变形之间的关系，通过假定截面变形或内力与构件长度的某种分布，靠逐步积分来形成构件单元的杆端弯矩矩阵。这种模型的弹塑性状态通过积分点处截面的变形或内力状态来检测，从而使构件塑性分布于构件各处，可以反映构件塑性变形的发展过程。

构件模型即集中塑性模型，它将一个结构构件的非线性变形集中于构件的若干特殊部位，而其弹性变形则分布整个构件。Emori 等[39]提出了一个简化模型用以模拟结构底层柱,该模型使用一个非弹性单元和其两端有一定长度的层状区域来表示柱构件,即构件模型。这样,广义本构关系为构件的杆端力与构件集中塑性变形的关系。它直接从构件单元的水平来描述构件单元的总体非线性性能。这种模型分为单分量模型[40]、多分量模型[41]以及多弹簧模型[42,43]。

单分量模型在杆端及杆的若干部位设置刚塑性或弹塑性铰来刻画杆件的弹塑性性能,假定构件两端的弹塑性特征参数相互独立,对于刚塑性弹簧的刚度确定有诸多研究,但大多数研究把反弯点定义在构件中点来确定弯矩-转角关系。这种模型的不足正是假定了固定的反弯点,实际上这一反弯点的位置可能在构件受力过程中不断改变。早期的单分量模型只能考虑单轴弯矩-曲率变形,无法考虑轴力和双轴弯矩的影响,但是它可以扩张到考虑轴力、弯矩、剪力等多轴空间内力的耦合作用的情形,形成所谓广义塑性铰模型[44,45],而且这种模型还可以考虑构件的刚度退化现象。而通过在杆端处以外多塑性铰的设置,也可以将塑性变形分别集中于构件端点以外的若干点,这样在一定程度上可以反映塑性区的发展。

多分量模型中最早出现的是 Clough 双分量模型,它用两个平行的单元来模拟构件,一个是表示屈服特性的理想弹塑性单元,一个是表示硬化特性的完全弹性单元,单元塑性变形集中于弹塑性单元的杆端。这种模型的局限性是不能模拟卸载和反向再加载过程中的刚度退化,因为多分量模型具有几个分量就只能产生几个不同的刚度状态。而且这种模型只能反映一维的弯曲非线性,不能扩展到双轴弯曲,更无法考虑轴力作用等。后来研究者又在 Clough 提出的双分量模型的基础上,补充考虑了 P-Δ 效应的单元刚度矩阵不仅与单元的几何尺寸和所用材料有关,而且还和杆件的轴力大小有关。上述杆系模型存在的问题是不能考虑构件杆刚度的退化,而且假定构件端部一个截面到达屈服弯矩时,该截面形成塑性铰,但实际上构件端部存在一定长度的塑性区段。文献[46]提出了"分段变刚度"杆系模型,不用塑性铰的概念处理杆件的屈服状态问题,而是将每一杆件分成三个区段,中部为弹性区段,两端为弹塑性区段,其刚度和塑性区分布长度随着受力状态不断改变,其改变规律按照弯矩-曲率恢复力关系确定。

多弹簧模型简称 MS 模型,用来表达柱单元的弯曲和轴向变形特性,模拟双向受弯和轴向荷载之间的相互作用。MS 单元由一组表达钢筋材料或混凝土材料刚度的轴向弹簧组成。以钢筋混凝土柱构件为例,每一根钢筋可用一个钢弹簧来代表,混凝土部分可以适当分割为一组混凝土弹簧。MS 单元将每一个弹簧定义为轴向力和轴向变形的关系,假定所有的弹簧变形后仍服从平截面假定,以此来建立 MS 单元的转动变形和轴向变形同每个弹簧变形之间的关系。

层间模型将结构简化为每层有若干自由度的体系,即串联多自由度,它的本构关系是层总体位移与层总体内力之间的关系,它从结构的层间这一方面来描述结构一层的总体非线性性能。发展较成熟的是层间剪切模型,即把框架横梁视为无限刚性。它在每一层处都有一个抗侧刚度,层间以剪切弹簧相连,在计算过程中,以层间剪力和层间位移为本构关系,框架节点的转角始终为零,成为串联的多自由度体系,从而使计算工作量大为减少。它适用于剪切型变形结构的非线性分析,如"强梁弱柱"型的框架结构以及以弯曲变形为主的弯曲模型。该模型的关键问题是层间剪力与层间位移之间的恢复力关系,有研究曾提出各种方法用来确定这一关系,其中多采用一维的力-位移折线型恢复力模型。由于各种层间刚度状态只是层间剪力状态的总体反映,因此只能粗略地反映结构的非线性反应形态,更主要的问题是层间剪力-位移关系很难从一维扩展到二维或三维,因而这种模型只能局限于一维水平输入的地震反应分析,将其扩展到二维或三维地震反应分析比较困难。

总体模型直接将整个结构等效化为具有少量自由度的力学体系,而且通常化为只有一个侧移自由度的体系,这种模型的本构关系就是结构总体变形与总体外载之间的关系,要求这一关系能够从结构的总体上反映结构的非线性滞回特性。这种模型将结构的总体变形指标如侧移限制、最大延性要求等和设计变量相联系,因而在结构的初步设计中效果显著。另外,这种模型在发展各种设计反应谱中得到了广泛的应用[47,48]。但这种模型通常只能做到一维输入的平面分析,很难扩展到空间反应分析中,而且它反映的结构非线性性能较为粗略,适合作为初步设计的一个工具方法,用以指导结构的方案设计。

1.5　结构地震反应分析方法综述

结构地震反应分析是现代抗震设计理论的核心内容,是确定结构地震需求的关键步骤,真正意义上的结构地震反应分析是从 20 世纪 40 年代开始的。结构地震反应取决于地震动和结构动力特性,因此结构地震反应分析也随着这两方面认识的深入而发展。结构地震反应研究经历了三个方面的发展:从线性弹性分析到非线性弹塑性分析;从确定性分析到可靠度分析;从等效静力分析阶段到动力分析阶段和能量分析阶段。

根据计算分析理论的不同,结构地震反应分析方法可分为静力分析方法、反应谱分析法、Pushover 分析法和动力时程分析法等。下文简要介绍目前常用的分析方法。

1.5.1　静力分析方法

静力分析方法起源于日本,是国际上最早形成的结构地震反应分析理论。20 世纪初,日本学者提出水平最大加速度是造成地震破坏的重要因素,并提出按等效静力分析求地震作用的方法。该方法将结构看作刚体,不考虑变形对结构的影响,也不考虑地震作用随时间的变化及其与结构动力特性的关系,结构各质点的水平地震作用最大值为该质点与地面运动加速度的乘积。

1.5.2 反应谱分析法

反应谱分析法目前仍是我国《建筑抗震设计标准(2024 年版)》(GB/T 50011—2010)[49](以下简称《抗震规范》)中计算结构地震作用的主要方法,一般有底部剪力法和振型分解反应谱法。使用传统反应谱分析法时,除应注意抗震规范中给出的限制外,还要注意结构和地震动满足以下条件:

(1)结构体系的地震反应是线弹性的,因而可以采用叠加原理进行计算。

(2)结构所有支承处的地震动完全相同,即采用刚性基础假设,不考虑基础和地基的相互作用。

(3)结构的最不利地震反应为其最大地震反应,而与其他动力反应参数无关,例如到达最大值附近的次数和概率等。

(4)地震动过程是平稳随机过程,因而可以用平方和开平方的方法求总体反应。

然而随着计算理论的发展,国内外学者在传统反应谱分析法的基础上提出了许多新的反应谱方法,例如:多维地震动作用下结构的反应谱分析法[50]、多点非一致激励反应谱分析法[51]以及非线性反应谱分析法[52]等,使该方法的应用范围扩大。反应谱分析法在结构地震反应分析方法的发展中具有非常重要的贡献,是目前各国抗震规范中给出的一种主要地震反应分析方法。

1.5.3 Pushover 分析法

Pushover 分析(推倒分析)法由 Freeman 等于 1975 年提出[53,54]。它是在结构分析模型上施加按某种方式模拟地震水平惯性力作用的侧向力,并逐渐单调增大,使结构从弹性阶段开始,经历开裂、屈服,直至出现某一破坏标志为止。通过这种方法可以了解结构的承载力、变形特征、塑性铰出现顺序及位置、结构薄弱层和结构破坏机制。

20 世纪 90 年代初,美国科学家和工程师提出了基于性能的设计方法后,日本和欧洲的同行对此产生兴趣,纷纷展开各方面的研究[55-59]。一些国家的抗震设计规范也逐渐接受了这一分析方法并纳入其中,如 ATC-40[60]、FEMA 273[61],我国在《建筑抗震设计标准(2024 年版)》(GB/T 50011—2010)[49]中已经引入此方法,并沿用至今。

Pushover 分析法可以有效地对结构承载力、刚度的不连续及薄弱层等进行预测[62-64]。在一定条件下,Pushover 分析法和弹塑性动力时程分析的结果相当[65,66]。

与弹塑性动力时程分析相比,Pushover 分析法具有计算简单、计算结果简明易懂的优点,因此在实际工程中比较实用。

在众多结构地震反应分析方法中,传统的静力线性分析方法如底部剪力法、振型分解反应谱法等无法得到结构在地震作用下进入塑性阶段以后的地震反应,不能全面反映结构的形态[67];动力时程分析法虽然可以计算地震反应全过程中各个时刻的结构内力和变形状态,给出结构的开裂和屈服顺序,发现应力和塑性变形集中的部位,从而判断结构的屈服机制、薄弱环节及破坏类型,但是其技术复杂、计算工作量大、处理结果烦琐,并且结果的准确性很大程度上依赖于输入的地面运动情况和结构材料受力下的本构关系[68],在实际工程中的应用较为局限;比较而言,Pushover 分析法能够较好地反映结构的性态,简单易行,易为广大工程人员所接受,它既能对结构在多遇地震下的弹性设计进行校核,也能确定结构在罕遇地震下潜在的破坏机制,找到最先破坏的薄弱环节,从而使设计者仅需对局部薄弱环节进行修复和加强,不改变整体结构的性能,就能使整体结构达到预定的使用功能[69]。

Pushover 分析法可以从宏观和微观角度两个方面进行抗震性能评估。宏观角度可以通过结构反应与功能目标进行对比,判断是否满足功能要求,可以计算结构的整体损伤状况,也可以通过塑性铰分布来判断结构是否有薄弱层,是否符合"强柱弱梁"的延性框架假设;微观角度可以计算杆件的损伤状况,通过构件的变形与构件极限能力的比较,判断结构是否存在薄弱杆件[70]。

1.5.3.1　Pushover 分析法的基本原理与实施步骤

Pushover 分析法是一个用于预测地震引起的力和变形需求的方法。其基本原理是:在结构分析模型上施加按某种方式模拟地震水平惯性力的侧向力,并逐级单调加大,直到结构达到预定的状态(位移超限或达到目标位移),然后评估结构的性能[71]。

Pushover 分析法的实施步骤如下[71,72]:

(1)准备工作:包括建立结构模型和恢复力模型,构件的物理参数、几何尺寸、节点与构件编号、结构荷载的确定等。

(2)计算结构在竖向荷载作用下的内力(将其与水平力作用下的内力叠加,作为某一级水平力作用下构件的内力,以判断构件是否开裂或屈服),此外,还要计算所得结果的自振周期。

(3)在结构每一层施加沿高度分布的某种水平荷载。施加水平力的大小按以下原则确定:水平力产生的内力与第(2)步所计算的内力叠加后,使一个或一批构件开裂或屈服。

(4)对于开裂或屈服的构件,对其刚度进行修改后,再施加一级荷载,使得又一个或一批构件开裂或屈服,可以考虑采用塑性铰,当构件屈服出现塑性铰,相当于形成了一个新的结构,再继续计算。

(5) 不断重复第(3)、(4)步,直至结构顶点位移足够大或塑性铰足够多,或达到预定的破坏极限状态。

(6) 绘制基底剪力-顶点位移关系曲线,即 Pushover 分析曲线。

对于上述步骤的说明,在每步计算中要了解塑性铰形成的位置以及各个构件的变形,采用单调加载方式,与时间无关,加载的步长要视结构刚度是否发生变化而定,一般几步即可达到目标。

1.5.3.2 结构目标位移的确定

结构的目标位移一般可以通过以下几种方法[71,73]得到:等效单自由度体系弹塑性时程分析、多自由度体系弹性时程分析、能力谱法。

等效单自由度体系弹塑性时程分析是指对结构的等效单自由度体系进行多个地震输入下的弹塑性时程分析,以最大位移反应的平均值作为目标位移。在进行动力时程分析之前,需要对结构进行 Pushover 分析,得到结构能力曲线,然后将结构能力曲线转换为等效单自由度体系的力-位移关系曲线,并简化为折线形。按照简化后的力-位移关系曲线对等效单自由度体系进行多个地震输入作用下的弹塑性动力时程分析,得到该场地一定地震水平下的地震要求目标位移。等效单自由度体系弹塑性时程分析法只适用于层数较低,平面形状规则,刚度、承载力分布均匀的结构[73]。

研究结果表明[74],对于基本周期在一定范围内的建筑结构,结构顶点最大位移的弹性地震反应和弹塑性地震反应基本一致。因此,可以通过多自由度体系弹性时程分析计算结构在一定地震水平下的目标位移。和等效单自由度体系弹塑性时程分析相似,多自由度体系弹性时程分析对一定水平的多个地震输入进行分析,计算结构的线弹性最大位移反应,取其平均值,作为结构在该地震水平下的目标位移。

能力谱法的实质是将地震需求谱与结构能力谱叠绘在同一坐标系中,来评价结构在一定地震作用下的反应特性[75]。其中,地震需求谱是指单自由度体系在给定地震输入下的加速度反应谱。我国相关抗震规范给出的反应谱是根据大量记录并进行统计平均得到的,将它作为地震需求谱能很好地评估中、短周期结构。能力谱曲线是通过对结构进行 Pushover 分析,转换得到的等效单自由度体系加速度-周期的关系曲线。若两条曲线不相交,说明结构未达到设计的抗震性能要求;如果相交,则定义交点为特征反应点(又称性能点),从而可根据该点对应的结构底部剪力、顶点位移和层间位移等来评价结构的抗震性能[68]。该性能点对应的结构位移即为结构的目标位移。

寻找地震需求与结构承载力供给之间的关系前,须考虑结构非线性耗能性质对地震需求的折减。当地震作用于结构,达到非线性状态时,结构物的固有黏滞阻尼及

滞回阻尼会导致结构物在运动过程中产生消能的作用。滞回阻尼及固有黏滞阻尼可用等效黏滞阻尼来评估,如下式所示[76]:

$$\beta_{eq} = \beta_0 + 0.05 \tag{1-9}$$

式中,β_{eq} 为等效黏滞阻尼;0.05 为结构本身的固有黏滞阻尼;β_0 为滞回阻尼经计算得到的等效黏滞阻尼,由下式评估:

$$\beta_0 = \frac{E_D}{4\pi E_s} \tag{1-10}$$

美国 ATC-40[60] 用阻尼修正系数 κ 来反映不同韧性性能类型结构的滞回性能。根据地震持续时间长短,将结构行为分为 A、B、C 三类,对应的 κ 分别为 1、2/3 和 1/3,用于考虑不同阻尼比对 κ 的修正,然后再将 β_{eq} 换为 β_{eff}(等效阻尼比):

$$\beta_{eff} = \kappa\beta_0 + 5 \tag{1-11}$$

式中,β_{eff} 用来评估反应谱的折减系数,当结构的系统阻尼比大于 5% 的临界阻尼时,对 5% 阻尼的弹性反应谱作折减得到需求谱,参见下式:

$$SR_A = \frac{3.21 - 0.68\ln\beta_{eff}}{2.12}$$
$$SR_V = \frac{2.31 - 0.41\ln\beta_{eff}}{1.65} \tag{1-12}$$

式中,SR_A 和 SR_V 分别代表弹性反应谱常数加速度区和常数速度区的折减系数。

日本《建筑基准法》和美国 ATC-40、FEMA 273、FEMA 274 都推荐使用该方法。近几年对该方法的研究主要集中于对原有方法的改进[77,78]。

1.5.3.3 侧向荷载分布方式

侧向荷载分布方式的选择是影响 Pushover 分析的一个重要因素。不同的侧向荷载分布方式下得到的分析结果有着很大的差别。

侧向荷载的分布方式既应反映地震作用下各结构层惯性力的分布特征,又应使求得的位移能大体真实地反映地震作用下结构的位移状况。如果结构受高阶振型的影响不大,并且在不同侧向荷载作用下得到的结构破坏方式相似,则分析结果受侧向荷载分布方式的影响不大。事实上,任何一种侧向荷载分布方式都不可能反映结构的全部变形及受力要求,因为不论用何种分布方式,都将使得和该荷载分布方式相似的振型作用得到加强,而其他振型的作用则很容易被忽略[79]。

Krawinkler 等[57]建议,至少采用两种以上的荷载分布方式进行 Pushover 分析。通常采用的侧向荷载分布方式有均匀分布方式、倒三角分布方式、振型荷载分布方式、顶部集中力方式等。均匀分布方式中结构每一层的侧向力都相同,这种分布方式通常使结构的破坏集中在结构的底部,当对结构底部的抗剪承载力要求严格时,宜使用这种侧向荷载分布方式；倒三角分布方式是将侧向荷载按倒三角分布作用在结构上，这种侧向荷载分布方式使用较多，当结构层数较少、刚度和质量分布均匀时，结构的振动主要由第一振型控制，惯性力接近倒三角形分布；振型荷载分布方式在结构每一层施加的侧向力等于该层结构的等效质量和基本振型的乘积，当结构的质量和承载力分布比较均匀、刚度分布不均匀时，宜采用这种横向力分布方式；顶部集中力方式是在结构的顶部施加一个集中力，这种方式是最简单的一种侧向荷载分布方式，适用于质量主要集中在顶部的结构[74]。

也有研究认为选用适应性的分布方式较为合理，即根据加载过程中结构塑性铰的发展，不断调整侧向荷载的分布方式，常用的适应性分布方式主要有以下三种[64]：

（1）在结构处于弹性状态时，结构的侧向荷载采用与基本振型和该层质量的乘积成比例的分布方式；当结构进入弹塑性状态时，侧向荷载的分布取变形后的形状，即变形大的层在后续加载过程中将会受到更大的水平力作用。

（2）以变形后的割线刚度计算结构的振型，根据分布加载的当前振型确定侧向荷载的分布方式。

（3）与变形后的各层抗剪承载力成比例，施加侧向荷载。这种侧向荷载分布方式使加载后的结构破坏很严重，而且破坏比较均匀。

与非适应性的侧向荷载分布方式相比，适应性的侧向荷载分布方式需要更多的计算时间，但是否具有一定的优越性，目前尚无定论[64]。

1.5.4　动力时程分析法

动力时程分析法通过对结构运动微分方程直接进行逐步积分求解，得到各质点随时间变化的位移、速度和加速度反应，进而计算出构件内力的时程变化关系。

工程中常用比较简单的弹性动力时程分析方法来进行结构的地震反应分析，对于大多数需要进行弹塑性变形验算的结构，相关规范中要求采用静力弹塑性分析方法（Pushover 分析法）或弹塑性时程分析方法进行验算。当前国内外抗震设计的发展趋势，是根据结构在不同超越概率水平地震作用下的性能或变形要求进行设计，结构弹塑性分析将成为抗震设计的一个必要组成部分。

弹塑性时程分析方法理论上是精确的，可以模拟结构整体或构件进入塑性阶段后强度和刚度的退化情况，以及求解每一时刻、每一构件的内力和弹塑性位移。但该方法受诸如地震波选取、单元或材料滞回模型、阻尼模型、计算程序或算法等因素的影响，计算量大，计算成本相对较高。但是随着科技的进步和计算机技术的发展，弹塑性时程分析方法已经成为罕遇地震下结构反应分析和倒塌模拟研究的有效方法之一。

1.6　结构地震易损性分析研究现状

随着经济迅速发展,城市人口急剧膨胀,一次破坏性地震造成的灾害越来越严重,使得地震灾害的风险分析越来越受到重视。由于地震预测预报是世界性的难题,因此对地震灾害进行风险分析成为当前工程中主要的防震减灾措施。地震风险分析包括地震危险性分析、地震易损性分析和地震灾害损失估计三个方面[80],其中地震易损性分析是地震工程学和结构工程学的主要研究内容,涉及震害调查、结构抗震试验、工程地震动的模拟、工程结构的地震反应分析、结构的抗震可靠度分析等内容,可以预测结构在不同等级的地震作用下发生各级破坏的概率。因此结构地震易损性研究对结构的抗震设计、加固和维修决策具有重要的应用价值,是正确合理分析各类建筑物的抗震性能、提高建筑物的抗震能力、减少损失的有效途径。地震易损性分析可用于结构的抗震加固、灾后应急响应计划的制订和直接经济损失估计。

地震易损性分析反映了在特定地震作用下,结构达到或超越一定损害水平的条件概率,分析基于多元不确定性因素,通过易损性曲线揭示结构损害状态与地震强度的概率联系。地震易损性分析最初用于核电站安全评估[81],随着研究的深入和方法的完善,已广泛应用于建筑、桥梁等多种易受地震影响的工程结构。

地震易损性(seismic fragility)是指一个确定区域内发生地震时损失的程度。以易损性曲线的形式研究地震易损性是一种广泛应用的方法[82]。易损性的传统定义为在某一特定的地震烈度作用下,结构遭受特定状态损伤的概率。在地震工程中,易损性定义为在给定的地面运动强度下,比如峰值地面加速度、谱加速度、谱位移或地面运动的频谱,结构构件或系统失效的条件概率。结构的地震易损性曲线是评定结构地震可靠性和预测结构震害的基础,因此,系统地研究建筑结构地震易损性的分析方法,绘制各类典型工程结构的地震易损性曲线,对于评定结构的地震安全性、预测结构的地震损失、制订防震减灾规划、建立基于可靠度的抗震设计规范、研究概率性能设计方法创建全生命周期费用优化理论等均具有重要的理论意义和实用价值。

地震易损性曲线是进行结构地震安全性评估的有效方法。结构的地震易损性曲线可以由经验方法和分析方法两种途径获得[83]。经验方法一般基于该类结构已有的地震破坏报告,适用于震害资料比较丰富的结构类型;而分析方法采用数值模拟通过对结构地震反应的计算分析获得,适用于震害资料缺乏的结构类型。与传统的砌体结构和钢筋混凝土结构相比,钢-混凝土组合结构是一种新型的组合结构形式,在国内外都较少经历过地震的考验,缺乏震害资料,因此不可能得到这类结构的经验易损性曲线。所以分析方法是目前得到这类结构地震易损性曲线的唯一可行方法。迄今为止,对结构地震易损性的研究主要集中于钢管混凝土桥梁[84],很少对钢管混凝土框架[84,85]以及钢管混凝土框架-钢骨混凝土核心筒结构体系[86]的地震易损性进行研究。

目前,国内外对砌体结构、钢筋混凝土结构、钢结构和桥梁结构的地震易损性开展了大量的研究,取得了许多成果。尹之潜等[87,88]提出在进行结构地震易损性分析时,采用地震加速度值作为衡量地震动强度的输入参数,能够建立起一种直接而有效的联系。吕大刚等[89]通过设计一个创新的函数,推导出一个表征地震脆弱性局部特征的可信度公式,还提出了用于生成反映结构局部响应的概率分布函数,能有效改善建筑物在地震影响下易损性的分析速度。刘晶波等[85]在分析结构特性及地震作用的不确定因素时,界定结构整体及各楼层可能达到的四种极端损毁情形,基于提出的损毁状态,提出评估结构抗震能力的性能水平阈值的新方法。陆新征等[90]的分析表明,只考虑地震动一个水平方向分量来评估结构的倒塌风险,可能不足以准确反映其耐震性能;考虑多方向的地震动作用时,建筑结构的倒塌模式可能更为复杂,这对于精确确定结构中的薄弱点至关重要。贾大卫等[91]设计出一套概率论和非概率论相结合的结构性地震脆弱性评估新方法,兼顾结构反应与限值的不确定性因素,并利用混合模型对破坏概率进行区间预测,有效消除以往研究仅能提供单一数值预测的局限性。朱南海等[92]引入 Copula 函数和模糊失效准则,构建了一个考虑多维地震需求和模糊不确定性的结构地震易损性分析方法,比较单参数性能指标和多重参数性能指标的地震易损性分析,结果表明后者可以更准确地预测结构在不同破坏等级下的失效概率。魏世龙等[93]和蒋家卫等[94]研究通过云图法和增量动力分析法对结构震后功能失效的概率进行评估,发现两种方法得出的结果大体一致,可为以性能设计为导向的建筑抗震设计提供可靠的科学方法。Alam 等[95]和 Qiu 等[96]提出一种新的地震分析方法,该方法采用统一设计法,通过动态有限元分析,建立概率地震需求模型,并据此建立脆性曲线验证该方法的可行性,为抗震设计提供了新的参考。Gautam 等[97]通过关注地震对基础设施系统的影响,用函数量化这些基础设施的地震易损性,这些函数基于地震后收集的损坏数据,能反映基础设施在中强地震动期间可能会遭受重大破坏和损失。Dizaj 等[98]研究探讨不等高桥墩的多跨桥梁在不同腐蚀状况下的抗震性能和易损性,通过多种非线性分析评估桥梁的抗震行为和易损性,并讨论桥墩腐蚀对桥梁非线性动态行为和破坏机制的影响。Shabani 等[99]强调地震脆弱性评估在减轻风险中的重要性,为应对大规模的评估需求,研究提出简化的评估方法,这为地震脆弱性评估提供新的视角和方法。Li[100]研究钢筋混凝土建筑物的地震易损性,选取汶川地震中受损的两类结构进行分析,通过考虑破坏率和超越概率,提出新的易损性比较曲线模型;分析多种因素对两类结构震害的影响,并使用平均破坏指数矩阵计算模型,建立易损性参数矩阵对比模型。

通过对现有方法的分析和总结,发现普遍存在研究对象简单,对结构本身随机性考虑不足,结构性能、地震需求等随机变量参数直接来源于相关规范建议值,不能反映具体结构的特点等问题。钢管混凝土结构比较复杂,且缺少相关规范给出的性能指标限值,难以直接采用现有的方法,因此基于现有的地震易损性分析方法,结合钢管混凝土结构的特点,提出合理、可行的基于性能的结构整体地震易损性分析方法是开展这类结构地震易损性研究的基础,也为基于性能的钢管混凝土框架结构抗震设计方法的实现提供理论依据。另外,目前的研究主要集中在单一地震影响下地震易损性的分析,对于主余型地震作用下的易损性分析则相对缺乏,特别是对钢管混凝土结构在主余型地震影响下的易损性研究仍然不足。

基于性能的抗震设计方法是结构抗震设计理论的进一步完善和发展,结构的地震易损性曲线可以对设计出的结构进行抗震性能评估,这是基于性能的抗震设计方法的一个重要组成部分。要获得基于性能的地震易损性曲线,对结构抗震性能进行评估以及用于基于性能的结构设计,首先需要合理定义结构的性能水平。结构性能水平的定义在形成结构的地震易损性曲线以及进行基于性能的抗震设计中起着至关重要的作用,直接影响了计算和分析结果。国内外对结构性能水平的划分方法不同,例如:FEMA 356[101]定义正常使用性能(operational performance)、立即使用性能(immediate occupancy performance)、生命安全性能(life safety performance)和防止倒塌性能(collapse prevention performance)四个结构性能水平;ATC-40定义立即使用、生命安全和结构稳定(structural stability)三个结构性能水平;我国《建筑抗震设计标准(2024年版)》(GB/T 50011—2010)在原有"小震不坏,中震可修,大震不倒"目标性能的基础上,参照结构破坏等级的划分,定义结构性能水平为性能1、性能2、性能3和性能4。结构的性能水平是一种有限的破坏状态,与不同强度地震下结构期望的最大破坏程度对应。因此在对现有结构性能水平和结构破坏等级划分方法归纳、总结的基础上,定义结构的极限破坏状态,将结构的性能水平和破坏等级联系起来,提出基于结构极限破坏状态性能水平的统一划分方法,应用于不同类型结构性能水平的划分具有重要的科学意义。

结构的抗震性能是结构本身具有的一种抵抗外荷载效应的能力,根据衡量准则的不同,包括承载能力、变形能力、耗能能力等。当采用一个物理量来定义结构的破坏状态时,这个物理量必须能表示结构的抗震能力,称之为性能指标。例如对钢筋混凝土框架结构,常采用层间位移角作为性能指标。性能指标的具体取值称为性能水平限值。对于常见钢筋混凝土结构、钢结构和桥梁结构等,国内外相关规范或研究成果给出了性能水平限值[91,92]。对钢管混凝土结构,目前尚无可以参考的研究成果,其受力和变形性能也不同于钢筋混凝土结构和钢结构,已有的其他结构类型性能指标和性能水平限值是否适用,都需要开展进一步的研究。

1.7　主要研究对象、方法及内容

1.7.1　研究对象和方法

框架结构体系中最简单、最基本、目前常用的有钢筋混凝土框架结构和钢管混凝土框架结构,这两种结构也是其他结构体系的基础,广泛应用于各种体系中。目前,大多数多层和小高层建筑采用了这两种结构形式。因此,本书以钢筋混凝土框架结构体系和钢管混凝土框架结构体系为研究对象。

首先,基于连续损伤力学、钢筋混凝土原理和有限元理论,建立含弹塑性损伤钢筋混凝土梁柱单元,基于连续介质热力学理论建立损伤内变量的演化规律,发展损伤物理参数的识别方法,研究利用含弹塑性损伤梁柱单元计算钢筋混凝土框架结构非线性反应的有效数值方法,编制相应的计算程序 DAMAGE2D。选择典型的钢筋混凝土框架结构开展研究,进行结构的非线性静力全过程分析,得到结构构件广义应力的同时,也得到基于损伤力学反映结构损伤程度的指标 D ,应用此指标进行钢筋混凝土框架结构的损伤评估。

然后,在钢筋混凝土框架结构研究的基础上对钢管混凝土框架结构的抗震性能和地震易损性进行分析,给出合理的设计建议。

1.7.2　研究内容

本书主要研究内容如下:

(1) 第 2～4 章研究一般钢筋混凝土梁柱单元中损伤内变量的引入方法,要求损伤内变量既能反映钢筋混凝土材料的初始损伤随荷载作用的演化发展,又不至于增加过多的计算量,而且还应具有一定的物理意义;引入适当的损伤假定,推导含损伤内变量钢筋混凝土框架结构梁柱单元的刚度(柔度)矩阵。利用连续介质热力学理论,建立损伤内变量的演化律,以补充因为新的损伤内变量引入所需要增加的方程数目,研究损伤内变量演化律中物理参数识别的有效方法,所提出的方法应符合不可逆过程热力学规律和钢筋混凝土构件的一般理论。发展用于计算含有弹塑性损伤单元钢筋混凝土框架结构非线性静力全过程分析的有效数值计算方法,编制相应计算程序 DAMAGE2D。与试验数值和 DRAIN-2D+[31] 静力弹塑性分析结果进行比较,以验证单元的有效性和适应性。

（2）第5章利用现有的有限元软件，对现浇钢筋混凝土和装配整体式钢筋混凝土框架结构的抗震性能进行深入和系统的对比分析，在深入了解两种结构方案优缺点的基础上，为该类结构的设计和应用提供合理的建议和参考。

（3）第6章在已有方钢管混凝土构件试验和理论研究的基础上，通过理论分析方钢管混凝土柱截面的大量参数，提出了一种方钢管混凝土柱截面轴力-弯矩相关屈服面的简化确定方法。对现有方钢管混凝土柱和钢-混凝土组合梁的三折线弯矩-曲率骨架曲线进行了修正，提出了适用于强地震下弹塑性分析的钢-混凝土组合梁和方钢管混凝土柱的四折线弯矩-曲率骨架曲线。通过与已有试验结果的对比分析，对数值模型进行了验证，为钢-混凝土组合结构整体的强地震动力反应分析奠定了基础。在已有弹塑性模型的基础上，对方钢管混凝土柱框架结构进行了静力弹塑性分析。

（4）第7章开展了组合梁-方钢管混凝土柱框架结构、钢梁-方钢管混凝土柱框架结构、组合梁-等刚度 RC 柱框架结构、钢梁-等刚度 RC 柱框架结构和 RC 框架结构的系列数值模拟研究。对这5种框架结构分别进行了模态分析、多遇地震下的反应谱分析和弹性时程分析，比较了用于结构主要承重构件内力设计控制值的差别以及结构位移反应和动力特性的差别，给出组合框架结构设计建议。着重研究了组合梁-方钢管混凝土柱框架结构、钢梁-方钢管混凝土柱框架结构和钢梁-RC 柱框架结构在罕遇地震下的变形性能和破坏状态。

（5）第8章对钢梁-圆钢管混凝土柱框架结构和组合梁-方钢管混凝土柱框架结构的"强柱弱梁"问题进行了分析，讨论了柱和梁的极限弯矩比、梁柱线刚度比、轴压比对结构破坏机制的影响。提出了钢管混凝土柱组合框架"强柱弱梁"的设计公式，为该类组合框架结构的设计提供参考。

（6）第9章对影响方钢管框架结构整体性能的结构参数进行简单研究。探讨了结构周期、结构初始刚度、结构位移反应、结构承载力、结构延性、结构塑性铰发展情况等结构性能和钢管混凝土含钢率、楼板厚度、组合梁的钢梁高度与翼缘宽度、结构材料强度等结构参数之间的关系。

（7）第10章给出了一种基于性能的结构整体地震易损性分析方法。根据结构的4个抗震性能水平和5个地震破坏等级，定义了结构整体和楼层的4个极限破坏状态，从而将结构抗震性能水平和结构破坏等级联系起来，进而提出了基于结构极限破坏状态确定结构抗震性能水平限值的方法。对两种类型的钢-混凝土组合框架结构，分别采用顶点位移和层间位移作为衡量结构抗震性能水平的量化指标，建立了结构破坏等级与量化指标的对应关系；采用提出的方法给出了组合梁-方钢管混凝土柱框架结构和钢梁-方钢管混凝土柱框架结构4个性能水平的量化指标限值。基于蒙特卡罗方法对组合梁-方钢管混凝土柱框架结构和钢梁-方钢管混凝土柱框架结构的材料参数进行了随机抽样，并考虑地震动的随机性，对于这两个结构共2560个结构-

地震动样本,采用弹塑性动力时程分析法进行了地震需求概率分析。根据量化性能指标限值和地震需求分析的结果得到结构的地震易损性曲线,对该类结构地震性能进行评估和分析。讨论了地震需求变异性的影响,研究了基于全概率和半概率的结构地震易损性分析方法的差异和转化关系。最后基于易损性分析结果,建议了基于概率的单体结构震害指数的确定方法,并计算了钢-混凝土组合框架结构在不同设防烈度下的震害指数。

(8)第11章对主余震序列作用下钢管混凝土结构地震易损性进行研究。通过选用的地震波数据进行增量动力分析,绘制出一系列IDA曲线,以此来展示建筑在多次地震影响下的动态响应,通过分位数法绘制出反应离散性的量化视图,并验证分析结果的可靠性,利用条件概率公式计算结构在不同地震强度下超越各个极限状态的概率,绘制出结构的地震易损性曲线,并得出结构在多遇、设防和罕遇地震下的地震易损性矩阵,对建筑模型进行全面的地震评估。

参 考 文 献

[1] DENG M K, LIU J C, ZHANG Y X, et al. Investigation on the seismic behavior of steel-plate and high ductile concrete composite low-rise shear walls [J]. Engineering Mechanics, 2021, 38(3): 40-49.

[2] 曹万林, 杨兆源, 周绪红, 等. 装配式轻钢组合结构研究现状与发展[J]. 建筑钢结构进展, 2021, 23(12): 1-15.

[3] 符锴, 温永坚, 温四清, 等. 某医疗建筑开大孔钢管混凝土柱-钢筋混凝土梁组合结构体系设计[J]. 建筑结构, 2022, 52(2): 87-91.

[4] 聂建国, 陶慕轩, 樊健生, 等. 双钢板-混凝土组合剪力墙研究新进展[J]. 建筑结构, 2011, 41(12): 52-60.

[5] 张有佳, 李小军, 贺秋梅, 等. 钢板混凝土组合墙体局部稳定性轴压试验研究[J]. 土木工程学报, 2016, 49(1): 62-68.

[6] 刘阳冰, 杨庆年, 刘晶波, 等. 双钢板-混凝土剪力墙轴心受压性能试验研究[J]. 四川大学学报(工程科学版), 2016, 48(2): 83-90.

[7] FANG C, ZHOU F, WU Z Y, et al. Concrete-filled elliptical hollow section beam-columns under seismic loading[J]. Journal of Structural Engineering, 2020, 146(8): 04020144.

[8] ZHOU M, WANG J, NIE J, et al. Experimental study and model of steel plate concrete composite members under tension[J]. Journal of Constructional

Steel Research，2021，185：106818.

[9] 郑永乾,梁王赓,林益豪.不同加载角度下多室 T 形截面钢管混凝土柱偏压性能研究[J]. 建筑结构学报，2022,43(12)：145-156.

[10] HAN L H, HOU C, HUA Y X. Concrete-filled steel tubes subjected to axial compression：Life-cycle based performance[J]. Journal of Constructional Steel Research，2020,170：106063.

[11] 刘阳冰,王爽,刘晶波,等. 双钢板-混凝土组合墙局部屈曲性能试验[J]. 河海大学学报(自然科学版),2017,45(4)：317-323.

[12] TAO Z, UTSAB K, BRIAN U, et al. Simplified nonlinear simulation of rectangular concrete-filled steel tubular columns[J]. Journal of Structural Engineering, 2021, 147(6)：04021061.

[13] WANG J, ZHANG N, GUO S. Experimental and numerical analysis of blind bolted moment joints to CFTST columns[J]. Thin-Walled Structures，2016，109：185-201.

[14] 范重,仕帅,李振宝,等. 大直径钢管混凝土柱-H 形钢梁节点设计研究[J]. 建筑结构学报，2016，37(1)：1-12.

[15] KANG L, LEON R T, LU X. Shear strength analyses of internal diaphragm connections to CFT columns[J]. Steel and Composite Structures，2015，18：1083-1101.

[16] NIE J, QIN K, CAI C S. Seismic behavior of connections composed of CFSSTCs and steel-concrete composite beams-finite element analysis[J]. Journal of Constructional Steel Research，2008，64(6)：680-688.

[17] TANG X L, CAI J, CHEN Q J, et al. Seismic behaviour of through-beam connection between square CFST columns and RC beams[J]. Journal of Constructional Steel Research，2016，122：151-166.

[18] LUO L, CHENG B H, LV H. Finite element analysis for quasi dynamic behavior of concrete filled circular steel tubular composite space frame[J]. Earthquake Engineering and Structural Dynamics，2021，41(3)：124-135.

[19] 熊进刚,李政策,胡淑军,等. 装配式 RCS 组合框架梁柱子结构抗连续倒塌性能试验研究[J]. 建筑结构学报，2021,42(S2)：22-30.

[20] 李慧,覃祚威,陈忠,等. 装配式部分包覆钢-混凝土组合框架-支撑体系设计及项目实践[J]. 施工技术(中英文)，2021,50(24):69-74.

[21] 魏国强,郑龙,王文达,等. 钢管混凝土框架-核心筒混合结构连续倒塌非线性动力分析[J]. 地震工程学报，2019,41(3)：581-587.

[22] 韩林海，杨有福，杨华，等. 基于全寿命周期的钢管混凝土结构分析理论及其应用[J]. 科学通报，2020，65(Z2)：3173-3184.

[23] 刘阳冰，文国治，刘晶波. 钢-混凝土组合框架-RC 核心筒结构弹塑性地震反应分析[J]. 四川大学学报(工程科学版)，2011，43(2)：51-57.

[24] 刘阳冰，刘晶波，韩强. 组合框架-核心筒结构地震反应初步规律研究[J]. 河海大学学报(自然科学版)，2011，39(2)：149-153.

[25] 谢和平. 岩石混凝土损伤力学[M]. 徐州：中国矿业大学出版社，1990.

[26] 周维垣. 高等岩石力学[M]. 北京：水利电力出版社，1990.

[27] 余天庆，钱济成. 损伤理论及其应用[M]. 北京：国防工业出版社，1993.

[28] 鹿晓阳. 连续损伤力学的基本理论方法及工程应用[J]. 山东建筑工程学院学报，1994，9(2)：1-7.

[29] 张我华，邱战洪，余功栓. 地震荷载作用下坝及其岩基的脆性动力损伤分析[J]. 岩石力学与工程学报，2004，23(8)：1311-1317.

[30] JU J W. On energy-based coupled elastoplastic damage theories：Constitutive modeling and computational aspects[J]. International Journal of Solids and Structures，1989，25(7)：803-833.

[31] 刘华. 混凝土结构三维损伤开裂破坏全过程非线性有限元分析[J]. 工程力学，1999，16(2)：45-51.

[32] 尹双增. 断裂·损伤理论及应用[M]. 北京：清华大学出版社，1992.

[33] 李兆霞. 损伤力学及其应用[M]. 北京：科学出版社，2002.

[34] 吴波，李惠，李玉华. 结构损伤分析的力学方法[J]. 地震工程与工程振动，1997，17(1)：14-22.

[35] 余寿文，冯西桥. 损伤力学[M]. 北京：清华大学出版社，1997.

[36] LEE J，FENVES G L. Plastic-damage model for cyclic loading of concrete structures[J]. Journal of Engineering Mechanics，1998，124(8)：892-900.

[37] ABU-LEBDEH T M，VOYIADJIS G Z. Plasticity-damage model for concrete under cyclic multiaxial loading[J]. Journal of Engineering Mechanics，1996，119(7)：1465-1484.

[38] 沈聚敏，王传志，江见鲸. 钢筋混凝土有限元与板壳极限分析[M]. 北京：清华大学出版社，1993.

[39] EMORI K，SCHNOBRICH W C. Analysis of reinforced concrete frame-wall structures for strong motion earthquakes[R]. Urbana：University of Illinois Urbana-Champaign，Ill，1978：44-46.

[40] GIBERSON M F. Two Nonlinear beams with definition of ductility[J].

Journal of the Structural Division，1969，95(2)：137-157.

[41] CLOUGH R W，BENUSKA K L，WILSON E L. Inelastic earthquake response of tall building[C]//World Conference on Earthquake Engineering，1965.

[42] LAI S S，WILL G T，OTANI S. Model for inelastic biaxial bending of concrete members[J]. Journal of Structural Engineering，1989，110(11)：2563-2587.

[43] SAIIDI M，GHUSN G，JIANG Y. Five-spring element for biaxially bend R/C columns[J]. Journal of Structural Engineering，1989，115(2)：398-416.

[44] POWELL G H，CHEN P F. 3D beam-column element with generalized plastic hinges[J]. Journal of Engineering Mechanics，1986，112(7)：627-641.

[45] 张寰华. 空间框架结构对多维地面运动的弹塑性动力反应[J].地震工程与工程振动，1983，3(1)：25-42.

[46] ZAK M L. Computer analysis of reinforced concrete sections under biaxial bending and longitudinal load[J]. ACI Structural Journal，1993，90(2)：163-169.

[47] SAIIDI M，SOZEN M A. Simple and complex models for nonlinear seismic response of reinforced concrete structures[R]. Urbana：University of Illinois Urbana-Champaign，1979.

[48] Newmark N W. Inelastic spectra for seismic design[C]//Proc. 7th WCEE，1980：4.

[49] 中华人民共和国住房和城乡建设部. 建筑抗震设计标准(2024 年版)：GB/T 50011—2010[S]. 北京：中国建筑工业出版社，2024.

[50] 陈国兴，孙士军，宰金珉. 多维相关地震动作用下结构反应的反应谱法[J]. 南京建筑工程学院学报，1999，51(4)：15-23.

[51] BERRAH M K，KAUSEL E. A modal combination rule for spatially varying seismic motions[J]. Earthquake Engineering and Structural Dynamics，1993，22(9)：791-800.

[52] CHOPRA A K，GOEL R K. Direct displacement-based design：use of inelastic design spectra versus elastic design spectra[J]. Earthquake Spectra，2001，17(1)：47-65.

[53] 张巍，孟少平，吕志涛. 预应力混凝土框架结构抗震延性的静力弹塑性分析[J].工业建筑，2002，32(6)：36-38.

[54] 崔烨. 静力弹塑性 Pushover 分析法的研究和改进[D]. 西安：西安建筑科技大

学，2004.

[55] FAJFAR P, GASPERSIC P. The N2 method of the seismic damage analysis of RC buildings[J]. Earthquake Engineering and Structural Dynamics,1996, 25(1):31-46.

[56] LAWSON R S, VANCE V, KRAWINKLER H. Nonlinear static push-over analysis-why, when and how? [J]. Earthquake Engineering,1994:283-292.

[57] KRAWINKLER H, SENERVIRATNA G D P K. Pros and cons of a pushover analysis of seismic performance evaluation [J]. Engineering Structures, 1998,20(4-6):452-464.

[58] ANTONIOU S, PINHO R. Development and verification of a displacement-based adaptive Pushover procedure[J]. Journal of Earthquake Engineering, 2004,8(5): 643-661.

[59] CHOPRA A K, GOEL R K. A model pushover analysis procedure for estimate seismic demands for buildings[J]. Earthquake Engineering Structure Dyn,2002,31(3):561-582.

[60] Seismic evaluation and retrofit of concrete buildings: ATC-40[S]. Redwood City: Applied Technology Council, 1996.

[61] NEHRP guide lines for the seismic re-habilitation of buildings: FEMA 237 [S]. Washington D. C. : Building Seismic Safety council, 1997.

[62] KILAR V, FAJFAR P. Simplified push-over analysis of building structures [C]//Eleventh world conference on earthquake engineering. Elsevier Science Ltd. , 1996:1011.

[63] GIUSEPPE F. Evaluation of the R/C structures seismic response by means of nonlinear static push-over analysis [C]//Eleventh world conference on earthquake engineering. Elsevier Science Ltd. , 1996: 1146.

[64] TSO W K, MOGHADAM A S. Pushover procedure for seismic analysis of buildings[J]. Progress in Structural Engineering and Materials, 1998, 1(3): 337-344.

[65] RIDDELL R, LLERA J C D. Seismic analysis and design: Current practice and future trends[C]//Eleventh world conference on earthquake engineering. Elsevier Science Ltd. , 1996:2010.

[66] OTANI S. Recent developments in seismic design criteria in Japan[C]// Eleventh world conference on earthquake engineering. Elsevier Science Ltd. , 1996:2124.

[67] 董艳秋, 刘俊玲. 评估结构抗震能力的 PUSHOVER 方法[J]. 黑龙江工程学院学报, 2003, 17(4): 24-26.

[68] 冷谦, 于建华. Push-over 方法在隔震结构中的应用[J]. 四川大学学报(工程科学版), 2002, 34(3): 34-37.

[69] 汪大绥, 贺军利, 张凤新. 静力弹塑性分析(Pushover Analysis)的基本原理和计算实例[J]. 世界地震工程, 2004, 20(1): 45-53.

[70] 王力, 李红玲. 静力弹塑性设计方法(pushover)的原理和改进[J]. 山西建筑, 29(17): 8-9.

[71] 冯峻辉, 闫贵平, 钟铁毅. 地震工程中的静力弹塑性(pushover)分析法[J]. 贵州工业大学学报(自然科学版), 2003, 32(2): 89-91,102.

[72] 叶燎原, 潘文. 结构静力弹塑性分析(push-over)的原理和计算实例[J]. 建筑结构学报, 2000, 21(1): 37-43,51.

[73] 邹积麟. 空间 RC 框架结构全过程静力弹塑性分析[D]. 北京: 清华大学, 2001.

[74] BERTERO R D, BERTERO V V, TERAM-GILMORE A. Performance based earthquake resistant design based on comprehensive design philosophy and energy concepts[C]//Eleventh world conference on earthquake engineering. Elsevier Science Ltd. ,1996:611.

[75] 魏巍, 冯启民. 几种 push-over 分析方法对比研究[J]. 地震工程与工程振动, 2002, 22(4): 66-73.

[76] 北京金土木软件技术有限公司, 中国建筑标准设计研究院. SAP2000 中文版使用指南[M]. 北京: 人民交通出版社, 2012.

[77] 田颖, 钱嫁茹, 刘凤阁. 在用 RC 框架结构基于位移的抗震性能的近似评估[J]. 建筑结构, 2001, 31(7): 53-56.

[78] 叶献国, 周锡元. 建筑结构地震反应简化分析方法的进一步改进[J]. 合肥工业大学学报(自然科学版), 2004, 23(2): 149-153.

[79] 熊向阳, 戚震华. 侧向荷载分布方式对静力弹塑性分析结果的影响[J]. 建筑科学, 2001, 17(5): 8-13.

[80] 吕大刚, 李晓鹏, 张鹏, 等. 土木工程结构地震易损性分析的有限元可靠度方法[J]. 应用基础与工程科学学报, 2006, 14(4): 34-38.

[81] CHELAPATI C V, WALL I B. Probabilistic assessment of seismic risk for nuclear power plants[J]. Nuclear Engineering and Design, 1974, 29(3): 346-359.

[82] 王丹. 钢框架结构的地震易损性及概率风险分析[D]. 哈尔滨: 哈尔滨工业大学, 2006.

[83] HWANG H,刘晶波. 地震作用下钢筋混凝土桥梁结构易损性分析[J]. 土木工程学报,2004,37(6):47-51.

[84] 王海良,张铎,王剑,等. 基于 IDA 的钢管混凝土空间组合桁架连续梁桥抗震易损性分析[J]. 世界地震工程,2015,31(2):76-86.

[85] 刘晶波,刘阳冰,闫秋实,等. 基于性能的方钢管混凝土框架结构地震易损性分析[J]. 土木工程学报,2010,43(2):39-47.

[86] SKALOMENOS K A,HATZIGEORGIOU G D,BESKOS D E. Modeling level selection for seismic analysis of concrete-filled steel tube/moment-resisting frames by using fragility curves[J]. Earthquake Engineering and Structural Dynamics,2015,44(2):199-220.

[87] 尹之潜. 结构易损性分类和未来地震灾害估计[J]. 中国地震,1996,12(1):49-55.

[88] 尹之潜,赵直,杨淑文. 建筑物易损性和地震损失与地震加速度谱值的关系(上)[J]. 地震工程与工程振动,2003,23(4):195-200.

[89] 吕大刚,王光远. 基于可靠度和灵敏度的结构局部地震易损性分析[J]. 自然灾害学报,2006,15(4):157-162.

[90] 陆新征,施炜,张万开,等. 三维地震动输入对 IDA 倒塌易损性分析的影响[J]. 工程抗震与加固改造,2011,33(6):1-7.

[91] 贾大卫,吴子燕,何乡. 基于概率-非概率混合可靠性模型的结构地震易损性分析[J]. 地震工程与工程振动,2021,41(4):90-99.

[92] 朱南海,段建平,李鑫汇. 考虑模糊失效准则的单层球面网壳结构多维联合地震易损性分析[J]. 工程力学,2024:1-10.

[93] 魏世龙,韩建平,金兆鑫,等. 基于结构等效周期选择和谱匹配地震动记录对 RC 框架结构地震易损性分析的影响[J]. 世界地震工程,2024,40(1):107-117.

[94] 蒋家卫,王树旷,许成顺,等. 增量动力分析与云图法在地下结构地震易损性分析的应用[J]. 哈尔滨工程大学学报,2023,44(9):1445-1452.

[95] ALAM N,ALAM M S,TESFAMARIAM S. Buildings' seismic vulnerability assessment methods:a comparative study[J]. Natural Hazards,2012,62:405-424.

[96] QIU W,HUANG G,ZHOU H,et al. Seismic vulnerability analysis of rock mountain tunnel[J]. International Journal of Geomechanics,2018,18(3):04018002.

[97] GAUTAM D,RUPAKHETY R. Empirical seismic vulnerability analysis of

infrastructure systems in Nepal[J]. Bulletin of Earthquake Engineering, 2021, 19: 6113-6127.

[98] DIZAJ E A, SALAMI M R, KASHANI M M. Seismic vulnerability analysis of irregular multi-span concrete bridges with different corrosion damage scenarios[J]. Soil Dynamics and Earthquake Engineering, 2023, 165: 107678.

[99] SHABANI A, KIOUMARSI M, ZUCCONI M. State of the art of simplified analytical methods for seismic vulnerability assessment of unreinforced masonry buildings[J]. Engineering Structures, 2021, 239: 112280.

[100] LI S Q. Comparison of RC girder bridge and building vulnerability considering empirical seismic damage[J]. Ain Shams Engineering Journal, 2024, 15(1): 102287.

[101] Federal Emergency Management Agency (FEMA). Commentary on the guidelines for the seismic rehabilitation of building: FEMA 356 [S]. Washington D. C. : American Society of Civil Engineers, 2000.

2 弹塑性损伤单元模型

对于复杂的工程结构,因为材料变形复杂、计算繁复等,很难应用材料损伤的分析方法去解决这些实际工程问题。因此国内外许多学者基于连续损伤力学和断裂力学的理论基础把宏观损伤内变量引入构件的单元刚度矩阵[1-4],相对于将损伤作为内变量引入材料本构方程的处理方法,可以大大减少计算量,而且在计算得到结构应力-应变场的同时也可得到结构的损伤场。本书的弹塑性损伤模型也是基于这一思想建立的,下面对该单元模型的本构关系及数值实现进行讨论,并给出单元模型参数的确定方法以及轴力对模型参数的影响。

2.1 弹性的平面框架单元模型

2.1.1 广义坐标下单元自由度和端点内力

平面框架单元可以用来模拟平面框架结构中的梁和柱,有两个端点 i、j。在整体坐标系下(图 2-1),每一个端点有三个平面内自由度(图 2-2),分别为水平向位移 $u_1(u_4)$、竖向位移 $u_2(u_5)$ 和转角位移 $u_3(u_6)$。端点内力包括水平力、竖向力和弯矩(图 2-3)。

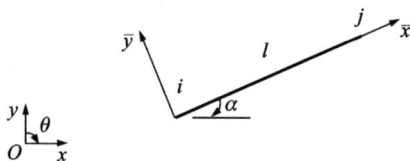

图 2-1 坐标系定义

注:x,y 为整体坐标;$\bar{x}$,$\bar{y}$ 为局部坐标;θ 由 y 轴旋转到 x 轴为正,α 为局部坐标系与整体坐标系的夹角。

单元位移向量和端点内力向量分别记为

$$\boldsymbol{u}^{\mathrm{T}} = (u_1, u_2, u_3, u_4, u_5, u_6)$$

$$\boldsymbol{Q}^{\mathrm{T}} = (Q_1, Q_2, Q_3, Q_4, Q_5, Q_6)$$

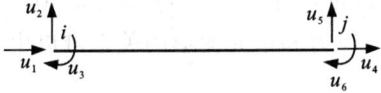

图 2-2　位移正方向定义

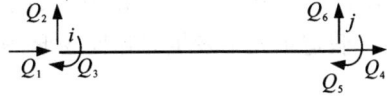

图 2-3　端点内力正方向定义

2.1.2　单元变形

单元变形在局部坐标下如图 2-4 所示,单元具有三个变形形式和三个广义应力,即轴向伸长 δ 和轴向力 N,端点 i 的弯曲转角 θ_i 和弯矩 M_i,端点 j 的弯曲转角 θ_j 和弯矩 M_j。其中转角和弯矩均以绕杆端顺时针为正,轴向变形和轴力均以轴向受拉为正。

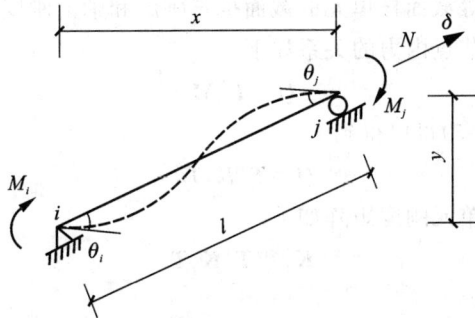

图 2-4　单元变形和广义内力

单元变形向量和单元广义应力向量分别记为

$$\boldsymbol{\theta}^{\mathrm{T}} = (\theta_i, \theta_j, \delta)$$

$$\boldsymbol{M}^{\mathrm{T}} = (M_i, M_j, N)$$

在小变形假设条件下,单元位移和单元变形满足以下关系

$$\boldsymbol{\theta} = \boldsymbol{T}\boldsymbol{u} \tag{2-1}$$

$\boldsymbol{T}$ 为转换矩阵,具体表达式如下:

$$\boldsymbol{T} = \begin{bmatrix} -\dfrac{s}{l} & \dfrac{c}{l} & 1 & \dfrac{s}{l} & -\dfrac{c}{l} & 0 \\[2mm] -\dfrac{s}{l} & \dfrac{c}{l} & 0 & \dfrac{s}{l} & -\dfrac{c}{l} & 1 \\[2mm] -c & -s & 0 & c & s & 0 \end{bmatrix} \tag{2-2}$$

式中，$s=y/l$；$c=x/l$。

2.1.3 单元刚度

设在局部坐标系下单元的广义应力向量表示为 i 端弯矩 M_i，j 端弯矩 M_j，轴向力 N。假定单元不发生非弹性变形，则单元广义应力和单元变形的关系可以由下式给出

$$\boldsymbol{M}=\boldsymbol{K}_0\boldsymbol{\theta}；\quad \boldsymbol{\theta}=\boldsymbol{F}_0\boldsymbol{M} \tag{2-3}$$

式中，$\boldsymbol{K}_0$ 为单元的弹性刚度矩阵；$\boldsymbol{F}_0$ 为单元的弹性柔度矩阵。

$$\boldsymbol{K}_0=\begin{bmatrix} \dfrac{4EI}{l} & \dfrac{2EI}{l} & 0 \\ \dfrac{2EI}{l} & \dfrac{4EI}{l} & 0 \\ 0 & 0 & \dfrac{EA}{l} \end{bmatrix}；\quad \boldsymbol{F}_0=\begin{bmatrix} \dfrac{l}{3EI} & \dfrac{-l}{6EI} & 0 \\ \dfrac{-l}{6EI} & \dfrac{l}{3EI} & 0 \\ 0 & 0 & \dfrac{l}{EA} \end{bmatrix} \tag{2-4}$$

式中，EI，EA 分别为等截面杆单元的截面抗弯刚度和轴向刚度。

单元广义应力和节点内力的关系如下

$$\boldsymbol{Q}=\boldsymbol{T}^{\mathrm{T}}\boldsymbol{M} \tag{2-5}$$

由式（2-3）和式（2-5）可以得到

$$\boldsymbol{Q}=\boldsymbol{T}^{\mathrm{T}}\boldsymbol{K}_0\boldsymbol{T}\boldsymbol{u} \tag{2-6}$$

由单元位移得到单元刚度矩阵如下

$$\boldsymbol{K}_{\mathrm{T}}=\boldsymbol{T}^{\mathrm{T}}\boldsymbol{K}_0\boldsymbol{T} \tag{2-7}$$

其中当 $s=0$，$c=1$ 时，

$$\boldsymbol{K}_{\mathrm{T}}=\begin{bmatrix} \dfrac{EA}{l} & 0 & 0 & -\dfrac{EA}{l} & 0 & 0 \\ 0 & \dfrac{12EI}{l^3} & \dfrac{6EI}{l^2} & 0 & -\dfrac{12EI}{l^3} & \dfrac{6EI}{l^2} \\ 0 & \dfrac{6EI}{l^2} & \dfrac{4EI}{l} & 0 & -\dfrac{6EI}{l^2} & \dfrac{2EI}{l} \\ -\dfrac{EA}{l} & 0 & 0 & \dfrac{EA}{l} & 0 & 0 \\ 0 & -\dfrac{12EI}{l^3} & -\dfrac{6EI}{l^2} & 0 & \dfrac{12EI}{l^3} & -\dfrac{6EI}{l^2} \\ 0 & \dfrac{6EI}{l^2} & \dfrac{2EI}{l} & 0 & -\dfrac{6EI}{l^2} & \dfrac{4EI}{l} \end{bmatrix} \tag{2-8}$$

2.1.4 弹性单元刚度矩阵程序框图

弹性单元刚度矩阵的程序框图如图 2-5 所示。

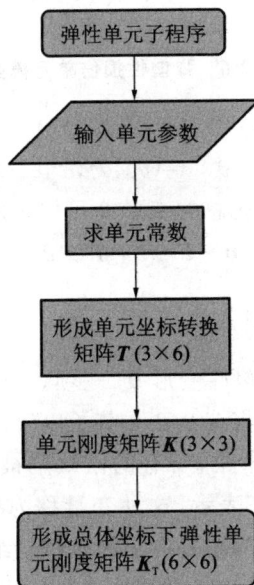

图 2-5 弹性单元刚度矩阵程序框图

2.2 弹塑性损伤单元本构模型

在较大荷载作用下,由于混凝土的开裂和钢筋的屈服,结构会发生塑性变形以及刚度软化等现象,弹性单元模型显然不能模拟结构的这些性质,无法满足实际的需要。本节引入弹塑性损伤单元本构模型,对钢筋混凝土框架结构进行分析,以描述结构的这些性质。

弹塑性损伤单元本构模型是基于断裂力学和连续损伤力学的基本理论,应用塑性理论中的集中塑性铰概念建立的一种单元模型,广义上属于绪论中提到的集中塑性模型。采用单分量模型,考虑塑性变形 θ^p 和由于损伤引起的变形(以下简称损伤变形)θ^d,并假设塑性变形和损伤变形都集中于单元端部。由于两端的铰不仅包括塑性耗能,还包括了损伤耗能,此处引入集中耗能铰概念,即每个单元由中间的弹性杆加上两端的集中耗能铰组成,如图 2-6 所示。

定义单元塑性变形向量 θ^p 和单元损伤变形向量 θ^d 分别为

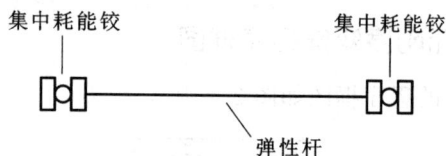

图 2-6 弹塑性损伤单元模型

$$\boldsymbol{\theta}^{\mathrm{p\,T}} = (\theta_i^{\mathrm{p}}, \theta_j^{\mathrm{p}}, \delta^{\mathrm{p}})$$

$$\boldsymbol{\theta}^{\mathrm{d\,T}} = (\theta_i^{\mathrm{d}}, \theta_j^{\mathrm{d}}, \delta^{\mathrm{d}})$$

考虑损伤与塑性变形后,单元总的变形 $\boldsymbol{\theta}$ 可以表示为:

$$\boldsymbol{\theta} = \boldsymbol{F}_0 \boldsymbol{M} + \boldsymbol{\theta}^{\mathrm{p}} + \boldsymbol{\theta}^{\mathrm{d}} \tag{2-9}$$

2.2.1　损伤内变量的引入

对于上文所讨论式(2-9)中塑性变形 $\boldsymbol{\theta}^{\mathrm{p}}$ 一项,可以根据塑性理论引入有效应力的概念和应变等效假设来求得(将在 2.2.3 节予以讨论)。现在关键的问题是如何确定损伤变形 $\boldsymbol{\theta}^{\mathrm{d}}$。在连续损伤力学中,所有的微缺陷被连续化,它们对材料的影响用一个或几个连续的内部场变量来表示,这种变量称为损伤内变量[5]。试验研究结果及工程实例表明,材料或构件的损伤是由于物质材料组织结构的变化而产生的,其表现是反映材料或构件力学性能的一些可测物理量发生变化,如钢筋混凝土结构在荷载作用下,构件内部缺陷不断扩展,其力学性能劣化表现为构件的强度、刚度、延性及使用寿命降低。因此基于连续损伤力学,考虑单元轴向损伤情况,引入轴向损伤内变量 d_{n}。

考虑一均匀受拉的直杆,如图 2-7 所示,认为材料劣化的主要机制是微缺陷导致的有效承载面积的减小。设无损伤状态时的横截面面积为 A,损伤后的有效承载面积减小为 $\tilde{A}$,A_{d} 为损伤面积,等于有效承载面积 $\tilde{A}$ 与无损伤状态横截面面积 A 之差。定义损伤内变量 d_{n} 为:

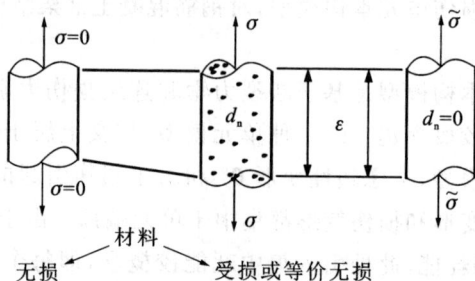

图 2-7　单拉试件的损伤

$$d_n = \frac{A_d}{A} = \frac{A - \tilde{A}}{A} \tag{2-10}$$

引入有效应力概念,将外荷载 N 与有效承载面积 $\tilde{A}$ 之比定义为有效应力 $\tilde{\sigma}$,即

$$\tilde{\sigma} = \frac{N}{\tilde{A}} = \frac{\sigma}{1 - d_n} \tag{2-11}$$

式中,

$$\sigma = \frac{N}{A} \tag{2-12}$$

为 Cauchy 应力[6]。

由式(2-11)中的有效应力,根据应变等效假设很容易求得单元的轴向应变为

$$\varepsilon = \frac{\tilde{\sigma}}{E} = \frac{\sigma}{E(1 - d_n)} \tag{2-13}$$

式中,ε 为单元的轴向应变;E 为无损伤状态下单元的弹性模量。

2.2.2 单元应力-应变关系的建立

对于长度为 l 的轴向受力直杆,考虑杆单元的轴向塑性变形 δ^p,由式(2-13)求得杆件的轴向伸长量 δ:

$$\delta = \varepsilon l + \delta^p = \frac{\sigma}{E(1 - d_n)} l + \delta^p = \frac{N F_{33}^0}{1 - d_n} + \delta^p \tag{2-14}$$

式中,$F_{33}^0 = l/EA$ 为杆单元轴向柔度系数,$N F_{33}^0$ 为单元的弹性变形。

参考集中耗能模型中的式(2-9),杆单元的轴向变形可以表示为

$$\delta = N F_{33}^0 + \delta^p + \delta^d \tag{2-15}$$

式中,δ^d 为杆单元的轴向损伤变形。

由式(2-14)和式(2-15)可得

$$\delta^d = \frac{d_n F_{33}^0}{1 - d_n} N \tag{2-16}$$

对于框架单元推广式(2-16),假设存在 $\boldsymbol{D}^T = (d_i, d_j, d_n)$ 使

$$\boldsymbol{\theta}^d = \boldsymbol{C}(d) \boldsymbol{M} \tag{2-17}$$

$$\boldsymbol{C}(d) = \begin{bmatrix} \dfrac{d_i F_{11}^0}{1 - d_i} & 0 & 0 \\[3mm] 0 & \dfrac{d_j F_{22}^0}{1 - d_j} & 0 \\[3mm] 0 & 0 & \dfrac{d_n F_{33}^0}{1 - d_n} \end{bmatrix} \tag{2-18}$$

式中,$F_{11}^0 = F_{22}^0 = l/(3EI)$。

根据式(2-9)和式(2-17),可以得出:

$$\boldsymbol{\theta} = \boldsymbol{F}_0\boldsymbol{M} + \boldsymbol{\theta}^{\mathrm{p}} + \boldsymbol{\theta}^{\mathrm{d}} = \boldsymbol{F}_0\boldsymbol{M} + \boldsymbol{C}(d)\boldsymbol{M} + \boldsymbol{\theta}^{\mathrm{p}}$$
$$= \boldsymbol{F}(d)\boldsymbol{M} + \boldsymbol{\theta}^{\mathrm{p}}$$

即

$$\boldsymbol{\theta} - \boldsymbol{\theta}^{\mathrm{p}} = \boldsymbol{F}(d)\boldsymbol{M} \tag{2-19}$$

把 $\boldsymbol{F}_0$ 和式(2-18)代入式(2-19),求得单元的柔度矩阵 $\boldsymbol{F}(d)$

$$\boldsymbol{F}(d) = \boldsymbol{F}_0 + \boldsymbol{C}(d) = \begin{bmatrix} \dfrac{F_{11}^0}{1-d_i} & -\dfrac{l}{6EI} & 0 \\ \dfrac{l}{-6EI} & \dfrac{F_{22}^0}{1-d_j} & 0 \\ 0 & 0 & \dfrac{F_{33}^0}{1-d_n} \end{bmatrix} \tag{2-20}$$

当 $d_i = d_j = d_n = 0$ 时,退化为单元的弹性柔度矩阵

$$\boldsymbol{F}_0 = \begin{bmatrix} \dfrac{l}{3EI} & \dfrac{-l}{6EI} & 0 \\ \dfrac{-l}{6EI} & \dfrac{l}{3EI} & 0 \\ 0 & 0 & \dfrac{l}{EA} \end{bmatrix} \tag{2-21}$$

对 $\boldsymbol{F}(d)$ 求逆,得刚度矩阵为 $\boldsymbol{K}(d)$ 为

$$\boldsymbol{K}(d) = \begin{bmatrix} \dfrac{12EI(1-d_i)/l}{4-(1-d_i)(1-d_j)} & \dfrac{6EI(1-d_i)(1-d_j)/l}{4-(1-d_i)(1-d_j)} & 0 \\ \dfrac{6EI(1-d_i)(1-d_j)/l}{4-(1-d_i)(1-d_j)} & \dfrac{12EI(1-d_j)/l}{4-(1-d_i)(1-d_j)} & 0 \\ 0 & 0 & \dfrac{EA(1-d_n)}{l} \end{bmatrix} \tag{2-22}$$

当 $d_i = d_j = d_n = 0$ 时,退化为单元的弹性刚度矩阵

$$\boldsymbol{K}_0 = \begin{bmatrix} \dfrac{4EI}{l} & \dfrac{2EI}{l} & 0 \\ \dfrac{2EI}{l} & \dfrac{4EI}{l} & 0 \\ 0 & 0 & \dfrac{EA}{l} \end{bmatrix} \tag{2-23}$$

当 $d_i = d_j = d_n = 1$ 时,单元刚度矩阵等于零矩阵,表示单元完全破坏;而损伤内变量取 $[0,1]$ 中的其他值时,代表单元发生不同程度的损伤。

2.2.3 内变量演化率

由于单元内变量 D 和 θ^p 的引入,弹塑性损伤单元本构方程中必须增加两组方程以确定塑性变形和损伤内变量的演化率。

为了简化,不考虑单元轴向的非弹性变形,即不考虑单元轴向损伤和塑性变形,取 $d_n = 0$,$\delta^p = 0$。

2.2.3.1 塑性变形演化率

为了得到塑性变形演化率,对每个集中耗能铰引入一个屈服函数分别记为 f_i 和 f_j,以耗能铰 i 为例,根据塑性力学[7]的方法可以得到塑性变形演化率

$$\begin{cases} d\theta_i^p = 0, & \text{当 } f_i < 0 \text{ 或 } df_i < 0 \\ d\theta_i^p \neq 0, & \text{当 } f_i = 0 \text{ 且 } df_i = 0 \end{cases} \tag{2-24}$$

式(2-24)表明只有屈服函数值为零时,耗能铰 i 的塑性变形才会增长。

屈服函数要如何表示,怎样才能表达塑性变形与损伤的耦合?可以用塑性准则来解决这一问题。为了使塑性模型化,本书的塑性模型只考虑一种硬化,即与内部微应力集中状态有关的运动硬化[8]。相应的背应力定义了拉压(或三维)状态下弹性域的中心。

对于耗能铰 i,设 m_{ip} 为广义的屈服应力,X 为背应力,为塑性应变的函数,定义一维塑性判据为

$$f = |M_i - X(\theta_i^p)| - m_{ip} \tag{2-25}$$

发生损伤时,根据应变等效假设,对耗能铰扩展有效应力的概念,认为有效弯矩或有效应力可以表示为如下形式

$$\widetilde{M}_i = \frac{M_i}{1 - d_i} \tag{2-26}$$

因此发生损伤时,耗能铰 i 的屈服函数可以表示为如下形式

$$f_i = \left| \frac{M_i}{1 - d_i} - X_i(\theta_i^p) \right| - m_{ip}; \quad X_i(\theta_i^p) = c_i \theta_i^p \tag{2-27}$$

对于式(2-27),如果 d_i 为常数,弯矩转角曲线为双直线;如果 d_i 和塑性变形同时变化,则弯矩转角关系曲线将不再为直线。

2.2.3.2 损伤演化率

假设固体中有一个裂缝,受到在远离裂缝处的一定荷载作用。可以得知裂缝

尖端的弹性应力趋于无穷,而与荷载的大小及固体的几何形状没有任何关系。因此一般的应力准则,如 Von Mises 应力准则[9] 等都不能用来预测裂缝,这就产生了一个问题,即为什么应力无穷,而裂缝不扩展?可以在裂缝扩展过程的能量平衡中找到这个问题的答案。Griffith 准则[10] 认为,只有在裂缝成长过程中的能量释放率足够大以至于可以提供裂纹扩展所需的能量时,裂缝才会扩展。可以表示为如下形式:

$$G = R; \quad G = \frac{\partial W}{\partial a} \tag{2-28}$$

式中,G 为能量释放率;W 为弹性应变能;a 为裂缝的长度;R 为裂缝扩展中的能量损耗,也称为开裂抗力。开裂抗力可以认为是材料的一种性质,但不是一个常数,其值随着裂缝的开展而变化。能量释放率和结构的荷载大小、几何形状有关。如果能量释放率 G 小于开裂抗力 R,就认为裂缝不会扩展。

对于弹塑性损伤单元,借用 Griffith 准则的形式来引入损伤函数 g_i 和 g_j,以耗能铰 i 为例,得到损伤内变量演化率

$$\begin{cases} \mathrm{d}d_i = 0, & \text{当 } g_i < 0 \text{ 或 } \mathrm{d}g_i < 0 \\ \mathrm{d}d_i \neq 0, & \text{当 } g_i = 0 \text{ 且 } \mathrm{d}g_i = 0 \end{cases} \tag{2-29}$$

损伤函数 g_i 采用类似 Griffith 开裂阻抗函数的形式(也称广义 Griffith 开裂阻抗函数)表示为

$$g_i = G_i - R(d_i) \tag{2-30}$$

式中,G_i 是耗能铰 i 的损伤能量释放率,也称为内变量 d_i 的功共轭变量,可由弹塑性损伤单元的弹性应变能 W 通过式(2-31)求得;单元的弹性应变能可以根据式(2-32)得到

$$G_i = \frac{\partial W}{\partial d_i} = \frac{M_i^2 l}{6EI(1-d_i)^2} \tag{2-31}$$

$$W = \frac{1}{2}(\boldsymbol{\theta} - \boldsymbol{\theta}^{\mathrm{p}})^{\mathrm{T}} \boldsymbol{K}(d)(\boldsymbol{\theta} - \boldsymbol{\theta}^{\mathrm{p}}) \tag{2-32}$$

$R(d_i)$ 是耗能铰 i 的开裂抗力,这里表示为损伤内变量 d_i 的函数,可由试验得到,本书采用 Cipollina 等在文献[2]中建议的表达式

$$R(d_i) = G_{\mathrm{cri}} + q_i \frac{\ln(1-d_i)}{1-d_i} \tag{2-33}$$

弹塑性损伤单元耗能铰 i 的损伤函数中常数 G_{cri}、q_i 的确定方法将在 2.3 节中讨论。

2.2.4 集中耗能铰的分类

为了便于讨论,把集中耗能铰分为两类:第一类为弹性耗能铰,即单元耗能铰只发生损伤变形,没有达到屈服临界值,没有发生塑性变形;第二类为弹塑性耗能铰,即单元耗能铰的损伤变形和塑性变形同时发生。

2.3 单元模型参数的确定

单元模型参数 G_{cri} 和 q_i 可以通过对钢筋混凝土构件的试验直接得到,但这并不是最佳的方法,因为对构件的直接加载试验会损坏构件,使构件失效。可以通过下面的数值方法来确定。

在单调荷载作用下,假设下面情况对于耗能铰 i 是适用的:

$$M_i = M_{cri} \Rightarrow d_i = 0, g_i = 0 \quad (M_{cri} \text{ 为开裂弯矩}) \tag{2-34a}$$

$$M_i = M_{yi} \Rightarrow f_i = 0, g_i = 0 \quad (M_{yi} \text{ 为屈服弯矩}) \tag{2-34b}$$

$$M_i = M_{ui} \Rightarrow \theta_i^p = \theta_{ui}^p, f_i = 0 \tag{2-34c}$$

$$M_i = M_{ui} \Rightarrow \mathrm{d}M_i = 0, g_i = 0 \quad (\mathrm{d}M_i \text{ 为弯矩的一个微小增量}) \tag{2-34d}$$

式中,M_{ui} 和 θ_{ui}^p 分别为极限弯矩及其对应的极限塑性转角,式(2-34a)表明当弯矩达到开裂弯矩 M_{cri} 时损伤才发生,把 g_i 代入式(2-30)得

$$G_{cri} = \frac{M_{cri}^2 F_{11}^0}{2} \quad (d_i = 0, g_i = 0) \tag{2-35}$$

G_{cri} 可以看作发生损伤的门槛值[11],即对耗能铰 i,只有当能量释放率(内变量的功共轭变量)的值大于等于 G_{cri} 时,损伤才会发生。

式(2-34d)表明弯矩作为损伤的函数已经达到最大值。根据 $g_i = 0$ 可得

$$\frac{M_i^2 F_{11}^0}{2(1-d_i)^2} = G_{cri} + q_i \frac{\ln(1-d_i)}{1-d_i} \tag{2-36}$$

即

$$\frac{M_i^2 F_{11}^0}{2} = (1-d_i)^2 G_{cri} + q_i(1-d_i)\ln(1-d_i) \tag{2-37}$$

为求最大损伤内变量 d_u,对式(2-37)两边求导得

$$\frac{2M_i F_{11}^0}{2}\mathrm{d}M_i = -2(1-d_i)G_{cri} - q_i \ln(1-d_i) - (1-d_i)\frac{q_i}{1-d_i} \tag{2-38}$$

当 $M_i = M_{ui}$,$d_i = d_u$ 时 $\mathrm{d}M_i = 0$,上式可化简为

$$2(1-d_u)G_{cri}+q_i\left[\ln(1-d_u)+1\right]=0 \tag{2-39}$$

又有

$$\frac{M_{ui}^2 F_{11}^0}{2}=(1-d_u)^2 G_{cri}+q_i(1-d_u)\ln(1-d_u) \tag{2-40}$$

根据式(2-39)和式(2-40)可以求得 d_u 和 q_i。

由式(2-34b)中 $g_i=0$，得

$$\frac{M_{pi}^2 F_{11}^0}{2(1-d_p)^2}-G_{cri}-q_i\frac{\ln(1-d_p)}{1-d_p}=0 \tag{2-41}$$

求解该非线性方程即可以求得构件屈服时的损伤内变量值 d_p。

由屈服方程(2-27)，假设耗能铰截面达到屈服弯矩 M_{yi} 时，此时塑性变形为零，即 $\theta_{ip}=0$，所以

$$f_i=M_y-(1-d_p)m_{ip}=0 \Rightarrow m_{ip} \tag{2-42}$$

由式(2-34c)中 $f_i=0$ 得

$$f_i=\left| M_i-(1-d_i)X_i(\theta_i^p)\right|-(1-d_i)m_{ip}=0 \quad (M_i=M_{ui},\theta_i^p=\theta_{ui}^p) \tag{2-43}$$

即

$$M_{ui}-(1-d_u)(c_i\theta_{ui}^p+m_{ip})=0 \Rightarrow c_i \tag{2-44}$$

通过求解式(2-36)～式(2-44)，可以求得弹塑性损伤单元的模型参数。

2.4 弹塑性损伤单元的数值实现

为了将弹塑性损伤单元应用于一般的有限元分析程序中，下面讨论单元模型的数值实现。

2.4.1 问题提出

已知参数：

(1) 结构每个单元的初始特性如抗弯刚度 EI_0、轴向刚度 EA_0、单元长度 L_0、材料特性等。

(2) 框架结构有 n 个节点，m 个单元。把这 n 个节点分为两类，其中 N_σ 表示有外力作用在此节点上，即已知外力时程 P_l；N_u 表示已知位移时程 U_k 的节点（包括支座节点），用如下形式表示：

$$U_k=U_k(t), \quad k\in N_u$$
$$P_l=P_l(t), \quad l\in N_\sigma \tag{2-45}$$

需要求解的值：

(1) $U_l(t)$，其中 $l \in N_\sigma$；

(2) $P_k(t)$，其中 $k \in N_u$；

(3) 每个单元的广义应力 $\boldsymbol{M}(t)$，广义变形 $\boldsymbol{\theta}(t)$；

(4) 每个单元的内变量 $\boldsymbol{\theta}^p(t)$、$\boldsymbol{D}(t)$ 等。

2.4.2 逐步积分法

弹塑性损伤单元在整个加载时间段 $[0, T]$ 上，单元性质是随时间变化的，并且是非线性的，最有效的方法是逐步积分法。采用一系列短时间增量 Δt 计算结构的反应，通常为了计算方便，取 Δt 为等步长。因此先把 $[0, T]$ 离散为 $[0, t_1, t_2, \cdots, t_r, \cdots, T]$，未知量不在整个时间段上计算，只计算每个步长的起点和终点上的值。

在步长 r 上，对于集中耗能铰 i，塑性变形内变量和损伤内变量的演化方程可以近似表示为

$$\begin{cases} f_i(M_i^r, (\theta_i^p)^r, (d_i)^r) = 0, & \text{耗能铰 } i \text{ 在步长 } r \text{ 上的塑性变形为正} \\ \Delta \theta_i^p = 0, & \text{其他情况} \end{cases} \quad (2\text{-}46)$$

$$\begin{cases} g_i((G_i)^r, (d_i)^r) = 0, & \text{耗能铰 } i \text{ 在步长 } r \text{ 上的损伤内变量为正} \\ \Delta d_i = 0, & \text{其他情况} \end{cases} \quad (2\text{-}47)$$

式中，$\Delta \theta_i^p$、Δd_i 代表步长 r 上塑性变形内变量和损伤内变量的增量。

2.4.3 整体和局部问题

需要求解的问题已经在 2.4.1 节中给出，下面给出解决问题的方法。求解该问题所用到的方程有

相容方程：$\boldsymbol{\theta} = \boldsymbol{Tu}$。

平衡方程：$\boldsymbol{Q} = \boldsymbol{T}^T \boldsymbol{M}$。

应力-应变关系方程：$\boldsymbol{\theta} - \boldsymbol{\theta}^p = \boldsymbol{F}(d) \boldsymbol{M}$。

能量释放率方程：

$$\boldsymbol{G}^T = (G_i, G_j, G_n) = \left(\frac{\partial W}{\partial d_i}, \frac{\partial W}{\partial d_j}, \frac{\partial W}{\partial d_n} \right) = \left[\frac{M_i^2 F_{11}^0}{2(1-d_i)^2}, \frac{M_j^2 F_{22}^0}{2(1-d_j)^2}, \frac{N^2 F_{33}^0}{2(1-d_n)^2} \right]$$

内变量的增量表达式：式(2-46)、式(2-47)。

由以上方程组成损伤单元的一个非线性系统，共有 6 组方程，但在每一步长结束时有 7 组未知量无法求解，分别为 $\boldsymbol{u}$、$\boldsymbol{Q}$、$\boldsymbol{\theta}$、$\boldsymbol{M}$、$\boldsymbol{\theta}^p$、$\boldsymbol{D}$、$\boldsymbol{G}$。对每一个单元在任一步长 r 中节点位移和单元内力存在一定的关系，表示如下：

$$Q^r = Q(u^r) \tag{2-48}$$

或者表达为

$$Q_b^r = Q(U^r)_b \tag{2-49}$$

式(2-48)是相对于每个单元的单元内力和节点位移的关系表达式。式(2-49)是采用结构的整体坐标表达,表示了结构单元内力和结构位移的关系,定义结构整体的位移向量如下:

$$U^T = (u_1^T, u_2^T, \cdots, u_n^T) \tag{2-50}$$

结构在步长 r 开始的整体平衡条件可以如下表示:

$$L(U^r) = P^r - \sum_{b=1}^{m} Q(u^r)_b = 0 \tag{2-51}$$

可以用 Newton 法[12]求解此非线性方程组

$$L(U^r)_k + \left[\frac{\partial L}{\partial U}\right]_k (U_{k+1}^r - U_k^r) = 0 \tag{2-52}$$

其中,

$$\frac{\partial L}{\partial U} = \sum_{b=1}^{m} \frac{\partial Q}{\partial u^r}_b \tag{2-53}$$

从上文可以看出,整体切线矩阵 $\partial L/\partial U$ 的计算是通过计算每个单元的单元内力对节点位移的导数矩阵后迭加而成的,并不是对结构整体直接进行计算。在每一步长中,对于给定的结构位移 U,必须求解 m 个单元分别对 Q 和 $\partial L/\partial U$ 的贡献。此处将每个单元对于结构整体贡献问题称为局部问题。对于式(2-52)只有一个未知量 U,对其的求解称为整体问题。

因此关键问题就是局部问题的求解,局部问题的求解可以作为一个新的单元添加到有限元程序中,进行结构的分析求解。在下一小节将讨论局部问题的数值求解。

2.4.4　局部问题的数值求解

局部问题求解的关键是如何求得每个单元的单元内力 $Q(u^r)$ 和切线矩阵 $\partial Q/\partial u^r$,可以通过以下步骤求得。

(1) 在步长 r 结束时计算结构单元变形,用单元节点位移 u^r 表示,可用式(2-1)计算得到。

(2) 在步长 r 结束时计算广义应力 M^r、损伤内变量 D^r、塑性变形 θ^{pr} 及与内变量功共轭的力 G^r,用单元变形 θ^r 表示。

内变量的功共轭力在广义应力已知时,可以根据式(2-31)直接求得,所以不包括

在局部问题的求解中。令

$$\begin{cases} \boldsymbol{R}(\boldsymbol{M},\boldsymbol{\theta},\boldsymbol{A}^k)=\boldsymbol{\theta}-\boldsymbol{\theta}^p-\boldsymbol{F}(d)\boldsymbol{M}=0 \\ \boldsymbol{V}(\boldsymbol{M},\boldsymbol{\theta},\boldsymbol{A}^k)^k=0 \end{cases} \quad (k=1,2) \tag{2-54}$$

式中，$\boldsymbol{A}^k$ 代表内变量，其中 $\boldsymbol{A}^1=\boldsymbol{\theta}^p$，$\boldsymbol{A}^2=\boldsymbol{D}$；$\boldsymbol{V}^k$ 代表内变量的演化率，包括单元两端的耗能铰 i 和耗能铰 j，具体表达式如下

$$\{\boldsymbol{V}(\boldsymbol{M},\boldsymbol{\theta},\boldsymbol{A}^k)\}^k=\begin{Bmatrix} V_i^k \\ V_j^k \end{Bmatrix} \tag{2-55a}$$

$$V_i^1=\begin{cases} g_i((G_i)^r,(d_i)^r)=0, & \text{耗能铰 } i \text{ 在步长 } r \text{ 上的损伤内变量为正} \\ \Delta d_i=0, & \text{其他情况} \end{cases} \tag{2-55b}$$

$$V_i^2=\begin{cases} f_i(M_i^r,(\theta_i^p)^r,(d_i)^r)=0, & \text{耗能铰 } i \text{ 在步长 } r \text{ 上的塑性变形为正} \\ \Delta \theta_i^p=0, & \text{其他情况} \end{cases} \tag{2-55c}$$

耗能铰 j 的内变量演化率的具体表达式和耗能铰 i 表达形式一样，这里不再给出。由式(2-54)、式(2-55)组成的非线性方程组可以用 Newton 法求解，但存在一个问题，即不知道内变量是正是负，应该采用哪一个 V 的表达式。可以采用如下方法解决这个问题。

①弹性预估：在时间步 r 中求解弹性广义应力 $\boldsymbol{M}_e$ 使得

$$\boldsymbol{R}(\boldsymbol{M}_e,\boldsymbol{\theta},\boldsymbol{A}^k)=0 \tag{2-56}$$

式中 $\boldsymbol{\theta}=\boldsymbol{\theta}^r$，为步长 r 结束的位移。$\boldsymbol{A}^k=(\boldsymbol{A}^k)^{r-1}$，内变量取步长 r 开始的内变量值，为已知量。将 $\boldsymbol{M}_e$ 代入损伤函数和屈服函数，如果函数值大于零，则内变量就取为正，反之就为负，即内变量没有增长。

如果所有的损伤函数和屈服函数值均小于零或者为负值，那么就不需要修正，所求得的 $\boldsymbol{M}_e$ 就是 $\boldsymbol{M}^r$。

②非弹性修正：根据①的结果，如果内变量为正，则代入式(2-54)、式(2-55)组成的非线性方程组中，就可求解得到广义应力和内变量。

(3) 在局部坐标下计算局部一致矩阵 $\partial\boldsymbol{M}/\partial\boldsymbol{\theta}$，可以根据下式求得。

$$\frac{\partial\boldsymbol{R}}{\partial\boldsymbol{M}}\frac{\partial\boldsymbol{M}}{\partial\boldsymbol{\theta}}+\frac{\partial\boldsymbol{R}}{\partial\boldsymbol{A}^k}\frac{\partial\boldsymbol{A}^k}{\partial\boldsymbol{\theta}}=-\frac{\partial\boldsymbol{R}}{\partial\boldsymbol{\theta}} \tag{2-57}$$

$$\frac{\partial\boldsymbol{V}^k}{\partial\boldsymbol{M}}\frac{\partial\boldsymbol{M}}{\partial\boldsymbol{\theta}}+\frac{\partial\boldsymbol{V}^k}{\partial\boldsymbol{A}^k}\frac{\partial\boldsymbol{A}^k}{\partial\boldsymbol{\theta}}=0 \tag{2-58}$$

展开式(2-57)和式(2-58)分别得到

$$\begin{bmatrix} \dfrac{\partial R_1}{\partial M_i} & \dfrac{\partial R_1}{\partial M_j} \\[3mm] \dfrac{\partial R_2}{\partial M_i} & \dfrac{\partial R_2}{\partial M_j} \end{bmatrix} \begin{bmatrix} \dfrac{\partial M_i}{\partial \theta_i} & \dfrac{\partial M_i}{\partial \theta_j} \\[3mm] \dfrac{\partial M_j}{\partial \theta_i} & \dfrac{\partial M_j}{\partial \theta_j} \end{bmatrix} + \begin{bmatrix} \dfrac{\partial R_1}{\partial d_i} & \dfrac{\partial R_1}{\partial d_j} & \dfrac{\partial R_1}{\partial \theta_i^p} & \dfrac{\partial R_1}{\partial \theta_j^p} \\[3mm] \dfrac{\partial R_2}{\partial d_i} & \dfrac{\partial R_2}{\partial d_j} & \dfrac{\partial R_2}{\partial \theta_i^p} & \dfrac{\partial R_2}{\partial \theta_j^p} \end{bmatrix} \begin{bmatrix} \dfrac{\partial d_i}{\partial \theta_i} & \dfrac{\partial d_i}{\partial \theta_j} \\[3mm] \dfrac{\partial d_j}{\partial \theta_i} & \dfrac{\partial d_j}{\partial \theta_j} \\[3mm] \dfrac{\partial \theta_i^p}{\partial \theta_i} & \dfrac{\partial \theta_i^p}{\partial \theta_j} \\[3mm] \dfrac{\partial \theta_j^p}{\partial \theta_i} & \dfrac{\partial \theta_j^p}{\partial \theta_j} \end{bmatrix} = \begin{bmatrix} 1 & 0 \\ 0 & 1 \end{bmatrix}$$

$$(2\text{-}59)$$

$$\begin{bmatrix} \dfrac{\partial V_1^1}{\partial M_i} & \dfrac{\partial V_1^1}{\partial M_j} \\[3mm] \dfrac{\partial V_2^1}{\partial M_i} & \dfrac{\partial V_2^1}{\partial M_j} \\[3mm] \dfrac{\partial V_1^2}{\partial M_i} & \dfrac{\partial V_1^2}{\partial M_j} \\[3mm] \dfrac{\partial V_2^2}{\partial M_i} & \dfrac{\partial V_2^2}{\partial M_j} \end{bmatrix} \begin{bmatrix} \dfrac{\partial M_i}{\partial \theta_i} & \dfrac{\partial M_i}{\partial \theta_j} \\[3mm] \dfrac{\partial M_j}{\partial \theta_i} & \dfrac{\partial M_j}{\partial \theta_j} \end{bmatrix} + \begin{bmatrix} \dfrac{\partial V_1^1}{\partial d_i} & \dfrac{\partial V_1^1}{\partial d_j} & \dfrac{\partial V_1^1}{\partial \theta_i^p} & \dfrac{\partial V_1^1}{\partial \theta_j^p} \\[3mm] \dfrac{\partial V_2^1}{\partial d_i} & \dfrac{\partial V_2^1}{\partial d_j} & \dfrac{\partial V_2^1}{\partial \theta_i^p} & \dfrac{\partial V_2^1}{\partial \theta_j^p} \\[3mm] \dfrac{\partial V_1^2}{\partial d_i} & \dfrac{\partial V_1^2}{\partial d_j} & \dfrac{\partial V_1^2}{\partial \theta_i^p} & \dfrac{\partial V_1^2}{\partial \theta_j^p} \\[3mm] \dfrac{\partial V_2^2}{\partial d_i} & \dfrac{\partial V_2^2}{\partial d_j} & \dfrac{\partial V_2^2}{\partial \theta_i^p} & \dfrac{\partial V_2^2}{\partial \theta_j^p} \end{bmatrix} \begin{bmatrix} \dfrac{\partial d_i}{\partial \theta_i} & \dfrac{\partial d_i}{\partial \theta_j} \\[3mm] \dfrac{\partial d_j}{\partial \theta_i} & \dfrac{\partial d_j}{\partial \theta_j} \\[3mm] \dfrac{\partial \theta_i^p}{\partial \theta_i} & \dfrac{\partial \theta_i^p}{\partial \theta_j} \\[3mm] \dfrac{\partial \theta_j^p}{\partial \theta_i} & \dfrac{\partial \theta_j^p}{\partial \theta_j} \end{bmatrix} = 0$$

$$(2\text{-}60)$$

对于式(2-59)和式(2-60)，令

$$\frac{\partial M_i}{\partial \theta_i} = x_1,\ \frac{\partial M_i}{\partial \theta_j} = x_2,\ \frac{\partial M_j}{\partial \theta_i} = x_3,\ \frac{\partial M_j}{\partial \theta_j} = x_4,\ \frac{\partial d_i}{\partial \theta_i} = x_5,\ \frac{\partial d_i}{\partial \theta_j} = x_6,$$

$$\frac{\partial d_j}{\partial \theta_i} = x_7,\ \frac{\partial d_j}{\partial \theta_j} = x_8,\ \frac{\partial \theta_i^p}{\partial \theta_i} = x_9,\ \frac{\partial \theta_i^p}{\partial \theta_j} = x_{10},\ \frac{\partial \theta_j^p}{\partial \theta_i} = x_{11},\ \frac{\partial \theta_j^p}{\partial \theta_j} = x_{12}$$

由于单元所处的状态不同，得到的需要求解的方程也不同，下面分五种情况讨论。

①无塑性变形发生，只有一端出现弹性耗能铰；

②无塑性变形发生，两端均出现弹性耗能铰；

③有塑性变形发生，有一端出现弹塑性耗能铰，另一端无耗能铰出现；

④有塑性变形发生，一端出现弹性耗能铰，另一端为弹塑性耗能铰；

⑤有塑性变形发生，两端均出现弹塑性耗能铰。

根据上面的偏微分方程组，把各种情况下 R 和 V 的具体表达式代入式(2-59)和式(2-60)中，分别求得不同情况下的需要求解的方程组。

①第 1 种情况：以单元 j 端出现弹性耗能铰，i 端没有发生损伤为例，那么结

果为

$$\begin{cases} F_{11}^0 x_1 + F_{12} x_3 = 1 \\ F_{11}^0 x_2 + F_{12} x_4 = 0 \\ F_{21} x_1 + \dfrac{F_{22}^0}{1-d_j} x_3 + \dfrac{F_{22}^0 M_j}{(1-d_j)^2} x_7 = 0 \\ F_{21} x_2 + \dfrac{F_{22}^0}{1-d_j} x_4 + \dfrac{F_{22}^0 M_j}{(1-d_j)^2} x_8 = 1 \end{cases} \tag{2-61}$$

$$\begin{cases} \dfrac{M_j F_{22}^0}{(1-d_j)^2} x_3 + B' x_7 = 0 \\ \dfrac{M_j F_{22}^0}{(1-d_j)^2} x_4 + B' x_8 = 0 \end{cases} \tag{2-62}$$

化简式(2-61)和式(2-62)得到

$$\begin{cases} A_1 x_1 + B_1 x_3 = 1 \\ A_1 x_2 + B_1 x_4 = 0 \\ A_{11} x_1 + B_{11} x_3 = 0 \\ A_{11} x_2 + B_{11} x_4 = 1 \end{cases} \tag{2-63}$$

式中，$A_1 = F_{11}^0$，$B_1 = F_{12}$，$A_{11} = F_{21}$，$B_{11} = \dfrac{F_{22}^0}{1-d_j} - \dfrac{(F_{22}^0 M_j)^2}{(1-d_j)^4 B'}$。

②第 2 种情况：两端都只有损伤发生，没有发生塑性变形时，即两端均为弹性耗能铰时，结果为

$$\begin{cases} \dfrac{F_{11}^0}{1-d_i} x_1 + F_{12} x_3 + \dfrac{F_{11}^0 M_i}{(1-d_i)^2} x_5 = 1 \\ \dfrac{F_{11}^0}{1-d_i} x_2 + F_{12} x_4 + \dfrac{F_{11}^0 M_i}{(1-d_i)^2} x_6 = 0 \\ F_{21} x_1 + \dfrac{F_{22}^0}{1-d_j} x_3 + \dfrac{F_{22}^0 M_j}{(1-d_j)^2} x_7 = 0 \\ F_{21} x_2 + \dfrac{F_{22}^0}{1-d_j} x_4 + \dfrac{F_{22}^0 M_j}{(1-d_j)^2} x_8 = 1 \end{cases} \tag{2-64}$$

$$\begin{cases} \dfrac{M_i F_{11}^0}{(1-d_i)^2} x_1 + A' x_5 = 0 \\[3mm] \dfrac{M_i F_{11}^0}{(1-d_i)^2} x_2 + A' x_6 = 0 \\[3mm] \dfrac{M_j F_{22}^0}{(1-d_j)^2} x_3 + B' x_7 = 0 \\[3mm] \dfrac{M_j F_{22}^0}{(1-d_j)^2} x_4 + B' x_8 = 0 \end{cases} \tag{2-65}$$

化简式（2-64）和式（2-65）得到

$$\begin{cases} A_2 x_1 + B_2 x_3 = 1 \\ A_2 x_2 + B_2 x_4 = 0 \\ A_{22} x_1 + B_{22} x_3 = 0 \\ A_{22} x_2 + B_{22} x_4 = 1 \end{cases} \tag{2-66}$$

式中，$A_2 = \dfrac{F_{11}^0}{1-d_i}\left[1 - \dfrac{M_i^2 F_{11}^0}{(1-d_i)^3 A'}\right]$，$B_2 = F_{12}$，$A_{22} = F_{21}$，$B_{22} = B_{11}$。

③第 3 种情况：以 j 端出现弹塑性耗能铰，i 端没有发生损伤为例，结果为

$$\begin{cases} F_{11}^0 x_1 + F_{12} x_3 = 1 \\[2mm] F_{11}^0 x_2 + F_{12} x_4 = 0 \\[2mm] F_{21} x_1 + \dfrac{F_{22}^0}{1-d_j} x_3 + \dfrac{F_{22}^0 M_j}{(1-d_j)^2} x_7 + x_{11} = 0 \\[3mm] F_{21} x_2 + \dfrac{F_{22}^0}{1-d_j} x_4 + \dfrac{F_{22}^0 M_j}{(1-d_j)^2} x_8 + x_{12} = 1 \end{cases} \tag{2-67}$$

$$\begin{cases} \dfrac{M_j F_{22}^0}{(1-d_j)^2} x_3 + B' x_7 = 0 \\[3mm] \dfrac{M_j F_{22}^0}{(1-d_j)^2} x_4 + B' x_8 = 0 \\[3mm] \dfrac{1}{1-d_j} x_3 + \dfrac{M_j}{(1-d_j)^2} x_7 - c_j x_{11} = 0 \\[3mm] \dfrac{1}{1-d_j} x_4 + \dfrac{M_j}{(1-d_j)^2} x_8 - c_j x_{12} = 0 \end{cases} \tag{2-68}$$

化简式（2-67）和式（2-68）得到

$$\begin{cases} A_3 x_1 + B_3 x_3 = 1 \\ A_3 x_2 + B_3 x_4 = 0 \\ A_{33} x_1 + B_{33} x_3 = 0 \\ A_{33} x_2 + B_{33} x_4 = 1 \end{cases} \tag{2-69}$$

式中，$A_3 = F_{11}^0$，$B_3 = F_{12}$，$A_{33} = F_{21}$，$B_{33} = \dfrac{c_j F_{22}^0 + 1}{c_j} \left[\dfrac{1}{1 - d_j} - \dfrac{M_j^2 F_{22}^0}{(1 - d_j)^4 B'} \right]$。

④第 4 种情况：以 i 端为弹性耗能铰，j 端为弹塑性耗能铰为例，结果为

$$\begin{cases} \dfrac{F_{11}^0}{1 - d_i} x_1 + F_{12} x_3 + \dfrac{F_{11}^0 M_i}{(1 - d_i)^2} x_5 = 1 \\ \dfrac{F_{11}^0}{1 - d_i} x_2 + F_{12} x_4 + \dfrac{F_{11}^0 M_i}{(1 - d_i)^2} x_6 = 0 \\ F_{21} x_1 + \dfrac{F_{22}^0}{1 - d_j} x_3 + \dfrac{F_{22}^0 M_j}{(1 - d_j)^2} x_7 + x_{11} = 0 \\ F_{21} x_2 + \dfrac{F_{22}^0}{1 - d_j} x_4 + \dfrac{F_{22}^0 M_j}{(1 - d_j)^2} x_8 + x_{12} = 1 \end{cases} \tag{2-70}$$

$$\begin{cases} \dfrac{M_i F_{11}^0}{(1 - d_i)^2} x_1 + A' x_5 = 0 \\ \dfrac{M_i F_{11}^0}{(1 - d_i)^2} x_2 + A' x_6 = 0 \\ \dfrac{M_j F_{22}^0}{(1 - d_j)^2} x_3 + B' x_7 = 0 \\ \dfrac{M_j F_{22}^0}{(1 - d_j)^2} x_4 + B' x_8 = 0 \\ \dfrac{1}{1 - d_j} x_3 + \dfrac{M_j}{(1 - d_j)^2} x_7 - c_j x_{11} = 0 \\ \dfrac{1}{1 - d_j} x_4 + \dfrac{M_j}{(1 - d_j)^2} x_8 - c_j x_{12} = 0 \end{cases} \tag{2-71}$$

化简式（2-70）和式（2-71）得到

$$\begin{cases} A_4 x_1 + B_4 x_3 = 1 \\ A_4 x_2 + B_4 x_4 = 0 \\ A_{44} x_1 + B_{44} x_3 = 0 \\ A_{44} x_2 + B_{44} x_4 = 1 \end{cases} \tag{2-72}$$

式中，

$$A_4 = \frac{F_{11}^0}{1-d_i}\left[1 - \frac{M_i^2 F_{11}^0}{(1-d_i)^3 A'}\right], B_4 = F_{12}$$

$$A_{44} = F_{21}, B_{44} = \frac{c_j F_{22}^0 + 1}{c_j}\left[\frac{1}{1-d_j} - \frac{M_j^2 F_{22}^0}{(1-d_j)^4 B'}\right]$$

⑤第 5 种情况：单元两端均为弹塑性耗能铰，结果为

$$\begin{cases} \dfrac{M_i F_{11}^0}{(1-d_i)^2}x_1 + A'x_5 = 0 \\[2mm] \dfrac{M_i F_{11}^0}{(1-d_i)^2}x_2 + A'x_6 = 0 \\[2mm] \dfrac{M_j F_{22}^0}{(1-d_j)^2}x_3 + B'x_7 = 0 \\[2mm] \dfrac{M_j F_{22}^0}{(1-d_j)^2}x_4 + B'x_8 = 0 \\[2mm] \dfrac{1}{1-d_i}x_1 + \dfrac{M_i}{(1-d_i)^2}x_5 - c_i x_9 = 0 \\[2mm] \dfrac{1}{1-d_i}x_2 + \dfrac{M_i}{(1-d_i)^2}x_6 - c_i x_{10} = 0 \\[2mm] \dfrac{1}{1-d_j}x_3 + \dfrac{M_j}{(1-d_j)^2}x_7 - c_j x_{11} = 0 \\[2mm] \dfrac{1}{1-d_j}x_4 + \dfrac{M_j}{(1-d_j)^2}x_8 - c_j x_{12} = 0 \end{cases} \qquad (2\text{-}73)$$

$$\begin{cases} \dfrac{F_{11}^0}{1-d_i}x_1 + F_{12}x_3 + \dfrac{F_{11}^0 M_i}{(1-d_i)^2}x_5 + x_9 = 1 \\[2mm] \dfrac{F_{11}^0}{1-d_i}x_2 + F_{12}x_4 + \dfrac{F_{11}^0 M_i}{(1-d_i)^2}x_6 + x_{10} = 0 \\[2mm] F_{21}x_1 + \dfrac{F_{22}^0}{1-d_j}x_3 + \dfrac{F_{22}^0 M_j}{(1-d_j)^2}x_7 + x_{11} = 0 \\[2mm] F_{21}x_2 + \dfrac{F_{22}^0}{1-d_j}x_4 + \dfrac{F_{22}^0 M_j}{(1-d_j)^2}x_8 + x_{12} = 1 \end{cases} \qquad (2\text{-}74)$$

化简式(2-73)和式(2-74)得到

$$\begin{cases} A_5 x_1 + B_5 x_3 = 1 \\ A_5 x_2 + B_5 x_4 = 0 \\ A_{55} x_1 + B_{55} x_3 = 0 \\ A_{55} x_2 + B_{55} x_4 = 1 \end{cases} \tag{2-75}$$

式中，

$$A_5 = \frac{c_i F_{11}^0 + 1}{c_i} \left[\frac{1}{1-d_i} - \frac{M_i^2 F_{11}^0}{(1-d_i)^4 A'} \right], B_5 = F_{12}$$

$$A_{55} = F_{21}, B_{55} = \frac{c_j F_{22}^0 + 1}{c_j} \left[\frac{1}{1-d_j} - \frac{M_j^2 F_{22}^0}{(1-d_j)^4 B'} \right]$$

上面所讨论的式(2-62)～式(2-75)中的 A' 和 B' 均取以下值：

$$A' = q_i \frac{1 - \ln(1-d_i)}{(1-d_i)^2} + \frac{M_i^2 F_{11}^0}{(1-d_i)^3}; \quad B' = q_j \frac{1 - \ln(1-d_j)}{(1-d_j)^2} + \frac{M_j^2 F_{22}^0}{(1-d_j)^3}$$

（4）计算在整体坐标下的一致切线矩阵。

式(2-5)两边均对单元节点位移 u 求偏导，得到

$$\frac{\partial Q}{\partial u} = \frac{\partial T^{\mathrm{T}}}{\partial u} M + T^{\mathrm{T}} \frac{\partial M}{\partial \theta} \frac{\partial \theta}{\partial u} \tag{2-76}$$

不考虑几何非线性，式(2-76)右端第一项为0，则式(2-76)可写为

$$\frac{\partial Q}{\partial u} = T^{\mathrm{T}} \frac{\partial M}{\partial \theta} \frac{\partial \theta}{\partial u} = T^{\mathrm{T}} \frac{\partial M}{\partial \theta} T \tag{2-77}$$

（5）计算 $Q(u^r)$。

$$Q^r = T^{\mathrm{T}} M^r = T^{\mathrm{T}} M (u^r)^r \tag{2-78}$$

把所求解的各个单元的结果集成代入整体问题式(2-52)进行迭代求解，求得步长 r 结束时的结构的整体广义位移 U^r，再根据以上求解的局部问题的相应表达式，由单元节点位移求得其他未知量，这样就实现了问题的求解。

2.4.5　弹塑性损伤单元计算框图

图 2-8 给出了弹塑性损伤单元的计算框图。

```
                    ┌─────────────────────┐
                    │  弹塑性损伤单元子程序  │
                    └─────────────────────┘
                               │
                    ┌─────────────────────────┐
                    │ 弹性计算得到单元广义应力  │
                    └─────────────────────────┘
                               │
                   ╱─────────────────────────╲
                  ╱     输入损伤模型参数        ╲
                  ╲                           ╱
                   ╲─────────────────────────╱
                               │
                        ╱─────────────╲
                       ╱  构件是否损伤?  ╲───────── 否 ─────┐
                       ╲               ╱                  │
                        ╲─────────────╱                   │
                               │ 是                       │
                    ┌─────────────────────────┐           │
                    │ 求得单元损伤内变量dᵢ、dⱼ    │           │
                    │ 和单元广义应力Mᵢ、Mⱼ       │           │
                    └─────────────────────────┘           │
                               │                          │
                        ╱─────────────╲                   │
            ┌─── 否 ────╱  构件是否屈服?  ╲                 │
            │          ╲               ╱                  │
            │           ╲─────────────╱                   │
            │                  │ 是                       │
            │       ┌─────────────────────────┐  ┌──────────────────┐
            │       │ 求得单元损伤内变量dᵢ、dⱼ和  │  │  单元的弹性刚度矩阵 │
            │       │ 广义应力Mᵢ、Mⱼ和塑性变形   │  └──────────────────┘
            │       └─────────────────────────┘           │
            │                  │                          │
            │       ┌─────────────────────────┐           │
            │       │ 解方程组求得单元的∂M/∂θ    │           │
            │       └─────────────────────────┘           │
            │                  │                          │
            │       ┌─────────────────────────┐           │
            └───────│ 求得单元一致切线矩阵的∂Q/∂u │───────────┘
                    └─────────────────────────┘
```

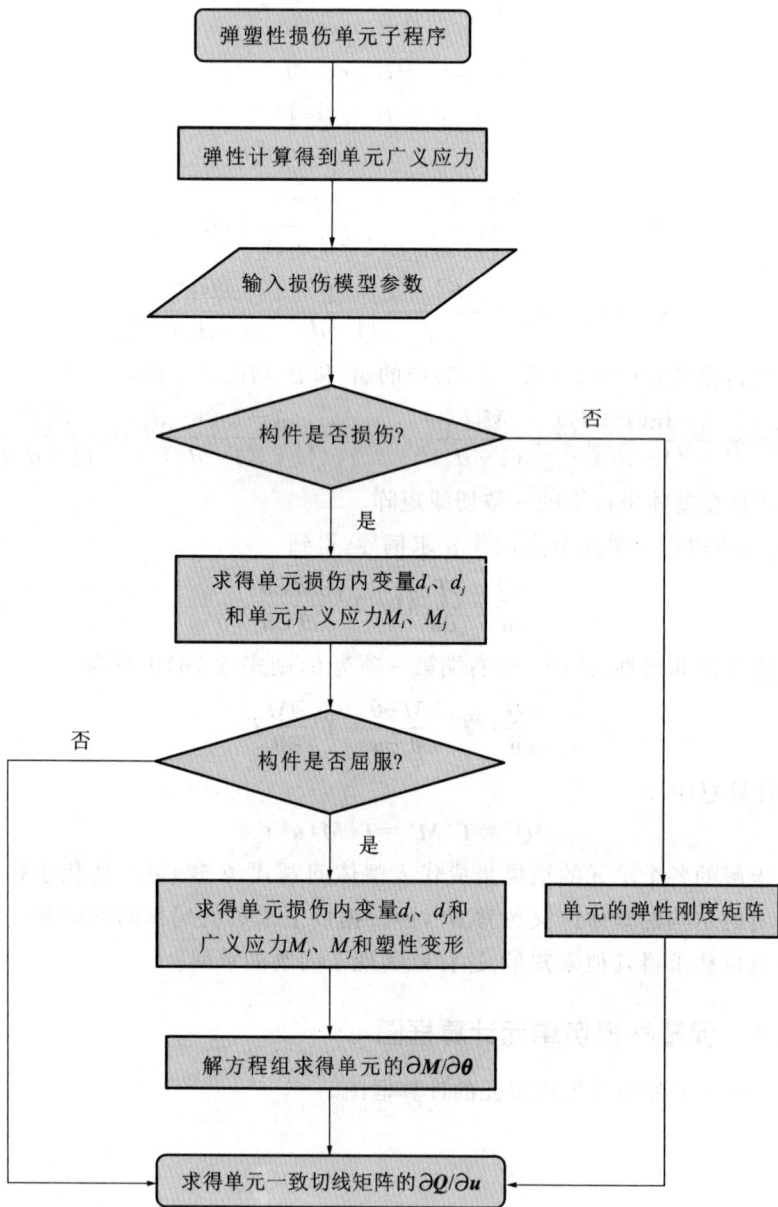

图 2-8　弹塑性损伤单元计算框图

2.5 轴力对单元模型参数的影响

钢筋混凝土柱是钢筋混凝土结构中主要的承载构件之一,在整个受力过程中,轴力是不能忽略的。轴力的变化影响构件开裂弯矩、屈服弯矩和极限弯矩及截面曲率,这些参数的变化直接影响到弹塑性损伤单元的模型参数,而模型参数选择的准确性对于单元的有效性至关重要。因此讨论不同轴力作用对单元模型参数的影响是非常有意义的。

2.5.1 Response 2000 软件

Response 2000 软件主要用于分析在任意荷载组合下平面梁、柱截面的承载力,程序遵从的基本假定是平截面假定。虽然目前对钢筋屈服后平截面假定的适用性仍有不同的看法,但是,作为正截面承载力计算的一种手段,其计算值和试验值的对比表明,引用平截面假定提供的变形协调条件是合理可行的[13]。参考许多国家的设计规范并根据大量试验结果,我国也明确提出以平截面假定作为正截面承载力计算的基本假定。因此将平截面假定用于正截面承载力的计算是合理的。

材料应力-应变的物理关系有许多模型可以选择,本书不再深入展开,具体可参见 Response 2000 用户手册。

2.5.2 算例描述及 *M-N* 相关性曲线

钢筋混凝土柱在弯矩和轴力共同作用下,弯矩与轴力对于柱子的作用会相互牵制,影响构件的破坏形态。对于给定截面、配筋及材料强度的偏心受压构件,到达承载能力极限状态时,截面承受的轴力和弯矩并不是独立的,而是相关的。即当给定轴力时,有其唯一对应的弯矩,或者说构件可以在不同的轴力和弯矩组合下达到承载能力极限状态。同理,在不同轴力作用下,构件截面的开裂弯矩、屈服弯矩、极限弯矩都有所变化。

在截面尺寸和配筋都已知的情况下,根据钢筋混凝土基本原理的经验公式很容易求得截面的开裂弯矩、屈服弯矩,截面曲率和极限弯矩等特征值。直接采用 Response 2000 软件进行算例的截面分析,所采用的算例来自 Vecchio 等[14] 的试验,材料的强度值采用试验结果。

试验给出混凝土的圆柱体抗压强度为 30 MPa,纵筋的屈服强度为 418 MPa,极限强度为 596 MPa,弹性模量为 192500 MPa;箍筋的屈服强度为 454 MPa,极限强度为 640 MPa,间距为 125 mm。截面特性和材料的应力-应变曲线见图 2-9。

为了更好地模拟材料性质,材料应力-应变曲线采用试验得到的材料应力-应变曲线。Response 2000 软件中纵筋的材料特性如表 2-1 所示,直接采用试验结果。混凝土和箍筋参数的选取与纵筋类似,不再列出。钢筋混凝土柱截面为 300 mm×400 mm,净保护层厚度为 30 mm。

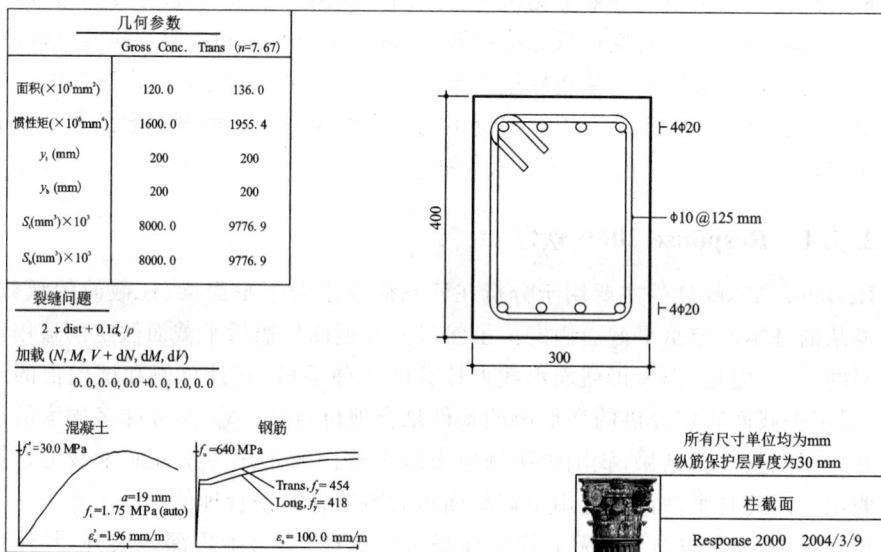

图 2-9　截面特性和材料应力-应变曲线

表 2-1　　　　　　　　　　　　纵筋的材料特性

特性	定义	符号	数值
弹性模量	屈服前刚度	E	192500 MPa
屈服强度	比例极限	f_y	418 MPa
强化应变	强化时应变	ε_{sh}	9.5 mm/m
断裂应变	极限强度对应的应变	ε_u	10%
极限强度	最大应力	f_u	596 MPa

M-N 相关性曲线如图 2-10 所示,从图上可以看出,随着轴力的改变,开裂弯矩、屈服弯矩和极限弯矩都是变化的。对于给定截面,轴向压力达到临界值时,弯矩不再随着轴力的增大而增大,并且从延性破坏(钢筋先屈服,混凝土后被压碎)慢慢过渡到脆性破坏(混凝土先被压坏),屈服弯曲和极限弯矩的差值越来越小,最后归为零。

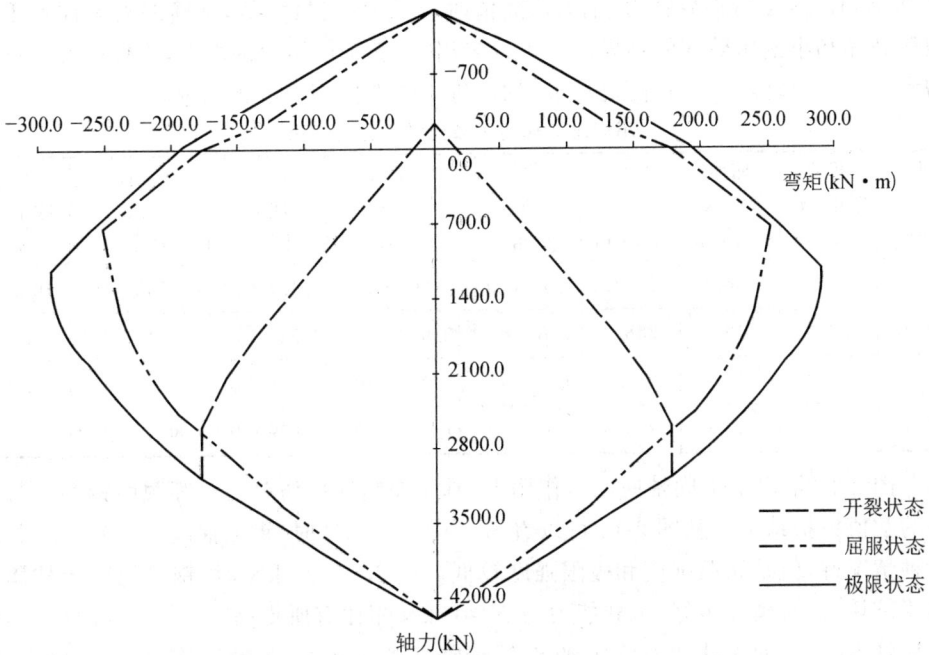

图 2-10　*M-N* 相关性曲线

2.5.3　不同轴力作用下弹塑性损伤单元模型参数的变化

模型参数要根据开裂弯矩、屈服弯矩、最大弯矩和极限塑性转角确定,其中前三项都可以由 Response 2000 软件直接求出,极限塑性转角通过以下方法来确定。

由 Response 2000 软件可以求得截面的极限曲率 φ_u 和屈服曲率 φ_y,那么极限塑性曲率 φ_p 可以由式(2-79)近似求得

$$\varphi_p = \varphi_u - \varphi_y \tag{2-79}$$

极限塑性转角 θ_u^p 可以由式(2-80)求得

$$\theta_u^p = l_p \varphi_p \tag{2-80}$$

式中,l_p 为等效塑性区长度,可以近似按下式取值[15]

$$l_p = 0.5h_0 + 0.05Z \tag{2-81}$$

式中,h_0 为临界截面有效高度;Z 为临界截面到反弯点的距离。等效塑性区的长度与截面的弯矩分布有关,即与临界截面到反弯点的距离有关,随着 Z 的增大而增大。

以高度为 2000 mm 的钢筋混凝土等截面柱为例,其中以柱的截面取算例截面,分别对弹塑性损伤单元模型参数在不同轴力作用下的变化进行讨论。

表 2-2 给出了四组不同轴力作用下单元模型参数的取值,以轴向受压为正,其中

以 $N=1132$ kN 为临界轴力,轴力取此值时,弯矩达到最大值,钢筋混凝土柱处于大偏压破坏和小偏压破坏的临界值。可以看出,随着轴向压力的增大,构件的开裂弯矩增大,损伤门槛值 G_{cr}[9] 也随之增大,构件进入弹性损伤阶段越来越迟。

表 2-2 不同轴力作用下单元模型参数取值

轴力 N (kN)	开裂弯矩 M_{cr} (kN·m)	屈服弯矩 M_y (kN·m)	极限弯矩 M_u (kN·m)	极限塑性转角 θ_u^p	损伤门槛值 G_{cr}	广义屈服应力 m_p	屈服函数常数 c	损伤函数常数 q
0	16.3	156.3	198.7	$1.67×10^{-2}$	$2.064×10^{-3}$	$2.127×10^{2}$	$1.9545×10^{4}$	-0.8328
700	68.8	246.5	258.2	$0.6×10^{-2}$	$3.676×10^{-2}$	$4.534×10^{2}$	$3.9018×10^{4}$	-1.3915
1132	95.2	248.6	291.8	$0.12×10^{-2}$	$7.039×10^{-2}$	$3.568×10^{2}$	$3.4395×10^{5}$	-1.7706
1842	142.6	244.9	275.3	$0.12×10^{-2}$	$1.579×10^{-1}$	$3.529×10^{2}$	$2.80407×10^{5}$	-1.5373

图 2-11 给出了不同轴向压力作用下,基于弹塑性损伤单元对等截面钢筋混凝土柱的数值模拟结果。从图 2-11 可以看出,当 $N=0$ kN 时,钢筋混凝土柱延性比其他三种情况好,但是屈服强度和极限强度较低。当 $N=700$ kN 时,钢筋混凝土柱属大偏压破坏,这时延性很好,承载能力与 $N=0$ kN 相比有所提高。当 $N=1132$ kN,即临界轴力时,柱的承载能力最高,此时属于临界破坏状态,延性比前面所讨论的两种情况差。当 $N=1842$ kN,即大于临界轴力时,钢筋混凝土柱属于小偏压破坏状态,可以看出柱的承载能力提高,开裂进入弹性损伤状态最晚,但是延性较差。

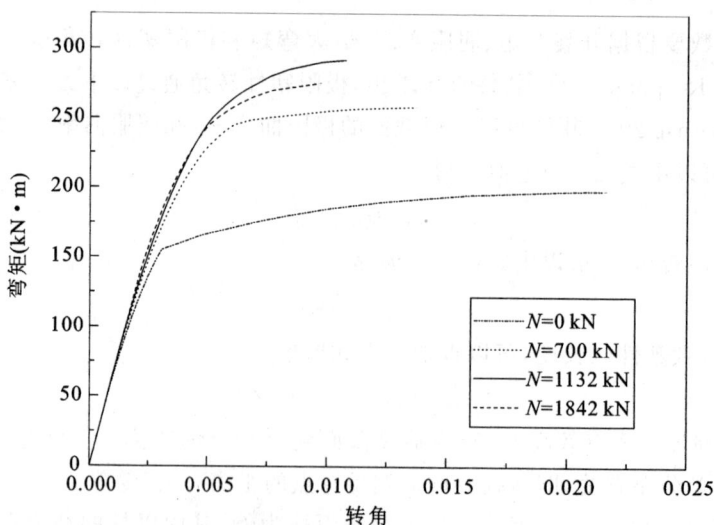

图 2-11 不同轴力作用下的 RC 柱损伤数值模拟结果

2.6 小 结

本章在集中塑性模型的基础上引入了损伤内变量和塑性变形内变量,建立了弹塑性损伤单元的广义应力-应变关系,讨论了损伤内变量和塑性变形内变量的演化方程,并在此基础上分析了不同轴力作用对弹塑性损伤单元模型参数的影响。这种新的弹塑性损伤单元物理概念清晰,易于数值模拟,为后文钢筋混凝土损伤梁单元的构建及程序实现奠定了良好的基础。

参 考 文 献

[1] 刘阳冰,刘晶波. 损伤梁单元及其在 RC 结构构件非线性分析中的应用[J]. 地震工程与工程振动,2004,24(2):95-100.

[2] CIPOLLINA A,LÓPEZ-INOJOSA A,FlÓREZ-lÓPEZ J. A simplified damage mechanics approach to nonlinear analysis of frames[J]. Computer & Structures,1995,54(6):1113-1126.

[3] PERDOMO M E,RAMÍEZ A,FLÓREZ-LÓPEZ J. Simulation of damage in RC frames with variable axial forces [J]. Earthquake Engineering and Engineering Dynamics,1999,28:311-328.

[4] FLÓREZ-LÓPEZ J. Simplified model of unilateral damage for RC frames[J]. Journal of Structural Engineering,1995,121(12):1765-1772.

[5] 徐芝纶. 弹性力学简明教程[M]. 5 版. 北京:高等教育出版社,2018.

[6] 王军. 损伤力学的理论与应用[M]. 北京:科学出版社,1997.

[7] 何明,符晓陵,徐道远. 混凝土的损伤模型[J]. 福州大学学报(自然科学版),1994,22(4):109-114.

[8] 陈惠发,萨里普. 土木工程材料的本构方程(第一卷 弹性与建模)[M]. 余天庆,王勋文,译. 武汉:华中科技大学出版社,2001.

[9] J. 勒迈特. 损伤力学教程[M]. 北京:科学出版社,1996.

[10] 江见鲸. 钢筋混凝土结构非线性有限元分析[M]. 西安:陕西科学技术出版社,1994.

[11] 彭祝,王元汉,李廷芥. Griffith 理论与岩爆的判别准则[J]. 岩石力学与工程学报,1996(S1):491-495.

［12］李庆扬,关治,白峰杉. 数值计算原理［M］. 北京:清华大学出版社,2000.

［13］过镇海. 钢筋混凝土原理［M］. 3 版. 北京:清华大学出版社,2003.

［14］VECCHIO F J, EMARA M B. Shear deformations in reinforced concrete frames［J］. ACI Structure Journal, 1992, 89(1): 46-56.

［15］杨春峰,郑文忠,于群. 钢筋混凝土受弯构件塑性铰的试验研究［J］. 低温建筑技术,2003,10(1):38-40.

3 基于损伤的 RC 结构构件非线性分析

钢筋混凝土结构构件在外力作用下,随着荷载的增加,将逐渐经历混凝土开裂、钢筋屈服、混凝土酥裂直至结构构件崩溃的过程。各个阶段作用力和变形之间的关系是不同的,如何正确合理地建立力学模型,对获得合理可靠的结构非线性反应分析结果至关重要,因为它是构件宏观力学性能的综合反映。

3.1 试 验 参 数

采用具有代表性的梁试件(图 3-1)来模拟梁柱节点,荷载采用逐级加载模式。试件的截面尺寸[1]:梁宽 60 mm,高 100 mm,加载点至支座的距离 L 为 450 mm;钢筋 3φ6,f_y 为 346 N/mm²(试验值),弹性模量 E_s 为 2.1×10^5 MPa;混凝土平均抗压强度取试验值,见表 3-1,弹性模量 E_c 取 2.66×10^4 MPa。

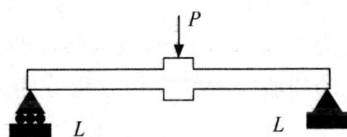

图 3-1　梁试件

表 3-1　　　　　　　　　　　混凝土抗压强度试验值

混凝土	试件 1	试件 2	试件 3
破坏荷载(N)	630	660	675
抗压强度(MPa)	28	29.33	30
抗压强度平均值(MPa)		29.11	

3.2 弹塑性损伤梁单元模型和
其他几种计算模型的比较

采用弹塑性损伤梁单元模型、弹塑性单分量模型和 ANSYS 中材料非线性模型三种单元模型,对试验梁进行全过程静力非线性分析和结果比较。

3.2.1 弹塑性损伤梁单元模型及模型参数

弹塑性损伤梁单元模型是第 2 章所讨论的弹塑性损伤模型的简化,忽略了轴向的非弹性变形及轴力对单元模型参数的影响。弹塑性损伤梁单元是在热力学内变量理论框架的基础上应用连续损伤力学和塑性力学中的集中耗能理论,刻画混凝土开裂造成的构件软化行为以及钢筋屈服后的塑性变形与损伤的耦合发展;分析试验梁在荷载作用下的实时损伤程度以及弹塑性性能。对于图 3-1 所示试件,耗能铰仅在试件中部梁柱节点附近产生,由于结构的对称性,计算模型只考虑一半结构。实际计算模型可参见图 3-2,不同的是图 3-2 中 j 端为耗能铰,i 端为铰支座,不考虑其损伤变形和塑性变形。

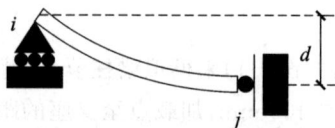

图 3-2 损伤模型

根据试验数据可以得到,构件的开裂弯矩 M_{cr} 为 0.53 kN·m,屈服弯矩 M_y 为 2.25 kN·m,最大弯矩 M_m 为 2.52 kN·m,最大塑性转角为 θ_u^p 为 0.1748。根据已编译程序可以求得耗能铰 j 的屈服方程和损伤方程分别为

$$f_j = \left| \frac{M_j}{1-d_j} - 156.067\theta_j^p \right| - 3.544 \tag{3-1}$$

$$g_j = \frac{M_j^2 L}{6EI(1-d_j)^2} - 2.074 \times 10^{-4} + 0.013 \frac{\ln(1-d_j)}{1-d_j} \tag{3-2}$$

因为梁试件可以忽略轴向损伤变形及塑性变形,轴向变形可以按弹性变形计算,因此单元变形中不再考虑轴向变形,单元的变形表示为

$$\begin{bmatrix} \theta_i \\ \theta_j \end{bmatrix} = \begin{bmatrix} 0 & -\dfrac{1}{L} & 1 & 0 & \dfrac{1}{L} & 0 \\ 0 & -\dfrac{1}{L} & 0 & 0 & \dfrac{1}{L} & 1 \end{bmatrix} \begin{bmatrix} 0 \\ 0 \\ u_3 \\ 0 \\ u_5 \\ 0 \end{bmatrix} = \begin{bmatrix} u_3 + \dfrac{u_5}{L} \\ \dfrac{u_5}{L} \end{bmatrix} \tag{3-3}$$

下面计算单元广义内力和内变量,因为构件 i 端铰支,所以 $M_i = 0$, $\theta_i^p = 0$, $d_i = 0$。方程

$$\boldsymbol{\theta} - \boldsymbol{\theta}^p - \boldsymbol{F}(d)\boldsymbol{M} = \boldsymbol{0} \tag{3-4}$$

即为

$$\begin{bmatrix} \theta_i \\ \theta_j - \theta_j^p \end{bmatrix} = \begin{bmatrix} \dfrac{L}{3EI} & \dfrac{-L}{6EI} \\ \dfrac{-L}{6EI} & \dfrac{L}{3EI(1-d_j)} \end{bmatrix} \begin{bmatrix} 0 \\ M_j \end{bmatrix} \tag{3-5}$$

由式(3-5)可以得到

$$\theta_i = -\frac{L}{6EI}M_j \tag{3-6}$$

$$\theta_j - \theta_j^p = \frac{M_j L}{3EI(1-d_j)} \tag{3-7}$$

3.2.2　弹塑性单分量模型

计算弹塑性单分量模型时,由于结构的对称性,也取一半结构进行计算。此模型和一般的单分量模型类似,由具有非线性转角的线弹性梁单元组成,以此来近似单调加载条件下的应变硬化刚度;不同的是采用前文所讲损伤单元中的方法,直接给出非线性铰(塑性铰)的屈服函数和塑性演化率来描述塑性变形的发展。采用弹性单元刚度矩阵,单元变形考虑弹性变形和塑性变形。屈服函数的确定采用类似于损伤单元的方法,取 d_j 为0,屈服函数可以表示为

$$f_j = |M_j - c_j\theta_j^p| - m_{jp} \tag{3-8}$$

方程中参数 c_j 和 m_{jp} 的确定采用如下方法,在单调加载下,式(3-8)满足以下两个条件

当 $M_j = M_{yj}$ 时,

$$f_j = 0, \quad \theta_j^p = 0 \tag{3-9}$$

当 $M_j = M_{mj}$ 时,

$$\theta_j^p = \theta_{mj}^p, \quad f_j = 0 \tag{3-10}$$

因已知试件的截面尺寸和配筋,根据钢筋混凝土的基本原理可以求得 j 端屈服弯矩 M_{yj}、最大弯矩 M_{mj} 和相应塑性转角 θ_{mj}^{p},这里直接采用试验结果。根据式(3-9)和式(3-10),可以求得模型参数 c_j 和 m_{jp},因此屈服方程为

$$f_j = \left| M_j - 13.075\theta_j^{p} \right| - 2.25 \tag{3-11}$$

塑性演化率直接采用第 2 章所介绍简化损伤梁单元的塑性演化率。

$$\mathrm{d}\theta_i^p = 0, \quad \text{当} f_i < 0 \text{ 或 } \mathrm{d}f_i < 0 \tag{3-12}$$

$$\mathrm{d}\theta_i^p \neq 0, \quad \text{当} f_i = 0 \text{ 且 } \mathrm{d}f_i = 0 \tag{3-13}$$

所采用的弹塑性单分量模型可以认为是弹塑性损伤梁单元模型的一种特殊情况,即不考虑构件的损伤,d_i 和 d_j 都取零的情况。

3.2.3 材料模型

由于钢筋混凝土实际上是一种复合材料,且混凝土本身的均质性较差,在运用 ANSYS 进行分析时应合理选用单元类型及材料模型,以获得较好的计算精度。

目前常用的钢筋混凝土结构有限元计算模型有以下三种[2]:

(1)整体式模型:直接利用 Solid65 提供的实参数建模,其优点是建模方便,分析效率高,缺点是不适用于钢筋分布较不均匀的区域,且得到钢筋内力比较困难,主要应用在有大量钢筋且钢筋分布较均匀的构件中,譬如剪力墙或楼板结构。

(2)分离式模型,位移协调:用空间杆单元 LINK8 建立钢筋模型,并且和混凝土单元共用节点,其优点是可任意布置钢筋并直观地获得钢筋内力,缺点是建模比整体式模型复杂,需要考虑共用节点的位置,且容易出现应力集中而拉坏混凝土的问题。

(3)分离式模型,界面单元:前两种混凝土和钢筋组合方法假设钢筋和混凝土之间位移完全协调,没有考虑钢筋和混凝土之间的滑移,而通过加入界面单元的方法,可以进一步提高分析的精度。同样利用空间单元 LINK8 建立钢筋模型,不同的是混凝土单元和钢筋单元之间利用弹簧模型来建立连接。不过,由于一般钢筋和混凝土之间都有比较良好的锚固,钢筋和混凝土之间滑移导致的问题不是很严重,一般不考虑。

对于本节算例,模型的计算采用第二种模型,假定钢筋和混凝土之间黏结性能理想,两者无相对滑移。整个梁的混凝土部分采用 ANSYS 单元库中混凝土单元(Solid65 单元),图 3-3 为该单元的模型示意图。Solid65 单元主要用于三维模拟混凝土单元,该单元可以在受拉时达到承载能力极限状态后发生开裂,而当单元承受的压应力超过其抗压强度时单元会被压碎。单元的抗拉、抗压强度值可以在单元实体特性的材料性能表中定义。Solid65 单元由 8 个节点组成,每个节点具有三个方向的自由度(X、Y、Z),另外,该单元还可以定义 1~3 种不同形式的钢筋。这种单元形式与普通的 8 节点线弹性单元相比较,除了具有开裂、压碎性能之外基本类似。最为重

要的是该单元可定义非线性的材料性能,混凝土可在三个正交方向开裂、压碎塑性变形和徐变等。根据构件的实际特性以及 ANSYS 单元库中混凝土单元(Solid65)的特点,选用该种单元形式来模拟构件的混凝土部分。

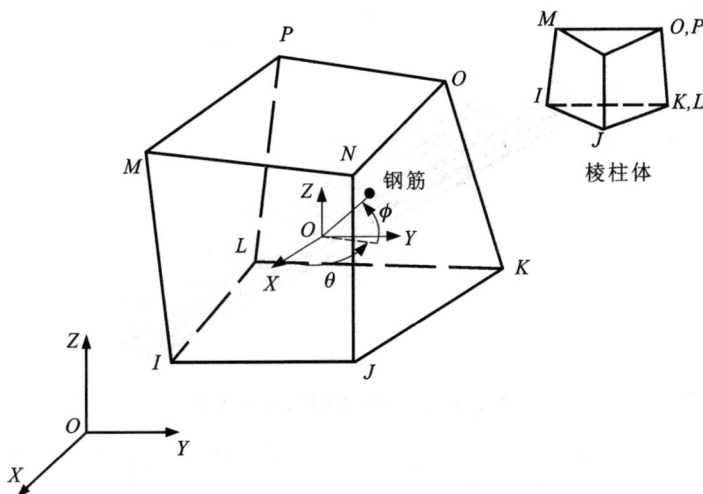

图 3-3 Solid65 单元模型示意图

LINK8 单元可用于模拟桁架、斜拉索、连杆及弹簧等。三维 LINK8 单元(图 3-4)的两个节点具有三个方向的自由度,单元可承受轴向的拉应力和压应力。在球形铰支座的结构中,不考虑单元的抗弯性能,而需要考虑其塑性、膨胀、应力强化和大变形等特性。对于仅具有抗拉或抗压的杆件可采用 LINK10 单元。在梁的底部设置四杆单元来模拟钢筋,每个单元的截面大小是 $28.3~\text{mm}^2$。

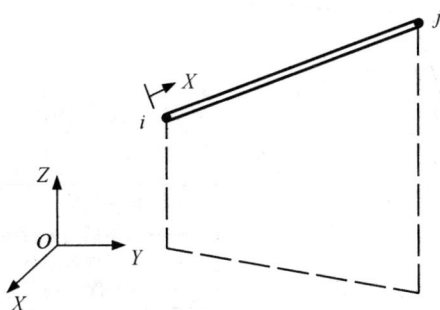

图 3-4 LINK8 单元模型示意图

构件的 ANSYS 有限元分析模型如图 3-5 所示,钢筋混凝土结构有限元分析的最大难点在于材料模型的准确描述。钢筋混凝土是由钢筋和混凝土两种具有不同物理力学性能的材料组合而成的复合材料,分析其材料模型首先应把握两者的力学性质。钢筋作为一种金属材料，其力学模型相对容易把握，采用双线性随动强化模型（BKIN）。而混凝土作为一种混合材料，其本构模型比较复杂，这里采用 William-Warnke 五参数破坏准则，考虑受拉开裂，不考虑压碎，本构采用带下降段的多线性等向强化模型[3]。

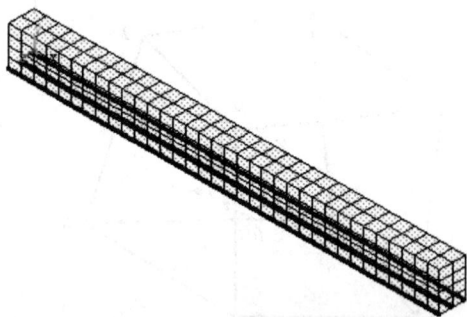

图 3-5　ANSYS 有限元分析模型

3.3　计算结果的分析和比较

不同计算模型得到的跨中弯矩（广义应力 M_j）和挠度的关系曲线如图 3-6 所示。

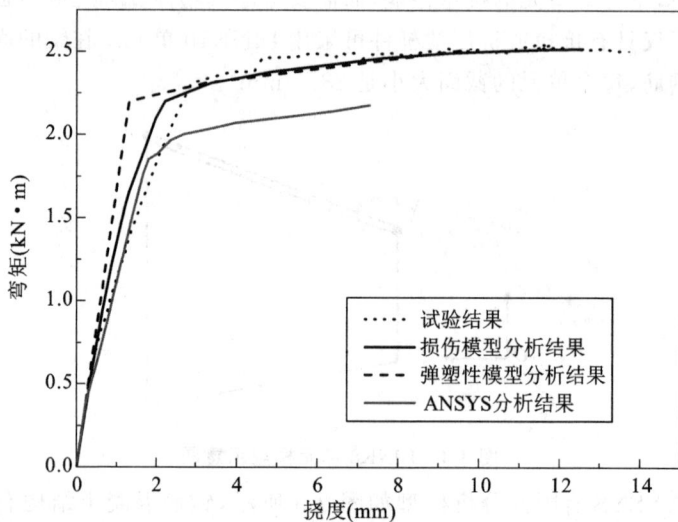

图 3-6　数值模拟跨中挠曲线与试验结果比较

从图 3-6 中可以看出，ANSYS 的分析结果可以在一定程度上描述构件的特性，如构件在荷载作用下从弹性阶段到非线性阶段及钢筋的屈服等。但是由于钢筋混凝土材料本构模型的复杂性，多线性等向强化模型还不能完整描述混凝土的特性。计算结果显示，钢筋混凝土结构的计算较难收敛，在达到极限承载力之前已经不收敛，完成结构从开裂到破坏的全过程分析是比较困难的。但是，如果针对分析对象的结构层次、分析类型、荷载水平，合理地选取单元类型、材料模型，正确地选择收敛标准，还是可以取得令人满意的分析结果。

弹塑性单分量模型可以认为是弹塑性损伤梁单元不考虑损伤时的退化模型，可以看出其计算结果与弹塑性损伤模型的计算结果相比差别很大。弹塑性单分量模型通过铰点弹簧的弯矩-转角关系引入了全部塑性变形影响，从图 3-6 中可以看出，得到的挠曲线基本是双线性曲线形式。这是由于在加载过程中不考虑刚度的退化，认为刚度在达到屈服弯矩以前是不变的，与其理论是完全符合的，弹塑性单分量模型是弹塑性损伤单元的一种特殊情况，这也进一步验证了弹塑性损伤单元的有效性，但是该单元不能反映在加卸载过程中刚度的逐渐劣化，不能描述构件的开裂。

图 3-7 给出了弹塑性单分量模型和弹塑性损伤梁单元计算得到的塑性变形和弯矩的关系曲线。

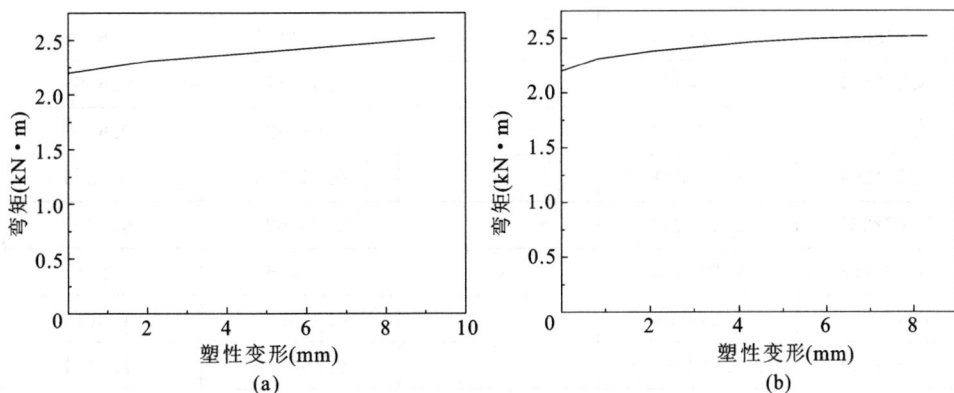

图 3-7　塑性变形与弯矩关系曲线图

(a) 弹塑性单分量模型；(b) 弹塑性损伤梁单元

从图 3-7 可以看出，弹塑性单分量模型计算得到的塑性变形与弯矩的关系曲线近似为一条直线，即在达到屈服弯矩后，塑性变形随着弯矩的增大呈线性变化，而弹塑性损伤梁单元分析得到塑性变形与弯矩关系曲线为曲线，表明塑性随着损伤的发展演化。

弹塑性损伤梁单元的计算结果有效地模拟了试验结果，表 3-2 给出了具体的计算数据，对其结果的讨论将在 3.4 节中进行。

表 3-2　　　　　　　　　　　　　　　　损伤分析结果

力（kN）	弯矩（kN·m）	塑性变形	损伤内变量	总侧移（mm）
0	0	0	0	0
0.160516	0.036116	0	0	0.0240
0.481542	0.108347	0	0	0.0720
0.802569	0.180578	0	0	0.1200
1.091493	0.245586	0	0	0.1632
1.412520	0.317817	0	0	0.2112
1.733547	0.390048	0	0	0.2592
2.054573	0.462279	0	0	0.3072
2.343498	0.527287	0	0	0.3504
2.664524	0.599518	0	0.004744	0.4003
3.017658	0.678973	0	0.010913	0.4562
3.306582	0.743981	0	0.016565	0.5027
3.659711	0.823435	0	0.024228	0.5608
3.948636	0.888443	0	0.031127	0.6094
4.109151	0.924559	0	0.035212	0.6368
4.430178	0.996790	0	0.043925	0.6928
4.751204	1.069021	0	0.053389	0.7505
5.072231	1.141252	0	0.063627	0.8099
5.393258	1.213483	0	0.074668	0.8715
6.998396	1.574639	0	0.143295	1.2214
7.351524	1.654093	0	0.161830	1.3114
9.309791	2.094703	0.001840	0.296858	1.9797
9.777778	2.200000	0.004560	0.341288	2.2194
10.266667	2.310000	0.004560	0.397078	3.3739
10.577778	2.380000	0.009529	0.440778	4.8802
10.979133	2.470305	0.013508	0.518398	7.6316
11.075440	2.491974	0.014773	0.546315	7.9790
11.107542	2.499197	0.016529	0.557850	9.2683

续表3-2

力(kN)	弯矩(kN·m)	塑性变形	损伤内变量	总侧移(mm)
11.171751	2.513644	0.016973	0.589535	9.8347
11.173333	2.514000	0.017346	0.590635	10.5350
11.177778	2.515000	0.017773	0.593911	11.5076
11.186667	2.517000	0.018346	0.601619	12.1965
11.191556	2.518100	0.018437	0.607008	12.5138
11.192000	2.518200	0.018456	0.607568	12.5472
11.192356	2.518280	0.018456	0.608026	12.5745
11.192360	2.518280	0.031076	0.700000	19.5626

3.4 弹塑性损伤梁单元的数值模拟结果分析

从图 3-6 中可以得知弹塑性损伤梁单元模型的计算结果不仅与试验结果吻合得很好,而且挠度曲线在达到屈服弯矩以前是非线性的凸向弯矩轴,梁的刚度随混凝土的开裂逐渐劣化,这一点可以从梁的卸载曲线(图 3-8)中更直观地看出。可以看出弹塑性损伤梁单元模型可以很好地模拟试验梁的弹性阶段、带裂缝工作阶段和屈服阶段,数值模拟得到的跨中截面的开裂弯矩、屈服弯矩和最大弯矩与试验结果的比较见表 3-3。

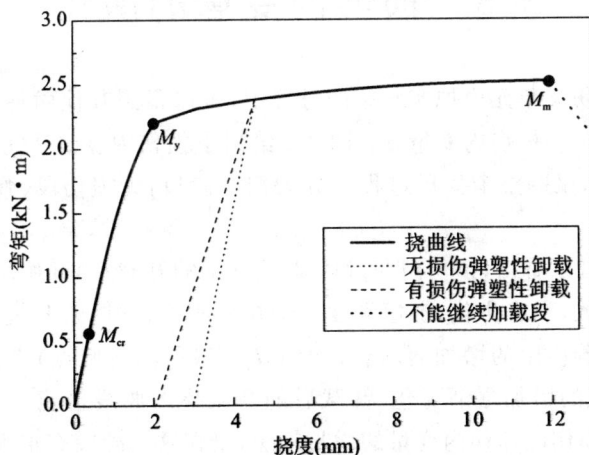

图 3-8 基于损伤的加卸载曲线

表 3-3 试验结果与弹塑性损伤梁单元数值模拟结果比较

特征点	试验值(kN·m)	数值计算值(kN·m)	误差
开裂弯矩 M_{cr}	0.53	0.53	0
屈服弯矩 M_y	2.25	2.2	2.2%
最大弯矩 M_m	2.52	2.518	0.714%

表 3-3 的数值计算值和试验值非常接近,这主要是因为弹塑性损伤梁单元模型在确定屈服和损伤函数时,所用到的特征点数值直接取自试验值。从上面的比较可以看出,这种方法在计算量小幅增加的情况下,得到恢复力模型的骨架线,可以更好地模拟混凝土构件的开裂、受拉钢筋的屈服和极限状态。从图 3-8 可以看出,在达到开裂弯矩 M_{cr} 以前挠度和弯矩关系接近直线,梁尚未出现裂缝。当弯矩超过开裂弯矩后,挠度的增长速度较开裂前快,梁处于带裂缝工作阶段。当达到屈服弯矩 M_y 时,挠度急剧增加,梁的裂缝急剧开展产生塑性流动,最后达到最大弯矩 M_m。

弹塑性损伤梁单元数值模拟得到的梁构件的卸载刚度明显小于无损伤弹塑性卸载刚度,即初始切线刚度。这是因为经典的塑性流动理论只能产生不可恢复性变形,不能影响弹性刚度和应变软化,引入损伤后解决了这一问题。在 Clough 的三线性退化恢复力模型[4]中,卸载线的刚度可以考虑钢筋屈服后构件刚度的退化,但此刚度的取值是通过试验给出的经验值。而弹塑性损伤梁单元的卸载刚度是直接从力学意义出发计算得到的,从理论上实现卸载刚度的计算。

3.5　损伤内变量的演化

用弹塑性损伤梁单元模拟实验梁的过程中,可以得到其他两种方法都不能得到的一个新的变量——损伤内变量 d。图 3-9 给出了损伤内变量-挠度曲线,根据损伤内变量 d 的取值,梁的整个变形过程被分为四个阶段:无损伤段、弹性损伤段、塑性损伤段和倒塌段。

从图 3-9 中可以看出,损伤内变量从 d_{cr} 点(梁的开裂点)开始增长,在此之前梁处于弹性工作阶段,没有劣化,抗弯刚度等于初始刚度,梁尚未开裂。过了开裂点损伤内变量开始随着挠度的增加而增长,达到 d_p 点(梁的屈服点)之前梁处于弹性损伤段,刚度随荷载的增加逐渐劣化,卸载后的荷载挠度曲线仍能回到原点。在达到 d_p 点之后,塑性损伤段损伤内变量的增长趋缓,梁在这一阶段有很大的塑性变形,考虑损伤因素使梁的卸载刚度小于其初始切线刚度。d_m 点对应梁的最大承载力点,后

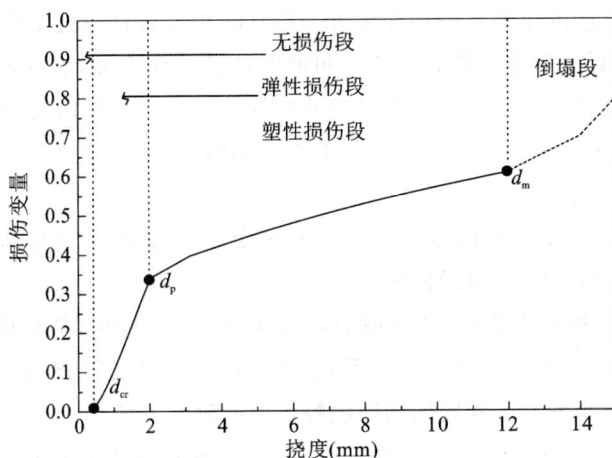

图 3-9 损伤内变量演化图

面的虚线部分表示梁倒塌破坏阶段,不能由计算得到,说明在达到最大弯矩后不能再继续加载,结构破坏。损伤内变量的演化过程形象地描述了试验梁从无损伤、轻微损伤、不可恢复损伤到最大承载力的整个过程。因此可以用损伤内变量直接代替损伤指标来评估结构的损伤程度,表 3-4 给出了损伤内变量 d 的不同取值代表的构件的损伤状态。因此不用在计算完毕后采用后处理的方法来完成这一工作。将这一思想用于结构地震损伤评估方法中,相比人为建立构件损伤评估表达式的做法更具有理论上的优越性[5],但仍需要进一步的研究。

表 3-4   **构件损伤状态**

d	截面特征点	构件的状态
$d=0$	M_{cr}(开裂点)	无损伤
$0<d<d_p$	—	弹性损伤(可恢复损伤)
$d=d_p$	M_y(屈服点)	开始屈服
$d_p<d<d_m$	—	塑性损伤(不可恢复损伤)
$d=d_m$	M_m(最大值点)	不能再继续加载

3.6   小   结

弹塑性损伤梁单元模型对于钢筋混凝土框架结构的非线性分析有良好的适用性,单元模型较为简单,便于引入大型通用有限元程序。单元的非线性刚度矩阵形式简单,使得分析算法的复杂程度和计算机工作时间相比从材料出发的算法大大减少,更适用于钢筋混凝土框架结构的计算。和弹塑性杆件模型相比,在小幅增加计算量的情况下,可以得到直接从力学意义出发的反映构件损伤的损伤内变量,对构件的损伤评估有启发意义。为将这一方法用于工程实际时,还有以下几个方面需要注意和进一步研究。

(1)弹塑性损伤梁单元模型没有考虑剪切变形的影响,对此应进一步开展研究工作,以完善弹塑性损伤梁单元模型。

(2)确定单元模型参数时,特征值的选取直接采用试验值,特征值选取的另一种方法是按照钢筋混凝土基本原理计算得到,但目前的计算方法没有考虑损伤对特征值的影响,因此需要进一步发展损伤影响特征值的确定方法。

(3)损伤内变量只能取到最大弯矩对应的值,不能有效反映最大承载力以后的情况,对于实现结构损伤、破坏的完整模拟,这是一项重要且困难的研究内容。

(4)应进一步完善弹塑性损伤梁单元反向加载段的研究,以得到直接从力学意义出发的恢复力模型,用于结构地震反应分析。

(5)构件的损伤破坏状态与损伤内变量关系的定量化描述以及结构的整体破坏与各构件损伤内变量关系的建立,是损伤理论走向实用化的重要环节,对此尚需要开展更深入且系统的研究。

参 考 文 献

[1] 刘阳冰,刘晶波. 损伤梁单元及其在 RC 结构构件非线性分析中的应用[J]. 地震工程与工程振动,2004,24(2):95-100.

[2] 陆新征,江见鲸. 用 ANSYS Solid65 单元分析混凝土组合构件复杂应力[J]. 建筑结构,2003,33(6):22-24.

[3] BARBOSA A F, RIBEIRO G O. Analysis of reinforced concrete structures using ANSYS nonlinear concrete model [R]. Barcelona:Computational Mechanics, New Trends and Applications,1998.

[4] 张延年,张海,田利. 建筑抗震设计[M]. 2 版. 北京:机械工业出版社,2023.

[5] 王振宇,刘晶波. 建筑结构地震损伤评估的研究进展. 世界地震工程,2001,17(3):43-48.

4 RC 框架结构非线性
分析程序的编制及应用

在荷载作用的一定阶段,特别是在一些截面混凝土开裂或钢筋屈服后,钢筋混凝土框架的结构整体、结构构件和构件截面对荷载的反应不再是弹性的,而是非线性的,并由此引起结构的塑性变形和内力重分布现象[1]。钢筋混凝土框架非线性全过程分析的目的就是尽可能正确地描述材料的本构关系,充分地利用材料的塑性性能和结构的内力重分布现象,使结构的设计更加经济合理。

根据钢筋混凝土框架结构在加载过程中表现出来的塑性铰形成机理,本书在第 3 章探讨了一种基于损伤的可以进行钢筋混凝土框架静力全过程分析的非线性简化单元模型——弹塑性损伤单元,本章将编制相应分析程序 DAMAGE2D[2],可用于钢筋混凝土框架结构非线性有限元分析。

自编程序 DAMAGE2D 采用 Visual Fortran 作为编程语言,可以实现理论分析在实际工程中的应用。

4.1 DAMAGE2D 的特点和基本假设

根据第 2 章所讲述的弹塑性损伤单元的基本理论,编制了钢筋混凝土框架结构的非线性静力全过程分析程序 DAMAGE2D。结构理想化为离散单元的平面组合。由于系统的各节点可以位于任意坐标点,因而结构可以是任意形状。DAMAGE2D有如下特点:

(1) 引入弹性平面杆件模型,每一个杆端有三个自由度,可以对结构先进行弹性分析;

（2）引入弹塑性损伤单元模型，考虑构件的塑性变形和损伤变形，可以对结构进行非线性静力全过程分析；

（3）考虑了轴力对弹塑性损伤柱单元模型参数的影响，忽略轴力对弹塑性损伤梁单元模型参数的影响；

（4）可以输出结构在非线性静力全过程分析过程中的节点位移、构件的杆端力及集中耗能铰的损伤内变量值和塑性变形值。

DAMAGE2D 采用了如下基本假设：

（1）水平作用荷载为单调增加的静力荷载；

（2）竖向荷载在整个加载过程中保持不变；

（3）集中耗能铰只在单元的两端出现；

（4）假设为等截面杆，材料和截面刚度沿杆长不变；

（5）材料的本构关系可用构件截面弯矩-变形关系曲线表示；

（6）单元剪切变形的影响忽略不计。

4.2　数值方法及程序计算流程

4.2.1　数值方法——拟牛顿法

结构进行弹性静力分析时得到的有限元方程实质上是一个线性代数方程组，本程序中的线性方程组采用列主元高斯消去法求解。构件发生损伤后，进行非线性静力分析时需要求解大量的非线性方程组，程序中的非线性方程组采用拟牛顿法求解[3]。

下面简单介绍拟牛顿法求解非线性方程组的计算过程。

设非线性方程组

$$f_i(\boldsymbol{X}) = 0, \quad i = 1, 2, \cdots, n \tag{4-1}$$

式中，$\boldsymbol{X} = (x_1, x_2, \cdots, x_n)^{\mathrm{T}}$。

再设

$$\boldsymbol{X}^{(k)} = (x_1^{(k)}, x_2^{(k)}, \cdots, x_n^{(k)})^{\mathrm{T}} \tag{4-2}$$

为第 k 次迭代近似值，由拟牛顿法可计算第 $k+1$ 次迭代值。即

$$\boldsymbol{X}^{(k+1)} = \boldsymbol{X}^{(k)} - \boldsymbol{F}(\boldsymbol{X}^{(k)})^{-1} \boldsymbol{f}(\boldsymbol{X}^{(k)}) \tag{4-3}$$

其中

$$f(\boldsymbol{X}^{(k)}) = (f_1^{(k)}, f_2^{(k)}, \cdots, f_n^{(k)})^{\mathrm{T}} \tag{4-4}$$

$$f_i^{(k)} = f_i(\boldsymbol{X}^{(k)}) \tag{4-5}$$

$\boldsymbol{F}(\boldsymbol{X})$ 为雅克比矩阵,即

$$\boldsymbol{F}(\boldsymbol{X}) = \begin{bmatrix} \dfrac{\partial f_1(\boldsymbol{X})}{\partial x_1} & \dfrac{\partial f_1(\boldsymbol{X})}{\partial x_2} & \cdots & \dfrac{\partial f_1(\boldsymbol{X})}{\partial x_n} \\[3mm] \dfrac{\partial f_2(\boldsymbol{X})}{\partial x_1} & \dfrac{\partial f_2(\boldsymbol{X})}{\partial x_2} & \cdots & \dfrac{\partial f_2(\boldsymbol{X})}{\partial x_n} \\[3mm] \vdots & \vdots & & \vdots \\[3mm] \dfrac{\partial f_n(\boldsymbol{X})}{\partial x_1} & \dfrac{\partial f_n(\boldsymbol{X})}{\partial x_2} & \cdots & \dfrac{\partial f_n(\boldsymbol{X})}{\partial x_n} \end{bmatrix} \tag{4-6}$$

令

$$\boldsymbol{\delta}^{(k)} = \boldsymbol{F}(\boldsymbol{X}^{(k)})^{-1} \boldsymbol{f}(\boldsymbol{X}^{(k)}) \tag{4-7}$$

其中

$$\boldsymbol{\delta}^{(k)} = (\delta_1^{(k)}, \delta_2^{(k)}, \cdots, \delta_n^{(k)})^{\mathrm{T}} \tag{4-8}$$

则有

$$\boldsymbol{F}(\boldsymbol{X}^{(k)})\boldsymbol{\delta}^{(k)} = \boldsymbol{f}(\boldsymbol{X}^{(k)}) \tag{4-9}$$

$$\boldsymbol{X}^{(k+1)} = \boldsymbol{X}^{(k)} - \boldsymbol{\delta}^{(k)} \tag{4-10}$$

若在雅克比矩阵中,用差商代替偏导数,即

$$\frac{\partial f_i(\boldsymbol{X}^{(k)})}{\partial x_j} \approx \frac{f_i(\boldsymbol{X}_j^{(k)}) - f_i(\boldsymbol{X}^{(k)})}{h} \tag{4-11}$$

其中 h 足够小,且

$$f_i(\boldsymbol{X}_j^{(k)}) = f_i(x_1^{(k)}, \cdots, x_{j-1}^{(k)}, x_j^{(k)} + h, x_{j+1}^{(k)}, \cdots, x_n^{(k)})^{\mathrm{T}} \tag{4-12}$$

则式(4-9)变为

$$\sum_{j=1}^{n} f_i(\boldsymbol{X}_j^{(k)}) z_j^{(k)} = f_i(\boldsymbol{X}^{(k)}), \quad i = 1, 2, \cdots, n \tag{4-13}$$

其中

$$z_j^{(k)} = \frac{\delta_j^{(k)}}{h + \sum\limits_{l=1}^{n} \delta_l^{(k)}}, \quad j = 1, 2, \cdots, n \tag{4-14}$$

综上所述,拟牛顿法求解非线性方程组的计算过程如下。

取初值 $\boldsymbol{X} = (x_1, x_2, \cdots, x_n)^{\mathrm{T}}$, $h > 0$, $0 < t < 1$。

（1）计算 $f_i(\boldsymbol{X}) \Rightarrow B(i), i=1,2,\cdots,n$。

（2）若 $\max |B(i)| < \varepsilon$，则方程组的一组实数解为

$$\boldsymbol{X} = (x_1, x_2, \cdots, x_n)^{\mathrm{T}} \tag{4-15}$$

（3）计算

$$f_i(\boldsymbol{X}_j) \Rightarrow A(i,j), \quad i,j=1,2,\cdots,n \tag{4-16}$$

其中 $\boldsymbol{X}_j = (x_1, x_2, \cdots, x_{j-1}, x_j+h, x_{j+1}, \cdots, x_n)^{\mathrm{T}}$。

（4）解方程组

$$\boldsymbol{AZ} = \boldsymbol{B} \tag{4-17}$$

其中 $\boldsymbol{Z} = (z_1, z_2, \cdots, z_n)^{\mathrm{T}}$。且计算

$$\beta = 1 - \sum_{j=1}^{n} z_j \tag{4-18}$$

（5）计算

$$x_i - \frac{h z_i}{\beta} \Rightarrow x_i, \quad i=1,2,\cdots,n \tag{4-19}$$

（6）$t \cdot h \Rightarrow h$，转步骤（1）。

重复以上过程，直到 x 满足精度要求为止。

4.2.2 程序的计算流程

计算开始后，对每一荷载步先进行弹性计算，求解对应于荷载步的位移值。求得的位移值可以作为非线性迭代的初值，进行下一荷载步的非线性迭代计算，具体的计算流程见 DAMAGE2D 程序计算流程图（图 4-1）。

DAMAGE2D 程序中，结构构件损伤判断子程序 JUDGE、结构构件屈服判断子程序 JUDGE2 和结构非弹性整体刚度矩阵子程序 STIFF，都需要进行多种情况的判断、选择和不同非线性方程组的求解，这是本程序的重要组成部分，也可作为一个新的单元嵌入其他有限元程序中，进行结构的非线性静力全过程分析。

图 4-2 为 JUDGE 子程序的流程图，主要用来实现 DAMAGE2D 程序中的构件损伤判断和求得每个单元的损伤内变量、单元广义应力。

图 4-3 为 JUDGE2 子程序的流程图，此子程序的主要功能是在 JUDGE 子程序的基础上，进一步判断单元是否发生屈服。如果单元发生屈服，则调用求解非线性方程组的子程序，重新求得损伤内变量、塑性变形和单元广义应力；如果单元没有发生屈服，则输出无屈服信息，维持 JUDGE 子程序的计算结果。

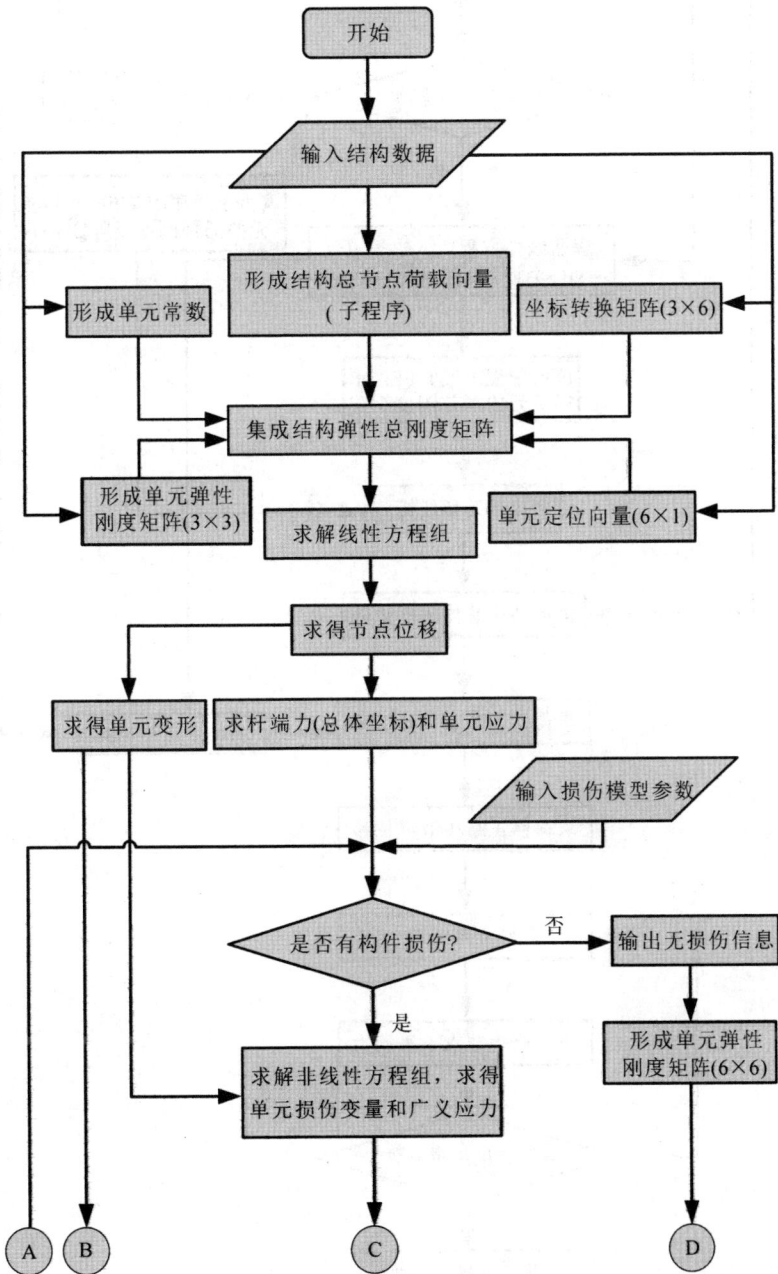

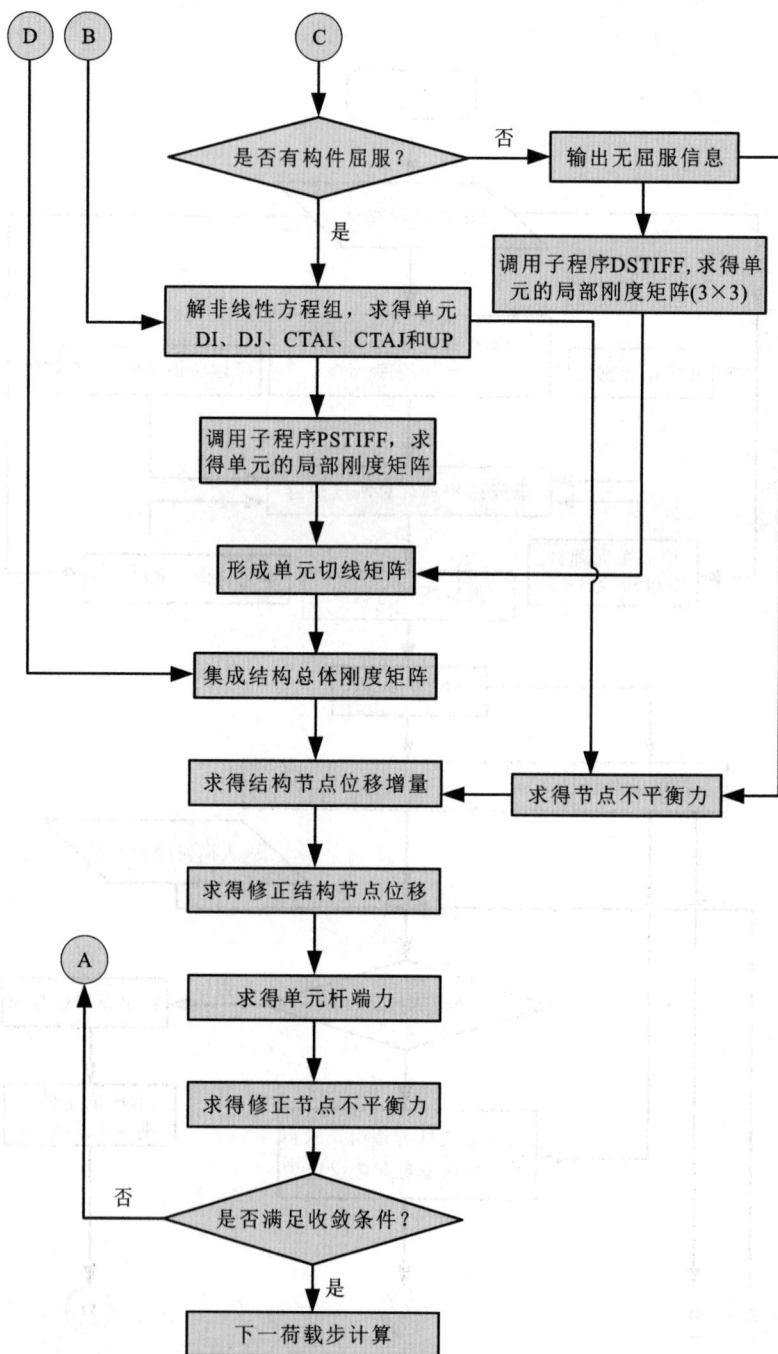

图 4-1 DAMAGE2D 程序计算流程图

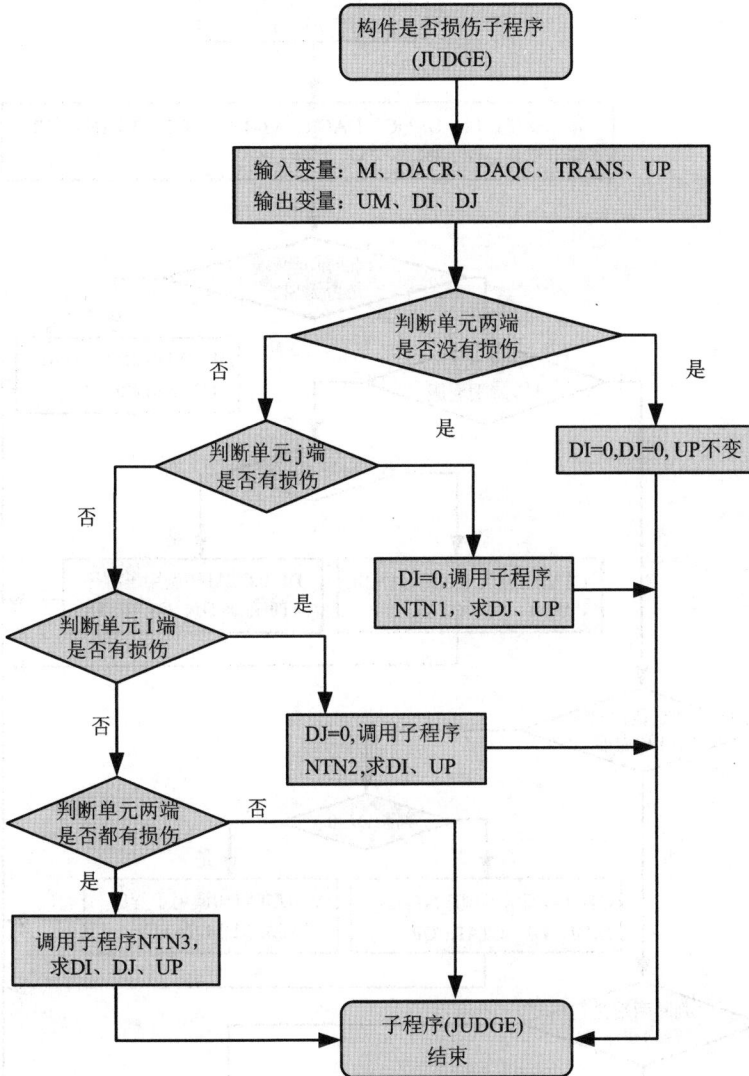

图 4-2   JUDGE 子程序流程图

图 4-4 为 STIFF 子程序的流程图,STIFF 子程序的主要功能是根据 JUDGE2 子程序的结果形成单元的对应于节点位移编号的刚度矩阵。如果单元无损伤,则调用子程序 ESTIFF,形成弹性刚度矩阵;如果单元只发生损伤而无塑性变形发生,则调用子程序 DSTIFF,形成修正的损伤刚度矩阵;如果单元既有损伤发生又有塑性变形发生,则调用子程序 PSTIFF,形成修正的损伤塑性刚度矩阵。

```
                        构件是否屈服子程序
                            (JUDGE2)
                               │
                               ▼
        输入变量：M、DAQC、DACR、YIMP、YICE、TRANS、UP
        输出变量：DI、DJ、CTAI、CTAJ
                               │
                               ▼
                         判断单元两端          是      DI=DI,DJ=DJ,CTAI=0,
                 否      是否无屈服      ─────────►   CTAJ=0,UP不变
                               │
                               ▼
                          判断是否          是
                 否      只有J端屈服   ──────────►  判断 DI=0
                               │                        │
                               │              否 ◄──────┴──────► 是
                               │                │                  │
                               │                ▼                  ▼
                               │      CTAI=0调用子程序NTN14    DI=0,CTAI=0调用子程序
                               │      求DI、DJ、CTAJ、UP      NTN13,求DJ、CTAJ、UP
                               ▼
                          判断是否只          是
                 否      有I端屈服    ──────────►  判断DJ=0
                               │                        │
                               │              否 ◄──────┴──────► 是
                               │                │                  │
                               │                ▼                  ▼
                               │      CTAJ=0调用子程序NTN24    DJ=0,CTAJ=0调用子程序
                               │      求DI、DJ、CTAI、UP      NTN23,求DI,CTAI,UP
                               ▼
                          判断两端是
                 是      否均屈服
                               │                            否
                               ▼                             │
                      调用子程序NTN4,求DI、                   ▼
                      DJ、CTAI、CTAJ、UP  ──────────►   子程序(JUDGE2)  ◄──────
                                                             结束
```

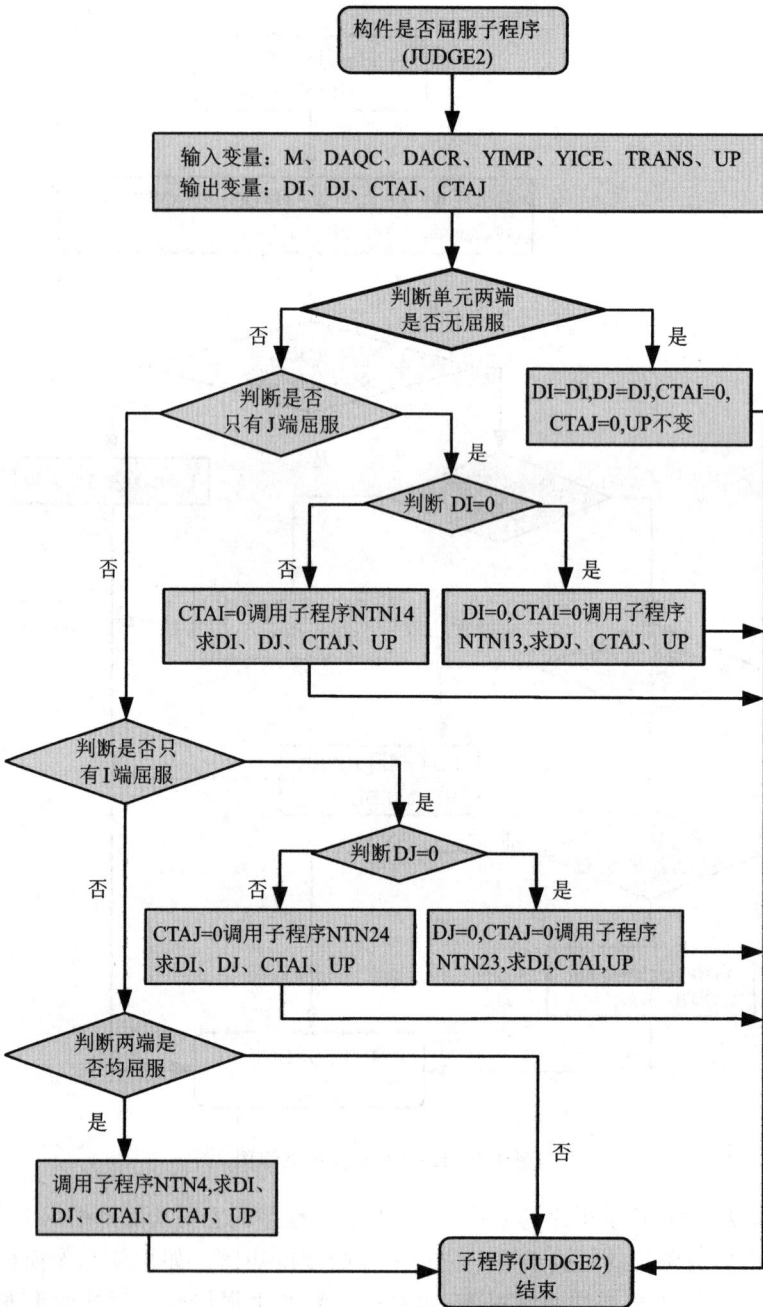

图 4-3　JUDGE2 子程序流程图

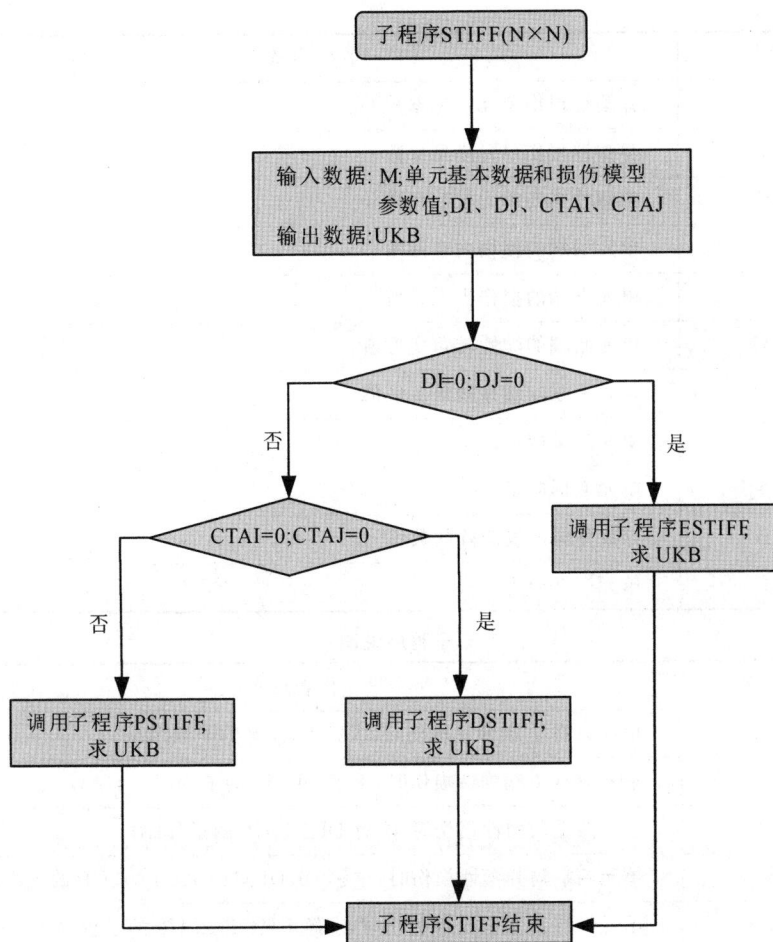

图 4-4   STIFF 子程序流程图

上述流程图中所用到的变量和子程序,分别在表 4-1 和表 4-2 中予以说明。

表 4-1   **变量说明**

变量名	代表意义
M	单元序号
N	节点位移未知量总数
I	单元的始端代号
J	单元的末端代号
DAQC	弹塑性损伤单元模型参数 q

续表 4-1

变量名	代表意义
DACR	弹塑性损伤单元模型参数 G_{cr}
YICE	弹塑性损伤单元模型参数 c
YIMP	弹塑性损伤单元模型参数 m_p
DI	单元始端的损伤内变量值
DJ	单元末端的损伤内变量值
CTAI	单元始端的塑性转角变形值
CTAJ	单元末端的塑性转角变形值
UP	单元广义应力向量
TRANS	单元变形向量
UKB	存放整体刚度矩阵的数组
UM	单元广义应力

表 4-2 **子程序说明**

子程序名	代表意义
NTN1	单元只有 J 端弹性损伤时,求解 DJ、UP 的子程序
NTN2	单元只有 I 端弹性损伤时,求解 DI、UP 的子程序
NTN3	单元两端均弹性损伤时,求解 DI、DJ、UP 的子程序
NTN4	单元两端均弹塑性损伤时,求解 DI、DJ、CTAI、CTAJ、UP 的子程序
NTN13	单元只有 J 端弹塑性损伤时,求解 DJ、CTAJ、UP 的子程序
NTN14	单元 J 端弹塑性损伤,I 端弹性损伤时,求解 DI、DJ、CTAJ、UP 的子程序
NTN23	单元只有 I 端弹塑性损伤时,求解 DI、CTAI、UP 的子程序
NTN24	单元 I 端弹塑性损伤,J 端弹性损伤时,求解 DI、DJ、CTAI、UP 的子程序
ESTIFF	求解单元相应于节点位移编号的弹性刚度矩阵的子程序
DSTIFF	求解单元相应于节点位移编号的弹性损伤刚度矩阵的子程序
PSTIFF	求解单元相应于节点位移编号的弹塑性损伤刚度矩阵的子程序

4.2.3 算例分析 1

钢筋混凝土由混凝土、钢筋两种材料组成,混凝土是一种弹塑性材料,钢筋在达到屈服强度后表现出塑性特点,故钢筋混凝土不是均质弹性体。因此对于钢筋混凝土框架结构,由于梁体或柱体混凝土开裂后,其截面的刚度发生了较大的变化,受力性能更趋于复杂化。一般地,对于钢筋混凝土结构,只要截面有一定的延性,就可能发生内力重分布。一层单跨框架结构简单,理论意义明确,计算结果直观,便于结果的讨论。因此采用所编制的 DAMAGE2D 程序对其进行计算分析,来讨论考虑损伤和塑性后结构的内力重分布,以便更加清楚地了解结构的受力状态,充分利用材料的塑性性能,使结构设计更加经济合理。

4.2.3.1 计算模型参数

计算所采用钢筋混凝土框架的具体尺寸如图 4-5 所示,结构单元及节点编号如图 4-6 所示。P 为侧向力,是单调递增的,N 为作用于两侧柱顶端的轴向压力,在整个加载过程中保持不变,为 700 kN。假定框架的材料参数和梁、柱构件截面参数如表 4-3 所示。其中,E 为混凝土的初始弹性模量,I 为初始换算截面惯性矩,A 为初始换算截面总面积。

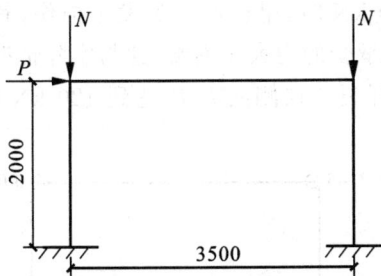

| 图 4-5 结构的具体尺寸 | 图 4-6 单元及节点编号 |

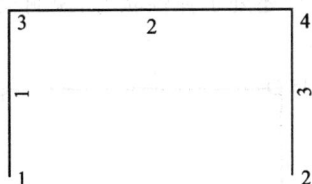

表 4-3 结构截面参数

构件	E (kN/mm²)	I (mm⁴)	A (mm²)	开裂弯矩 M_{cr} (kN·mm)	屈服弯矩 M_y (kN·mm)	极限弯矩 M_u(kN·mm)	极限塑性转角 θ^p
梁	26.33	1.63×10^9	1.38×10^5	0.28	1.61	1.89	1.67×10^{-2}
柱	26.33	1.63×10^9	1.38×10^5	0.69	2.53	2.73	0.6×10^{-2}

4.2.3.2 结构损伤阶段的定义

对于钢筋混凝土框架结构,根据结构在加载过程中单元出现耗能铰情况的不同,定义了结构的四个损伤阶段,其表述如下。

(1)如果结构构件均没有开裂,即所有单元耗能铰的损伤内变量 d 均取为 0 时,定义此时结构处于无损伤阶段。

（2）如果结构构件均没有发生屈服但是有构件开裂，即结构中单元均没有出现弹塑性耗能铰，但至少有一个单元出现弹性耗能铰，定义此时结构处于弹性损伤阶段。

（3）如果结构中有一个单元出现弹塑性耗能铰，且结构没有达到极限承载状态，还可以继续增加荷载，则定义此时结构处于弹塑性损伤阶段。

（4）结构达到极限承载状态，荷载不能继续增加，即有单元耗能铰的损伤内变量达到极限 d_u，不能继续增大，结构耗能铰形成倒塌机制，定义此时结构处于极限状态。

4.2.3.3　弹性损伤阶段结果分析

图 4-7 给出了侧向力 P 分别为 90 kN、120 kN、200 kN 和 250 kN 时结构的耗能铰分布图。图中各个耗能铰所对应的数值为损伤内变量 d 的值，反映了结构在不同侧向力作用下各个构件的损伤状态。

从图 4-7 中可以看出，随着侧向力的不断增大，结构耗能铰的数量逐渐增多，对应损伤内变量也逐渐增大。侧向力 P 为 90 kN 时，梁已经开裂发生损伤，其中梁左端的损伤值大于右端的损伤值，说明梁左端承受的力大于右端，这与实际情况是相符的，此时柱还处于弹性状态，说明梁先于柱开裂。在侧向力 P 达到 120 kN 时，柱的

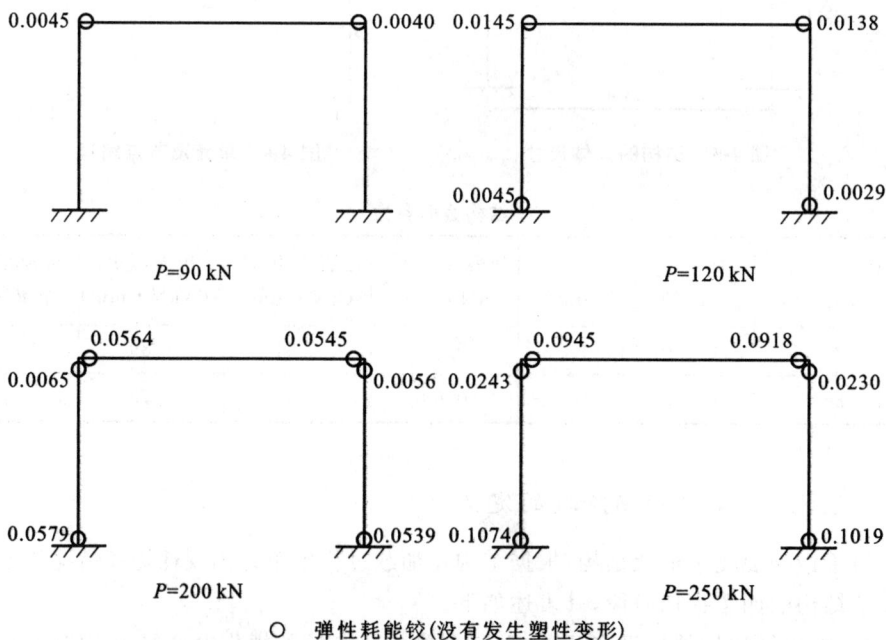

0.0045　　　　　　　0.0040	0.0145　　　　　　　0.0138
	0.0045　　　　　0.0029
P=90 kN	P=120 kN
0.0564　　　0.0545	0.0945　　　0.0918
0.0065　　　　0.0056	0.0243　　　　0.0230
0.0579　　0.0539	0.1074　　0.1019
P=200 kN	P=250 kN

○　弹性耗能铰(没有发生塑性变形)

图 4-7　弹性损伤阶段耗能铰分布图

底端已经开裂发生损伤,而柱的顶端还处于弹性状态,损伤内变量 d 为 0,没有发生损伤。P 达到 200 kN 和 250 kN 时,结构所有单元的两端均出现了弹性耗能铰,梁、柱的损伤进一步发展。在侧向力 P 达到 250 kN 时,柱底端耗能铰损伤内变量出现大于梁端耗能铰损伤内变量的情况。从数值模拟的结果来看,结构各个耗能铰损伤内变量均小于其要出现塑性变形对应的损伤内变量 d_p,说明结构中没有出现弹塑性耗能铰,结构在上述侧向力作用下均处于弹性损伤阶段。

表 4-4 给出了侧向力 P 达到上述四个数值时,弹塑性损伤单元数值模拟求得的结构梁端和柱端的弯矩和按弹性计算得到的梁端和柱端的弯矩。梁端和柱端的弯矩均以绕杆端顺时针方向为正。

表 4-4 结构构件杆端弯矩比较表

P (kN)	计算方法	左侧柱		梁		右侧柱	
		上端弯矩 (kN · m)	底端弯矩 (kN · m)	左端弯矩 (kN · m)	右端弯矩 (kN · m)	上端弯矩 (kN · m)	底端弯矩 (kN · m)
90	弹性计算	−35.04	−56.11	35.04	34.43	−34.43	−54.42
	弹塑性损伤单元模拟	−34.97	−56.17	34.97	34.36	−34.36	−54.49
120	弹性计算	−45.91	−74.81	46.72	45.91	−45.91	−72.56
	弹塑性损伤单元模拟	−45.70	−74.96	46.47	45.70	−45.70	−72.86
200	弹性计算	−77.87	−124.7	77.87	76.51	−76.51	−120.9
	弹塑性损伤单元模拟	−77.47	−124.5	77.47	76.35	−76.35	−121.6
250	弹性计算	−97.34	−155.9	97.34	95.64	−95.64	−151.2
	弹塑性损伤单元模拟	−96.69	−155.4	96.69	95.46	−95.46	−152.4

从表 4-4 的比较结果可以看出,侧向力 P 为 90 kN 时,由于梁已经开裂,柱还处于弹性状态,梁的刚度降低,因此按弹性计算得到的梁端弯矩大于按弹塑性损伤单元计算的结果,柱底端弯矩的弹性计算结果小于弹塑性损伤单元模拟的计算结果。梁端弯矩和柱底端弯矩由于构件刚度的改变发生了重分配。

当侧向力 P 达到 120 kN 时,虽然两侧柱的底端也已经开裂,但是其损伤内变量远远小于梁的损伤内变量,说明梁刚度的劣化程度大于柱刚度的劣化程度,因此得到的杆端弯矩比较结果和侧向力为 90 kN 时保持一致。

当侧向力 P 达到 200 kN 时,右侧柱底端耗能铰的损伤内变量小于梁和左侧柱耗能铰内变量,因此弹性计算得到的梁端弯矩和左侧柱底端的弯矩均大于弹塑性损伤单元模拟的结果,而右侧柱底端弯矩的弹性计算结果小于弹塑性损伤单元模拟的结果。

通过上述结果分析,可以看出弹塑性损伤单元的数值模拟结果考虑了框架结构弹性损伤阶段混凝土开裂后刚度下降造成的内力重分布,使得梁端的弯矩值小于弹性计算的结果。考虑内力重分布后,结构的受力更接近实际的受力情况。

4.2.3.4 弹塑性损伤阶段结果分析

侧向力 P 达到 410 kN 和 445 kN 时,结构耗能铰的分布如图 4-8 所示。当侧向力 P 达到 410 kN 时,由数值模拟的结果可知,梁左端刚刚达到屈服弯矩,出现弹塑性耗能铰,两侧柱底端虽然没有屈服,但是耗能铰损伤内变量大于梁端耗能铰损伤内变量。当侧向力 P 达到 445 kN 时,梁的两端和两侧柱的底端均出现弹塑性耗能铰,说明均达到屈服弯矩,但还没有达到极限状态,仍可以继续承载。表 4-5 给出了侧向力 P 达到 410 kN 和 445 kN 时结构构件杆端弯矩的比较表。

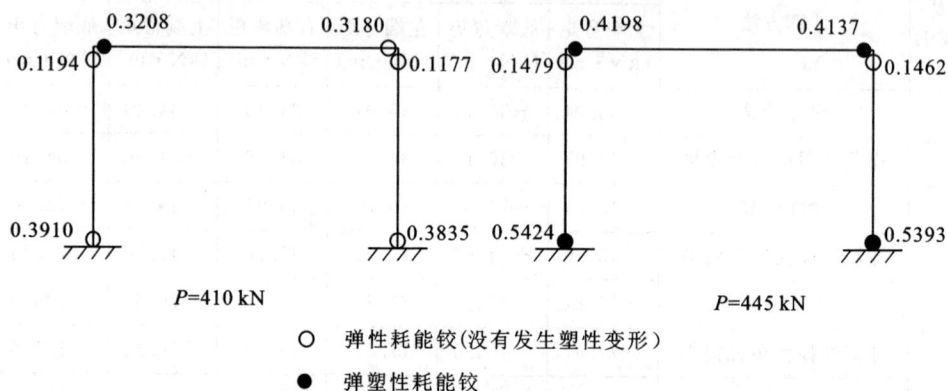

图 4-8 弹塑性损伤阶段耗能铰分布图

表 4-5 结构构件杆端弯矩比较表

P (kN)	计算方法	左侧柱		梁		右侧柱	
		上端弯矩 (kN·m)	底端弯矩 (kN·m)	左端弯矩 (kN·m)	右端弯矩 (kN·m)	上端弯矩 (kN·m)	底端弯矩 (kN·m)
410	弹性计算	−159.63	−255.60	159.63	156.84	−156.84	−247.93
	弹塑性损伤单元模拟	−161.79	−248.85	161.79	160.93	−160.93	−248.38
445	弹性计算	−173.26	−277.42	173.26	170.23	−170.23	−269.09
	弹塑性损伤单元模拟	−175.62	−269.88	175.62	174.85	−174.85	−269.65

从表 4-5 中可以看出,在侧向力 P 为 410 kN 时,梁两端弯矩和右侧柱底端弯矩和弹性计算结果相比增大了,左侧柱底端弯矩的弹塑性损伤单元模拟结果和弹性计

算结果相比减小了，这是由于左侧柱底端耗能铰的损伤内变量最大，刚度劣化严重。可以看出标准的塑性理论不影响刚度的劣化，因此梁端弯矩的损伤结果与弹性的相比增大了。侧向力 P 达到 445 kN 时，虽然梁端和柱的底端均屈服，出现弹塑性耗能铰，但是结构还没有达到极限状态，可以继续承受荷载。不过，只要荷载略微增大结构就达到的极限状态。

图 4-9 给出了结构极限状态下各个耗能铰损伤内变量的取值。可以看出柱底端已经达到极限承载力，对应耗能铰的损伤内变量达到其极限值 d_u [4]，梁两端虽然还没有达到极限承载力，但是由于结构破坏，不能继续承载。

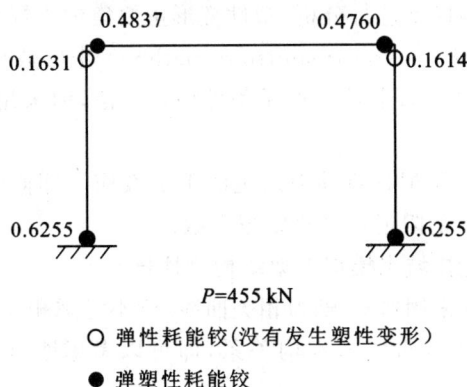

图 4-9 极限荷载作用下耗能铰分布

4.3　DRAIN-2D＋

上文使用 DAMAGE2D 对试验框架进行了非线性静力全过程分析，需将计算结果和 DRAIN-2D＋的结果进行比较和分析。因此下面简要介绍 DRAIN-2D＋的主要功能及本节所用到的梁-柱单元模型。

4.3.1　DRAIN-2D＋的主要功能及计算特点

结构非线性二维计算程序 DRAIN-2D 由加利福尼亚大学伯克利分校的 Kannan 和 Powell 开发。该程序自 1973 年公布以来一直为学术界所广泛采用。台湾大学蔡克铨教授等于 1994 年在 DRAIN-2D 基础上开发并添加了一些功能，使 DRAIN-2D＋成为 DRAIN-2D 的改进版。该程序的主要功能包括：

（1）计算结构的自振周期和振型。

（2）有限自由度离散系统的非线性动力时程分析。

（3）非线性静力分析，即 Pushover 分析。

（4）显示结构受荷后的塑性铰的分布。

本节主要利用功能（3）（4），对试验框架进行非线性静力全过程分析，与弹塑性损伤单元模型的分析结果做比较。DRAIN-2D＋可以进行结构的非线性静力全过程分析，静荷载通过指定的荷载命令施加。每一个荷载命令可以看作指定节点荷载形式的一种组合，而且可以由用户来划分想要的荷载步。

该程序主要计算特点包括：

（1）采用几何刚度考虑 P-Δ 效应。

（2）采用杆系结构模型进行分析，塑性变形主要集中于杆端塑性铰处。

（3）采用 OS 方法（operator-splitting method）进行数值积分。该方法遵循 Newmark 方法的基本原理，也是一种无条件稳定方法，但采用先预测后修正的方式进行运算。

（4）采用 Rayleigh 阻尼计算动力系统的阻尼效应。即假定阻尼矩阵 C，程序根据用户指定振型所对应的阻尼比计算阻尼系数。

（5）采用半刚性连接域来模拟框架结构梁柱核心区。

（6）钢筋混凝土柱采用弯矩-轴力相关曲线，梁不考虑相关关系。

（7）梁-柱单元采用双折线型本构关系，即可以考虑刚度退化但不能考虑强度退化。

4.3.2　梁-柱单元模型

进行钢筋混凝土框架结构非线性静力全过程分析时主要采用 DRAIN-2D＋程序中的梁-柱单元模型，本小节将简要介绍该单元模型。

4.3.2.1　单元一般特性

梁-柱单元可以处于 xy 平面中任意方位。这种单元具有抗弯刚度及轴向刚度，仅在单元端点集中塑性铰处发生屈服，可通过假定这种单元由相互平行的弹性杆与弹塑性杆复合而成，以此来近似应变硬化。弹塑性杆中的铰在恒定弯矩下发生屈服，但弹性杆中的弯矩却可以一直增加。在单元的端点可以给定不同的屈服弯矩且可正可负。在发生屈服时轴力和弯矩的相互影响可以近似予以考虑。

4.3.2.2　单元变形

梁-柱单元具有三种变形形式，即轴向伸长 dv_1、端点 i 的弯曲转角 dv_2、端点 j 的弯曲转角 dv_3。其中轴向变形以轴向伸长为正，转角变形以逆时针方向为正，如图 4-10 所示。如图 4-11 所示，单元有两个节点，每个节点有三个节点未知位移量。

定义单元的变形向量和单元节点位移向量分别为

$$(\mathrm{d}\boldsymbol{v})^{\mathrm{T}} = (\mathrm{d}v_1, \mathrm{d}v_2, \mathrm{d}v_3) \tag{4-20}$$

$$(\mathrm{d}\boldsymbol{s})^{\mathrm{T}} = (\mathrm{d}s_1, \mathrm{d}s_2, \mathrm{d}s_3) \tag{4-21}$$

$$(\mathrm{d}\boldsymbol{r})^{\mathrm{T}} = (\mathrm{d}r_1, \mathrm{d}r_2, \mathrm{d}r_3, \mathrm{d}r_4, \mathrm{d}r_5, \mathrm{d}r_6) \tag{4-22}$$

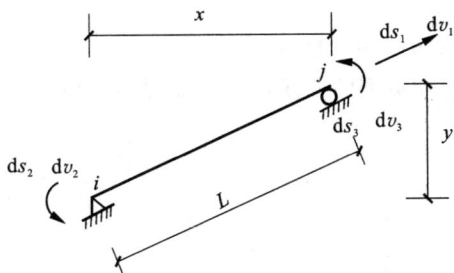

图 4-10 单元变形和单元内力　　　　图 4-11 节点位移

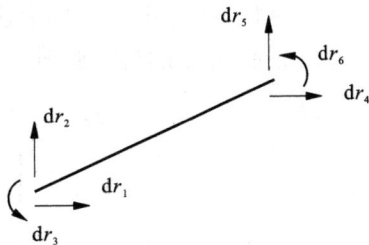

则单元变形和节点位移的关系可以用式(4-23)表示

$$
\begin{bmatrix} \mathrm{d}v_1 \\ \mathrm{d}v_2 \\ \mathrm{d}v_3 \end{bmatrix} =
\begin{bmatrix}
\dfrac{-x}{L} & \dfrac{-y}{L} & 0 & \dfrac{x}{L} & \dfrac{y}{L} & 0 \\[2mm]
\dfrac{-y}{L^2} & \dfrac{x}{L^2} & 1 & \dfrac{y}{L^2} & \dfrac{x}{L^2} & 0 \\[2mm]
\dfrac{-y}{L^2} & \dfrac{x}{L^2} & 0 & \dfrac{y}{L^2} & \dfrac{x}{L^2} & 1
\end{bmatrix}
\begin{bmatrix} \mathrm{d}r_1 \\ \mathrm{d}r_2 \\ \mathrm{d}r_3 \\ \mathrm{d}r_4 \\ \mathrm{d}r_5 \\ \mathrm{d}r_6 \end{bmatrix} \tag{4-23}
$$

或

$$\mathrm{d}\boldsymbol{v} = \boldsymbol{a}(\mathrm{d}\boldsymbol{r}) \tag{4-24}$$

式中,x、y 及 L 假定为常量;a 为单元的转换矩阵。

　　在单元弹塑性杆中的弯矩达到其屈服弯矩时,形成塑性铰。则在单元的这个弹塑性杆中引入塑性铰,而单元的弹性杆则保持不变(不引入塑性铰)。弯曲塑性变形的度量是这个塑性铰的转角。

　　对于任何总的弯曲转角增量 $\mathrm{d}v_2$ 和 $\mathrm{d}v_3$,相应的塑性铰转角增量 $\mathrm{d}v_{y2}$ 和 $\mathrm{d}v_{y3}$ 由下式给出

$$
\begin{bmatrix} \mathrm{d}v_{y2} \\ \mathrm{d}v_{y3} \end{bmatrix} =
\begin{bmatrix} A & B \\ C & D \end{bmatrix}
\begin{bmatrix} \mathrm{d}v_2 \\ \mathrm{d}v_3 \end{bmatrix} \tag{4-25}
$$

式中,A、B、C、D 的取值可参见 DRAIN-2D＋用户手册。当塑性铰的转角与弯矩符号一致时,塑性铰不承担荷载。

　　在梁-柱单元中假定不发生非弹性轴向变形,这是由于考虑屈服后轴向变形与弯曲变形之间的相互作用十分困难,但对于很多实际应用是合理的。

4.3.2.3 屈服关系

对于梁-柱单元,程序给出了三种类型的截面轴力-弯矩屈服关系图:

(1) 梁类型[图 4-12(a)],当轴力较小或忽略轴力时应给定这种类型的曲线,屈服仅由弯矩造成;

(2) 钢柱类型[图 4-12(b)],这种类型的曲线用于钢柱;

(3) 钢筋混凝土柱类型[图 4-12(c)],这种类型的曲线用于钢筋混凝土柱。

(a)

(b)

(c)

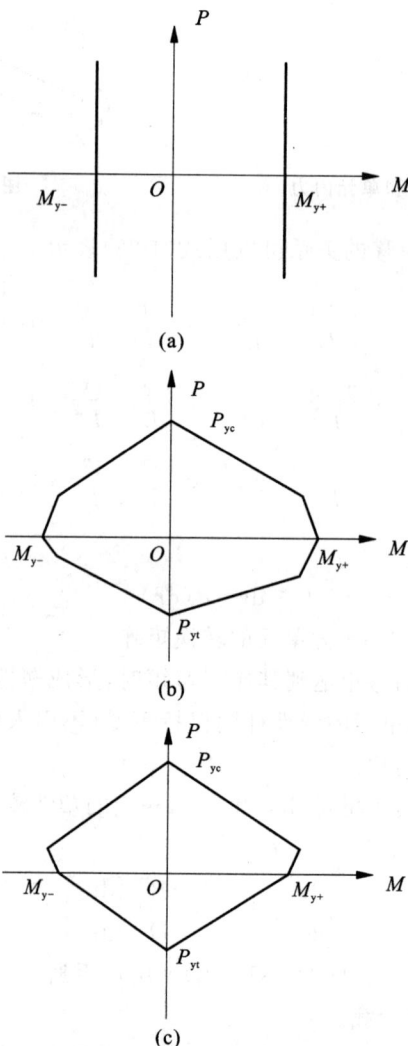

图 4-12 屈服关系图

(a)梁类型;(b)钢柱类型;(c)钢筋混凝土柱类型

对于屈服线内任何轴力和弯矩的组合情况,其对应的图中曲线内的截线均认为是弹性的。若轴力-弯矩组合处于曲线或曲线外,则引入塑性铰。屈服曲线外的组合仅暂时存在,在下一时间步长中会被施加的修正荷载修正。

这一过程并不严格正确,因为屈服后轴向变形与弯曲变形相互影响,所以同时假定仅抗弯刚度硬化和轴向刚度不变是不正确的。但对于建筑结构的实际分析,这一过程还是合理的。

4.3.2.4　单元刚度

梁-柱单元被看作弹性杆与非弹性杆的组合,其单元内力与变形如图 4-10 所示,其轴向刚度为常量,由下式给出

$$\mathrm{d}s_1 = \frac{EA}{L}\mathrm{d}v_1 \tag{4-26}$$

式中,E 为弹性模量;A 为等效平均横截面积。弹性抗弯刚度由下式给出

$$\begin{bmatrix} \mathrm{d}s_2 \\ \mathrm{d}s_3 \end{bmatrix} = \frac{EI}{L}\begin{bmatrix} K_{ii} & K_{ij} \\ K_{ij} & K_{jj} \end{bmatrix}\begin{bmatrix} \mathrm{d}v_2 \\ \mathrm{d}v_3 \end{bmatrix} \tag{4-27}$$

式中,I 为标准惯性矩,取决于横截面变化的系数。对于等截面杆,I 为实际惯性矩。$K_{ii}=K_{jj}=4$,$K_{ij}=2$,这些系数需由用户给定。

当形成一个或多个塑性铰后,弹塑性杆的这些系数变为如下形式

$$K'_{ii} = K_{ii}(1-D) - K_{ij}C \tag{4-28}$$

$$K'_{ij} = K_{ij}(1-D) - K_{ii}B \tag{4-29}$$

$$K'_{jj} = K_{jj}(1-D) - K_{ij}B \tag{4-30}$$

4.3.3　算例分析 2

4.3.3.1　试验模型

采用本章编制的 DAMAGE2D 程序来分析钢筋混凝土框架结构,Vecchio 等[5]已对此框架从理论及试验上进行过研究。试验模型是大比例一跨两层平面框架,框架轴线之间的跨度为 3500 mm,框架总高为 4600 mm,所有构件的截面均为 300 mm × 400 mm。整个框架由与其连成一体的厚重的混凝土基础支撑。框架尺寸和梁柱截面配筋图如图 4-13 所示。混凝土和钢筋的材料性质与 2.5 节算例中的相同。

试验框架在施加水平荷载前,先在每根顶柱顶部施加恒定的竖向荷载 700 kN,在整个试验过程中,轴向荷载保持不变,采用荷载控制。水平荷载分级施加,在左面顶梁施加单调递增侧向荷载。具体的试验加载装置可参见文献[5]。

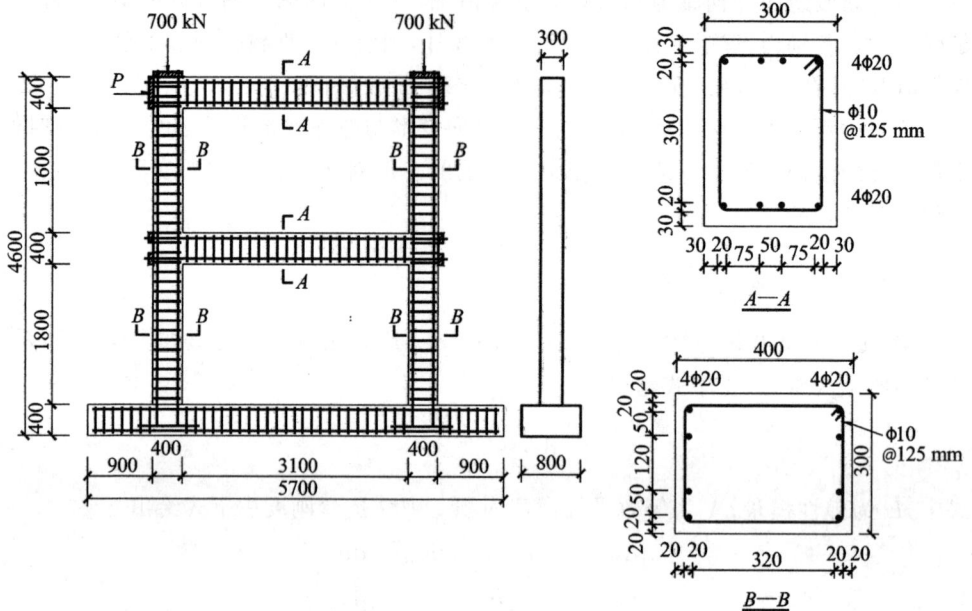

图 4-13　框架试验模型及构件截面尺寸(单位:mm)

4.3.3.2　计算模型

试验的两层框架理想化为离散单元的平面组合。首先给出 DRAIN-2D＋ 和 DAMAGE2D 计算时所采用的结构计算模型,有限元离散后,具体的单元和节点编号如图 4-14 所示。

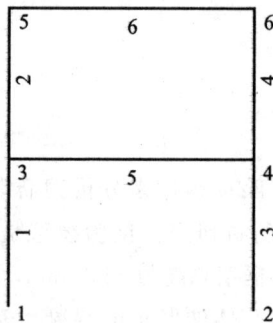

图 4-14　结构计算模型

DRAIN-2D＋计算模型中,结构单元均采用程序所给的梁-柱单元模型,但采用不同屈服关系类型。其中单元 1～4 屈服关系采用钢筋混凝土柱类型,如图 4-12(c)所示,考虑轴力和弯矩的相互作用;单元 5 和单元 6 采用梁类型屈服关系,如图 4-12

(a)所示,不考虑轴力的影响,屈服仅由弯矩造成。

4.3.3.3 不同损伤阶段结构的耗能铰分布

为了更直观地分析试验框架所处的损伤状态,下面给出侧向力 P 达到不同值时结构的耗能铰分布图及各个耗能铰所对应的损伤内变量值,以分析随着侧向力 P 的逐渐增大,框架结构耗能铰出现的顺序,以及对应的损伤程度。

图 4-15 给出了侧向力 P 分别达到 50 kN、90 kN、120 kN、180 kN 时试验框架的耗能铰分布。图 4-15 中给出的几种情况下,结构构件均没有出现弹塑性耗能铰,结构处于弹性损伤阶段。

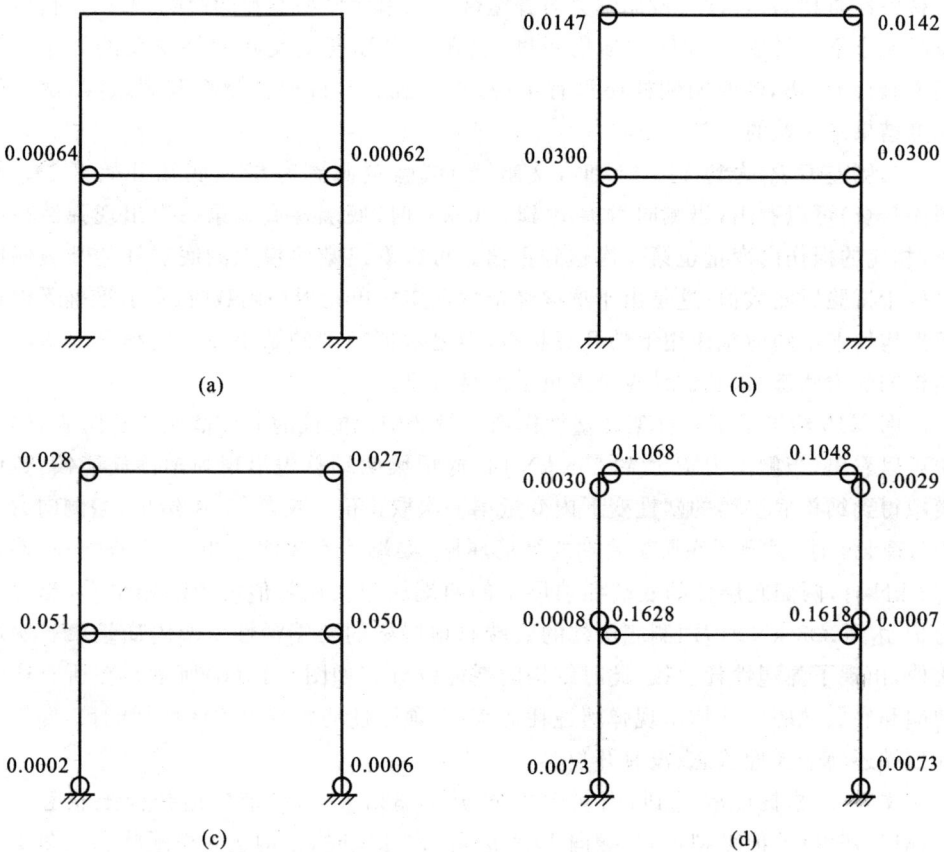

○ 弹性耗能铰(没有发生塑性变形)

图 4-15 弹性损伤阶段耗能铰分布图

(a)$P=50$ kN;(b)$P=90$ kN;(c)$P=120$ kN;(d)$P=180$ kN

文献[5]给出，当侧向力 P 为 52.5 kN 时，观察到在框架底层梁左端的底部和右端的上部首先出现裂缝。从数值模拟的结果可以看到侧向力 P 为 50 kN 时[图 4-15(a)]，底层梁两端耗能铰的损伤内变量第一次达到正值，而其他构件耗能铰的损伤内变量为零。这说明在侧向力 P 为 50 kN 时，试验框架的底层梁首先出现裂缝，根据数值模拟得到的杆端弯矩可以看出，裂缝首先出现在底层梁左端的底部和右端的上部；而顶层梁和柱还没有出现弹性耗能铰，处于无损伤状态，说明这些构件还没有开裂。

当侧向力 P 达到 90 kN 时，顶层梁耗能铰的损伤内变量为正，此时顶层梁已经开裂，但是其耗能铰损伤内变量远小于底层梁端耗能铰损伤内变量。由于梁的截面和材料性质相同，且没有考虑轴力对弹塑性损伤单元模型参数的影响，所以损伤内变量的大小不仅反映了构件的损伤程度，也在一定程度上反映构件受荷的大小。从图 4-15(b)看出，此时两侧柱还没有出现弹性耗能铰，说明柱没有开裂，这与试验的观测结果是一致的。

当侧向力 P 达到 145 kN 时，文献[5]试验观测到底层柱底端开始开裂。从图 4-15(c)可以看出，当侧向力 P 达到 120 kN 时，底层柱底端第一次出现弹性耗能铰，相应的损伤内变量也第一次达到正值。可以看出数值模拟的底层柱的开裂侧向力低于试验所测数值，这是由于选取弹塑性损伤柱单元损伤函数时，不能准确无误地模拟构件在不同荷载作用下的开裂状态，但是数值模拟的结果在一定程度上描述了结构的受力状态，得到的计算结果可以满足需要。

图 4-16 给出了试验框架弹塑性损伤阶段结构耗能铰的分布情况。从图 4-16(a)中可以看出，当侧向力 P 达到 255 kN 时，底层梁两端首先出现弹塑性耗能铰，数值模拟得到结构底层梁的塑性变形内变量第一次取正值。文献[5]中给出，当侧向力 P 为 264 kN 时，观测到底层梁两端的纵筋屈服，梁端达到屈服弯矩；当侧向力 P 接近 323 kN 时，两侧底层柱的底端和顶层梁的两端屈服。从数值模拟的结果看，当侧向力 P 达到 305 kN 时，两侧底层柱的底端和顶层梁的两端塑性变形内变量第一次取正值，出现了弹塑性耗能铰，此时结构的耗能铰分布如图 4-16(b)所示。在所有梁的两端和底层柱的底端均出现弹塑性耗能铰，在顶层柱的两端出现弹性耗能铰，底层柱的顶端还处于弹性状态，没有开裂。

文献[5]根据试验得到，当侧向力 P 达到 332 kN 时，结构达到极限状态。由DAMAGE2D 数值模拟得到，侧向力 P 达到 330 kN 时，结构达到极限状态。图 4-17给出了结构极限状态下耗能铰分布情况。其中底层柱底端弹塑性耗能铰的损伤内变量均达到其极限值 d_u，由于塑性内力的重分布，顶层梁承受的弯矩大于底层梁，因此顶层梁端耗能铰损伤内变量大于底层梁损伤内变量。数值模拟得到的破坏机制和文献[5]试验得到的结构的破坏机制是完全一致的。

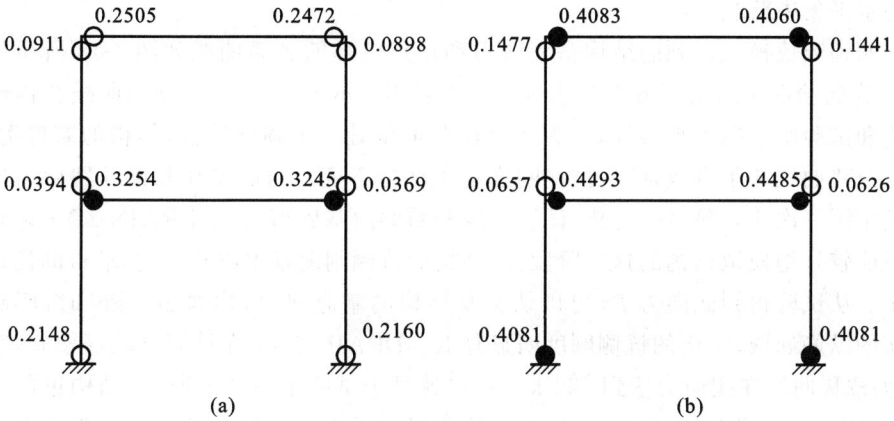

(a)　　　　　　　　　　　　　　(b)

○ 弹性耗能铰(没有发生塑性变形)

● 弹塑性耗能铰

图 4-16　弹塑性损伤阶段耗能铰分布图

(a)$P=255$ kN;(b)$P=305$ kN

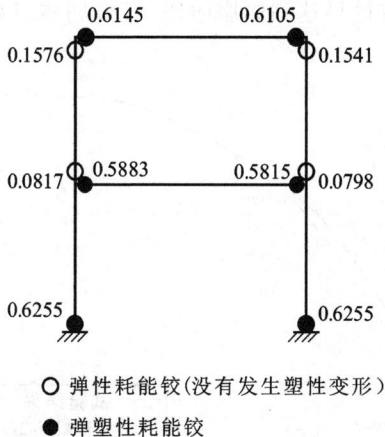

○ 弹性耗能铰(没有发生塑性变形)

● 弹塑性耗能铰

图 4-17　极限状态下耗能铰分布图($P=330$ kN)

上述试验框架在不同阶段数值模拟结果和试验观测结果的比较表明,应用本书的弹塑性损伤单元模型对结构进行分析,可对其开裂荷载、屈服荷载及极限荷载进行比较准确的估计。

4.3.3.4　基底剪力与顶点位移曲线的分析比较

采用 DAMAGE2D 和 DRAIN-2D+ 分别对试验框架进行非线性静力全过程分析(Pushover 分析)[6,7],侧向荷载和试验采用的加载模式相同,在顶层梁施加单调递增的水平集中荷载。

两种数值模拟得到的结构基底剪力和顶点位移的关系曲线如图 4-18 所示。图中 V 为试验框架的基底剪力。从图上可以看出,DRAIN-2D＋得到的曲线在构件开裂前和试验结果拟和得很好,因为此时试验框架处于无损伤阶段,结构的基底剪力-顶点位移曲线趋于直线,结构抗侧刚度基本保持不变。当底层柱和梁开裂后结构刚度发生第一次比较显著的劣化,试验曲线开始偏向基底剪力轴,DRAIN-2D＋计算曲线不能较好地模拟结构的这一阶段,其结构的抗侧刚度基本维持不变,求得的位移值偏小。从试验得知侧向力 P(可以认为是结构的基底剪力)达到 264 kN 时,底层梁两端的纵筋屈服,结构的抗侧刚度明显降低。DRAIN-2D＋在计算试验框架时,基底剪力-位移曲线在侧向力达到 250 kN 左右就早于试验值发生屈服,且结构过此屈服点后,刚度急剧降低,基底剪力-顶点位移曲线几乎平行于位移轴。这主要是由于程序中梁单元采用的屈服关系是梁模型,柱的屈服关系近似考虑了轴力的影响,单元均看作弹性杆和非弹性杆的组合,当梁截面弯矩达到给定的屈服弯矩时,梁单元两端形成塑性铰,刚度一定程度地缩减,而不是随着荷载的逐渐增大,根据各构件实际状态给予降低,而且当塑性铰的转角与弯矩符号一致时,塑性铰不承担荷载,这就使得到的基底剪力-顶点位移曲线过早达到屈服阶段,且过屈服点后,刚度迅速下降。

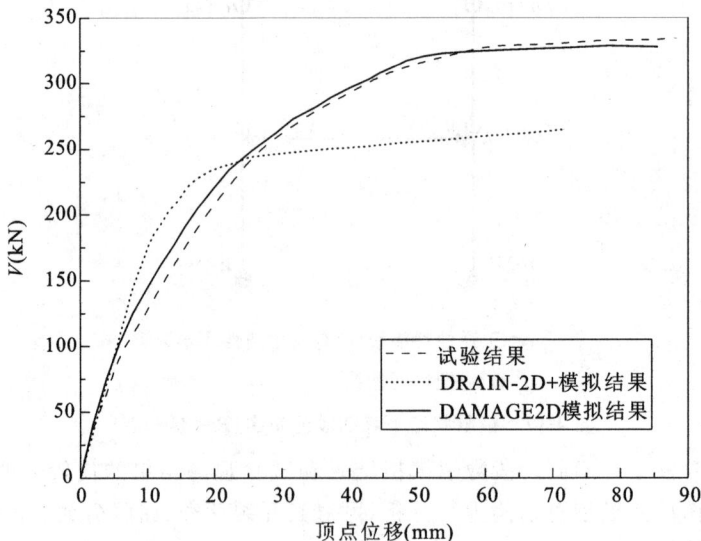

图 4-18　基底剪力与顶点位移关系曲线

从图 4-18 中可以看出,DAMAGE2D 模拟得到的基底剪力-顶点位移曲线和试验结果吻合得很好。由于确定模型时初始截面换算抗弯刚度等参数的选择不能和结构完全保持一致,因此得到的特征值点(如梁、柱的开裂点以及屈服点等)都低于试验值,结构的抗侧刚度高于试验值;但是其可以较为准确地模拟结构的无损伤阶段、开裂弹性损伤阶段、弹塑性损伤阶段和极限状态,如图 4-19 所示。试验测得的特征点对应的侧向力 P 和顶点位移值与弹塑性损伤单元模型分析得到的对应的侧向力 P 和结构顶点位移值分别列于表 4-6 中,比较可以看出,DAMAGE2D 基本上能较好地预测结构加载过程中几个特征点和对应的顶点位移值。

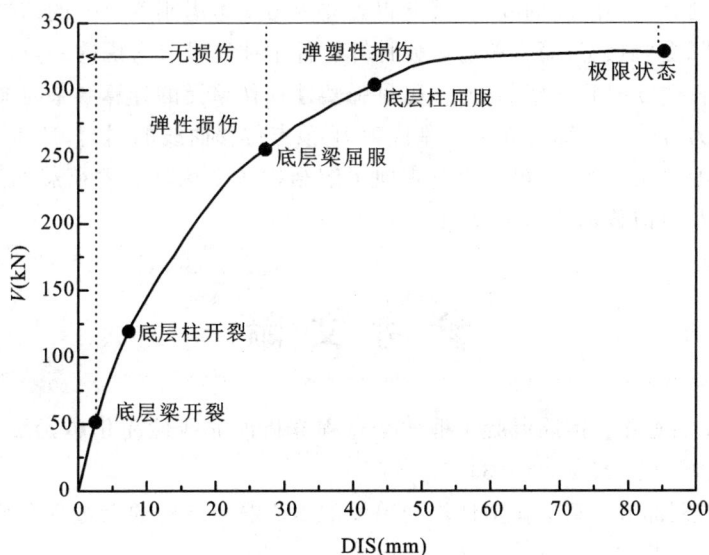

图 4-19 DAMAGE2D 的基底剪力与顶点位移关系曲线

表 4-6   **试验过程特征点的荷载和位移**

特征值点	侧向力 P(kN)		顶点位移(mm)	
	试验值	分析值	试验值	分析值
底层梁开裂	52.5	50	2.88	2.348
底层柱开裂	145	120	12.01	7.213
底层梁屈服	264	255	30.69	27.157
底层柱屈服	323	305	56.15	43.886
极限状态	332	330	85.09	85.495

4.4　小　　结

通过对算例 1 的分析和结果比较,可以得出基于弹塑性损伤单元的计算结果考虑了构件开裂后结构刚度的改变,因此得到的内力是考虑刚度改变的结果,更加接近于结构的实际受力状态,而一般有限元计算软件中往往没有考虑这一点。

通过对算例 2 试验框架的分析,可见弹塑性损伤单元的计算结果与文献[5]的试验结果是较为符合的。而且在得到基底剪力-顶点位移曲线的同时,还得到了反映构件损伤程度的损伤内变量,可以更直观地了解结构各个构件随着荷载的逐渐增大所处的状态以及结构破坏的整个过程。

参 考 文 献

[1] 徐伟良,吴德伦. 钢筋混凝土框架全过程分析的非线性简化单元及其应用[J]. 建筑结构学报,1995,16(3):59-65.

[2] 刘阳冰,刘晶波. 基于弹塑性损伤单元的 RC 框架结构的全过程分析[J]. 地震工程与工程振动,2006,26(6):56-63.

[3] 徐士良. FORTRAN 常用算法程序集[M]. 2 版. 北京:清华大学出版社,1995.

[4] ALARCÓN E,RECUERO A,PERERA R,et al. A repairability index for reinforced concrete members based on fracture mechanics[J]. Engineering Structure,2001,23(6):687-697.

[5] VECCHIO F J,EMARA M B. Shear deformations in reinforced concrete frames[J]. ACI Structure Journal,1992,89(1):46-56.

[6] 陈扬波. 钢筋混凝土实体剪力墙静力弹塑性分析[D]. 北京:清华大学,2000.

[7] 田颖. 非延性 RC 框架基于位移的抗震评估与加固设计方法研究[D]. 北京:清华大学,2000.

5 现浇钢筋混凝土和装配整体式钢筋混凝土框架结构对比分析

第 2～4 章基于损伤力学和塑性理论建立了一种弹塑性损伤单元模型,并编制了基于此单元的 RC 平面框架非线性分析程序 DAMAGE2D。算例表明,弹塑性损伤单元对 RC 框架非线性分析具有良好的精度。根据计算结果对 RC 框架结构进行了不同损伤阶段的划分,研究成果可用于基于 Pushover 方法的结构抗震分析。但是由于混凝土弹塑性损伤理论本身的不完备性,对于构件而言,尤其是进入塑性后,内变量演化方程的适用性等一系列问题都给混凝土结构的程序编制带来了很多困难。Pushover 分析过程中可能出现切线刚度矩阵奇异或负定,引起数值算法不稳定。这些困难使得程序使用范围有一定的限制。开发的单元模型也存在一定的不足,需要进一步的改进。

随着计算机技术的发展,框架梁、柱单元和材料模型也越来越丰富。因此本章在前文研究的基础上,利用现有的有限元软件,对现浇钢筋混凝土框架结构和装配整体式框架结构的抗震性能进行深入和系统的对比分析。

目前对于装配整体式钢筋混凝土框架结构的设计还是采用等同现浇框架结构进行设计,然后再应用 BIM 软件进行构件的拆分。因此,虽然对装配整体式框架结构与现浇框架结构在受力、变形和抗震性能差异有一定的认识,但没有更深入的进一步对比分析。本章基于实际工程,采用有限元分析软件,建立了现浇钢筋混凝土框架结构和装配整体式钢筋混凝土框架结构的有限元模型,并对两种结构进行弹性分析和弹塑性分析,全面分析和对比两者的力学、变形和抗震性能,从结构视角全面评价两种结构方案的优缺点,为装配式建筑的推广和应用提供理论基础和设计依据。

5.1 项目背景

某购物中心项目共 10 层,采用框架结构体系,1～6 层为购物中心,7～8 层为健身房,9～10 层为办公辅助用房。底层层高为 4.2 m,室外高差 0.45 m,其余层高均为

3.6 m,建筑高度为 37.05 m。抗震设防烈度为 7 度(0.10g),设计地震分组第一组,场地类别Ⅱ类。框架抗震等级为二级。考虑到项目所在地的施工条件,设计院采用现浇钢筋混凝土框架结构。在原施工图的基础上,本案例采用两种结构方案,一种方案为现浇钢筋混凝土框架结构(简称模型 1),一种方案为装配整体式钢筋混凝土框架结构(简称模型 2)。为了便于分析和对比,结构的平面和立面结构布置相同,如图 5-1 所示。

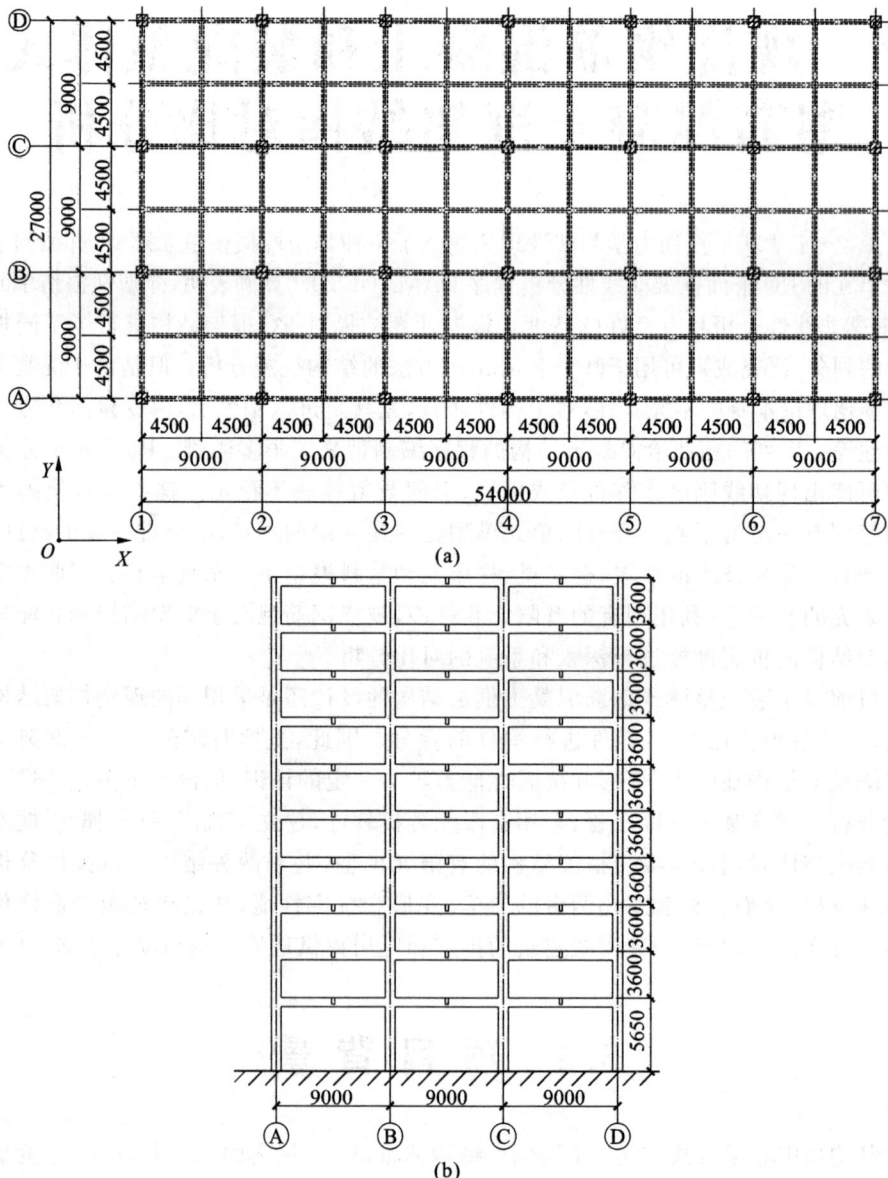

图 5-1 结构示意图

(a)平面图;(b)立面图

图 5-1 中框架柱（KZ）采用正方形截面。底层柱截面的边长为 900 mm，2～10 层柱的边长为 800 mm。框架梁用 KL 表示，纵、横向框架梁截面均为 300 mm× 650 mm，次梁截面为 250 mm×500 mm。现浇钢筋混凝土框架的楼板和屋面板厚 为 110 mm，装配整体式楼盖的楼板采用叠合板装配式楼盖，预制板厚 60 mm，现浇 层厚 50 mm，总厚也取为 110 mm。底层柱高考虑柱插入基础的高度，取底层柱高为 5650 mm。

5.2 有限元模型和荷载信息

采用有限元软件 SAP2000 对两种结构方案分别建立相应的分析模型，框架梁、 次梁、框架柱均采用程序中的 Frame 单元（梁单元）来模拟，楼板用 Shell 单元中的薄 壳单元模拟，两个方案的结构模型示意如图 5-2 所示。两个方案结构模型的差别在 于梁单元截面抗弯刚度的调整系数不同[1]。

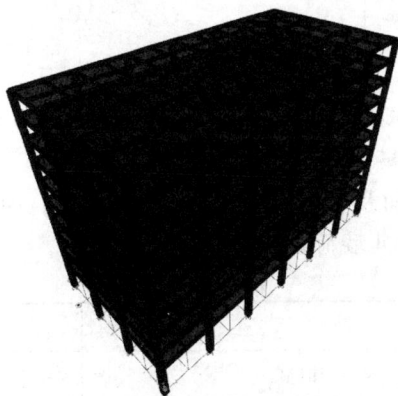

图 5-2 结构有限元模型示意图

Frame 单元为线单元，采用三维梁-柱公式，可以模拟双轴弯曲、扭转、轴向变形、 双轴剪切变形等[2]。单元每个节点均有 6 个自由度，分别为 3 个平动自由度和 3 个 转动自由度，单元截面可以根据用户需求通过参数形式直接定义、从型钢库调用或在 截面定义器中自行绘制，截面属性也可通过调整系数来模拟楼板对梁抗弯能力的提 高、折减等特性。

Shell 单元根据受力特点分为膜单元、板单元及壳单元[2]。膜单元只具有平面内 刚度，承受膜力；板单元只具有平面外刚度，承受弯曲力、模拟薄梁或者地基梁；壳单 元具有平面内和平面外刚度，根据壳的厚度和宽度比分为薄壳和中厚壳。薄壳中横向剪应力对变形的影响小,而中厚壳中横向剪应力对变形的影响较大。常见的楼板可以用薄壳来模拟。挠度的分析采用 Kirchhoff 理论,忽略壳中横向剪应力对变形的影响,适用于薄壳。Shell 单元有四节点的四边形单元和三节点的三角形单元。

混凝土构件的混凝土强度等级均为 C40,纵筋和箍筋均采用 HRB400。假定混凝土、钢筋均为各向同性的,忽略温度的影响,不考虑剪切变形和膨胀的耦合,材料的应力和应变关系如下式所示。

$$
\begin{bmatrix} \varepsilon_1 \\ \varepsilon_2 \\ \varepsilon_3 \\ \gamma_{21} \\ \gamma_{31} \\ \gamma_{23} \end{bmatrix} = \begin{bmatrix} \dfrac{1}{E} & \dfrac{-\nu}{E} & \dfrac{-\nu}{E} & 0 & 0 & 0 \\ \dfrac{-\nu}{E} & \dfrac{1}{E} & \dfrac{-\nu}{E} & 0 & 0 & 0 \\ \dfrac{-\nu}{E} & \dfrac{-\nu}{E} & \dfrac{1}{E} & 0 & 0 & 0 \\ 0 & 0 & 0 & \dfrac{1}{G} & 0 & 0 \\ 0 & 0 & 0 & 0 & \dfrac{1}{G} & 0 \\ 0 & 0 & 0 & 0 & 0 & \dfrac{1}{G} \end{bmatrix} \begin{bmatrix} \sigma_1 \\ \sigma_2 \\ \sigma_3 \\ \tau_{21} \\ \tau_{31} \\ \tau_{23} \end{bmatrix} \tag{5-1}
$$

式中,ε、σ 分别为材料的正应变和正应力;γ、τ 分别为剪应变和剪应力;E 为弹性模量;ν 为泊松比;G 为剪切模量。

分析中考虑楼面、屋面及装饰装修层自重,其中楼面、屋面的恒载、活载和填充墙的外墙荷载、内墙荷载、女儿墙荷载如表 5-1 所示。

表 5-1   荷载信息

类别			荷载
楼面	恒载		$3.84\ \mathrm{kN/m^2}$
	活载	商场	$3.5\ \mathrm{kN/m^2}$
		健身房	$4\ \mathrm{kN/m^2}$
		办公室	$2.5\ \mathrm{kN/m^2}$
屋面	恒载		$5.82\ \mathrm{kN/m^2}$
	活载		$2.0\ \mathrm{kN/m^2}$
填充墙	外墙荷载		$12.9\ \mathrm{kN/m}$
	内墙荷载		$9.1\ \mathrm{kN/m}$
	女儿墙荷载		$6.7\ \mathrm{kN/m}$

5.3 弹 性 分 析

结构弹性分析主要包括模态分析、结构整体分析、变形分析、抗震和非抗震组合的内力对比分析等。模型 1 为现浇钢筋混凝土框架结构，考虑现浇钢筋混凝土楼板对梁刚度增大，其中中梁主轴方向抗弯刚度乘 2.0 的调整系数，边梁乘 1.2 的调整系数；模型 2 为装配整体式钢筋混凝土框架结构，中梁主轴方向抗弯刚度乘 1.5 的调整系数，边梁乘 1.2 的调整系数。

5.3.1 模态分析

对结构进行模态分析，得到模型 1 和模型 2 的前三阶自振周期如表 5-2 所示。对应的振型如图 5-3 所示。前三阶振型均为整体振动，第 1 阶为 Y 方向的平动，第 2阶为 X 方向平动，第 3 阶为整体扭转。两个模型的第 1、2 阶自振周期比较接近，说明两个方向的刚度相差不大。考虑楼板对梁刚度增大的模型 1 前三阶自振周期分别比模型 2 减少 8.6%、8.4%和 7.9%。

表 5-2 自振周期 （单位：s）

结构自振周期	第 1 阶	第 2 阶	第 3 阶
模型 1	1.522	1.476	1.415
模型 2	1.666	1.611	1.536

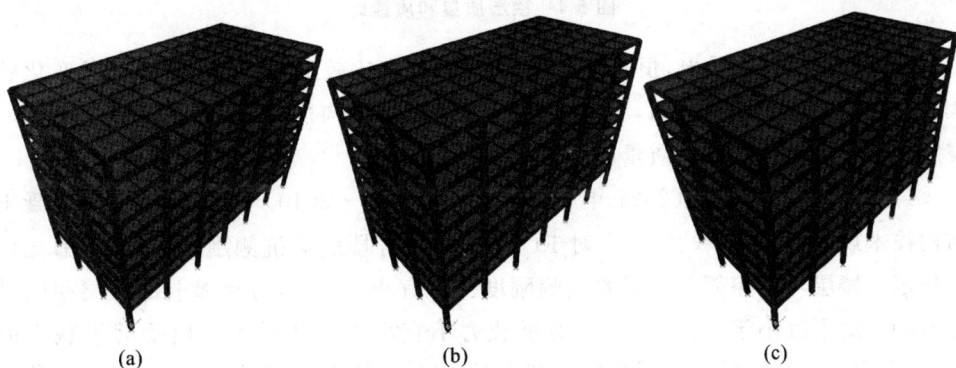

(a)　　　　　　　　　(b)　　　　　　　　　(c)

图 5-3　振型图

(a)第 1 阶；(b)第 2 阶；(c)第 3 阶

5.3.2　结构整体验算分析

《高层建筑混凝土结构技术规程》(JGJ 3—2010)[3]对高层建筑的质量分布、抗侧刚度比、楼层承载力比、抗倾覆力矩、刚重比等都有相关的规定,对于不能满足要求的结构需要采取调整措施。对两个模型进行整体验算,均能满足规范相关的要求,以模型2装配整体式钢筋混凝土框架结构为例,给出结构整体验算分析的结果。

楼层的结构质量的分布是在结构方案初期就需要考虑的问题,如果质量分布不规则,为了满足抗震要求,就需要采取各种措施来弥补结构体系的不足,虽然能起到一定的作用,但还是比不上一个良好的结构体系。图5-4给出分析得到的每个楼层的恒载质量、活载质量、总质量和本层与下一楼层的质量比,底层的质量比取为1。其中活载产生的总质量是考虑活载折减后的质量。

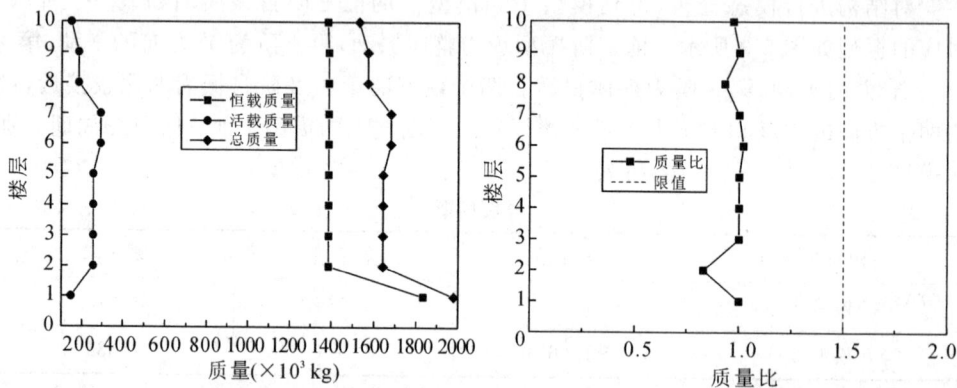

图 5-4　楼层质量和质量比

从图5-4中可以看出,恒载质量在各楼层分布比较均匀,活载质量相对变化较大,质量比在0.8~1.1之间,满足《高层建筑混凝土结构技术规程》(JGJ 3—2010)[3]规定的不宜大于下部楼层质量1.5倍的规定。

《建筑抗震设计标准(2024年版)》(GB/T 50011—2010)[1]和《高层建筑混凝土结构技术规程》(JGJ 3—2010)[3]对RC框架结构各楼层的抗侧刚度比、承载力比均有规定。楼层与其相邻上一层的抗侧刚度比不宜小于0.7,与相邻上部三层刚度平均值的比值不宜小于0.8;层间受剪承载力不宜小于其相邻上一层受剪承载力的80%,不应小于其相邻上一层受剪承载力的65%。基于规定对结构X、Y方向的抗侧刚度比和受剪承载力比进行验算,如图5-5所示。图中刚度比值为X、Y方向本层抗侧刚度与上一层抗侧刚度70%的比值或上三层平均抗侧刚度80%的比值中的较小值;受剪承载力比为本层与上层楼层受剪承载力的比值;顶层取为1。

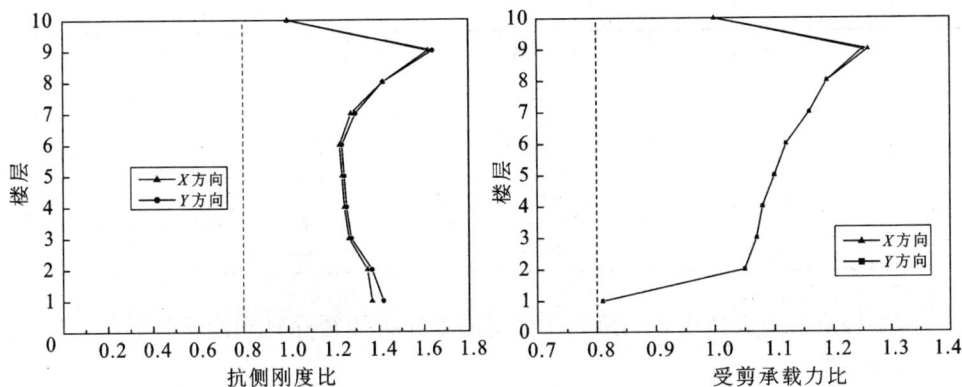

图 5-5   抗侧刚度比和受剪承载力比曲线

从图 5-5 中可以看出,两个方向的抗侧刚度比和受剪承载力比基本接近,结构在两个方向的规则度是相同的。各楼层抗侧刚度比的最小值均大于 0.8,满足要求。两个方向底层层间受剪承载力与上层层间受剪承载力的比值最小但均略大于 0.8,不属于竖向不规则中的楼层承载力突变。因此该结构平面和竖向均规则,不存在薄弱层。

地震作用下结构的楼层剪力需要满足最小地震剪力的要求,对于抗震设防烈度 7 度(0.10g),根据《建筑与市政工程抗震通用规范》(GB 55002—2021)第 4.2.3 条[4],第 i 层的水平地震剪力标准值 V_{Eki} 需要满足如下规定:

$$V_{Eki} \geqslant 0.016 \sum_{j=i}^{n} G_j \tag{5-2}$$

式中,G_j 为第 j 层的重力荷载代表值;0.016 为剪重比限值,要求楼层剪力与该楼层及以上楼层的重力荷载代表值之和的比值大于等于 0.016。

表 5-3 给出了地震作用下楼层剪力及剪重比验算,可以看出,X 和 Y 方向各楼层的剪重比均大于 0.016,满足要求。

表 5-3 　　　　　　　　　　　**地震作用下楼层剪力及剪重比验算**

楼层	V_X(kN)	V_Y(kN)	X 方向剪重比	Y 方向剪重比
10	673.0	667.7	4.41%	4.22%
9	1138.5	1117.1	3.68%	3.43%
8	1460.7	1422.6	3.13%	2.90%
7	1736.5	1684.8	2.74%	2.54%
6	1980.4	1919.1	2.47%	2.30%
5	2195.6	2126.4	2.27%	2.13%

续表5-3

楼层	V_X(kN)	V_Y(kN)	X 方向剪重比	Y 方向剪重比
4	2385.8	2308.3	2.11％	1.98％
3	2563.9	2478.7	1.98％	1.85％
2	2735.3	2645.5	1.88％	1.75％
1	2914.7	2823.5	1.76％	1.65％

　　对结构进行小震作用和风荷载作用下的整体抗倾覆验算和刚重比验算,计算结果见表 5-4 和表 5-5。

　　从表 5-4 中可以看出,在小震作用和风荷载作用下,建筑基础地面未出现零应力区,抗倾覆力矩与倾覆力矩的比值均大于1,满足要求。

表 5-4　　　　　　　　　　　　　　整体抗倾覆验算

工况	抗倾覆力矩(kN·m)	倾覆力矩(kN·m)	抗倾覆力矩/倾覆力矩	零应力区
X 方向地震	$4.47×10^6$	73936.28	60.48	0.00
Y 方向地震	$2.24×10^6$	71623.59	31.22	0.00
X 方向风载	$4.72×10^6$	20993.71	224.63	0.00
Y 方向风载	$2.36×10^6$	41023.86	57.48	0.00

表 5-5　　　　　　　　　　　　　　整体刚重比验算

楼层	X 方向刚度 (kN/m)	Y 方向刚度 (kN/m)	层高 (m)	上部重量 (kN)	X 方向刚重比	Y 方向刚重比
10	$9.06×10^5$	$8.13×10^5$	3.60	20649.78	158.02	141.74
9	$1.03×10^6$	$9.34×10^5$	3.60	42384.31	87.09	79.32
8	$1.02×10^6$	$9.30×10^5$	3.60	64118.84	57.05	52.20
7	$1.01×10^6$	$9.26×10^5$	3.60	88915.18	40.85	37.48
6	$1.00×10^6$	$9.24×10^5$	3.60	$1.14×10^5$	31.79	29.26
5	$1.00×10^6$	$9.25×10^5$	3.60	$1.37×10^5$	26.24	24.21
4	$1.00×10^6$	$9.30×10^5$	3.60	$1.61×10^5$	22.42	20.76
3	$1.02×10^6$	$9.51×10^5$	3.60	$1.85×10^5$	19.89	18.51
2	$1.09×10^6$	$1.03×10^6$	3.60	$2.09×10^5$	18.83	17.73
1	$1.14×10^6$	$1.10×10^6$	5.65	$2.35×10^5$	27.47	26.42

从表 5-5 中可以看出，X 和 Y 方向均为第 2 层刚重比最小，但均大于 15 且小于 20，因此满足整体稳定性的要求，但是需要考虑 $P\text{-}\Delta$ 二阶效应。

考虑 $P\text{-}\Delta$ 二阶效应，计算得到的 X、Y 方向的二阶效应系数如表 5-6 所示。

表 5-6 　　　　　　　　　　　　　　　二阶效应系数

楼层	X 方向刚度 （kN/m）	Y 方向刚度 （kN/m）	层高（m）	上部重量 （kN）	X 方向二阶 效应系数	Y 方向二阶 效应系数
10	9.06×10^5	8.13×10^5	3.60	20649.78	0.01	0.01
9	1.03×10^6	9.34×10^5	3.60	42384.31	0.01	0.01
8	1.02×10^6	9.30×10^5	3.60	64118.84	0.02	0.02
7	1.01×10^6	9.26×10^5	3.60	88915.17	0.02	0.03
6	1.00×10^6	9.24×10^5	3.60	1.14×10^5	0.03	0.03
5	1.00×10^6	9.25×10^5	3.60	1.37×10^5	0.04	0.04
4	1.00×10^6	9.30×10^5	3.60	1.61×10^5	0.04	0.05
3	1.02×10^6	9.51×10^5	3.60	1.85×10^5	0.05	0.05
2	1.09×10^6	1.03×10^6	3.60	2.09×10^5	0.05	0.06
1	1.14×10^6	1.10×10^6	5.65	2.35×10^5	0.04	0.04

从表 5-6 中可以看出，两个方向的系数相差不大。Y 方向略大于 X 方向，说明 Y 方向刚度略弱于 X 方向，这与模态分析的结果一致。

5.3.3　变形验算

因为 Y 方向为弱项，以下仅对比 Y 方向的分析结果，X 方向规律相同。图 5-6 给出了风荷载标准值、小震作用标准值作用下模型 1 和模型 2 沿 Y 方向的侧移曲线和层间位移角。从图中可以看出模型 1 现浇 RC 框架的层位移和层间位移角均小于模型 2 装配整体式 RC 框架，小型地震作用下模型 2 的结构层位移和层间位移最大。风荷载和小型地震作用下最大层间位移角均出现在结构第 3 层，现浇 RC 框架最大层间位移角为 1/1649，装配整体式框架最大层间位移角为 1/1489，远小于钢筋混凝土框架结构在小震作用下 1/550 的限值，位移验算满足要求。

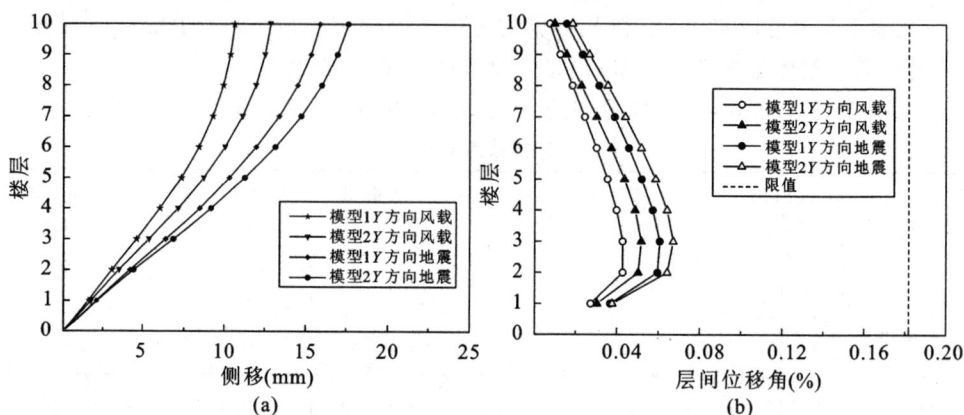

图 5-6　结构侧移和层间位移角曲线

5.3.4　内力分析和构件设计

对两个结构模型进行恒载、楼面和屋面活荷载、风荷载、小震作用下的内力计算。根据以上变形和模态分析结果、结构规则，且 Y 方向为弱项，以 Y 方向为例分析①轴线和④轴线在给出框架梁、框架柱基本组合和地震组合下的内力。

5.3.4.1　基本组合

基本组合考虑恒载效应与活荷载效应、风荷载效应的单独组合以及与活荷载和风荷载效应的共同组合，并考虑起控制作用的活荷载。经比较，框架柱内力和梁端弯矩、剪力起控制作用的组合为 $1.3\times$ 恒载效应标准值 $+1.05\times$ 活荷载效应标准值 $\pm 1.5\times$ 风荷载效应标准值，梁跨中弯矩的组合为 $1.3\times$ 恒载效应标准值 $+1.5\times$ 活荷载效应标准值。

表 5-7 给出了模型 1 和模型 2 中边框①轴线和中框④轴线框架边柱和中柱底层柱的轴力和弯矩控制值。表中 KZ1-A 代表①轴线和 A 轴线交点处的框架柱，其余编号同理。从表 5-7 中可以看出，模型 1 柱的设计内力与模型 2 的相差不大，总体来说模型 1 的轴力绝对值大部分略大于模型 2，弯矩小于模型 2。

表 5-7　　　　　　　　　　　　　　基本组合下框架柱底层内力对比

模型	边框①轴线				中框④轴线			
	边柱 KZ1-A		中柱 KZ1-B		边柱 KZ4-A		中柱 KZ4-B	
	轴力 (kN)	弯矩 (kN·m)	轴力 (kN)	弯矩 (kN·m)	轴力 (kN)	弯矩 (kN·m)	轴力 (kN)	弯矩 (kN·m)
模型 1	−4814.8	−466.7	−7232.5	−419.1	−7496.7	−521.9	−11201.9	−440.4
模型 2	−4800.8	−500.5	−7220.6	−450.1	−7467.8	−553.2	−11223.6	−467.5

图 5-7 以模型 2 为例给出①轴线边框架边柱 KZ1-A、中柱 KZ1-B,④轴线中框架边柱 KZ4-A、中柱 KZ4-B 的控制轴力和控制弯矩,弯矩取柱底和柱顶的弯矩绝对值最大值沿楼层高度的分布曲线。图中轴力以受拉为正,受压为负,弯矩不区分正负号,取绝对值最大者。

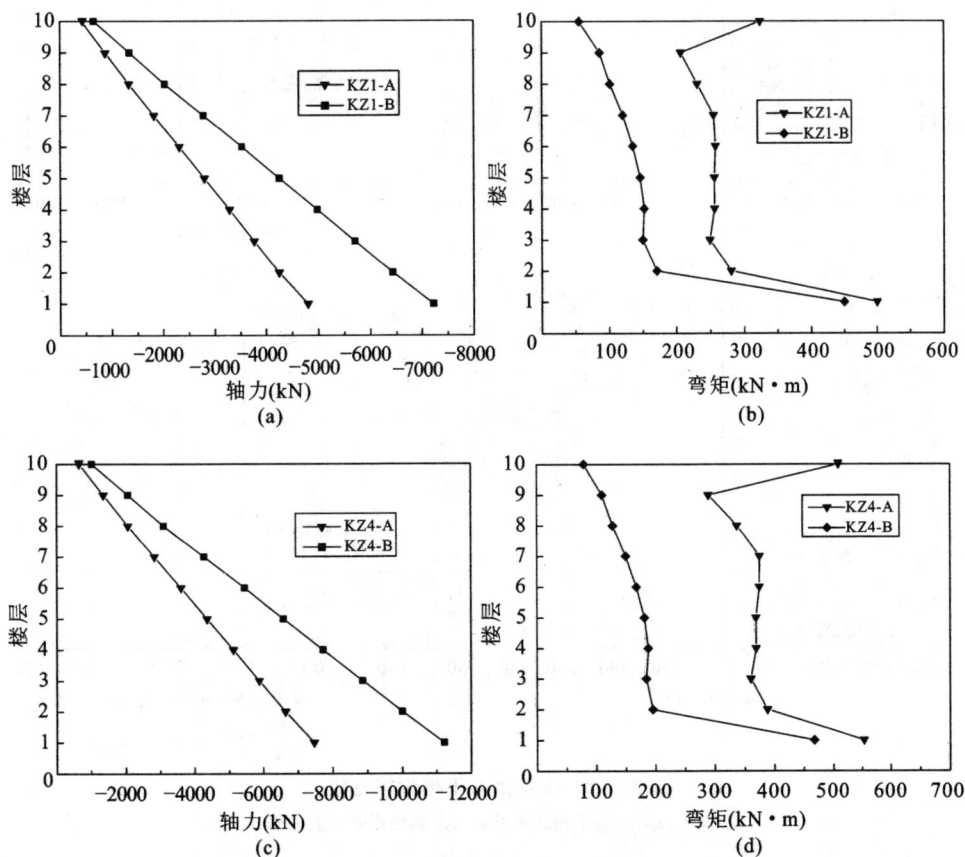

图 5-7 基本组合下框架柱轴力和弯矩

(a)①轴线框架柱轴力;(b)①轴线框架柱弯矩;(c)④轴线框架柱轴力;(d)④轴线框架柱弯矩

从图 5-7 中可以看出,框架柱轴力绝对值随着楼层高度的增加而减小,基本呈线性变化,底层弯矩控制值最大,弯矩基本随着楼层高层增加而减小,不再呈线性变化,但边框架和中框架的边柱均在最顶层出现弯矩增大现象,且与底层的控制弯矩相差不大。无论是边框架还是中框架,中轴的轴力大于边柱的轴力,但中柱的弯矩却小于边柱的弯矩。

图 5-8 为模型 1 和模型 2 基本组合下①轴线和④轴线框架梁弯矩图,每个框架均选取边跨梁和中间跨梁,并选取梁左右两端截面和跨中截面作为控制截面。梁两

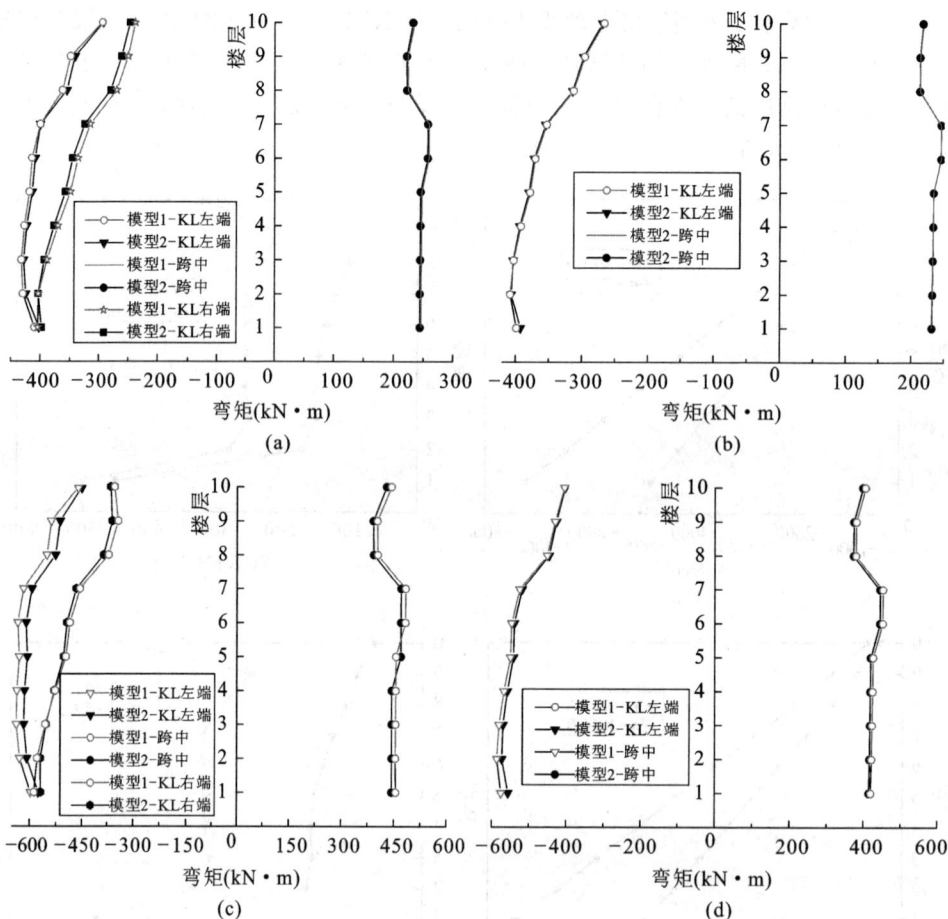

图 5-8　基本组合下框架梁弯矩
(a)①轴线边梁；(b)①轴线中梁；(c)④轴线边梁；(d)④轴线中梁

端上侧受拉弯矩为负值，梁跨中下侧受拉弯矩为正值。从该图中可以看出，边梁和中梁弯矩随楼层高度的变化规律相似，中下部弯矩绝对值较大，上部较小，这主要是由建筑的功能分区不同造成的。总体上，④轴线对应框架梁的弯矩大于①轴线，但相同轴线框架边梁的弯矩与中梁的弯矩相差不大。中梁左右两端控制截面弯矩相同，因此只给出左端的弯矩。

对比图 5-8 中模型 1 和模型 2 框架梁的弯矩可以看出，两个模型框架梁弯矩相差不多，总体上模型 1 现浇框架的框架梁的设计弯矩略大于模型 2 装配整体式框架，绝对值增大率在 5% 以内。

图 5-9 给出了模型 1 和模型 2 框架梁剪力控制值，可以看出两个模型 6 层和 7

层的剪力值相对较大,这主要是因为
6、7 层的楼面对应于实际的 7、8 层,这
两层为健身房,活荷载相对较大,因此
楼层剪力大。总体来说,模型 1 的剪力
大于模型 2 的剪力控制值,尤其在中框
架的边梁,但各楼层框架梁控制剪力的
增大率在 10% 以内。

5.3.4.2 地震组合

项目位于抗震设防区,因此需要进
行小震作用下的构件承载力验算,采用
振型分解反应谱法计算地震作用及其

图 5-9 基本组合下框架梁剪力

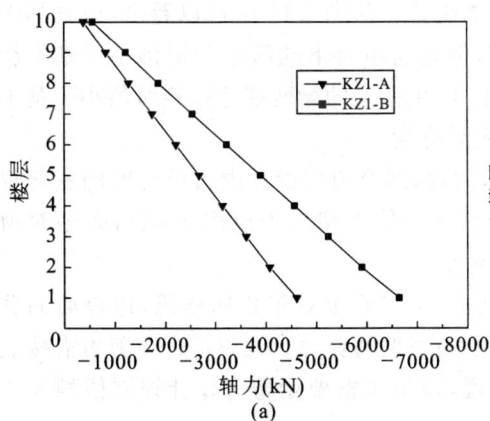

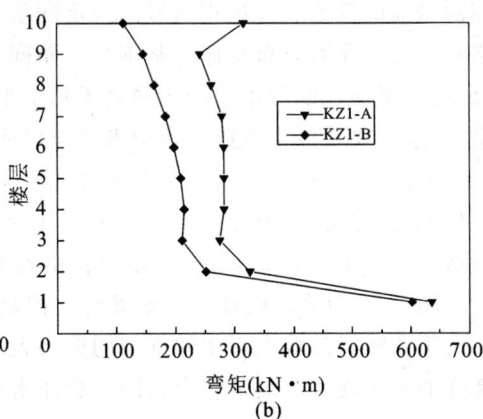

效应,并根据《建筑与市政工程抗震通用规范》(GB 55002—2021)[4] 对荷载效应进行
组合,同时考虑风荷载和地震作用效应。采用 1.3×重力荷载代表值效应±1.4×水
平地震作用效应标准值±0.2×1.5×风荷载效应标准值。同样以①、④轴线为例,给
出地震组合下两个模型的设计内力。

从图 5-10 中可以看出,地震组合下模型 2 的框架柱的内力变化规律与基本组合
下的规律相同,均为框架柱轴力绝对值随着楼层高度的增加而减小,基本呈线性变
化,底层弯矩最大,弯矩总体随着楼层高层增加而减小,不再呈线性变化,但边框架和
中框架的边柱均在最顶层出现弯矩增大。无论是边框架还是中框架,中轴的轴力大
于边柱的轴力,但中柱的弯矩却小于边柱的弯矩。地震组合下的柱轴力略小于基本
组合,但柱的弯矩却大于基本组合。因柱的轴压比均未超过限值,为大偏压破坏;轴
力越小,弯矩越大,柱越不安全,所以框架柱的配筋设计内力应选取地震组合的内力。

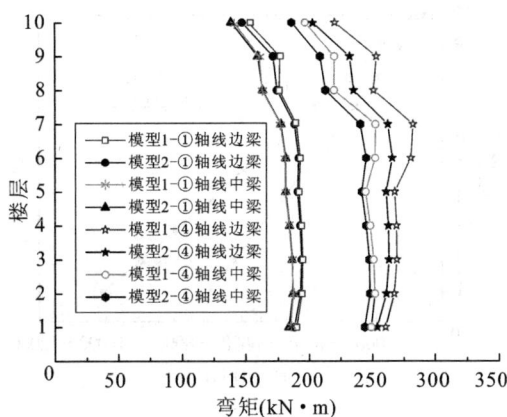

(a)

(b)

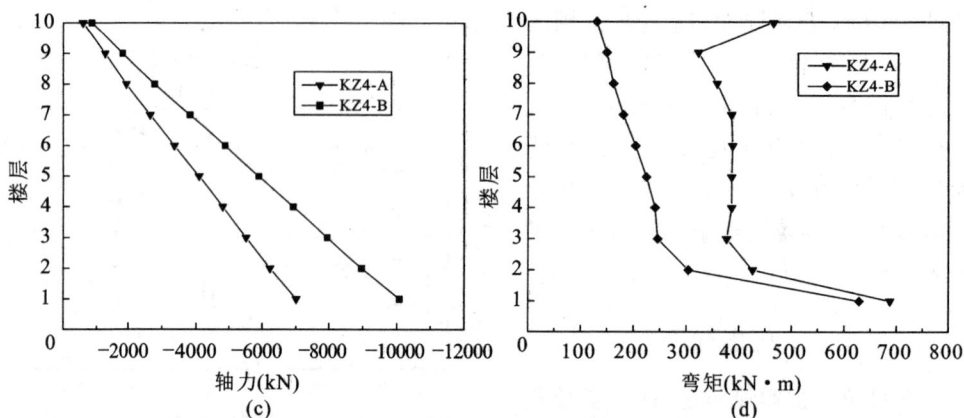

图 5-10　地震组合下模型 2 框架柱轴力和弯矩

(a)①轴线框架柱轴力；(b)①轴线框架柱弯矩；(c)④轴线框架柱轴力；(d)④轴线框架柱弯矩

　　表 5-8 给出地震组合下两个模型底层柱的设计内力,可以看出,除中跨中柱外,模型 1 的柱端轴力绝对值均稍大于模型 2,柱端弯矩绝对值稍小于模型 2,与非抗震基本组合下的规律大体一致。

表 5-8　　　　　　　　　　地震组合下基本组合框架柱底层内力对比

模型	边框①轴线				中框④轴线			
	边柱 KZ1-A		中柱 KZ1-B		边柱 KZ4-A		中柱 KZ4-B	
	轴力 (kN)	弯矩 (kN·m)	轴力 (kN)	弯矩 (kN·m)	轴力 (kN)	弯矩 (kN·m)	轴力 (kN)	弯矩 (kN·m)
模型 1	−4640.02	−629.74	−6652.79	−601.26	−7059.96	685.10	−10060.70	−633.02
模型 2	−4607.08	−636.94	−6643.33	−602.69	−7003.62	687.31	−10078.09	−626.98

　　图 5-11 给出了模型 1 和模型 2 地震组合下①、④轴线框架梁设计弯矩。框架梁控制截面的选取和弯矩正负号的规定同基本组合。从图 5-11 中可以看出,边梁和中梁弯矩的变化和分布规律与基本组合相同,但地震组合下的跨中弯矩稍小于基本组合,楼面梁两端的弯矩绝对值稍大于基本组合,屋面梁的梁两端弯矩绝对值小于基本组合,这主要是因为地震组合中未考虑屋面活荷载。

　　从图 5-11 模型 1 和模型 2 内力的比较发现,两个模型设计内力沿高度的变化规律相同,总体来说,模型 1 梁端弯矩设计绝对值总体上稍大于模型 2,但弯矩绝对值的增大率在 10% 以内,跨中弯矩两者相差不大。

　　图 5-12 为地震组合下框架梁剪力控制值,可以看出对于相同轴线,边跨梁的剪力大于中跨梁的剪力。中间框架的剪力大于边框架的剪力。地震组合下剪力沿楼层高度的分布规律与基本组合相同。总体来说,模型 1 框架梁剪力设计控制值稍大于模型 2。

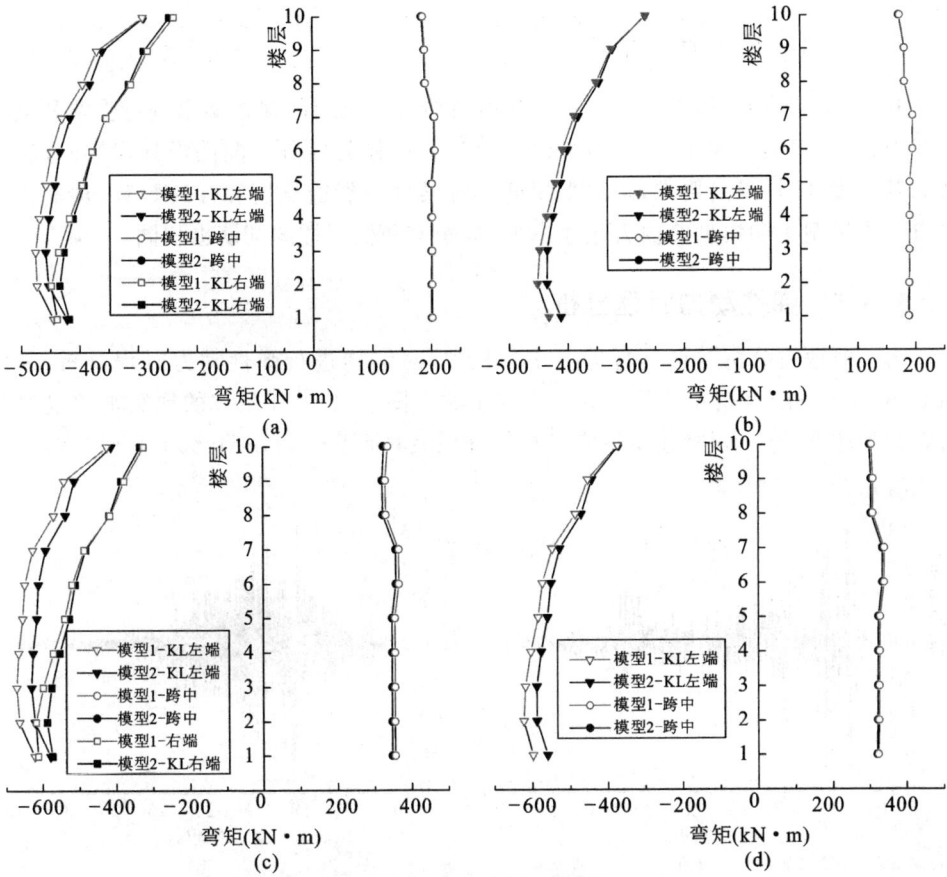

图 5-11　地震组合下框架梁弯矩

(a)①轴线边梁；(b)①轴线中梁；(c)④轴线边梁；(d)④轴线中梁

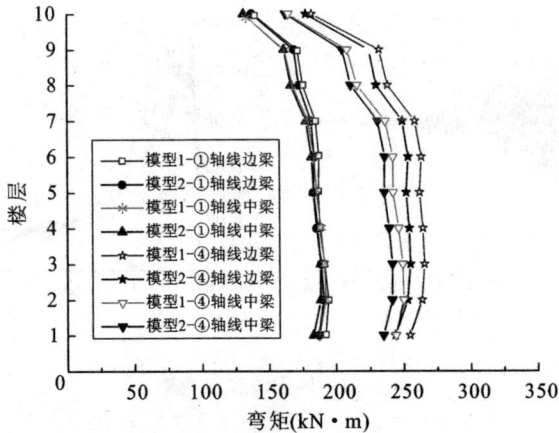

图 5-12　地震组合下框架梁剪力

5.3.4.3 构件配筋设计

基于最不利内力组合结果,对构件截面进行配筋设计,对框架梁进行受弯和受剪承载力设计,框架柱为压弯构件,考虑轴力和弯矩相关性进行配筋设计,另外进行受剪承载力设计,均满足要求,未出现超筋。对梁进行裂缝宽度和挠度验算,均能满足要求。因模型1和模型2内力相差不大,框架梁和框架柱的配筋也相同。

5.3.5 弹性动力时程分析

为了对地震分析结果进行进一步的校核,对结构进行弹性动力时程分析,采用 El Centro、Landers 两条天然波和 1 条人工波。图 5-13 为 3 条波的地震加速度时程曲线和加速度反应谱与《建筑抗震设计标准(2024 年版)》(GB/T 50011—2010)反应

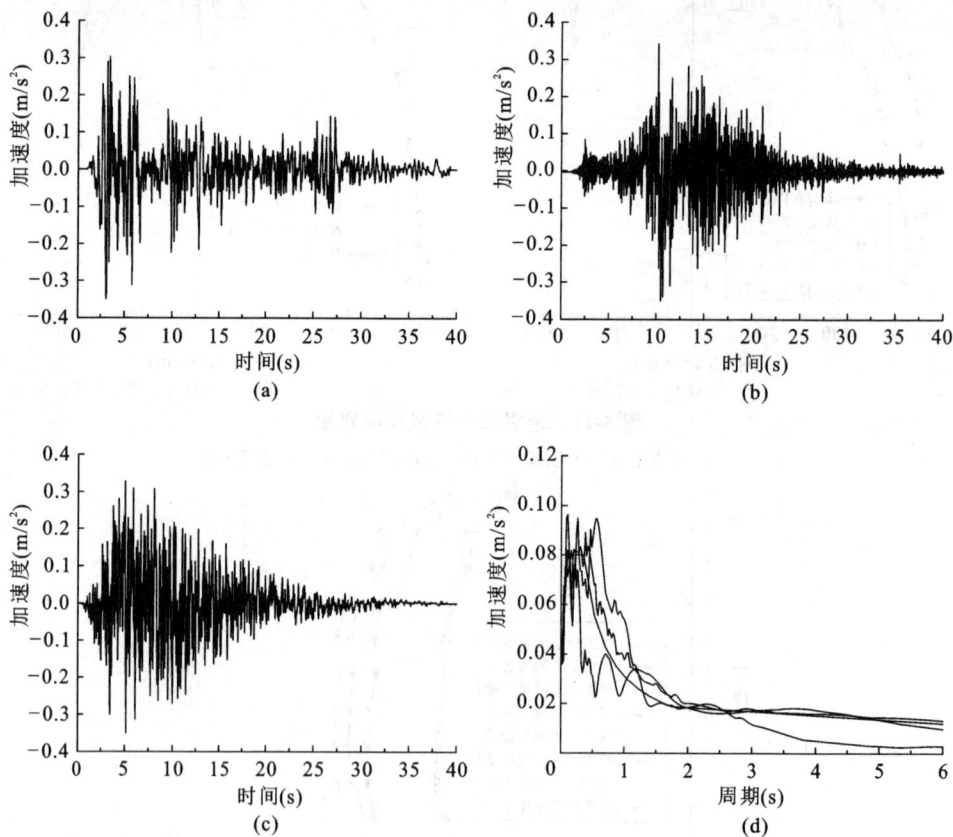

图 5-13 地震波和反应谱

(a)El Centro 波;(b)Landers 波;(c)人工波;(d)反应谱

谱的对比。地震波的加速度峰值均按照《建筑抗震设计标准(2024 年版)》(GB/T 50011—2010)小震水准的要求调整为 0.35 m/s²,时间步长为 0.02 s,阻尼比为 0.05。

小震作用下,模型 1 和模型 2 在 3 条波输入下的层间位移角幅值沿楼层高度的分布曲线如图 5-14 所示。

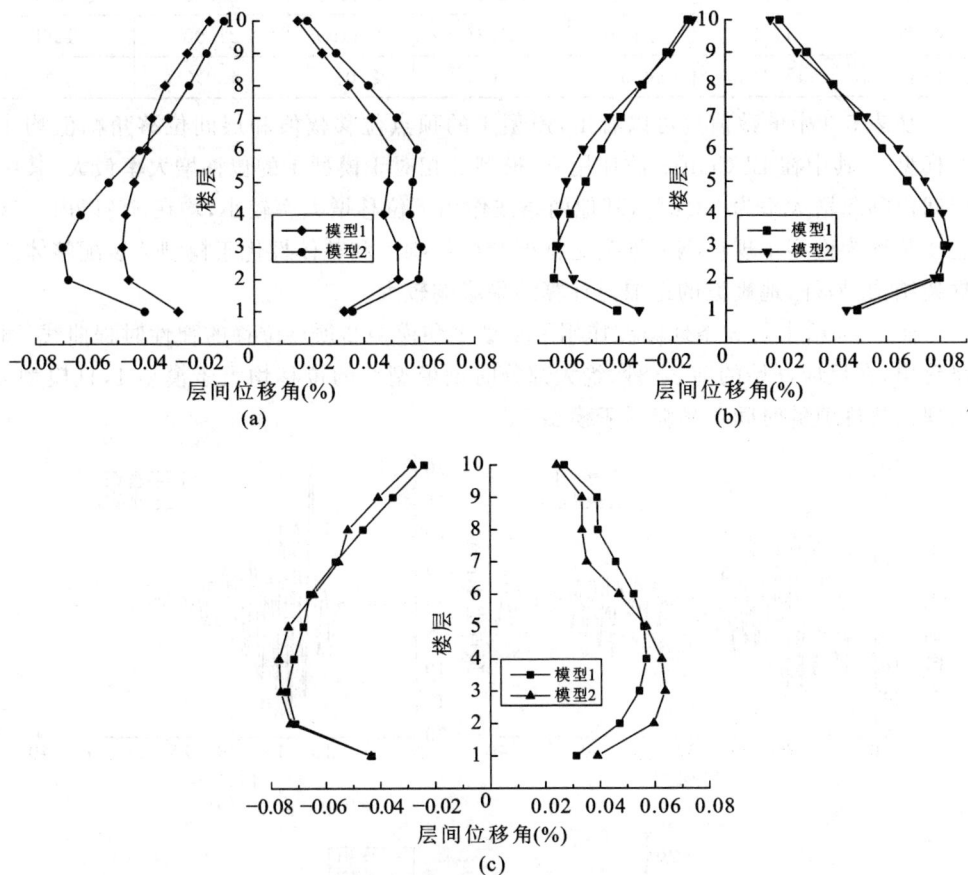

图 5-14 层间位移角包络图
(a)El Centro 波;(b)Landers 波;(c)人工波

从图 5-14 中可以看出,在 3 条波作用下,两个模型的层间位移角最大值均出现在第 3 层,与弹性反应谱分析结果一致。在同样的地震波作用下,两个结构模型的位移角幅值沿楼层高度的变化规律基本相似,但总体来说模型 1 的层间位移角要稍小于模型 2。

表 5-9 给出了小震下两个结构模型顶点位移和层间位移角绝对值的最大值,以及模型 2 相对于模型 1 的位移增大率。

表 5-9　　　　　　　小震下顶点位移绝对幅值和层间位移角绝对幅值

模型	El Centro 波		Landers 波		人工波	
	顶点位移（mm）	层间位移角	顶点位移（mm）	层间位移角	顶点位移（mm）	层间位移角
模型 1	15.2	1/1905	20.96	1/1223	20.88	1/1347
模型 2	17.8	1/1426	21.16	1/1199	21.90	1/1298
位移增大率	17.1%	33.6%	1.0%	2.0%	4.9%	3.8%

　　从表 5-9 中的数值也可以看出,模型 1 的顶点位移幅值和层间位移角幅值均小于模型 2,其中在 El Centro 波作用下,模型 2 相对于模型 1 的位移增大率最大,其中层间位移角增大率为 33.6%,其他两条波作用下位移增大率较小,均在 5% 以内。这主要是因为模型 1 现浇钢筋混凝土框架结构的刚度和整体性优于模型 2 装配整体式框架结构,另外,地震波的选取对计算结果影响较大。

　　图 5-15 给出了 3 条地震波作用下模型 1 和模型 2 顶点位移的弹性时程曲线,可以看出,在反应开始的前 20 秒,绝大部分时刻模型 2 的位移均大于模型 1,且模型 2 出现位移峰值的时间要稍滞后于模型 1。

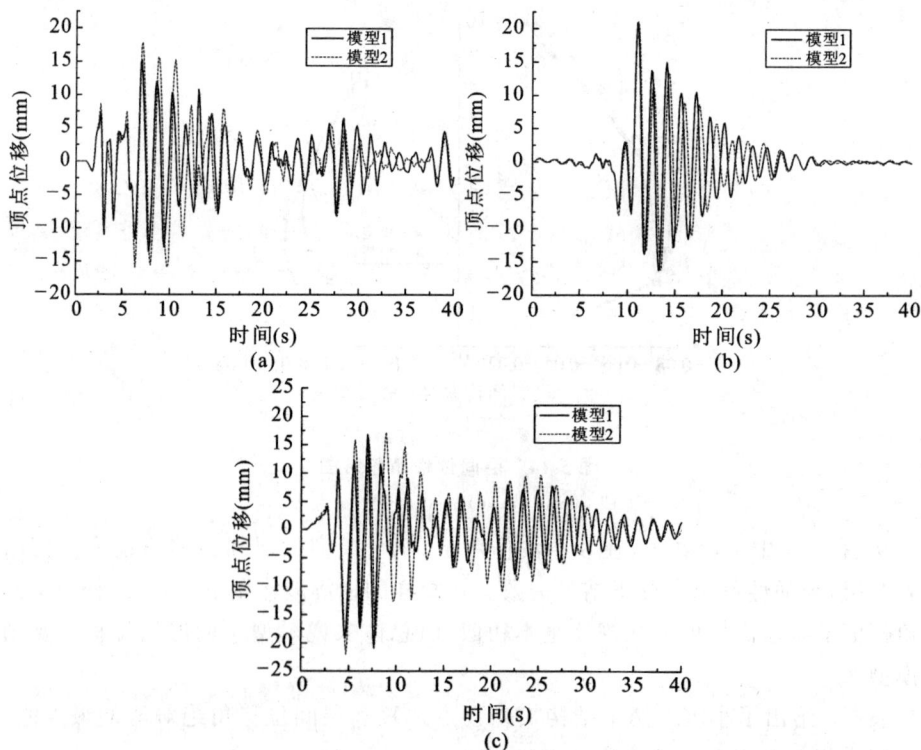

(a)

(b)

(c)

图 5-15　顶点位移弹性时程曲线对比

(a)El Centro 波；(b)Landers 波；(c)人工波

从以上弹性分析的结果可以看出,在小震下模型 2 装配整体式结构的设计内力小于模型 1 现浇钢筋混凝土结构,周期和位移反应大于模型 1,但是除 El Centro 波作用下顶点位移幅值和层间位移幅值增大率分别为 17.1% 和 33.6% 外,其他情况位移增大率均在 5% 以内。因此,就弹性分析而言,虽然装配整体式结构的刚度和整体性稍逊于现浇钢筋混凝土结构,但也能较好地满足承载力、变形能力和抗震的需求。

5.4 弹塑性分析

5.4.1 弹塑性模型

基于钢筋混凝土构件的塑性理论,采用集中塑性模型考虑框架柱、框架梁和次梁的非线性行为。有限元分析软件 SAP2000 中的塑性铰模型共有三类[2],分别为:

(1) 沿单元长度的一般离散铰(不考虑耦合作用);

(2) 考虑弯矩-轴力耦合作用的 PMM 耦合铰;

(3) 纤维铰。

框架梁采用位于梁两端的一般离散弯矩铰,框架柱采用纤维塑性铰模型。

5.4.1.1 塑性铰长度

框架梁为以受弯为主的细长构件,塑性变形主要集中在梁端或中部。根据前文的内力和配筋计算结果,梁端部弯矩设计值大于梁中部,为了提高计算效率,对于框架梁只考虑构件端部的塑性变形,因此可以在框架梁的端部设置塑性铰来模拟梁的塑性变形,塑性变形均集中在铰内,因此需要在长度上对铰进行积分。对于塑性铰长度 l_p,国内外学者给出了多种建议取值[5]。

$$l_p = (0.2 \sim 0.5)h_0 \tag{5-3}$$

$$l_p = 0.5h_0 + 0.2\frac{z}{\sqrt{h_0}} \tag{5-4}$$

$$l_p = 0.5h_0 + 0.05z \tag{5-5}$$

$$l_p = 0.25h_0 + 0.075z \tag{5-6}$$

式中,z 为最大弯矩截面到 $M=0$ 截面或支座的距离;h_0 为截面有效高度。

虽然以上公式给出了塑性铰长度的计算方法,但这些公式是基于简支梁提出的,没有相对简单的方法来确定框架梁的塑性铰长度。通常,塑性铰的长度表示为单元长度的分数形式,因此程序建议取单元长度的 1/10[6]。

5.4.1.2　弯矩塑性铰的骨架曲线

每个塑性铰均需要定义弯矩-曲率(或转角)的骨架曲线。程序通过五个控制点来实现骨架曲线的定义,骨架曲线可以是对称的,也可以是不对称的,正方向和负方向不同。塑性铰非线性骨架曲线如图 5-16 所示。

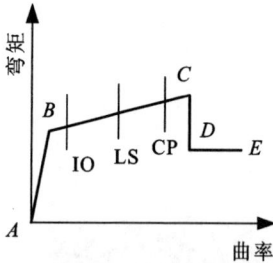

图 5-16 塑性铰非线性骨架曲线

图 5-16 中 B 点对应于屈服弯矩,屈服前所有变形在单元内发生,超过 B 点后,塑性铰开始有塑性变形;C 点对应于极限弯矩;D 点代表结构的残余强度,E 点代表结构破坏。另外,还可以设定构件立即使用(IO)、生命安全(LS)、防止倒塌(CP)性能标志点,用于判断结构的受力损伤状态。

由弹性分析知,模型 1 和模型 2 的设计内力相差不大,最大差值在 10% 以内,且装配整体式框架在设计时也是按照等同现浇框架设计的,因此两者梁、柱的配筋是相同的,但骨架曲线因为刚度的不同而存在差异,正弯矩的塑性铰线因为压翼缘宽度的不同而不同。另外,在弹塑性分析中只考虑横向框架梁的塑性变形,在横向框架梁的两端设置塑性铰。基于弹性配筋结果,将梁的塑性铰模型按层归并为 5 类,分别为 2 层、3~6 层、7~8 层、8~9 层和 10 层框架梁。每层框架梁分别取边框架边梁、中梁,中框架边梁和中梁,应用截面纤维程序 XTRACT 来分析其弯矩-曲率曲线,然后输入程序。图 5-17 以①轴线 KL_{BC} 为例,给出 2 层楼面框架梁边框架边梁、中梁的截面单元划分和弯矩-曲率骨架曲线。

从图 5-17 中可以看出,模型 1 和模型 2 的①轴线 KL_{BC} 截面除翼缘宽度不同,其他截面尺寸和钢筋配置均相同,这主要是因为两个模型设计内力相差很小,因此配筋相同,翼缘宽度不同主要是因为《高层建筑混凝土结构技术规程》(JGJ 3—2010)规定了两者的刚度增大系数不同,换算成翼缘宽度后使得模型 1 的翼缘宽度大于模型 2。两者的弯矩-曲率骨架曲线在负弯矩区,因为不考虑受拉翼缘的影响,两者的曲线重合;在正弯矩区,两者虽正弯矩钢筋配置相同,但受压翼缘的宽度不同,分别为754 mm 和 482 mm,模型 2 的弯矩稍小于模型 1。

5.4.1.3　纤维模型铰的材料模型

框架柱采用纤维 P-M2-M3 塑性铰模型,考虑框架柱轴力和弯矩相关性。柱中 HRB400 钢筋的应力-应变关系采用普通钢筋的应力-应变骨架曲线,如图 5-18(a)所示。混凝土采用不考虑约束效应的简化的应力-应变关系曲线,如图 5-18(b)所示,图中负为压,正为拉。

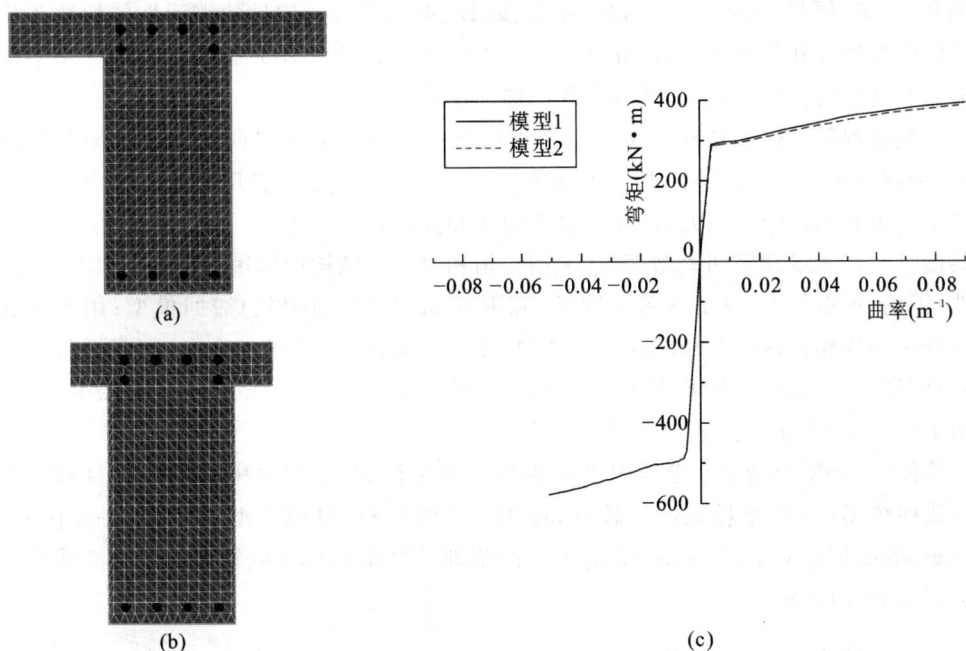

图 5-17 KL_BC 截面纤维模型及骨架曲线

(a)模型 1 截面；(b)模型 2 截面；(c)弯矩-曲率骨架曲线

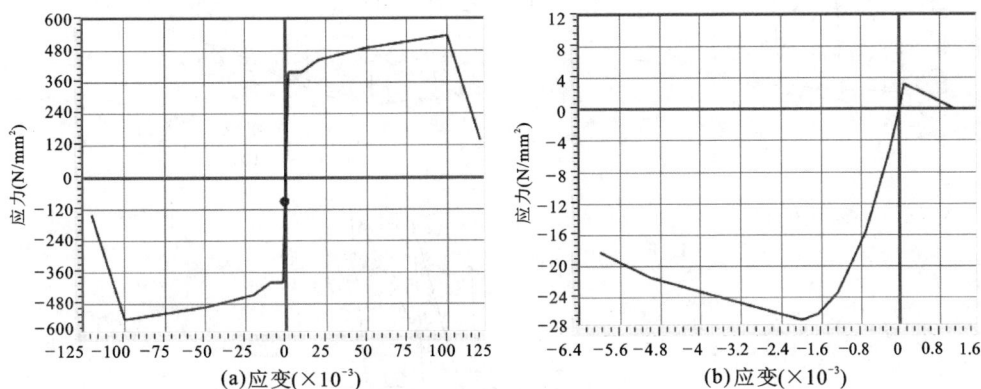

图 5-18 材料应力-应变骨架曲线

(a)HRB400 钢筋；(b)C40 混凝土

5.4.1.4 滞回模型

滞回模型是描述反复荷载作用下结构或构件企图恢复原有状态的恢复力与变形间关系曲线的数学模型。构件或截面的力-变形的滞回过程中有若干个关键特征点：

加载、开裂、屈服、卸载、反向加载、屈服、卸载、再加载等。构件的滞回性能取决于构件的破坏特征和耗能能力，因此要能较为准确地描述构件在大震反复荷载作用下恢复力和变形的特性，就需要选择合理的滞回模型。

钢筋混凝土框架柱和框架梁在地震反复荷载作用下的滞回曲线形状随材料性能、加载方式等因素的不同而变化，比较复杂，找到一个能完整反映这些特点的滞回模型是极其困难的。因此，需要将骨架曲线和滞回模型理想化。在大震作用下，程序共提供7种非线性滞回模型，包括了钢结构和混凝土结构中常用的模型，如用于钢构件、钢筋、钢板的 Isotropic（各向同性）和 Kinematic（随动硬化）滞回模型；用于钢筋混凝土构件和材料的 Takeda（武田）模型、Pivot（枢纽点）模型、Concrete（素混凝土滞回）模型、Degrading（退化）模型以及用于屈曲约束支撑（bucking restrained brance，BRB）的 BRB hardening（BRB 硬化）模型。

Kinematic 模型基于金属中常见的运动硬化行为，是程序中所有金属材料的默认滞回模型，该模型耗能性比较好，适用于延性材料，且该模型也是 Takeda 模型、Degrading 模型和 BRB hardening 模型的基础。因此 HRB400 钢筋选用的滞回模型如图 5-19(a)所示。

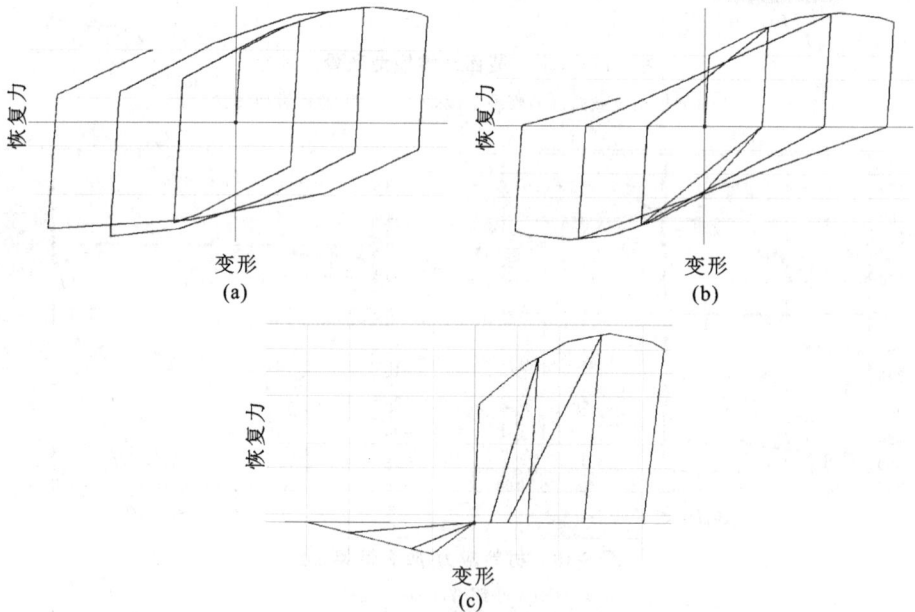

图 5-19　滞回模型

(a)Kinematic 滞回模型；(b)Takeda 滞回模型；(c)Concrete 滞回模型

Takeda 模型是在随动硬化模型的基础上，采用了 Takeda 等[7]在 1970 年提出的退化滞回环，该模型不需要定义额外的参数，更适用于钢筋混凝土而不是金属。与

Kinematic 模型相比,其耗散的能量更少,如图 5-19(b)所示,框架梁的弯矩铰采用该滞回模型。

Concrete 模型适用于素混凝土和类似材料,是程序中混凝土和砌体材料的默认模型,材料的拉压行为是独立的,如图 5-19(c)所示。框架柱纤维铰模型中的混凝土采用此模型。

5.4.2　位移分析

将 3 条地震波的峰值加速度调整为 2.2 m/s^2,并沿 Y 方向输入基底,计算结构在罕遇地震下的弹塑性反应。图 5-20 给出了模型 1 和模型 2 沿 Y 正负两个方向的

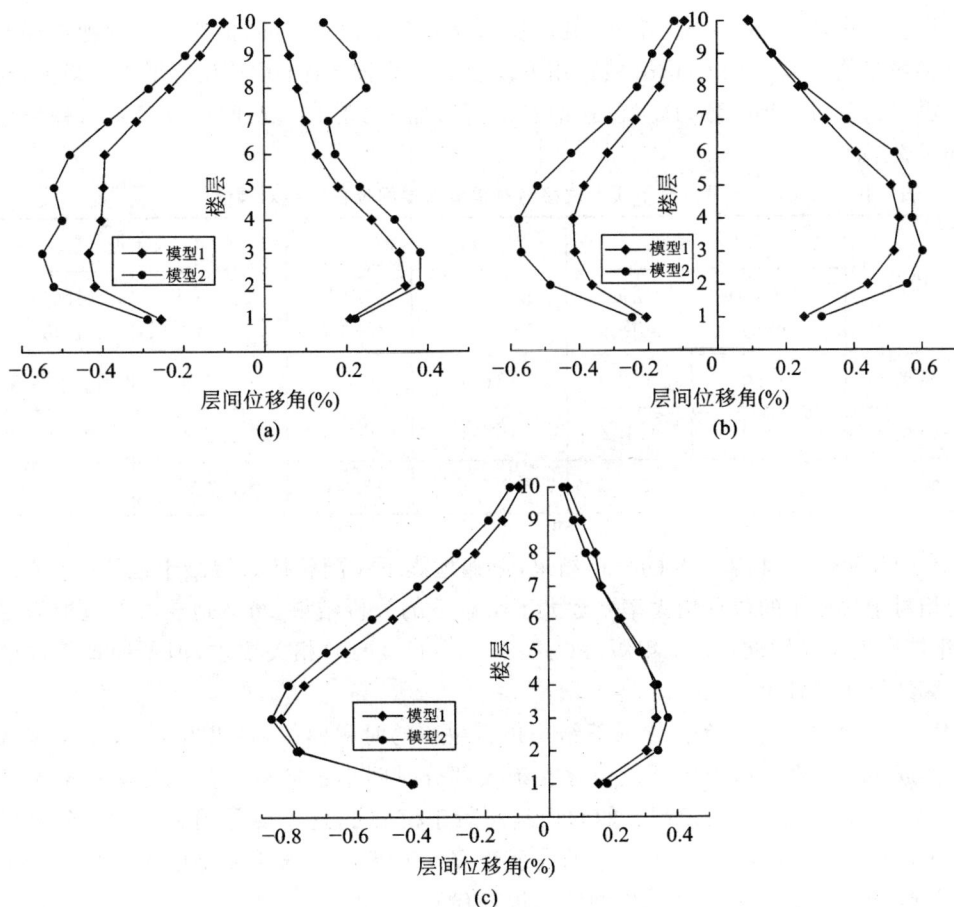

图 5-20　罕遇地震作用下层间位移角幅值

(a)El Centro 波;(b)Landers 波;(c)人工波

层间位移角幅值,可以看出,罕遇地震下层间位移幅值曲线与小震下层间位移角幅值曲线(图 5-14)沿高度的分布规律略有不同,罕遇地震下模型 1 结构对弹塑性位移的降低率大于小震。在 El Centro 波和 Landers 波作用下,模型 1 的弹塑性层间位移角幅值均小于模型 2,仅在人工波正方向的上部楼层出现略大于模型 2 的情况。El Centro 波作用下,在正向上部楼层位置两者层间位移角幅值相差较大。总体来说,现浇钢筋混凝土框架结构的层间位移角幅值曲线沿楼层高度变化比较均匀,且对应楼层层间位移角的绝对值小于装配整体式混凝土框架结构。

表 5-10 给出了罕遇地震下两个模型顶点位移和层间位移角绝对值的最大值,可以看出,无论是顶点位移绝对值最大值还是层间位移角绝对值最大值,模型 1 均小于模型 2,人工波作用下两个结构的位移反应最大,El Centro 波作用下两个结构的位移反应最小,Landers 波作用下结构的位移反应介于两者中间,但均小于弹塑性层间位移角限值 1/50。El Centro 波作用下模型 2 相对于模型 1 位移反应增大率最大,与小震下的分析结果一致;顶点位移绝对幅值增加了 23.1%,层间位移角绝对幅值增加了 26.4%。

表 5-10   **罕遇地震下顶点位移绝对幅值和层间位移角绝对幅值**

模型	El Centro 波		Landers 波		人工波	
	顶点位移（mm）	层间位移角	顶点位移（mm）	层间位移角	顶点位移（mm）	层间位移角
模型 1	117.0	1/230	131.5	1/183	182.0	1/116
模型 2	144.0	1/182	151.3	1/163	195.4	1/113
增大率	23.1%	26.4%	15.1%	12.3%	7.4%	2.7%

对比表 5-10 和表 5-9 的分析结果,罕遇地震下装配整体式混凝土框架(模型 2)的相对于模型 1 的位移增大率要远大于小震下的分析结果,虽然地震波的选取满足《建筑抗震设计标准(2024 年版)》(GB/T 50011—2010)相关要求,但不同地震波的计算结果相差较大。

图 5-21 给出了 3 条波输入下结构顶点位移的时程曲线,可以看出,模型 1 现浇式钢筋混凝土框架结构的顶点位移在绝大部分时间小于模型 2 装配整体式框架结构,尤其是在峰值点上;模型 2 的峰值稍滞后于模型 1,这主要是因为模型 1 的周期小于模型 2。总体上来说,模型 2 的残余变形大于模型 1,这主要是由于模型 2 产生的塑性变形大于模型 1,与结构的破坏状态有关。

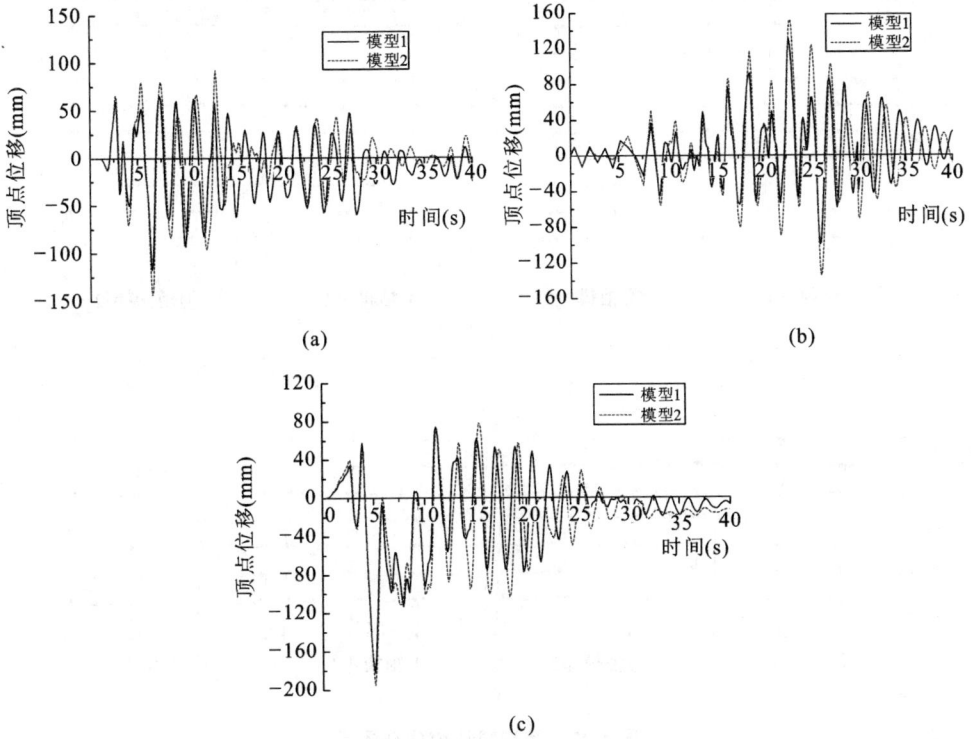

图 5-21 罕遇地震下结构顶点位移时程曲线

(a)El Centro 波;(b)Landers 波;(c)人工波

5.4.3 破坏状态

对比 3 条波作用下模型 1 和模型 2 破坏状态,以①轴边框和④轴中框为例,图 5-22 给出了两个结构塑性铰的分布情况。

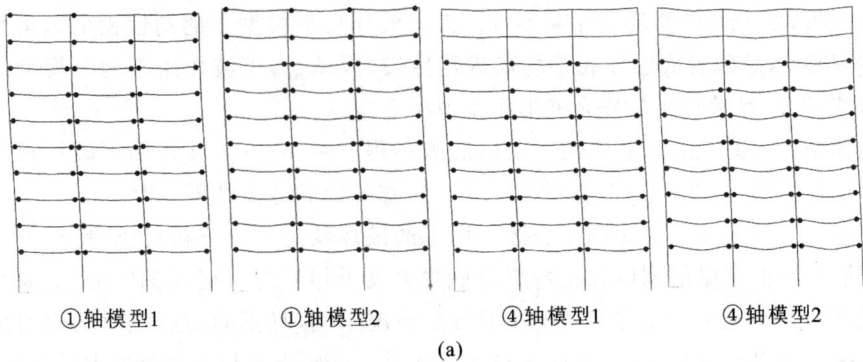

①轴模型1　　　　①轴模型2　　　　④轴模型1　　　　④轴模型2

(a)

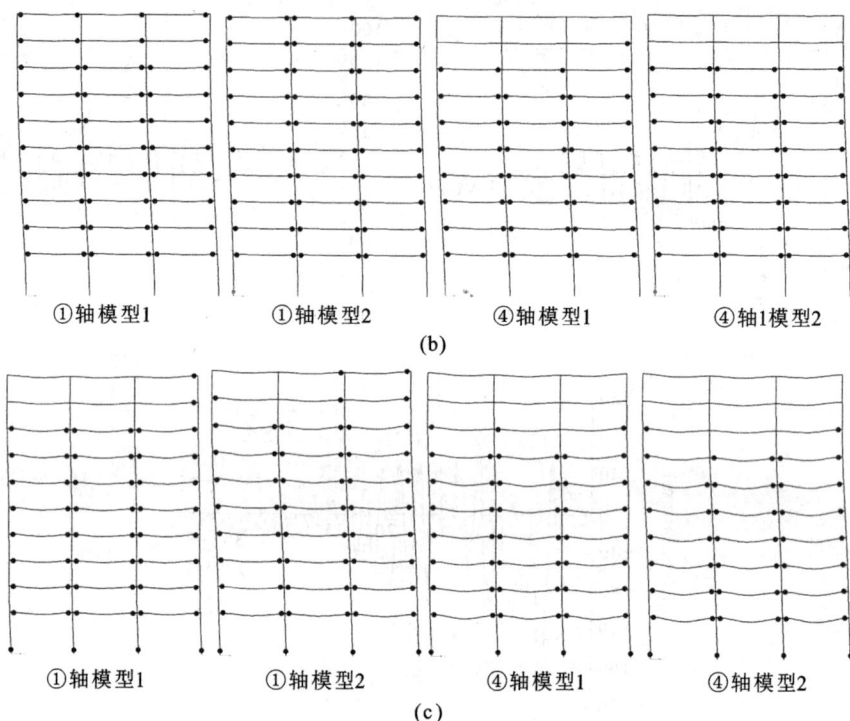

①轴模型1　　①轴模型2　　④轴模型1　　④轴1模型2

(b)

①轴模型1　　①轴模型2　　④轴模型1　　④轴模型2

(c)

图 5-22　结构塑性铰分布情况

(a)El Centro 波；(b) Landers 波；(c)人工波

从图 5-22 可以看出，在 3 条波作用下，边框的破坏程度要比中框严重，人工波作用下模型 1 和模型 2 边框和中框的底层柱底均出现塑性铰，El Centro 波和 Landers 波作用下，模型 1 的底层柱均未出现塑性铰，但模型 2 边框的角柱出现塑性铰；Landers 波作用下，中框的角柱也出现塑性铰。这也从结构的破坏状态进一步说明了在 El Centro 波和 Landers 波作用下，模型 1 的位移反应要远小于模型 2，但在人工波作用下，两者的位移反应相差不大。人工波作用下模型 1 的塑性铰的数量总体上大于模型 2，且两者底层柱底端均出现塑性铰，因此，人工波作用下两个模型的残余变形均较大，且模型 1 的残余变形小于模型 2。

总体来说，El Centro 波作用下结构的破坏程度最小，人工波作用下破坏程度最大，Landers 波介于两者之间，这与 5.4.2 节位移反应的分析结果一致。

从模型 1 和模型 2 在相同地震波作用下的破坏状态对比分析可以看出，由于现浇钢筋混凝土框架梁的刚度和正弯矩的承载力大于相应的装配式框架梁，造成两个结构模型的弹塑性位移反应和塑性铰的分布情况不同，且不同地震波对结构的位移反应和破坏状态影响也不同；因此选择地震波时一定要遵循相关规范要求进行选择，也可选择多种符合要求的地震波,然后根据分析结果进行合理筛选。

从以上弹塑性分析的结果可以看出,装配整体式结构虽然在大震下的位移大于现浇钢筋混凝土结构,但仍能满足防倒塌层间位移角限值的要求,且地震波种类对分析结果影响较大,因此选取地震波时要尽可能地在满足相关规范要求的情况下多选择波,然后综合分析判断,选取最能反映结构真实情况的地震波。两种结构方案的破坏机制均为整体破坏机制,塑性铰均出现在框架梁两端和底层柱底,耗能能力较好,均具较好的抗震性能。

5.5 小　　结

装配整体式钢筋混凝土结构是目前我国建筑结构发展的一个重要方向,也是实现建筑工业化和可持续发展的一个重要手段。虽然普遍认为装配整体式钢筋混凝土结构在节约能源、绿色施工、工程质量可靠性等方面优于现浇钢筋混凝土结构,在整体性和抗震性能上劣于现浇钢筋混凝土结构,但对两者受力、变形和抗震性能的差异却没有全面而清楚的认识。因此,本章以实际工程项目为基础,选用现浇钢筋混凝土框架和装配整体式混凝土框架两种结构方案,采用有限元软件对两个结构方案进行小震下的弹性分析和罕遇地震下的弹塑性分析。旨在通过全面对比和分析两种结构方案在受力、变形、抗震性能和破坏形态的差别,从而在深入了解两种结构方案优缺点的基础上,为该类结构的设计和应用提供合理的建议和参考,也对该类结构的设计具有参考价值。主要得到如下结论:

(1) 在小震作用下,装配整体式框架结构的设计内力小于现浇 RC 结构,周期和位移反应大于现浇 RC 结构,但是除 El Centro 波作用下顶点位移幅值和层间位移角幅值增大率分别 17.1% 和 33.6% 外,其他情况位移增大率均在 5% 以内。因此,就弹性分析而言,虽然装配整体式结构的刚度和整体性稍逊于现浇 RC 结构,但同时其内力小于现浇 RC 结构,因此按照等同现浇 RC 结构设计,能够较好地满足承载力、变形能力和抗震的需求。

(2) 在罕遇地震下,现浇钢筋混凝土框架的层间位移角幅值曲线沿高度变化比较均匀,且对应楼层的位移绝对值要小于装配整体式钢筋混凝土框架。无论是顶点位移绝对值最大值还是层间位移绝对值最大值,模型 1 均小于模型 2,人工波作用下两个结构的位移反应最大,El Centro 波作用下两个结构的位移反应最小,Landers 波作用下结构的位移反应介于两者中间,但均小于弹塑性层间位移角限值 1/50。El Centro 波作用下模型 2 相对于模型 1 位移反应增大率最大,与小震下的分析结果一致;顶点位移绝对幅值增加了 23.1%,层间位移角绝对幅值增加了 26.4%。

（3）从模型 1 和模型 2 在相同地震波作用下的破坏状态对比分析可以看出，两个结构模型塑性铰的分布情况不同，且不同地震波对结构的位移反应和破坏状态影响也不同；因此选择地震波时一定要遵循相关规范要求进行选择，也可选择多种符合要求的地震波，然后根据分析结果进行合理筛选。两种结构方案均为整体破坏机制，塑性铰在梁端分布比较广泛，均具有较好的耗能能力和抗震性能。

参 考 文 献

[1] 中华人民共和国住房和城乡建设部. 建筑抗震设计标准（2024 年版）：GB/T 50011—2010[S]. 北京：中国建筑工业出版社，2024.

[2] 北京金土木软件技术有限公司，中国建筑标准设计研究院. SAP2000 中文版使用指南[M]. 2 版. 北京：人民交通出版社，2012.

[3] 中华人民共和国住房和城乡建设部. 高层建筑混凝土结构技术规程：JGJ 3—2010[S]. 北京：中国建筑工业出版社，2011.

[4] 中华人民共和国住房和城乡建设部. 建筑与市政工程抗震通用规范：GB 55002—2021[S]. 北京：中国建筑工业出版社，2021.

[5] 过镇海. 钢筋混凝土原理[M]. 3 版. 北京：清华大学出版社，2013.

[6] 陆新征，蒋庆，缪志伟，等. 建筑抗震弹塑性分析[M]. 2 版. 北京：中国建筑工业出版社，2015.

[7] TAKEDA T, SOZEN M A, NIELSEN N N. Reinforced concrete response to simulated earthquakes[J]. Journal of the Structural Division, 1970, 96(12): 2557-2573.

6 钢管混凝土框架结构 Pushover 分析

钢管混凝土结构充分利用了钢材、混凝土的材料性能，无论是与混凝土结构相比，还是与钢结构相比，都有二者不可替代的优点。此外，钢管混凝土结构能够满足实际工程中更高高度、更大跨度的需要。钢管混凝土结构以其良好的经济性及优越的抗震性能被广泛应用于高层和超高层建筑中。目前，学界对钢管混凝土柱和钢-混凝土组合梁的基本性能和受力机理进行了系统的试验和理论研究，对钢管混凝土柱与梁的各种节点形式也进行了较多的试验与理论研究。但对钢-混凝土结构体系的整体抗震性能特别是动力性能方面的研究还处于起步阶段[1-7]。

方钢管混凝土（concrete-filled square steel tube, CFSST）柱由于具有节点形式简单、截面惯性矩大、稳定性能好、便于采取防火措施等优点，近年来受到人们的广泛关注，在实际工程中的应用不断增加。同样，钢-混凝土组合梁不仅具有上述组合结构的优点，而且具有高跨比小、与方钢管混凝土柱节点连接更加方便、节点延性更好等优点。

然而，到目前为止，虽然对于钢管混凝土构件的研究较为丰富，但是对于方钢管混凝土结构体系的研究还较少，而在体系中考虑钢-混凝土组合梁的研究则更为不足。此外，国内外研究人员对于钢筋混凝土结构、钢结构的 Pushover 分析较多，针对钢管混凝土结构方面的研究则十分有限。

为了使钢管混凝土结构能够更好地在实际工程中得到广泛的应用和推广，必须全面了解组合结构的整体工作性能和地震作用下的工作机理。虽然从确定结构材料的力学性能到验证梁、板、柱等单个构件的计算方法以及建立复杂结构体系的计算理论都离不开试验研究，但近年来，计算方法的发展、电子计算机的广泛应用以及过去大量结构试验研究所奠定的基础，为用数值模拟对结构进行计算分析创造了条件，使试验研究不再是研究和发展结构理论的唯一途径。

要进行钢-混凝土组合结构的弹塑性静力分析和弹塑性动力时程分析，需要建立正确反映结构弹塑性承载性能的有限元模型。已有的钢-混凝土组合结构的试验结果均可以为结构弹塑性力学模型的建立提供依据,并为建立的弹塑性模型提供验证;在模型获得试验验证的基础上,可以对各种新型的组合结构形式开展大规模的抗震性能研究。本章基于已有方钢管混凝土柱、钢-混凝土组合梁(composite beam, CB)及梁柱节点研究工作,修正了现有的方钢管混凝土柱和钢-混凝土组合梁的弯矩-曲率关系曲线,并通过方钢管混凝土柱截面力学性能的参数分析,提出了一种获得方钢管混凝土柱轴力-弯矩相关屈服面(线)的简化方法,以及对已有的试验结果进行分析,验证建立的 CFSST 柱和钢-混凝土组合梁弹塑性模型的适用性,为应用提供技术保证。在此基础上,建立了钢管混凝土框架结构的弹塑性分析模型,采用 Pushover 分析法对钢管混凝土框架结构进行抗震性能分析,探讨钢管混凝土框架结构体系的抗震性能以及 Pushover 分析法在该体系中的应用。

6.1　结构及材料模型

假设研究的结构为 15 层的组合梁-方钢管混凝土柱框架结构,结构层高均为 3.6 m,总高 54 m,结构布置如图 6-1 所示。图 6-2 给出了结构梁、柱构件截面示意图,其中钢梁均采用焊接工字钢;横向组合梁的钢梁截面采用 700 mm×300 mm×13 mm×24 mm,纵向组合梁的钢梁截面采用 600 mm×300 mm×13 mm×24 mm。一至五层采用截面为 600 mm×15 mm 方钢管混凝土柱,六至十五层采用截面为 600 mm×20 mm 方钢管混凝土柱。钢梁和钢管钢材均为 Q355-B,混凝土强度等级

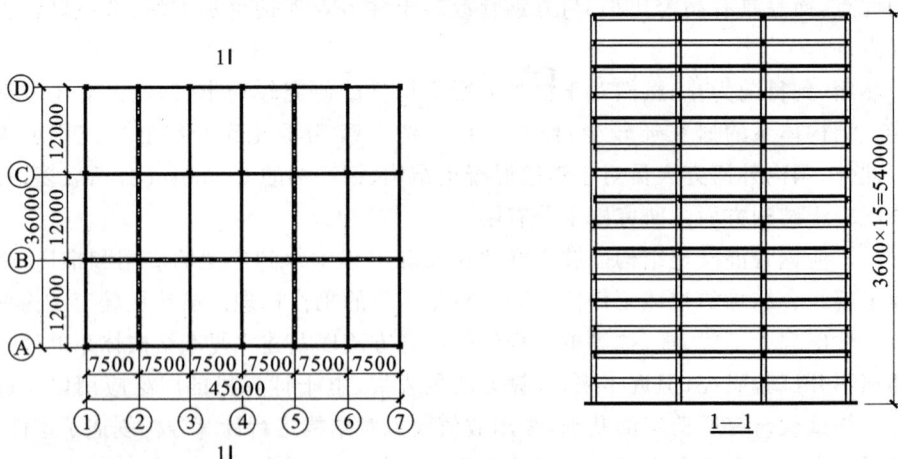

图 6-1　结构布置图

为 C50。在有限元模型中，梁、柱均采用梁单元模拟。楼面及屋面均采用 140 mm 厚混凝土板，混凝土强度等级 C30，钢筋均采用 HRB400，在有限元模型中采用壳单元（Shell）模拟。混凝土板内筋直径为 14 mm，沿框架横梁间距 100 mm，沿框架纵梁间距 130 mm。栓钉直径 19 mm，按完全剪力连接设计，双排布置。

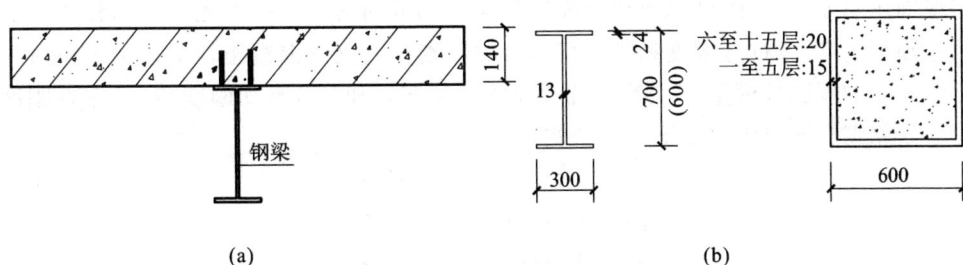

图 6-2　构件截面示意图

(a)组合梁截面；(b) CFSST 柱截面

计算中楼面恒载考虑楼板自重、楼面装饰层（包括吊顶管道）以及填充墙折减的均布荷载，屋面荷载考虑屋面板自重、屋面的保温防水层自重及吊顶管道自重。两者恒载标准值均取为 4.5 kN/m²，活荷载标准值均取为 2.0 kN/m²。

6.2　方钢管混凝土柱弹塑性模型

在柱的弹塑性模型中，常采用梁单元和轴力-双向弯矩相互作用的塑性铰（简称 PMM 铰）来模拟 CFSST 柱的弹塑性性能；当为平面结构或只考虑单轴压弯时，退化为单向轴力-弯矩相互作用塑性铰（简称 PM 铰）。轴力-双向弯矩相互作用的塑性铰能够考虑空间受力时的内力耦合效应，模型建立时，需定义塑性铰轴力-双向弯矩相互作用关系的空间屈服曲面（简称 N-M_{yx}-M_{yy} 相关屈服面），来确定轴力 N、弯矩 M_{yx} 和弯矩 M_{yy} 的不同组合下柱最先发生屈服的位置。

在建立单元的弹塑性模型前，首先要正确确定单元的弹性参数，下面先给出 CFSST 柱单元弹性参数的确定方法[1]。

6.2.1　CFSST 柱单元弹性参数的确定

进行钢管混凝土结构弹性分析的关键是构件截面刚度和材料质量密度的确定。钢管混凝土柱存在三种刚度，即轴压刚度、抗弯刚度和剪切刚度。在有限元分析中，往往采用折算刚度法，按抗侧刚度相等的原则[3]，仅考虑抗弯刚度，将钢管混凝土柱简化成单一材料的柱进行建模，这种处理方法会造成一定的误差[4]。如何在模型中准确反映钢管混凝土的这三种刚度,是弹性分析的关键。本节介绍将边长为 l、钢管壁厚为 t(后文采用 $l \times t$ 表示 CFSST 柱的截面)的 CFSST 柱等效为边长为 l 的方形截面柱的方法,目标是等效柱与原钢管混凝土柱刚度和质量相等。

给出一种实现等效柱单元截面与原钢管混凝土截面刚度等效的方法,该方法能实现轴压刚度、抗弯刚度和剪切刚度三种刚度的同时等效[1]。首先根据两种单元截面等轴压刚度、等抗弯刚度和等剪切刚度的原则确定钢管混凝土柱等效为单一材料后的等效轴压弹性模量 E_{eq}、等效抗弯弹性模量 E_{eqI} 和等效剪切刚度 G_{eq}。三种刚度的等效原则应同时满足以下三个公式:

$$E_{eq} \cdot A_{sc} = E_c \cdot A_c + E_s \cdot A_s \tag{6-1}$$

$$E_{eqI} \cdot I_{eq} = E_s \cdot I_s + 0.6 \cdot E_c \cdot I_c \tag{6-2}$$

$$G_{eq} \cdot A_{sc} = G_s \cdot A_s + G_c \cdot A_c \tag{6-3}$$

式中,E_s、E_c 分别为钢材和混凝土的弹性模量;A_{sc} 为 CFSST 柱横截面面积,$A_{sc} = l^2$;A_s、A_c 分别为 CFSST 柱截面中钢管和混凝土面积;I_s、I_c 分别为钢管和混凝土的截面惯性矩;I_{eq} 为等效柱截面的截面惯性矩,$I_{eq} = l^4/12$;G_s、G_c 分别为钢材和混凝土的剪切模量。

式(6-1)~式(6-3)即为保证轴压刚度、抗弯刚度和剪切刚度等效的方程。

采用等效轴压弹性模量 E_{eq} 作为 CFSST 柱材料的弹性模量,可以实现等效后的单元截面与原 CFSST 柱截面的轴压刚度相等,但截面的抗弯刚度和剪切刚度与原 CFSST 柱截面的并不相等。此时再通过截面的抗弯刚度修正系数 κ_I 实现与原 CFSST 柱截面抗弯刚度相等。当前,柱的抗弯刚度为 $E_{eq} \cdot I_{eq}$,因此为保证式(6-2)成立,需要对 $E_{eq} \cdot I_{eq}$ 进行修正,抗弯刚度修正系数 κ_I 应满足 $E_{eqI} \cdot I_{eq} = \kappa_I E_{eq} \cdot I_{eq}$。由此得到修正系数 κ_I 为:

$$\kappa_I = \frac{E_{eqI}}{E_{eq}} \tag{6-4}$$

根据材料剪切模量与弹性模量的关系可知:

$$G_{eq} = \frac{E_{eq}}{2(1 + \nu_{eq})} \tag{6-5}$$

式中,ν_{eq} 为材料的等效泊松比。根据截面剪切刚度相等,由式(6-1)、式(6-3)和式(6-5)可以得到等效泊松比为:

$$\nu_{eq} = \frac{E_s \cdot A_s + E_c \cdot A_c}{2(G_s \cdot A_s + G_c \cdot A_c)} - 1 \tag{6-6}$$

采用上述方法,对于截面为 $l \times t$ 的 CFSST 柱,采用式(6-1)、式(6-4)和式(6-6)确定其等效轴压弹性模量、抗弯刚度修正系数和等效泊松比后,就实现了与边长为 l 的正方形截面柱轴压刚度、抗弯刚度和剪切刚度相等,准确反映了钢管混凝土柱的三种刚度,且易于编程和在现有有限元程序中实现。

根据质量相等的原则,求得等效后材料的等效质量密度 ρ_{eq} 为:

$$\rho_{eq} = \frac{\rho_c \cdot A_c + \rho_s \cdot A_s}{A_{sc}} \tag{6-7}$$

式中,ρ_s、ρ_c 分别为钢材和混凝土的质量密度。

6.2.2 单元截面塑性屈服面与极限面

目前对于钢筋混凝土构件,一般采用基于平截面假定的纤维模型法确定截面的轴力-弯矩塑性屈服面和极限面,现有的许多截面分析工具都可以实现这个功能,如 Response 2000、XTRACT 等。对于钢管混凝土构件,钢管屈服后,钢管和内部混凝土之间存在较大的滑移,平截面假定不再适用,因此不能采用这些截面分析工具计算钢管混凝土柱的轴力-弯矩极限面。采用试验方法和能反映黏结滑移的细分有限元法可以较好地对钢管混凝土构件的破坏过程进行研究,基于大量试验研究和有限元数值模拟确定的钢管混凝土构件极限破坏相关曲面是比较可靠的。目前国内外许多规范、规程以及专著已经给出了钢管混凝土柱极限面的经验公式[5-7],可以简便且可靠地确定钢管混凝土柱的极限面。而对于钢管混凝土柱塑性屈服面,原则上可以采用 XTRACT 等软件进行分析计算以获得屈服面,但需要进行额外的分析计算。如果能提出一种类似于确定极限面的方法,根据简单的经验公式来确定塑性屈服面,则可以有效简化截面分析方法,减少计算工作量。下文将给出由现有的钢管混凝土柱极限面直接确定塑性屈服面的方法。

6.2.2.1 CFSST 构件截面轴力-弯矩相关极限面

对于矩形钢管混凝土压弯构件,目前国内外有很多建议公式和计算方法,最常用的是文献[4]中建议的极限面。这一极限面是采用大量试验结果和数值分析获得的,给出了轴力 N、弯矩 M_x、弯矩 M_y 共同作用下双向压弯构件的相关方程如下:

当 N 为压力,$N/N_{u0} \geqslant 2\eta_0$ 时:

$$N/N_{u0} + a \cdot {}^{1.8}\sqrt{(M_x/M_{ur})^{1.8} + (M_y/M_{uy})^{1.8}} = 1 \tag{6-8a}$$

当 N 为压力,$N/N_{u0} < 2\eta_0$ 时:

$$-b \cdot (N/N_{u0})^2 - c \cdot (N/N_{u0}) + {}^{1.8}\sqrt{(M_x/M_{ur})^{1.8} + (M_y/M_{uy})^{1.8}} = 1 \tag{6-8b}$$

当 N 为拉力时:

$$N/N_{ut0} + {}^{1.8}\sqrt{(M_x/M_{ur})^{1.8} + (M_y/M_{uy})^{1.8}} = 1 \tag{6-8c}$$

式中,N_{u0}、N_{ut0} 分别为极限轴压和轴拉承载力;M_{ur}、M_{uy} 分别为纯弯时 X 方向和 Y

方向的极限抗弯承载力;a、b、c 为与截面约束效应有关的系数。

极限轴压承载力和轴拉承载力的计算公式如下:

$$N_{u0} = f_{sc} \cdot A_{sc} \tag{6-9}$$

$$N_{ut0} = 1.1 f_y \cdot A_s \tag{6-10}$$

$$f_{sc} = (1.18 + 0.85\xi) \cdot f_c \tag{6-11}$$

$$\xi = A_s \cdot f_y / A_c \cdot f_c = \alpha f_y / f_c \tag{6-12}$$

式中,f_{sc} 为考虑钢管约束的混凝土强度;f_y 为钢材的抗拉强度、抗压强度和抗弯强度设计值;f_c 为混凝土的轴心抗压强度设计值;α 为钢管混凝土构件截面含钢率,$\alpha = A_s / A_c$;ξ 为截面的约束效应系数。

对于 CFSST 纯弯构件,其极限抗弯承载力的计算公式如下:

$$M_{ur} = M_{uy} = \gamma_m \cdot W_{sc} \cdot f_{sc} \tag{6-13}$$

式中,γ_m 为构件截面抗弯塑性发展系数,$\gamma_m = 1.04 + 0.48\ln(\xi + 0.1)$;$W_{sc}$ 为截面抗弯模量,$W_{sc} = l^3 / 6$。

系数 a、b、c 分别由以下公式确定:

$$a = 1 - 2\eta_0 \tag{6-14}$$

$$b = (1 - \zeta_0) / \eta_0^2 \tag{6-15}$$

$$c = 2 \cdot (\zeta_0 - 1) / \eta_0 \tag{6-16}$$

式中,参数 ζ_0、η_0 为:

$$\zeta_0 = 1 + 0.18\xi^{-1.15} \tag{6-17}$$

$$\eta_0 = \begin{cases} 0.5 - 0.318 \cdot \xi, & \xi \leqslant 0.4 \\ 0.1 + 0.13 \cdot \xi^{-0.81}, & \xi > 0.4 \end{cases} \tag{6-18}$$

取式(6-8)中一个方向的弯矩等于 0,就退化为单向压弯/拉弯构件极限承载力的公式。

上述给出的 CFSST 构件截面轴力-弯矩相关极限破坏面已编入《钢管混凝土结构技术规程》(DBJ/T 13-51—2020)[6],与许多国内外试验进行了对比,结果吻合较好;该计算公式与国内外许多规范、规程进行了对比,计算结果基本介于这些规范之间,比较合理。因此本书采用上述公式来计算 CFSST 构件截面的轴力-弯矩极限相关曲面(或曲线)。

6.2.2.2　CFSST 构件压弯截面屈服承载力的参数分析

纤维模型法可以较好地应用于钢管混凝土构件截面的屈服面(线)分析,XTRACT 等截面计算工具可以实现这一功能。但从实际应用的角度考虑,数值方法还是显得较为复杂,不便于工程应用。因此,本节对影响 CFSST 构件压弯性能的钢材和混凝土强度、含钢率等主要参数进行系统的分析,考察参数变化对截面屈服承载力的影响规律,对所得大量计算结果进行统计分析,并与已有 CFSST 构件截面极限面进行对比,从而给出一种简化的方法,用以确定 CFSST 构件截面的屈服面。

首先以单向压弯/拉弯受力截面为研究对象进行分析,然后扩展到双向受力截面。图 6-3 给出了典型的单向受力截面的 N-M 极限相关曲线和屈服相关曲线,轴力以受压为正。图中下标含"r"的变量代表截面实际的屈服承载力。极限相关曲线由式(6-8)计算得到,图中虚线为由纤维模型法计算得到的实际屈服相关曲线。从图中可以清楚地看出,截面的极限相关曲线和实际屈服相关曲线形状相似。因此,屈服相关曲线可以通过对极限相关曲线的折减来确定,图 6-3 也给出了折减极限相关曲线后得到的屈服相关曲线。

对于拉弯段,极限相关曲线和屈服相关曲线都是直线,如图 6-3 所示。因此拉弯段的屈服相关曲线方程比较容易确定,只需求得单向受拉时折减得到的屈服拉力 N_{yt0} 和单向受弯时折减得到的屈服弯矩 M_{y0},然后用直线相连即可。

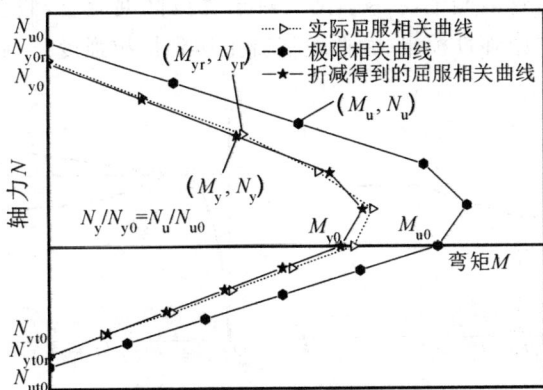

图 6-3　截面相关曲线示意图

对于压弯段,屈服相关曲线可以通过对极限相关曲线的弯矩和轴力同时进行折减来求得,即令:

$$M_y = A \cdot M_u$$
$$N_y = B \cdot N_u$$

(6-19)

式中,A、B 分别为屈服弯矩和轴力的折减系数;(M_u,N_u) 和 (M_y,N_y) 分别为极限相关曲线和折减得到的屈服相关曲线上对应的两点。

对于压弯段,除了纯弯点和纯压点外,弯矩和轴力需要同时进行折减,此时对于任一极限点,其相应屈服点的弯矩和轴力都是变化的,极限点和相应的屈服点难以确定。从图 6-3 可以看出,取极限相关曲线上任一点轴力 N_u 与单轴受压时的极限轴力 N_{u0} 的比值等于实际屈服面(或折减屈服面)上任一点轴力 $N_{yr}(N_y)$ 与单轴受压时的屈服轴力 $N_{y0r}(N_{y0})$ 的比值,即令 $n = N_{yr}/N_{y0r} = N_y/N_{y0} = N_u/N_{u0}$,当 n 从 0

到 1 变化时,极限相关曲线上的点和屈服相关曲线上的点是一一对应的,这样就确定了极限相关曲线与屈服相关曲线上相对应的点。

关键问题就是折减系数 A 和 B 的确定。下面采用基于纤维模型法的 XTRACT 截面分析工具对实际工程中常用的 CFSST 柱截面的屈服承载力进行参数分析,并与式(6-8)给出的极限承载力进行比较,最后对所得结果进行统计和分析,从而确定系数 A 和 B。

分析中,对于常用的低碳软钢及低合金钢采用如图 6-4(a)所示的应力-应变关系,其中,f_e、f_y 和 f_u 分别为钢材的比例极限、屈服强度和极限强度,$f_e = 0.8f_y$;$\varepsilon_e = 0.8f_y/E_s$,$\varepsilon_y = 1.5\varepsilon_e$,$\varepsilon_h = 10\varepsilon_y$,$\varepsilon_u = 100\varepsilon_y$。屈服相关曲线为单向压弯或拉弯作用下,钢管外侧拉应变或压应变达到钢材应力-应变曲线屈服点 Y 时对应的状态,如图 6-4(a)所示。钢管内受压区约束混凝土应力-应变关系如图 6-4(b)所示,曲线具体计算方法参见文献[8],当钢管混凝土的约束效应系数 $\xi \geqslant \xi_0$ 时,混凝土应力不出现下降段,对于方钢管混凝土,$\xi_0 \approx 4.5$。对于受拉区混凝土,假设应力-应变关系为直线,弹性模量取初始弹性模量,并假设混凝土达到抗拉强度 f_t 后就退出工作。

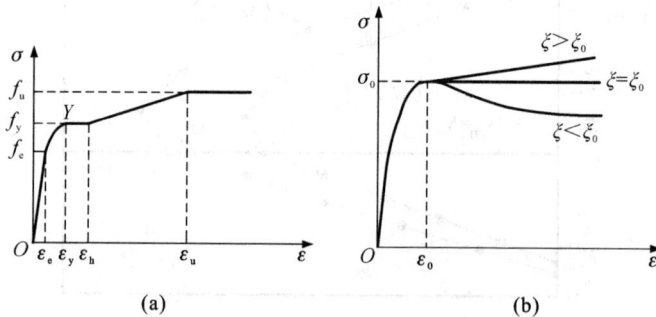

图 6-4 材料应力-应变关系示意图
(a) 钢材;(b) 混凝土

式(6-8)的适用条件是:ξ 为 0.2～5,f_y 为 200～700 N/mm²,混凝土强度 f_{cu} 为 30～120 N/mm²,α 为 0.03～0.2,基本涵盖了本书所用到的 CFSST 构件截面。以此为依据,分别选用 78 个不同 CFSST 构件截面,每个截面分别选取对应的 5 对数据,共计 390 对数据,如表 6-1 所示。截面边长的变化范围为 140～1500 mm,含钢率的变化范围为 0.03～0.19,约束效应系数标准值(混凝土强度采用标准值)变化范围为 0.35～3.1,钢材屈服强度变化值为 200～420 MPa,混凝土强度等级为 C30～C80。实际工程应用中,为更充分地发挥钢管和混凝土的性能,相关规程和文献[4,5]均给出了合理的钢管和混凝土的组合建议。一般情况下,钢管混凝土的约束效应系数标准值不宜大于 4,也不宜小于 0.3。因此本节选取的用于分析的截面样本具有一般代表性。

表 6-1   **CFSST 构件截面数据**

序号	边长 l（mm）	壁厚 t（mm）	含钢率 α	ξ	f_y（MPa）	f_{cu}（N/mm²）	截面数量	数据对的数量
1	140	2～5	0.06～0.16	0.48～3.10	215～390	30～50	9	45
2	250	2～10	0.03～0.18	0.35～2.80	215～420	30～50	9	45
3	400	5～15	0.08～0.17	0.87～2.60	215～380	30～60	12	60
4	600	15～25	0.10～0.19	0.87～2.79	205～360	30～60	9	45
6	800	10～34	0.05～0.17	0.80～3.02	310～420	30～80	9	45
7	1000	15～35	0.04～0.16	0.44～1.95	215～360	30～60	9	45
8	1200	10～50	0.03～0.18	0.40～1.69	200～340	30～70	9	45
9	1500	20～60	0.06～0.18	0.53～1.98	310～420	30～80	12	60
总计	140～1500	2～60	0.03～0.19	0.35～3.10	200～420	30～80	78	390

表 6-2 给出了 78 个样本截面分析得到的数据统计结果，分别采用实际屈服承载力与极限承载力比值：弯矩比 M_{yr}/M_u 和轴力比 N_{yr}/N_u 来表示。根据表 6-2 中样本的均值和标准差求得弯矩比和轴力比数据的变异系数分别为 0.052 和 0.031，可知样本的标准差和变异系数均较小，数据点分布比较集中，离散程度小。

表 6-2   **样本截面分析数据统计结果**

项目		边长(mm)								总计
		140	250	400	600	800	1000	1200	1500	
弯矩比 $\dfrac{M_{yr}}{M_u}$	均值	0.818	0.823	0.826	0.805	0.835	0.824	0.825	0.824	0.823
	标准差	0.045	0.050	0.046	0.034	0.031	0.045	0.047	0.035	0.0425
轴力比 $\dfrac{N_{yr}}{N_u}$	均值	0.903	0.910	0.910	0.896	0.924	0.925	0.907	0.906	0.910
	标准差	0.042	0.033	0.028	0.020	0.021	0.025	0.027	0.017	0.0285

为了粗略了解弯矩比和轴力比数据点的分布情况，给出了弯矩比和轴力比的直方图（图 6-5）。直方图的外廓曲线基本接近于总体的概率密度曲线，从图 6-5 中可以看出，直方图的外廓线有一个峰，中间高，两端低，基本上呈对称分布，因此假设弯矩比和轴力比分别为表 6-2 给出的总计均值和标准差的正态分布 $N(0.823, 0.0425)$ 和 $N(0.910, 0.0285)$。对弯矩比和轴力比分别采用"χ^2 检验法"和"偏度、峰度检验法"两种方法进行分布拟合检验，检验其是否符合正态分布，显著性水平为 0.05。

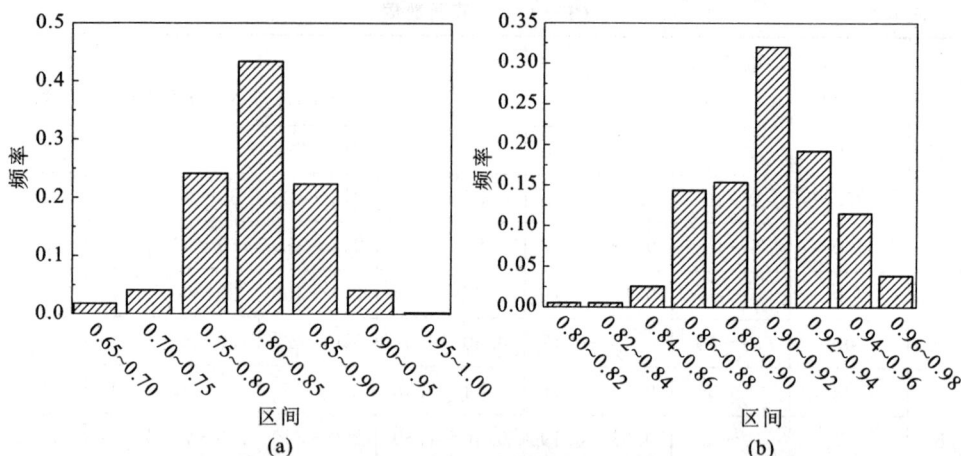

图 6-5　数据分布直方图

(a) 弯矩比;(b) 轴力比

经检验认为弯矩比和轴力比数据来自正态分布总体。因此:

$$\frac{M_{yr}}{M_u}\sim N(0.823,0.0425);\qquad \frac{N_{yr}}{N_u}\sim N(0.91,0.0285) \tag{6-20}$$

对于折减系数 A 和 B,取弯矩比和轴力比随机变量的均值,为简化取弯矩折减系数 A 为 0.8,轴力折减系数 B 为 0.9。

在拉弯段,CFSST 构件轴心受拉,钢管受拉屈服时,其受拉屈服承载力近似为 $N_{yt0}=f_y A_s$,受拉极限承载力 $N_{ut0}=1.1 f_y A_s$,因此 $N_{yt0}=0.909 N_{ut0}$,与轴压力的折减系数 0.9 比较相近,因此轴向力折减系数统一取为 0.9。拉弯段的极限相关线和屈服相关线均为直线,纯弯点和轴心受拉点的弯矩和轴力的折减系数即为其相应的弯矩折减系数和轴力折减系数。由前面的分析可知,轴力折减系数为 0.9,弯矩折减系数为 0.8,与压弯段的轴力折减系数和弯矩折减系数相同。

6.2.2.3　CFSST 构件截面 N-M_x-M_y 相关屈服面的简化确定方法

对于单轴受力截面,取式(6-8)中 M_x 或 M_y 为 0,得到以 M_u 和 N_u 表示的极限相关曲线以后,将 $M_y=0.8M_u$,$N_y=0.9N_u$ 代入极限相关曲线,经化简就可以得到 CFSST 构件截面轴力-弯矩相关屈服曲线。

轴力为压力时:

(1) 当 $N_y/N_{u0}\geqslant 1.8\eta_0$ 时:

$$\frac{M_y}{M_{u0}}=\frac{1}{\alpha}\left(0.8-0.889\frac{N_y}{N_{u0}}\right) \tag{6-21a}$$

(2) 当 $N_y/N_{u0}<1.8\eta_0$ 时:

$$\frac{M_y}{M_{u0}}=0.8+0.889c \cdot \frac{N_y}{N_{u0}}+0.988b \cdot \left(\frac{N_y}{N_{u0}}\right)^2 \qquad (6\text{-}21\text{b})$$

轴力为拉力时：

$$\frac{M_y}{M_{u0}}=0.8-0.889\frac{N_y}{N_{ut0}} \qquad (6\text{-}21\text{c})$$

式中，M_{u0} 为单向纯弯承载力，可由式（6-13）确定。其他取值均同极限相关曲面取值。

对于双向受力截面，将 M_y/M_{u0} 以 $\sqrt[1.8]{(M_{yx}/M_{ur})^{1.8}+(M_{yy}/M_{uy})^{1.8}}$ 代入式（6-21），即得到 $N\text{-}M_{yx}\text{-}M_{yy}$ 共同作用下相关方程，下标第一个字母"y"表示屈服。

轴力为压力时：

（1）当 $N_y/N_{u0}\geqslant1.8\eta_0$ 时：

$$\sqrt[1.8]{\left(\frac{M_{yx}}{M_{ur}}\right)^{1.8}+\left(\frac{M_{yy}}{M_{uy}}\right)^{1.8}}=\frac{1}{\alpha}\left(0.8-0.889\frac{N_y}{N_{u0}}\right) \qquad (6\text{-}22\text{a})$$

（2）当 $N/N_{u0}<1.8\eta_0$ 时：

$$\sqrt[1.8]{\left(\frac{M_{yx}}{M_{ur}}\right)^{1.8}+\left(\frac{M_{yy}}{M_{uy}}\right)^{1.8}}=0.8+0.889c \cdot \frac{N_y}{N_{u0}}+0.988b \cdot \left(\frac{N_y}{N_{u0}}\right)^2 \quad (6\text{-}22\text{b})$$

轴力为拉力时：

$$\sqrt[1.8]{\left(\frac{M_{yx}}{M_{ur}}\right)^{1.8}+\left(\frac{M_{yy}}{M_{uy}}\right)^{1.8}}=0.8-0.889\frac{N_y}{N_{ut0}} \qquad (6\text{-}22\text{c})$$

式中，M_{yx}，M_{yy} 分别表示双向弯曲下 X 方向和 Y 方向的屈服弯矩。实际应用中，屈服面是由空间相关的屈服曲线生成的，为了使公式便于使用和编程实现，令 $M_{yy}=kM_{yx}$，对于 CFSST 构件截面 $M_{ur}=M_{uy}$，代入式（6-22），得到以下公式。

轴力为压力时：

（1）当 $N_y/N_{u0}\geqslant1.8\eta_0$ 时：

$$\frac{M_{yx}}{M_{u0}}=\frac{d}{\alpha}\left(0.8-0.889\frac{N_y}{N_{u0}}\right) \qquad (6\text{-}23\text{a})$$

（2）当 $N/N_{u0}<1.8\eta_0$ 时：

$$\frac{M_{yx}}{M_{u0}}=d\left[0.8+0.889c \cdot \frac{N_y}{N_{u0}}+0.988b \cdot \left(\frac{N_y}{N_{u0}}\right)^2\right] \qquad (6\text{-}23\text{b})$$

轴力为拉力时：

$$\frac{M_{yx}}{M_{u0}}=d\left(0.8-0.889\frac{N_y}{N_{ut0}}\right) \qquad (6\text{-}23\text{c})$$

式中，$d=1/\sqrt[1.8]{1+k^{1.8}}$。求得在给定轴力作用下的 M_{yx} 后，乘系数 k 即可求得 M_{yy}。至此，根据式（6-23）可以较容易地得到轴力-弯矩屈服相关曲面。

为了验证本书建议简化方法的正确性,以文献[9]中截面为 250 mm×10 mm 和文献[10]中截面为 140 mm×4 mm 单轴压弯的 CFSST 柱为例,采用本书简化方法和截面纤维单元软件 XTRACT,计算截面的单向压弯作用下轴力-弯矩屈服相关曲线。钢材及混凝土的材料性能参数如表 6-3 和表 6-4 所示,截面基本力学参数如表 6-5 所示。

表 6-3 钢材力学性能参数

截面编号	截面尺寸(mm)	f_y(MPa)	f_u(MPa)	E_s(MPa)
S1	250×10	242.2	390	169.6×10³
S2	140×4	361	433.8	206.2×10³

表 6-4 混凝土材料性能参数

截面编号	截面尺寸(mm)	f_{cu}(MPa)	f_{ck}(MPa)	E_c(MPa)
S1	250×10	41.0	27.5	32.8×10³
S2	140×4	52.6	34.0	33.8×10³

表 6-5 截面基本力学参数

截面编号	截面尺寸(mm)	含钢率	约束效应系数
S1	250×10	0.181	1.598
S2	140×4	0.125	1.326

图 6-6 给出了 S1、S2 截面的纤维划分。图 6-7 给出了采用本书简化方法和 XTRACT 软件计算得到的截面轴力-弯矩屈服相关曲线。

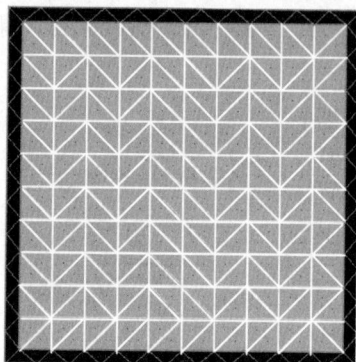

图 6-6 CFSST 构件截面纤维模型

图 6-7 中极限相关曲线是根据式(6-8)计算得到的,材料的强度值均取实测值,轴向受压为正。从图上可以看出,采用 XTRACT 软件计算得到的屈服相关曲线与本书简化方法得到的屈服相关曲线比较接近。

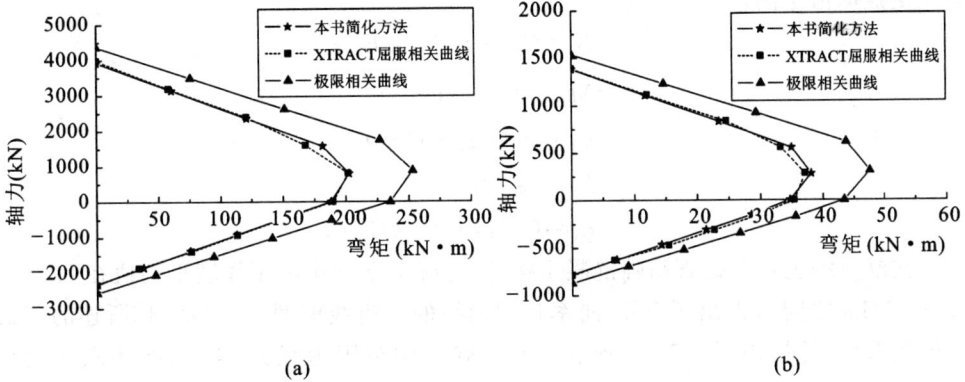

图 6-7　轴力-弯矩屈服相关曲线
(a)S1 截面轴力-弯矩屈服相关曲线;(b)S2 截面轴力-弯矩屈服相关曲线

6.2.3　考虑材料变化的屈服面简化确定方法

6.2.2 节中提出了 CFSST 构件屈服面的一种确定方法,基于不同截面的大量参数分析可知,在本书给出的截面参数范围内,不考虑材料和截面本身的变异性,建议的弯矩和轴力折减系数均可以适用于实际工程中。

若需要考虑材料的变异性或者构件截面的参数特征不在本书参数分析的范围内,可以通过确定构件截面纯弯、纯压和纯拉三个典型受力状态时屈服承载力和极限承载力的比值,给出弯矩、轴向压力和拉力近似的折减系数,进而通过极限面的折减获得屈服面。

6.2.4　弯矩-曲率骨架曲线

CFSST 构件截面弯矩-曲率骨架曲线主要可以采用试验、数值模拟和简化公式三种方法获得。对每个需要进行弹塑性分析的钢管混凝土结构中的构件进行试验研究,以取得所需的计算参数的想法是不现实的。

目前基于材料应力-应变关系的纤维模型法和有限元等数值方法,可以较为准确地计算出钢管混凝土截面的弯矩-曲率关系曲线。但从实际应用的角度考虑,数值方法还是较为复杂,不便于工程应用。为此,许多学者在对钢管混凝土构件力学性能进行深入的理论分析和试验研究的基础上,提出了简化实用的计算方法[4,11-13],为 CFSST 结构体系的弹塑性分析提供参考。文献[4]中提出了 CFSST 构件截面(f_y 为200~500 MPa;f_{cu} 为 30~90 MPa)弯矩-曲率骨架曲线的三折线模型,如图 6-8(a)所示。其中 n 为轴压比,即截面所承担轴向压力与极限轴力 N_{u0} 的比值。M_u 取值见式(6-8),其他数值见式(6-24)。现有的大多数三折线模型基本上与该模型相似,只有关键点取值不同。

$$\begin{cases} K_s = E_s \cdot I_s + 0.2 E_c \cdot I_c \\ M_B = M_y \cdot (1-n)^{k_0} \\ \varphi_B = 20 \cdot \varphi_e \cdot (2-n) \\ k_0 = (\xi + 0.4)^{-2} \\ \varphi_e = 0.544 \cdot f_y / (E_s \cdot l) \end{cases} \tag{6-24}$$

文献[12]也对方钢管高强混凝土构件(混凝土立方体抗压强度平均值在 82.8～95.85 MPa 之间),提出了弯矩-曲率骨架曲线的三折线模型,与文献[4]所述的三折线模型形状不同,如图 6-8(b)所示。图 6-8(b)中极限承载力 M_u 为按照欧洲规范 Eurocode 4[7] 计算得到的极限承载力。屈服承载力 M_y 约为极限承载力 M_u 的 $60\%～84\%$,弹性抗弯刚度 EI 按 Eurocode 4 的建议取值,如表 6-6 所示。表 6-6 给出了各国规范关于 CFSST 抗弯刚度的取值[13]。

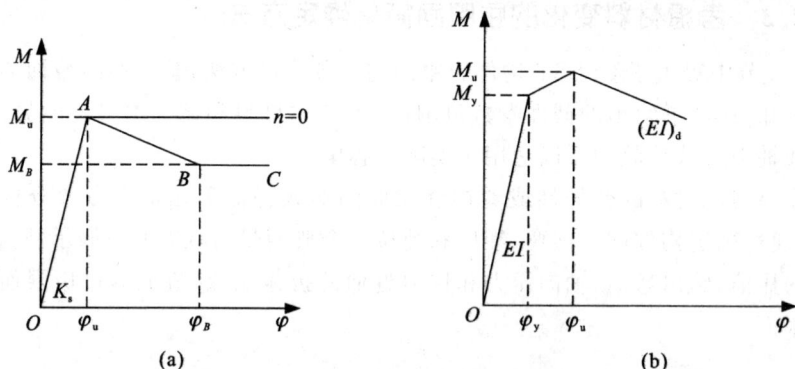

图 6-8　CFSST 构件截面弯矩-曲率骨架曲线

(a)文献[4]建议模型;(b)文献[12]建议模型

表 6-6　　　　　　　　　　　**各国规范 CFSST 抗弯刚度取值**

编号	抗弯刚度表达式	规范名称
1	$K_s = E_s \cdot I_s + 0.2 E_c \cdot I_c$	ACI 318-05、AIJ-CFT
2	$K_s = E_s \cdot I_s + 0.6 E_c \cdot I_c$	Eurocode 4(1994)、DBJ/T 13-51—2020
3	$K_s = E_s \cdot I_s + 0.8 E_c \cdot I_c$	AISC-LRFD、CECS 159:2004
4	$K_s = 0.95 E_s \cdot I_s + 0.45 E_c \cdot I_c$	BS 5400-5:2005

从式(6-24)和表 6-6 可以看出,图 6-8(a)截面弹性阶段的抗弯刚度 K_s 采用了日本规程 AIJ-CFT 中的取值,而极限承载力采用了《钢管混凝土结构技术规程》(DBJ/T 13-51—2020)中的取值[式(6-8)]。本书在 6.1.2 节中,采用了《钢管混凝土结构技术规程》(DBJ/T 13-51—2020)中弹性刚度的确定方法,这也是目前采用较多的弹性抗弯刚度的取值,图 6-8(b)模型也采用了相同的取值。

为了保持弹性阶段抗弯刚度的一致并与轴力-弯矩相关屈服曲线相对应,综合了文献[4]和[14]的研究成果,本节对图 6-8(a)的三折线弯矩-曲率骨架曲线进行修正,采用如图 6-9 所示的四折线形式,其中

$$K_s = E_s \cdot I_s + 0.6 E_c \cdot I_c \tag{6-25a}$$

$$\varphi_y = M_y / K_s \tag{6-25b}$$

$$\varphi_u = 2M_y / K_s \tag{6-25c}$$

式中,M_y 采用式(6-21)计算。其他取值同图 6-8(a)。与图 6-8(a)相比可以看出,修正后的模型将 OA 段分成两段,增加了钢管屈服时对应的点 A',相应屈服弯矩的取值与建议的轴力-弯矩屈服相关曲线上的弯矩取值对应。修正后的骨架曲线考虑了钢管屈服后截面抗弯刚度的退化,更符合实际情况。

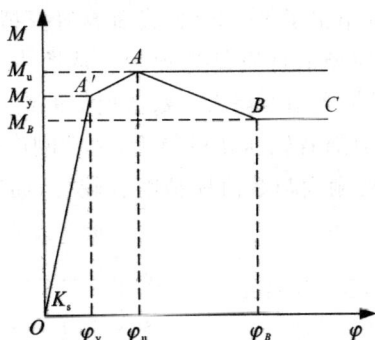

图 6-9　修正后的 CFSST 构件截面弯矩-曲率骨架曲线

下面采用修正后的计算公式计算文献[13]中及 6.2.2.3 节中的 S1、S2 截面的弯矩-曲率骨架曲线,并与原有模型以及数值分析结果进行对比,验证修正后骨架曲线的适用性。

文献[13]采用数值模拟和该文献建议的简化模型对轴压比 n 为 0.6 的 CFSST 柱截面的弯矩-曲率关系曲线进行了分析。采用文献[4]建议简化模型以及本书修正后骨架曲线对其进行模拟分析,图 6-10 给出了三种不同简化模型和数值模拟计算结果的对比。

从图 6-10 中可以看出,文献[4]建议的模型弹性刚度在屈服点前小于数值模拟的计算结果,屈服点后又大于数值模拟的计算结果。文献[4]建议的模型是在文

献[13]模型基础上发展起来的,文献[4]结果相对文献[13]结果偏安全。本书修正后的计算结果也和数值模拟结果吻合较好,且物理意义明确,相对于原有的简化模型,并没有增加太多的计算工作量。

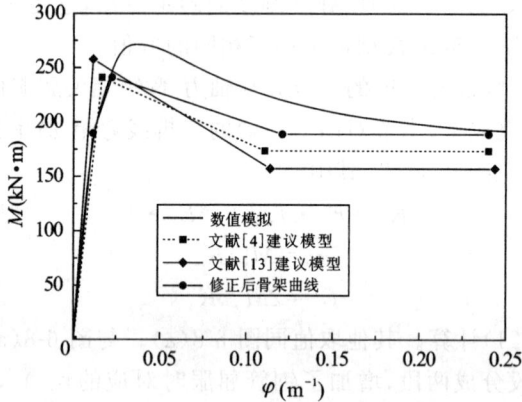

图6-10　不同简化模型弯矩-曲率骨架曲线计算结果比较

(截面230 mm×9 mm;$f_y = 345$ MPa,$f_{ck} = 48$ MPa,$n = 0.6$)

图6-11和图6-12分别给出了S1和S2截面数值模拟和文献[4]中原骨架曲线简化模型以及本书修正后模型的计算结果比较。从图中可以看出,在轴压比 $n = 0$ 时,修正后模型的弹性阶段抗弯刚度略大于数值模拟的结果,原有的简化模型弹性刚度稍小于数值模拟结果。但随着轴压比的增大,弹性刚度提高;当 $n = 0.3$ 时,S2 截面修正模型弹性阶段的抗弯刚度与数值模拟吻合较好,而原简化模型的刚度小于数值模拟刚度。

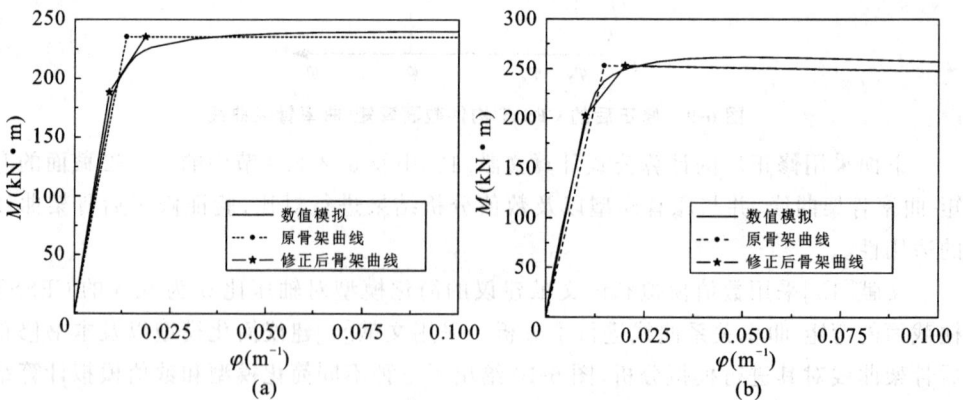

图6-11　S1 截面弯矩-曲率骨架曲线

(a)$n = 0$;(b)$n = 0.3$

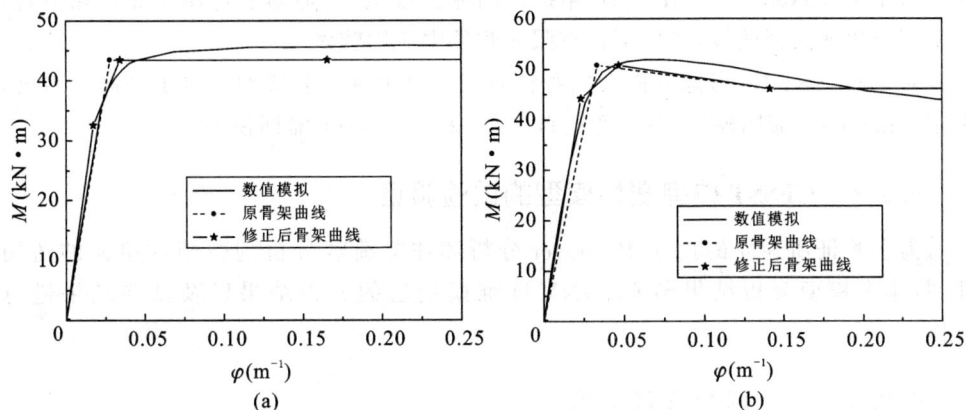

图 6-12　S2 截面弯矩-曲率骨架曲线

(a)$n=0$;(b)$n=0.3$

　　一般柱都是在一定的轴压比下工作的,因此本书修正后的骨架曲线的弹性刚度的取值更合理,且与弹性分析阶段截面刚度取值相对应。钢管屈服后考虑截面刚度的退化,极限曲率直接取屈服曲率的 2 倍。从图上可以看出修正后的骨架曲线与数值模拟结果吻合较好,增加计算量相对较小,且与相关屈服线上的屈服点相对应,因此修正后的骨架曲线对于 CFSST 构件截面是适用的。

6.2.5　滞回模型

　　图 6-13(a)、(b)、(c)分别给出了 Wen 滞回模型、Kinematic 滞回模型和 Takeda 滞回模型。

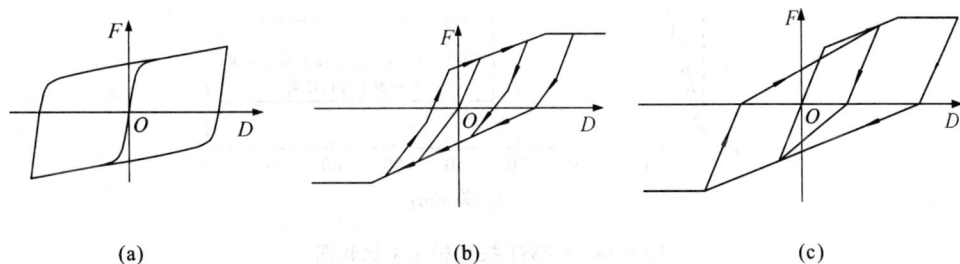

图 6-13　滞回模型

(a)Wen 模型;(b)Kinematic 模型;(c)Takeda 模型

　　Wen 滞回模型不考虑刚度的退化,主要用来模拟钢结构构件的滞回性能。Kinematic 滞回模型基于金属中常见的动态硬化行为,非线性力-变形关系用多段线性曲线给定。此曲线几乎可有任意形状,但是必须遵从一定的限制条件。Takeda 滞回模型基于 Takeda 等[15]在 1970 年提出的滞回模型,与随动硬化模型非常相似,但是采用退化的滞回曲线,该模型在有限元软件中应用较多。

对于 CFSST 柱,考虑双向弯曲和轴向三个自由度的非线性。对于轴向自由度,采用 Kinematic 滞回模型;对于弯曲自由度,采用 Takeda 滞回模型。

6.2.6　CFSST 柱弹塑性模型的试验验证

为了验证所建立的用于 Pushover 分析和往复荷载分析的弹塑性单元的适用性,将本书模型分析结果与 CANNY 纤维模型法的分析结果以及试验结果进行对比。

6.2.6.1　单调加载试验验证

（1）CFSST 柱骨架曲线验证。

文献[9]对 CFSST 柱模型进行拟静力试验研究,试验柱高 1.52 m。CFSST 柱截面及材料特性为 6.2.2.3 节中的 S1 截面。试件底部固定,在轴向保持 737 kN 常轴压力的同时,在试件顶部施加往复水平荷载。图 6-14 给出了本章模型分析结果和 CANNY 纤维模型分析结果与试验结果的比较。

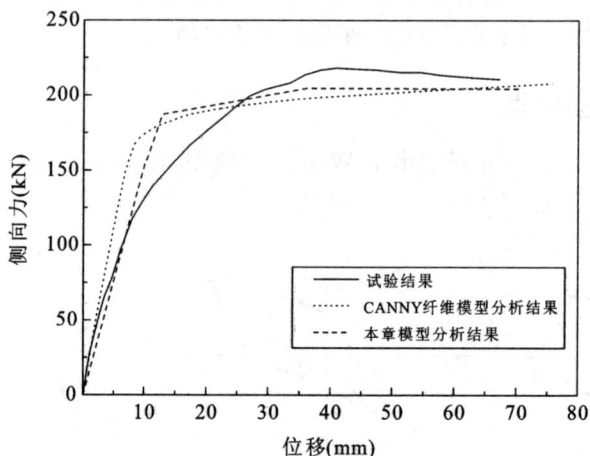

图 6-14　CFSST 柱分析结果比较图

从图 6-14 中可以看出,本章模型数值模拟的结果总体上低于试验结果,其中在弹性段初始刚度稍低于试验结果,而 CANNY 纤维模型的分析结果高于试验结果。这主要是由纤维模型没有考虑钢管和混凝土之间的滑移作用以及混凝土刚度的折减造成的。采用本章方法构造的非线性单元的模拟结果总体上优于 CANNY 纤维模型的结果,计算效率也高于 CANNY 纤维模型。

（2）钢梁-方钢管混凝土（SB-CFSST）柱框架骨架曲线验证。

为了研究 SB-CFSST 柱框架结构的抗震性能，文献[10]对 6 个一榀单层单跨方钢管混凝土框架试件开展了在恒定轴力和水平往复荷载作用下的试验研究，试验加载装置如图 6-15 所示。本节选择模型编号为 SF22 的一榀试验框架，采用 SAP2000 和 CANNY 纤维模型对其进行静力弹塑性分析，并与试验得到的骨架曲线进行比较。SAP2000 中采用本书弹塑性模型构造 CFSST 柱非线性单元，CANNY 纤维模型中 CFSST 柱采用纤维模型法。

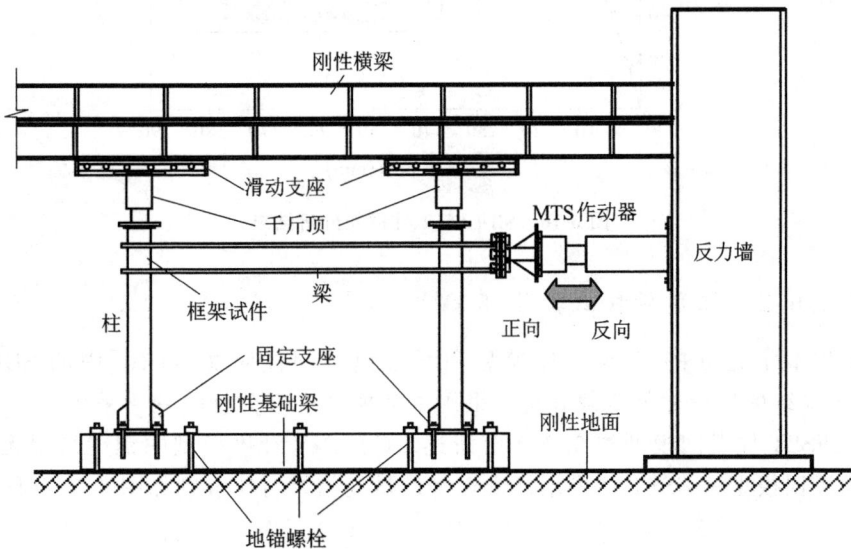

图 6-15　试验加载装置示意图

模型框架的跨距为 2.5 m，层高为 1.45 m。试验加载装置 CFSST 柱截面及材料特性为 6.2.2.3 节中的 S2 截面，梁为工字钢，规格为 180 mm×80 mm×4.34 mm×4.34 mm。按轴压比要求（$n=0.3$），两框架柱顶端均加载 375 kN 轴压力。钢梁钢材的屈服强度 f_y 为 361.6 N/mm²，极限强度 f_u 为 495.5 N/mm²，弹性模量 E_s 为 $2.042×10^3$ N/mm²。

图 6-16 给出了 SB-CFSST 柱框架结构采用本章模型和 CANNY 纤维模型的分析结果与试验结果的比较。图中横坐标为框架顶端水平位移，纵坐标为水平力。从该图中可以看出，本章模型模拟分析结果和试验结果吻合良好。

从图 6-14 和图 6-16 可以看出，采用本章弹塑性模型进行数值分析的结果总体上低于试验结果，采用 CANNY 纤维模型进行数值模拟的弹性刚度略大于试验结果。两种数值方法的分析结果基本上与试验结果吻合，因此本章提出 CFSST 柱弹塑性模型对于 CFSST 柱的单调加载是合理可用的。

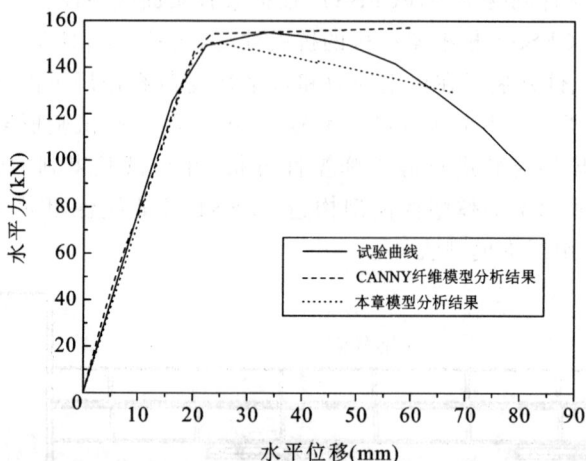

图 6-16　SB-CFSST 柱框架分析结果

6.2.6.2　往复荷载试验验证

采用本章建立的 CFSST 柱模型和纤维模型同样对文献[10]中的 SF11 和 SF12 试验结构进行往复荷载分析。采用本章模型进行分析时钢梁采用 Wen 滞回模型,CFSST 柱滞回模型如 6.2.5 节所述。CANNY 纤维模型中钢梁采用无退化双线性滞回模型,CFSST 柱采用纤维模型。试验结果对比分别如图 6-17 和图 6-18 所示。

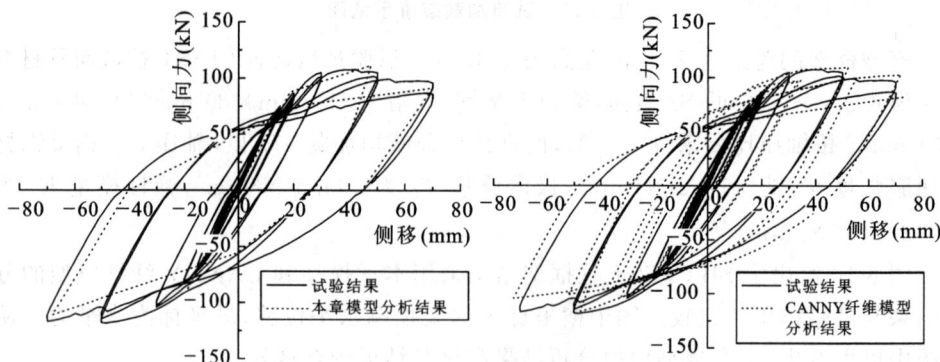

图 6-17　SF11 分析结果

从图 6-17 和图 6-18 中可以看出,两种方法均能较好地对试验结果进行模拟。总体上讲,基于 CANNY 纤维模型的分析结果稍微高估了结构的滞回耗能能力,且存在计算耗时久、不易收敛的问题;本章模型的分析结果略微低估了结构的滞回耗能能力,计算速度快。

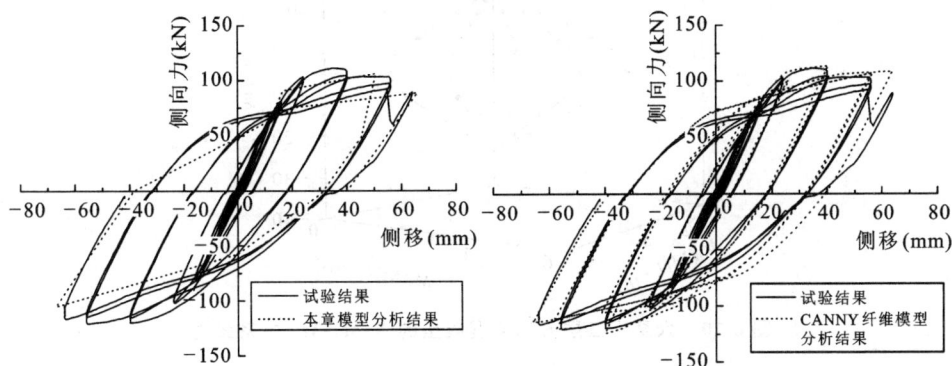

图 6-18　SF12 分析结果

6.2.7　实际结构模型采用的 $N\text{-}M_x\text{-}M_y$

实际软件输入计算中选择 N 与 M_2、M_3 正方向空间中与 $N\text{-}M_2$ 平面成 $0°$、$22.5°$、$45°$、$67.5°$、$90°$ 夹角的 5 条空间曲线进行计算分析,其中 N 为 z 轴,M_2、M_3 分别为 X、Y 轴。图 6-19 和 6-20 分别给出基于 6.2.2.3 节计算得到的一至五层柱和六至十五层柱的 $N\text{-}M_2\text{-}M_3$ 关系曲线。

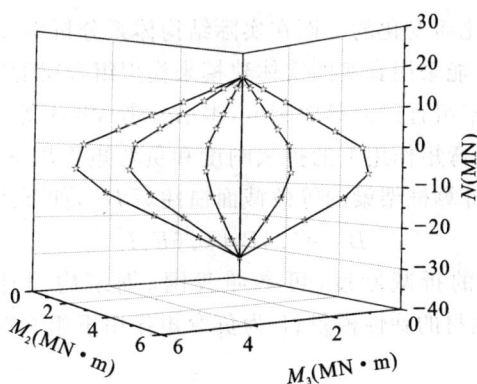

图 6-19　一至五层方钢管混凝土的 $N\text{-}M_2\text{-}M_3$ 关系曲线

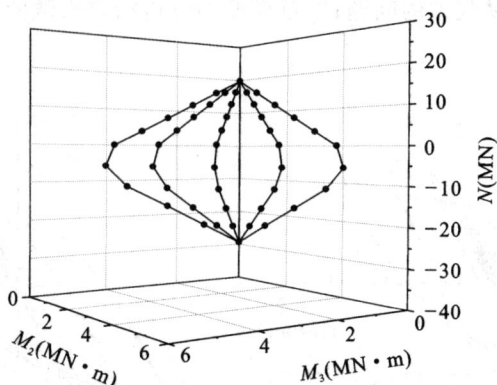

图 6-20　六至十五层方钢管混凝土的 N-M_2-M_3 关系曲线

6.3　钢-混凝土组合梁弹塑性模型

框架梁构件一般都是按照"强剪弱弯"设计的。因此,为了简化计算,对于梁构件仅考虑在平面内的单向弯曲,剪切变形假定为弹性变形。

6.3.1　弹性单元基本参数的确定

组合梁在正弯矩和负弯矩作用下刚度是不同的,因此在地震作用下,组合梁的刚度是随着弯矩正负变化而变化的。而在实际结构体系分析中,由于结构复杂,计算繁复,现有计算条件不可能采用真实的实体建模来模拟组合梁的这种刚度变化,一般采用平均刚度法计算框架组合梁的等效刚度,本书参考 Viest 等[16]及陈戈[17]的计算方法,用框架组合梁在正弯矩作用下的折减刚度和负弯矩作用下考虑钢筋作用的刚度进行线性插值的方法计算框架梁的等效截面惯性矩 B_{eq},如下式所示:

$$B_{eq} = 0.4B + 0.6E_s I'$$ （6-26）

式中,B 为正弯矩区的折减刚度,可参照我国《钢结构设计标准》(GB 50017—2017)[18]取值;E_s 为钢材的弹性模量;I' 为负弯矩作用下组合截面的惯性矩,可参照文献[19]取值。

6.3.2　弯矩-曲率骨架曲线与滞回模型

建立钢-混凝土组合梁的弹塑性模型时,需要确定梁的骨架曲线。现有研究成果[17,20]给出了典型三折线弯矩-曲率骨架曲线,如图 6-21 所示。另外,文献[21]等也提出了三段式型曲线型骨架曲线,由于计算相对复杂,此处不进行详细介绍。

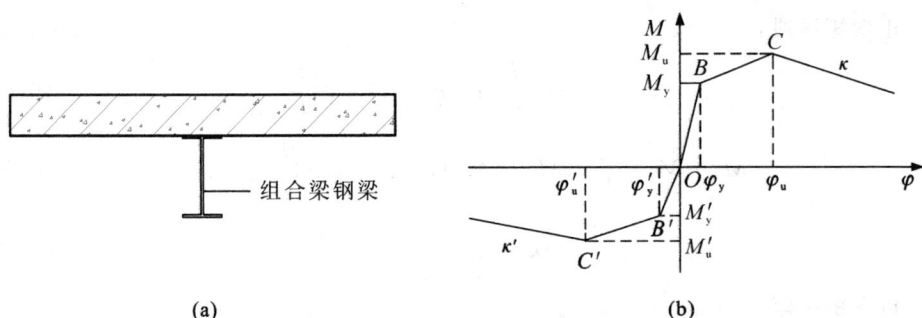

图 6-21 典型三折线组合梁弯矩-曲率骨架曲线

(a) 组合梁示意图；(b) 弯矩-曲率骨架曲线

钢-混凝土组合梁中的钢梁，在弹塑性分析时弯矩-曲率骨架曲线通常采用双线性模型，图 6-22(a)给出了组合梁和相应钢梁截面弯矩-曲率骨架曲线的比较，从该图中可以看出，考虑楼板组合作用的组合梁在正弯矩区段，截面的刚度和极限承载力较钢梁有很大的提高，但在下降段出现了低于钢梁承载力的情况，这与实际情况是不相符的。因为即使在承载力后期混凝土板完全退出工作，在相同曲率下，截面的承载力也不可能低于钢梁。同样，在负弯矩区的下降段也存在这样的问题。

因此对组合梁三折线骨架曲线的下降段进行调整，建议了如图 6-22(b)所示的四折线骨架曲线。图中 B 点、B' 点、C 点、C' 点以及下降段的斜率 κ 和 κ' 的取值均基于已有的三折线骨架曲线的研究成果。D 点和 D' 点取组合梁下降段与钢梁骨架曲线的交点。三折线模型中关键点以及负刚度的取值，在文献[17]、[21]和[22]中均给出了建议的确定方法，本章对已有的研究成果进行了总结和比较，并与大量现有的简支组合梁试验结果进行对比，发现文献模型对于下降端斜率的取值偏大，在 6.3.3 节试验验证中会给出比较；且文献[23]中对于连续组合梁滞回模型的骨架曲线没有下降段，因此对下降段斜率进行修正，给出如下计算公式。

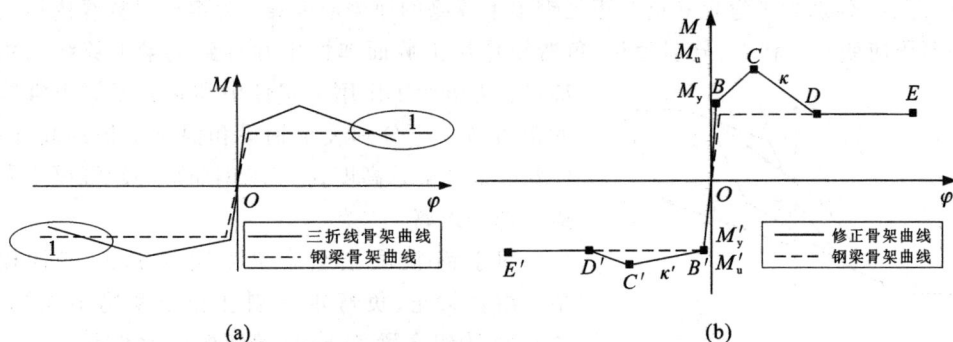

图 6-22 修正后的组合梁四折线弯矩-曲率骨架曲线

(a)钢梁与组合梁骨架曲线比较示意图；(b)修正后弯矩-曲率骨架曲线

正弯矩区段：

$$M_y = 0.9 f_y \frac{I_{eq}}{h_{sy}}; \quad \varphi_y = (1+\zeta)\frac{\varepsilon_{sy}}{h_{sy}} \tag{6-27}$$

$$M_u = M_s + \eta^{0.5}(M_{u0} - M_s); \quad \varphi_u = 5.7\left(\frac{h_s}{h_c}\right)^{0.2}\varphi_y \tag{6-28}$$

$$\kappa = 0.02\frac{M_u}{\varphi_u} \tag{6-29}$$

负弯矩区段：

$$M_y' = \frac{f_{ry}I'}{h - c - h_{sy}'}; \quad \varphi_y' = \frac{\varepsilon_{ry}}{h - c - h_{sy}'} \tag{6-30}$$

$$M_u' = M_{u0}'; \quad \varphi_u' = \frac{10\varepsilon_{sy}'}{h_{su}'} \tag{6-31}$$

$$\kappa' = \frac{0.02M_u'}{\varphi_u'} \tag{6-32}$$

式中，M_y、M_y' 和 φ_y、φ_y' 分别为组合梁正、负弯矩区段屈服弯矩和曲率，正弯矩区是按弹性理论计算得到的组合梁截面下翼缘开始屈服时并考虑滑移效应所对应的弯矩和曲率，负弯矩区是按弹性理论计算得到的组合梁截面混凝土板内钢筋开始屈服时对应的弯矩和曲率；M_u、M_u' 和 φ_u、φ_u' 分别表示按照简化塑性理论计算并考虑组合梁中钢梁与混凝土翼缘板之间的剪力连接程度 η 影响所得到的组合梁截面的极限弯矩和极限曲率；M_s 表示钢梁的极限抗弯承载力；M_{u0}、M_{u0}' 分别表示按简化塑性理论计算得到的组合梁截面在正、负弯矩作用下所能达到的极限弯矩和曲率；f_y、f_{ry} 为钢梁和混凝土板钢筋的屈服强度；κ、κ' 分别表示下降段的斜率；I_{eq}、I_{eq}' 分别为正、负弯矩作用下组合梁截面的换算惯性矩，$I = I_{eq}/(1+\zeta)$ 为考虑滑移效应的正弯矩区换算截面惯性矩，其中 ζ 为刚度折减系数，可参照《钢结构设计标准》(GB 50017—2017)取值；ε_{sy}、ε_{sy}' 分别为正弯矩和负弯矩区钢梁下翼缘的屈服应变；ε_{ry} 为组合梁翼缘内钢筋的屈服应变；h_{sy} 和 h_{sy}' 分别为正、负弯矩作用下截面弹性中和轴到钢梁下翼缘的距离；h_{su}' 为负弯矩作用下塑性中和轴到钢梁下翼缘的距离；h_s、h_c 分别表示钢梁和混凝土板的高度；h 表示组合梁总高度；c 表示钢筋形心距混凝土翼板顶部的距离。

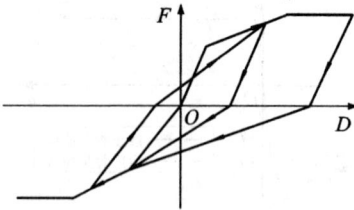

图 6-23　组合梁 Takeda 滞回模型

对于钢-混凝土组合梁采用 Takeda 滞回模型。组合梁正、负弯矩区刚度和强度均不相同，图 6-23 为组合梁 Takeda 滞回模型示意图。

6.3.3 钢-混凝土组合梁弹塑性模型试验验证

文献[24]为研究钢-混凝土组合梁的抗弯性能,对 5 根不同抗剪连接程度的简支组合梁进行了静力全过程试验研究。本节采用集中塑性模型方法对 2 个不同抗剪连接程度的试验梁 SCB-1($\eta=1.141$)和 SCB-5($\eta=0.673$)进行数值模拟,试验和数值分析结果对比如图 6-24 所示。

图 6-24 给出了原有三折线骨架曲线计算结果、修正后骨架曲线计算结果以及下降段斜率 κ 取 0 时的计算结果比较。从该图中可以看出,选取这三种骨架曲线进行分析时,在试验梁达到极限荷载之前,骨架曲线总体上略低于单调加载曲线,这与实际情况相符。过了极限荷载后,原三折线骨架曲线下降端斜率远远低于单调加载曲线;斜率为 0 时,对组合梁会高估其承载能力;本章修正的骨架曲线计算结果介于两者之间。且由于实测变形有限,试验时组合梁的残余承载力未下降到等于纯钢梁的情况,数值模拟结果只能给到下降段。

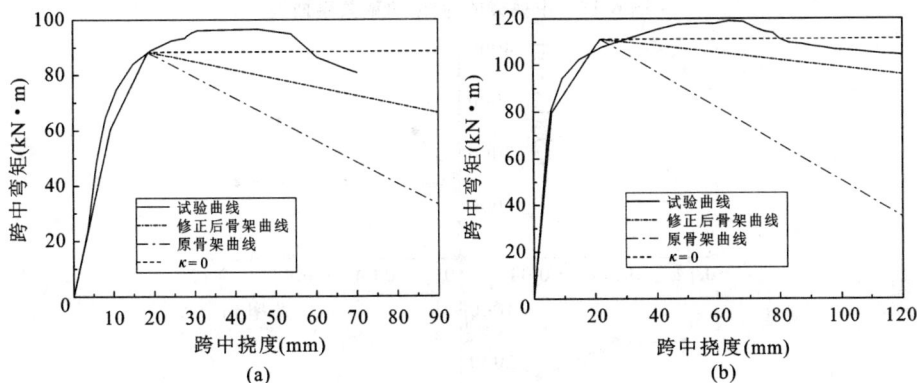

图 6-24 钢-混凝土组合梁分析结果比较

(a)SCB-1 分析结果;(b)SCB-5 分析结果

在实际的钢-混凝土组合梁构件试验中,由于实测变形的条件有限,且设计时主要关注的问题是构件的极限承载力,因此试验时甚至不会得到明显的下降段。但是在近场强震下,如汶川地震等,对结构的倒塌破坏进行研究时,就需要了解构件极限承载力下的刚度和变形特征,因此修正后的模型对于极端荷载作用下的大变形和倒塌研究具有实际意义。

6.3.4 结构模型中组合梁的本构关系曲线

本结构模型的组合梁采用两种钢梁截面,其中横梁截面为 700 mm×300 mm×13 mm×24 mm,纵梁截面为 600 mm×300 mm×13 mm×24 mm。对于框架结构,组合边梁翼板有效宽度比组合中梁翼板有效宽度小,应该按照组合边梁的有效翼板宽度计算方法进行计算。所以需要对 4 种组合梁进行截面本构模型计算。

根据 6.3 节建议的本构关系模型,对 4 种组合梁进行计算,得到组合梁的 $M\text{-}\varphi$ 关系曲线,如图 6-25～图 6-28 所示。

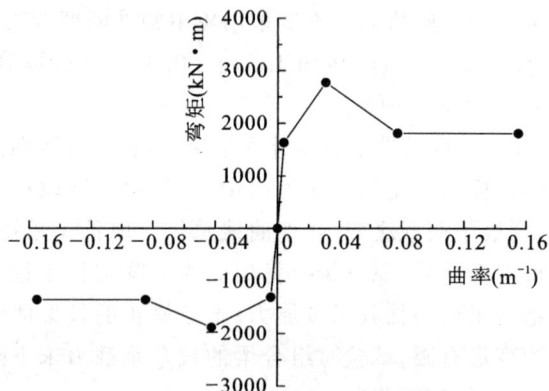

图 6-25　中横梁的弯矩-曲率关系曲线

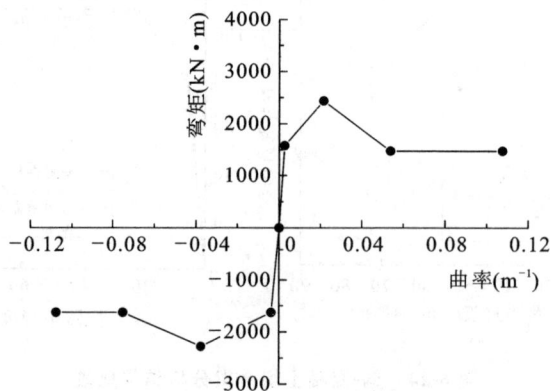

图 6-26　边横梁的弯矩-曲率关系曲线

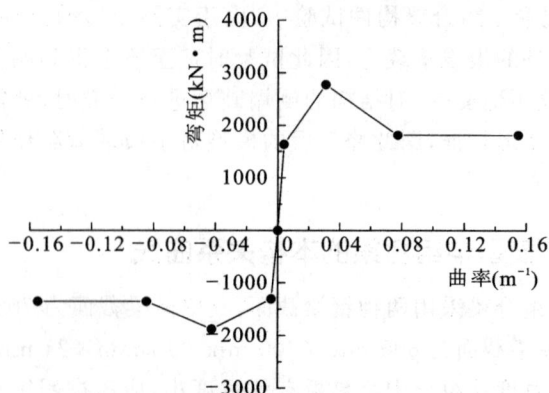

图 6-27　中纵梁的弯矩-曲率关系曲线

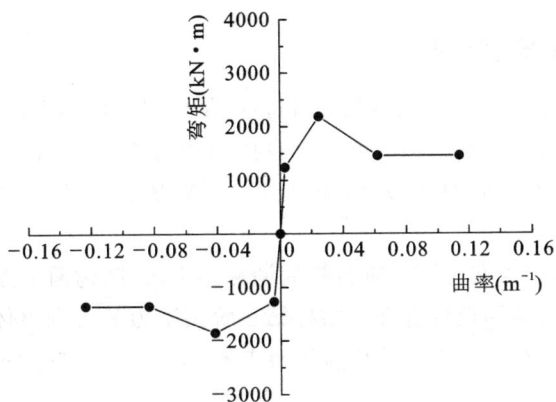

图 6-28 边纵梁弯矩-曲率关系曲线

6.4 钢管混凝土框架结构地震反应分析

6.4.1 结构有限元模型

由 6.2 节和 6.3 节确定的结构模型参数,采用 SAP2000 建立结构的有限元分析模型,如图 6-29 所示。并对该模型进行模态分析、弹性反应分析及 Pushover 分析。

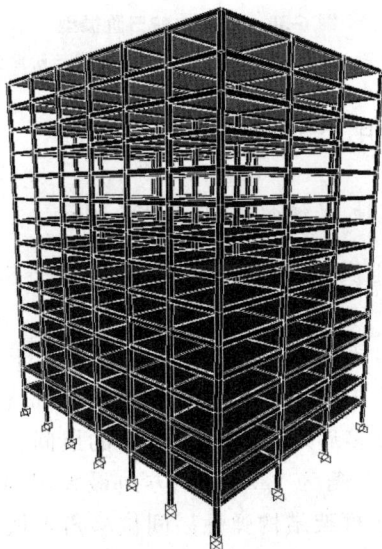

图 6-29 结构有限元模型

6.4.2 结构模态分析

结构的振型和自振频率是结构的固有特性,是反映结构动力特性的重要参数。对本结构进行模态分析,得到结构的前三阶自振周期为 1.9518 s、1.7619 s、1.6748 s,相应的前三阶振型分别为 Y 方向整体平动、X 方向整体平动和整体扭转,参见图 6-30。

结构第一阶自振周期与第二阶自振周期相差不大,结构两个方向刚度、结构性能基本保持同一水平,结构设计合理。结构第一阶振型为 Y 方向整体平动,说明结构 Y 方向相对较为薄弱,结构的抗震分析应该重点研究结构 Y 方向的抗侧性能。

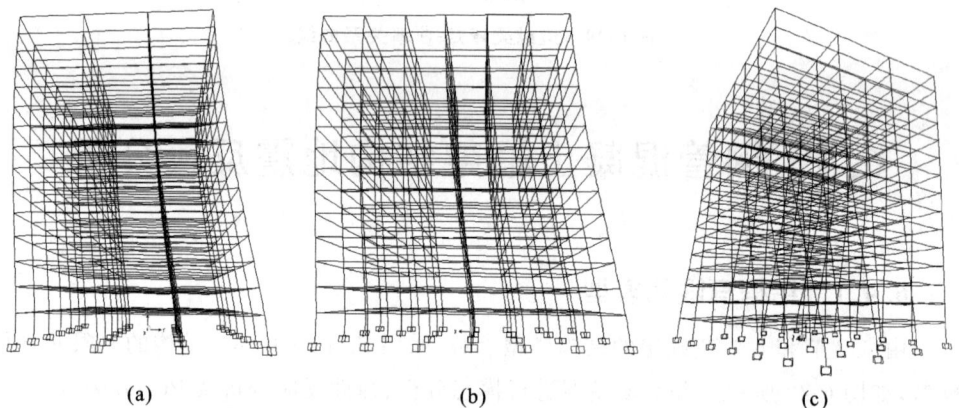

(a)   (b)   (c)

图 6-30 结构的前三阶振型

(a)第一阶振型;(b)第二阶振型;(c)第三阶振型

6.4.3 8 度地震作用下的弹性反应分析

6.4.3.1 8 度多遇地震弹性反应分析

对结构进行 8 度多遇地震 X、Y 两个方向的反应谱分析,得到结构的侧移和层间位移角分别如图 6-31 和图 6-32 所示。

图 6-31 中,结构在 8 度多遇地震下 Y 方向的侧移大于 X 方向的侧移,Y 方向顶点最大位移为 62.7 mm,X 方向顶点最大位移为 56.3 mm。

图 6-32 中,结构在 8 度多遇地震下的 Y 方向的层间位移角大于 X 方向的层间位移角,Y 方向最大层间位移角为 1/571,X 方向最大层间位移角为 1/643,均满足《抗震规范》中对钢筋混凝土框架结构弹性层间位移角限值 1/550 的要求,变形验算满足要求。

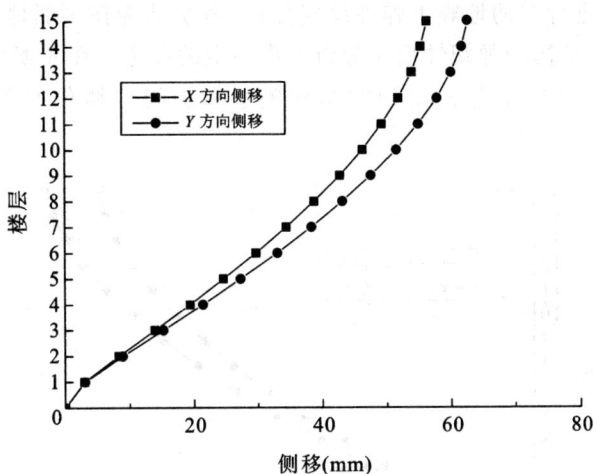

图 6-31　8 度多遇地震下结构侧移

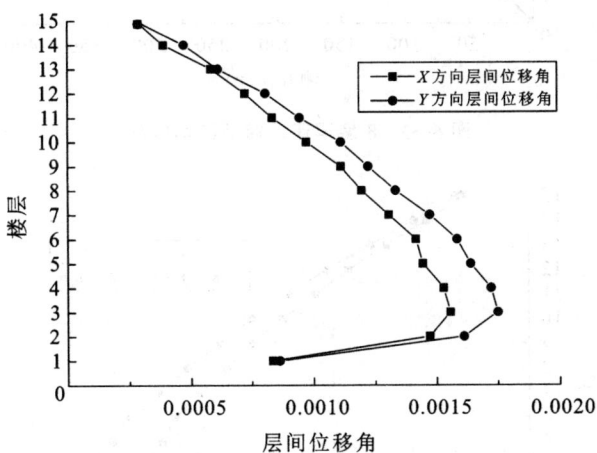

图 6-32　8 度多遇地震下层间位移角

6.4.3.2　8 度罕遇地震弹性反应分析

罕遇地震下,结构已经进入了弹塑性阶段,对于结构在罕遇地震下的弹性反应进行分析,其意义并不大,但不少结构抗震分析研究人员对结构在罕遇地震下的弹性反应与弹塑性反应进行了一定的分析比较[25,26]。文献[25]研究认为结构在罕遇地震下弹性反应的顶点位移可以近似认为是罕遇地震下弹塑性反应的顶点位移。文献[26]研究表明,对长周期框架结构,在相同地震作用下结构的弹塑性位移的平均值小于弹性值,二者的比值平均为 0.7～0.8。

本节对结构进行罕遇地震下弹性反应分析,考察结构在罕遇地震下弹性反应行为,给罕遇地震下结构的弹塑性反应分析提供一定的参考。在 8 度罕遇地震下,结构 X、Y 两个方向的反应谱分析得到的结构侧移和层间位移角如图 6-33 和图 6-34 所示。

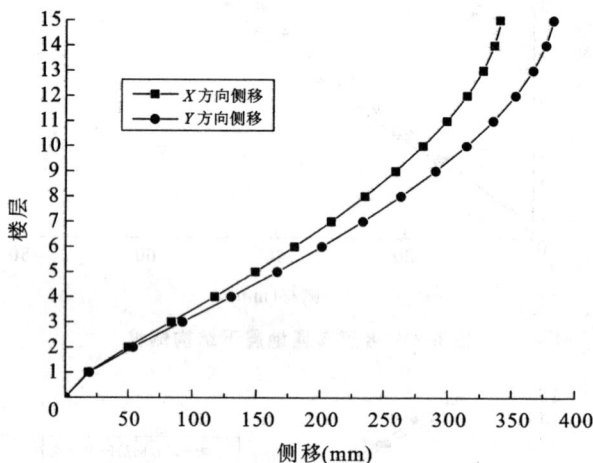

图 6-33　8 度罕遇地震下结构侧移

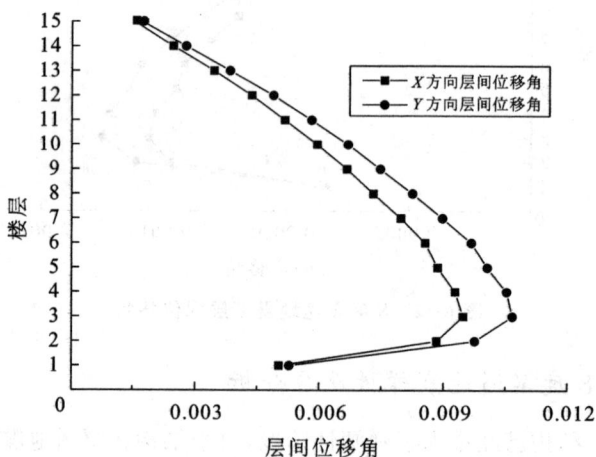

图 6-34　8 度罕遇地震下结构层间位移角

从两图中可以看出,结构在 8 度罕遇地震下的 Y 方向侧移和层间位移角均大于 X 方向,Y 方向顶点最大位移为 382.9 mm,X 方向最大顶点位移为 341.6 mm;Y 方向最大层间位移角为 1/94,X 方向最大层间位移角为 1/106,均满足《抗震规范》中对钢筋混凝土框架结构弹塑性层间位移角限值 1/50 的要求。

6.4.4 8 度地震作用下的 Pushover 分析

Pushover 分析既能对结构在多遇地震下的弹性设计进行校核,也能确定结构在罕遇地震下潜在的破坏机制,找到最先破坏的薄弱环节,从而使设计者仅对局部薄弱环节进行修复和加强,不改变整体结构的性能,就能使整体结构达到预定的使用功能[27]。

对于三维结构模型,虽然通过模态分析了解到结构 Y 方向相对薄弱,但还需要对结构进行 X 方向和 Y 方向的 Pushover 分析,以对结构的抗震性能做一个综合全面的评价。有研究[28]表明 P-Δ 效应对 Pushover 分析结果的影响较大,因此在 Pushover 分析中考虑了 P-Δ 效应。由于在 Pushover 分析中,不同的侧向荷载加载模式都将使得和该加载方式相似的振型作用得到加强,而其他振型的作用被削弱,所以 Pushover 分析应该综合几种侧向荷载加载模式下的分析结果来进行评定。对于本结构分别采用了第一振型荷载分布、均匀荷载分布、顶部集中荷载分布三种侧向荷载分布方式进行分析,综合考虑 Pushover 分析结果。

Pushover 分析的性能点采用能力谱方法获得。ATC-40 定义了三种过程确定性能点[29]。最常用的方法过程 A 如下:

(1)建立结构 5%阻尼设计反应谱并转换成 ADRS 格式(以谱加速度为纵坐标、谱位移为横坐标的 S_a-S_d 谱);

(2)将非线性能力曲线转化为能力谱;

(3)选择一个试验性能点(S_{api},S_{dpi}),可以用等位移近似或基于工程经验确定;

(4)形成能力谱双线表示,能力谱线下面积和双线表示面积相等,在锯齿状能力谱情况下,双线性基于能力谱使得复合能力谱性能点发生;

(5)使用式(1-12)计算谱折减系数,将折减需求谱和能力谱画在一起;

(6)如果折减需求谱与能力谱相交于(S_{api},S_{dpi})或相交在 S_{dpi} 的 5%范围内,相交点表示性能点;

(7)如果交点不在容许范围(S_{dpi} 的 5%),选择另外一点重复上述步骤,步骤(6)的交点可以作为下一次迭代的起点。

ATC-40 中过程 B 为假定屈服点和过屈服斜率是常数的近似迭代方法,过程 C 为图表法,适合手算。

SAP2000 程序在进行 Pushover 分析时,采用的是 ATC-40 中过程 A 和过程 B(不需要近似假设)相结合的精确求解方法自动确定性能点。采用 SAP2000 程序中的自动求解性能点的功能,需要将《抗震规范》反应谱转化为 ATC-40 中定义的反应谱。文献[30]给出了 ATC-40 定义的反应谱与《抗震规范》反应谱之间的参数转换:

$$\eta_2 \alpha_{\max} = 2.5 C_{\mathrm{A}} \tag{6-33}$$

$$T_{\mathrm{g}} = T_{\mathrm{s}} = C_{\mathrm{v}}/2.5 C_{\mathrm{A}} \tag{6-34}$$

采用文献[31]建议的方法进行试算,对于本算例采用的 8 度罕遇地震,Ⅲ类场地,第二组设计地震分组,结构的特征周期为 0.60 s,地震峰值加速度为 $\alpha_{\max}=0.9g$,结构的阻尼比为 5%,得到计算参数 $C_{\mathrm{A}}=0.36$,$C_{\mathrm{v}}=0.54$。

分别画出由上述地震设计参数得到的《抗震规范》反应谱与 ATC-40 反应谱的对比曲线,如图 6-35 和图 6-36 所示。

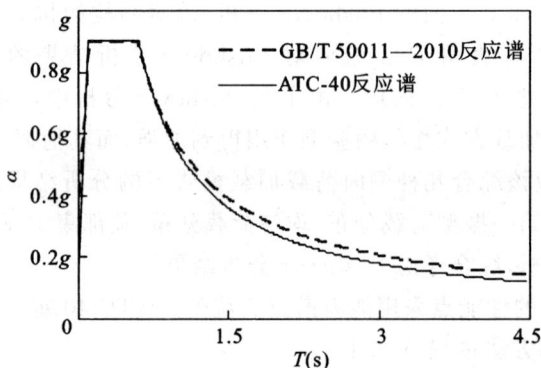

图 6-35　GB/T 50011—2010 与 ATC-40 定义的标准模式反应谱

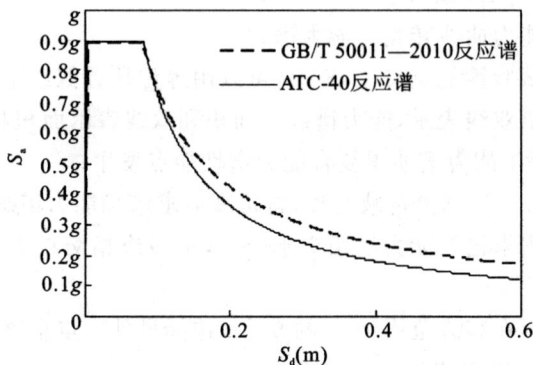

图 6-36　GB/T 50011—2010 与 ATC-40 定义的 ADRS 反应谱

如图 6-35 所示,等效的《抗震规范》反应谱与 ATC-40 反应谱虽然在上升段和水平段吻合得很好,但是在下降段略有差别,这在一定程度上影响了 Pushover 分析的精度。图 6-35 给出的是标准模式(α-T)反应谱,当转化为 ADRS 格式(S_{a}-S_{d})反应谱时,这个差异还是存在,如图 6-36 所示。

所以,如果按照这种方式进行参数转换会引起一定的误差。尤其当能力谱与需求谱相交在 S_{a} 的下降段时,在一定程度上降低了性能点时的结构反应,低估了地震作用,高估了结构的抗震性能。所以,本节建议针对两种反应谱之间的这种差异选取合适的 C_V。若取 $C_V=0.6$,需求反应谱之间的关系如图 6-37 和图 6-38 所示。

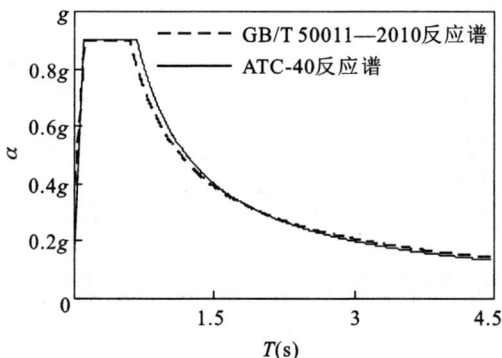

图 6-37　$C_V=0.6$ 时 GB/T 50011—2010 与 ATC-40 定义的标准模式反应谱

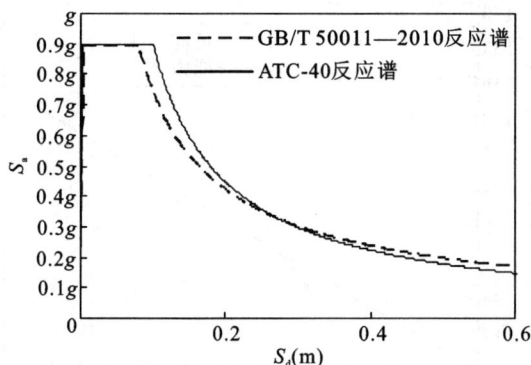

图 6-38　$C_V=0.6$ 时 GB/T 50011—2010 与 ATC-40 定义的 ADRS 反应谱

从图 6-37、图 6-38 可以看出,能力谱与需求谱相交在 S_a 为 $0.25g \sim 0.4g$ 时,分析计算结果会相对比较准确。

6.4.4.1　8 度多遇地震 Pushover 分析

(1) Y 方向 8 度多遇地震 Pushover 分析。

对于结构在 8 度多遇地震下的 Pushover 分析,经计算取 $C_A=0.064$,$C_V=0.1$。利用能力谱方法确定结构的性能点,在第一振型荷载作用下的 Y 方向性能点求解如图 6-39 所示,在均匀荷载作用下的 Y 方向性能点求解如图 6-40 所示,在顶部集中荷载作用下的 Y 方向性能点求解如图 6-41 所示。

从图 6-39 可以得出,8 度多遇地震下,结构在第一振型荷载作用下的结构 Y 方

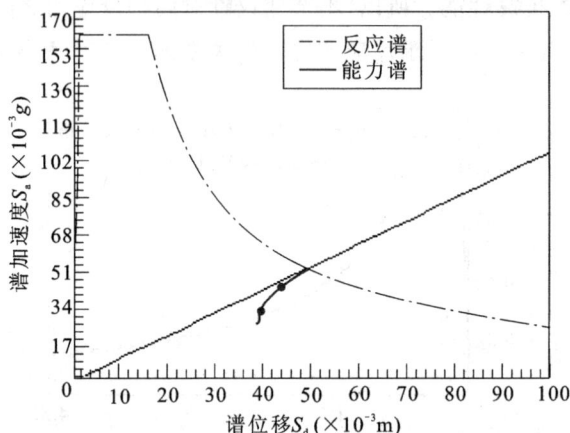

图 6-39　第一振型荷载作用下 8 度多遇地震的 Y 方向性能点

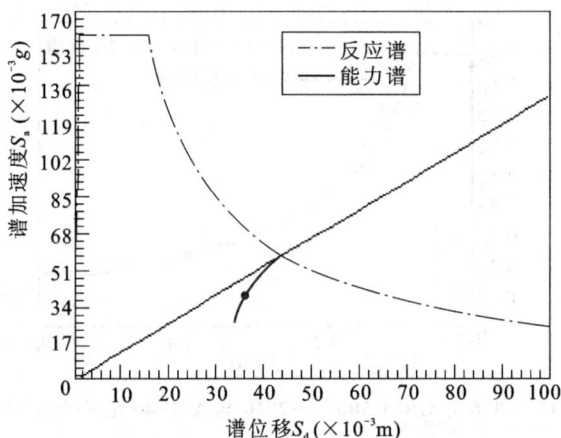

图 6-40　均匀荷载作用下 8 度多遇地震的 Y 方向性能点

向性能点为 $S_a=0.051g$，$S_d=0.048$ m，得到结构的顶点位移 $D=63$ mm，基底剪力 $V=5089$ kN。

从图 6-40 可以得出 8 度多遇地震下，结构在均匀荷载作用下的结构 Y 方向性能点为 $S_a=0.057g$，$S_d=0.043$ m，得到结构的顶点位移 $D=54$mm，基底剪力 $V=5841$ kN。

从图 6-41 中可以得出 8 度多遇地震下，结构在顶部集中荷载作用下的结构 Y 方向性能点为 $S_a=0.046g$，$S_d=0.054$ m，得到结构的顶点位移 $D=78$ mm，基底剪力 $V=4281$ kN。

从性能点可以看出，均匀荷载作用下，性能点的顶点位移最小，而顶部集中荷载

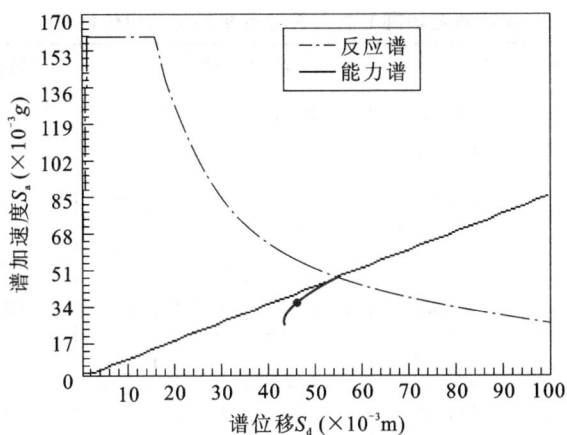

图 6-41　顶部集中荷载作用下 **8** 度多遇地震的 **Y** 方向性能点

作用下,性能点的顶点位移最大。这是因为荷载的分布情况影响了 Pushover 分析的结果。在均匀荷载分布模式下,相对于其他两种分布模式,结构上部分担的荷载较少,所以结构表现出来的侧向变形较小,结构表现出更大的刚度。同理,在顶部集中荷载分布模式下,荷载完全施加在结构的上部,引起的侧向变形效果更明显,所以结构的侧向变形更大,结构表现出较小的刚度。而第一振型荷载分布模式居于上述两者之间。由此可见,Pushover 分析中,结构性能的表现不仅取决于结构的固有特性,而且与加载模式相关联,所以在 Pushover 分析中,合理地施加侧向荷载十分重要。而采用不同的侧向荷载施加模式来综合评定结构的抗震性能则有益于给出更有效、合理的分析结果。

　　在结构 Y 方向性能点,结构的侧移和层间位移角如表 6-7 所示。从表 6-7 可以看出,采用第一振型荷载分布进行 Pushover 分析时,结构的最大层间位移角为 1/581,出现在第四层,结构顶点最大位移为 63.0 mm;采用均匀荷载分布进行 Pushover 分析时,结构的最大层间位移角为 1/600,出现在第三层,结构顶点最大位移为 54.0 mm;采用顶部集中荷载分布进行 Pushover 分析时,结构的最大层间位移角为 1/632,出现在第十一层附近,结构顶点最大位移为 78.0 mm。弹性分析时,8 度多遇地震下的 Y 方向顶点最大位移为 62.7 mm,出现在第三层,而最大层间位移角为 1/571。对比弹性反应谱分析结果可以发现,采用第一振型荷载分布进行 Pushover 分析时,性能点的结构顶点位移(即为目标位移)与弹性分析基本一致,最大层间位移角也相差不多;而采用均匀荷载分布进行 Pushover 分析时,结构的最大层间位移角出现的位置与弹性分析相一致,对结构的薄弱环节的判断相对更为准确;而采用顶部集中荷载分布进行的 Pushover 分析更多地仅作为一定意义上的参考。

表 6-7   **8 度多遇地震 Y 方向性能点侧移与层间位移角**

楼层	第一振型荷载分布		均匀荷载分布		顶部集中荷载分布	
	侧移（mm）	层间位移角	侧移（mm）	层间位移角	侧移（mm）	层间位移角
15	63.0	1/3600	54.0	1/5143	78.0	1/800
14	62.0	1/2400	53.3	1/3273	73.5	1/666
13	60.5	1/1636	52.2	1/2400	68.1	1/643
12	58.3	1/1241	50.7	1/1714	62.5	1/632
11	55.4	1/1029	48.6	1/1440	56.8	1/632
10	51.9	1/900	46.1	1/1151	51.1	1/643
9	47.9	1/783	43.0	1/1029	45.5	1/632
8	43.3	1/706	39.5	1/900	39.8	1/643
7	38.2	1/643	35.5	1/783	34.2	1/643
6	32.6	1/621	30.9	1/720	28.6	1/643
5	26.8	1/600	25.9	1/679	23.0	1/667
4	20.8	1/581	20.6	1/620	17.6	1/667
3	14.6	1/590	14.8	1/600	12.2	1/692
2	8.5	1/655	8.8	1/643	7.0	1/783
1	3.0	1/1200	3.2	1/1125	2.4	1/1500

    图 6-42 和图 6-43 分别给出了三种侧向荷载分布模式下 Pushover 分析和弹性反应谱分析得到的侧移与层间位移角的比较。从图上可以看出,采用第一振型荷载分布 Pushover 分析与弹性反应谱分析之间的侧移、层间位移角曲线基本重合,所以对于本结构,采用第一振型荷载分布进行 Pushover 分析相对精度更高,分析结果较为可靠。再采用另外两种侧向荷载分布模式来进行综合评价,使 Pushover 分析的结果更为准确、合理。这表明采用 Pushover 分析得到的本结构抗震分析计算结果是可靠的,也说明在 Pushover 分析中采用多种侧向荷载分布方式综合评价结构抗震性能能够提高分析的可靠性。

    另外,在对本结构进行 8 度多遇地震 Y 方向 Pushover 分析过程中,结构未出现塑性铰,处于弹性状态,满足 8 度多遇地震下的抗震要求。

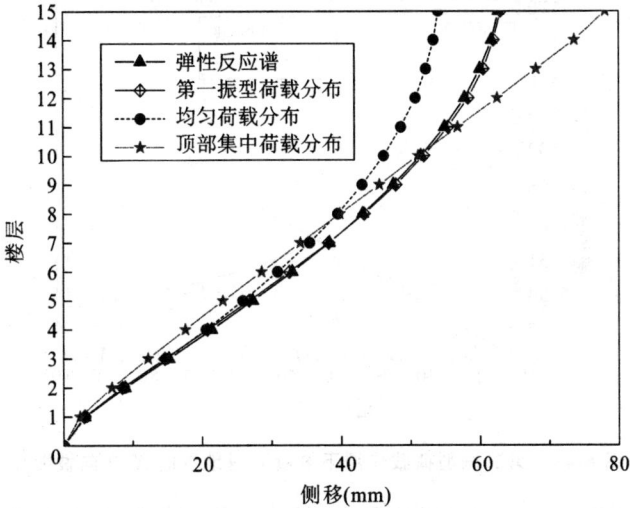

图 6-42 *Y* 方向 **Pushover** 分析与弹性反应谱分析的侧移比较

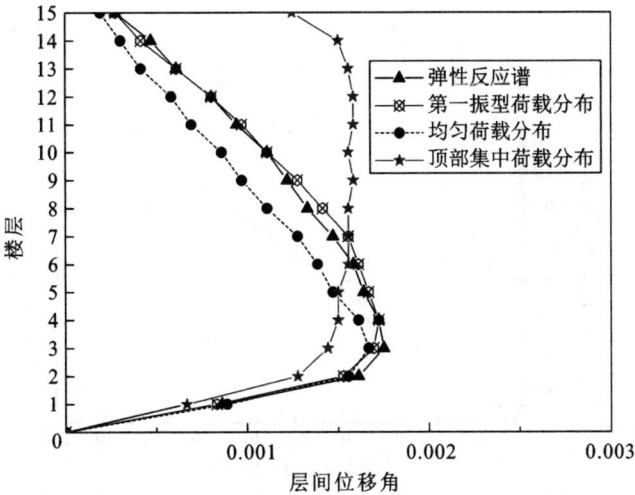

图 6-43 *Y* 方向 **Pushover** 分析与弹性反应谱分析的层间位移角比较

（2）*X* 方向 8 度多遇地震 Pushover 分析。

采用与 *Y* 方向相同的参数,计算取 $C_A = 0.064, C_V = 0.1$,利用能力谱方法确定结构的性能点。注意在对结构 *X* 方向进行分析时,结构的第二振型荷载才是 *X* 方向的主要控制荷载,而不是第一阶振型荷载。在第二振型荷载作用下的 *X* 方向性能点求解如图 6-44 所示,在均匀荷载作用下的 *X* 方向性能点求解如图 6-45 所示,在顶部集中荷载作用下的 *X* 方向性能点求解如图 6-46 所示。

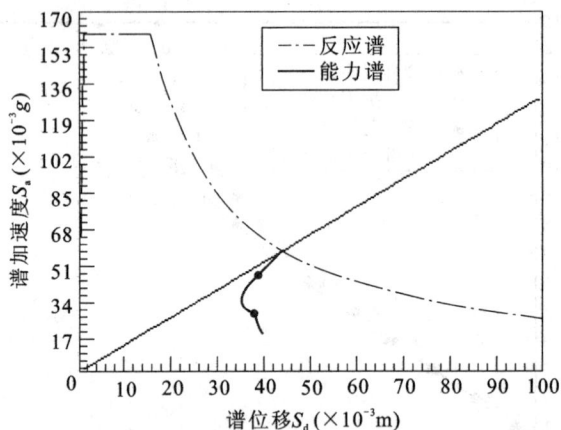

图 6-44　第二振型荷载作用下 8 度多遇地震的 X 方向性能点

从图 6-44 可以得出 8 度多遇地震下,结构在第二振型荷载作用下的结构 X 方向性能点为 $S_a=0.057g$,$S_d=0.044$ m,得到结构的顶点位移 $D=56$ mm,基底剪力 $V=5656$ kN。

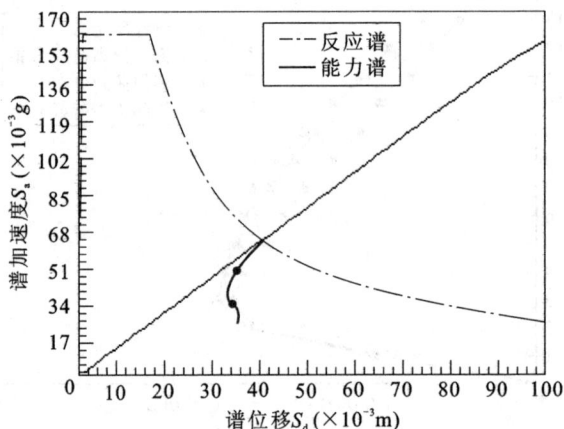

图 6-45　均布荷载作用下 8 度多遇地震的 X 方向性能点

从图 6-45 可以得出 8 度多遇地震下,结构在均匀荷载作用下的结构 X 方向性能点为 $S_a=0.063g$,$S_d=0.039$ m,得到结构的顶点位移 $D=50$ mm,基底剪力 $V=6483$ kN。

从图 6-46 可以得出 8 度多遇地震下,结构在顶部集中荷载作用下的结构 X 方向性能点为 $S_a=0.051g$,$S_d=0.049$ m,得到结构的顶点位移 $D=71$ mm,基底剪力 $V=4683$ kN。

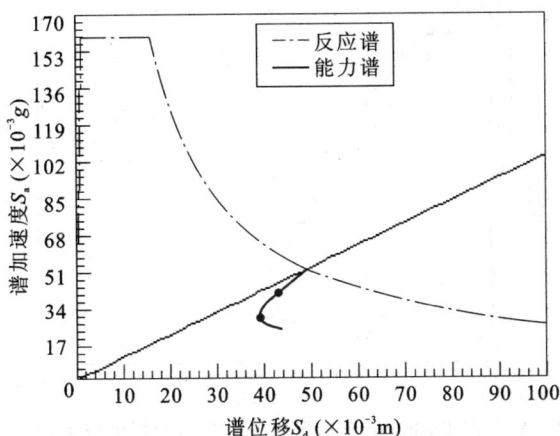

图 6-46   顶部集中荷载作用下 8 度多遇地震的 X 方向性能点

图 6-47 和图 6-48 分别给出了 X 方向 Pushover 分析与弹性反应谱分析得到的侧移、层间位移角比较。其中,采用第二振型荷载分布进行 Pushover 分析时,结构的最大层间位移角为 1/655,出现在第四层;采用均匀荷载分布进行 Pushover 分析时,结构的最大层间位移角为 1/655,出现在第三层;采用顶部集中荷载分布进行 Pushover 分析时,结构的最大层间位移角为 1/692,出现在第十一层附近。

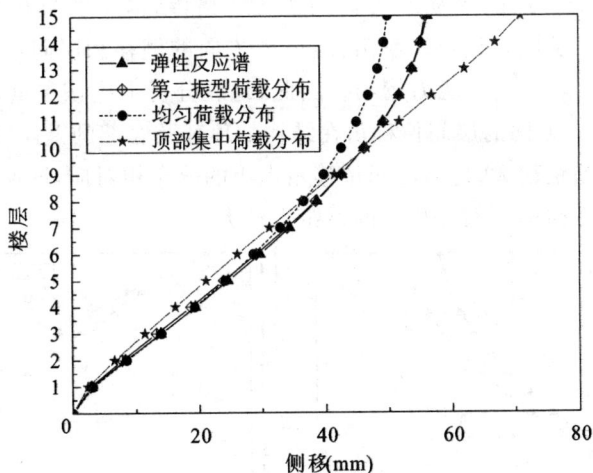

图 6-47   X 方向 Pushover 分析与弹性反应谱分析的侧移比较

从图 6-47 和图 6-48 可以看出,三种侧向荷载分布下的 X 方向 Pushover 分析结果的规律与 Y 方向的分析一样,均匀荷载作用下,性能点的顶点位移最小,而顶部集中荷载作用下,性能点的顶点位移最大。第二振型荷载分布下 Pushover 分析结果与弹性反应谱分析得到的侧移、层间位移角曲线吻合得较好。

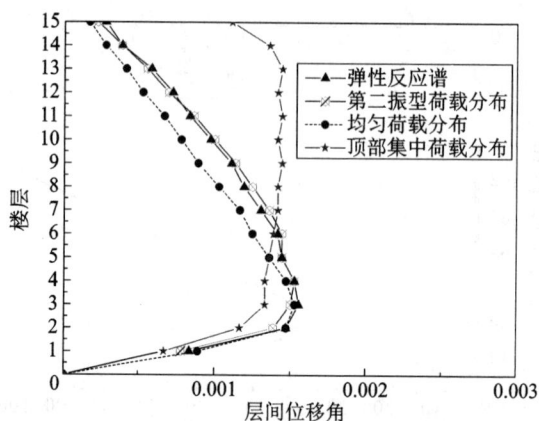

图 6-48　X 方向 Pushover 分析与弹性反应谱分析的层间位移角比较

通过与 Y 方向的 8 度多遇地震 Pushover 分析对比,可以发现 X 方向 8 度多遇地震 Pushover 分析性能点时结构的基底剪力都要比相应的 Y 方向 Pushover 分析时的基底剪力大,而 X 方向性能点时的结构顶点位移则要比 Y 方向的小。这反映了结构 X 方向的抗侧刚度要比 Y 方向的抗侧刚度大,也正因为如此,结构的第一阶振型为 Y 方向整体平动。

图 6-49 给出了 Y 方向和 X 方向 Pushover 分析得到的侧移和层间位移角的比较。结构 Y 方向的顶点位移为 X 方向的 1.125 倍,结构 Y 方向的层间位移角为 X 方向的 1.127 倍。从图上还可以看出,结构 Y 方向的侧移和层间位移角都大于结构 X 方向,结构 Y 方向的抗侧能力较弱。因此,地震分析也应该更重视 Y 方向的抗震分析。X 方向和 Y 方向的层间位移角在结构的顶部及底部的差距并不是很大,而在结构三至十层的差距较大,这与层间位移角大小的分布相对应,即层间位移角较大的楼层,X 方向、Y 方向的层间位移角的差距也较大。

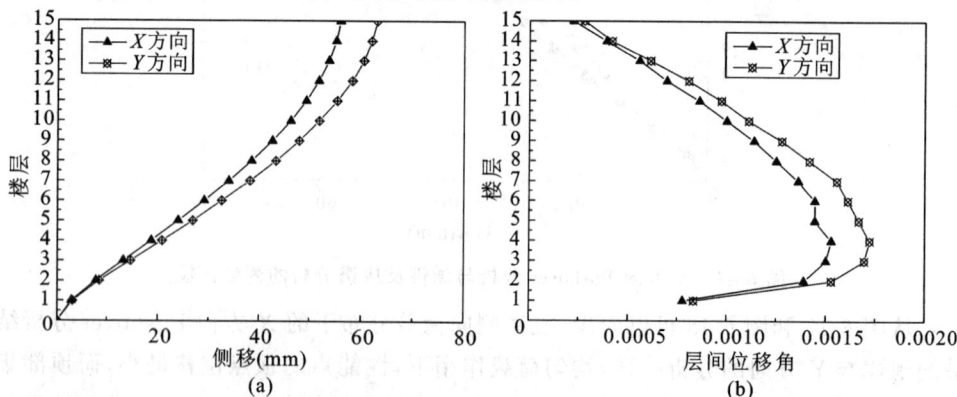

图 6-49　Y 方向、X 方向 Pushover 分析结果比较

(a)侧移;(b)层间位移角

多遇地震下 X 方向 Pushover 分析过程中,结构亦未出现塑性铰,结构处于弹性状态,满足多遇地震下的抗震要求。

6.4.4.2 8度罕遇地震 Pushover 分析

8 度罕遇地震下,只对弱方向 Y 方向进行 Pushover 分析,分析得到的结构能力曲线如图 6-50 所示。从图中可以看出,第一振型荷载分布下基底剪力和顶点位移曲线介于其他两种侧向力荷载分布模式之间。

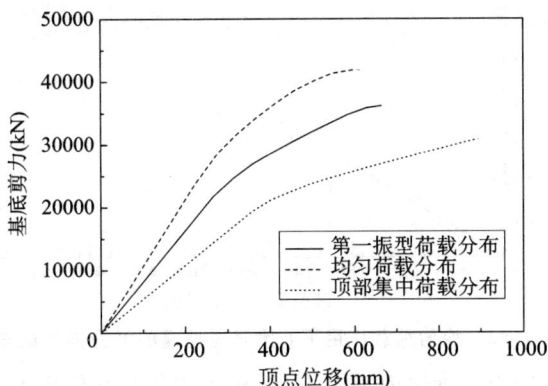

图 6-50 Y 方向 Pushover 分析的能力曲线

计算得到 8 度罕遇地震下 Pushover 分析的 $C_A=0.36$,$C_V=0.6$。当性能点的 S_a 为 $0.25g \sim 0.4g$ 时,分析计算的结果较为准确。同样,利用能力谱方法确定结构的性能点。在第一振型荷载作用下的 Y 方向性能点求解如图 6-51 所示,在均布荷载作用下的 Y 方向性能点求解如图 6-52 所示,在顶部集中荷载作用下的 Y 方向性能点求解如图 6-53 所示。

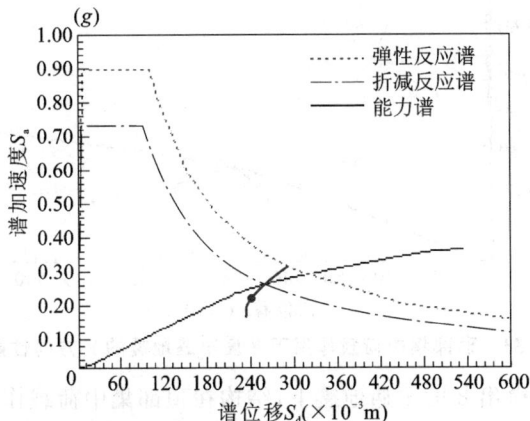

图 6-51 第一振型荷载作用下 8 度罕遇地震的 Y 方向性能点

从图 6-51 可以得出 8 度罕遇地震下,结构在第一振型荷载作用下的结构 Y 方向性能点为 $S_a = 0.256g$,$S_d = 0.260$ m,得到结构的顶点位移 $D = 333$ mm,基底剪力 $V = 24835$ kN。

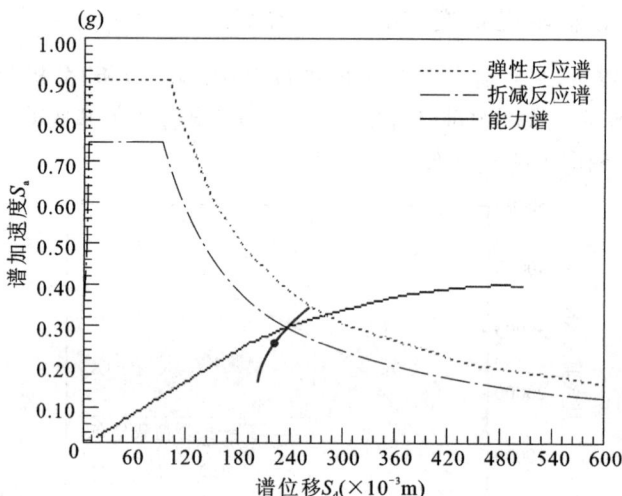

图 6-52　均匀荷载作用下 8 度罕遇地震的 Y 方向性能点

从图 6-52 可以得出 8 度罕遇地震下,结构在均匀荷载作用下的结构 Y 方向性能点为 $S_a = 0.291g$,$S_d = 0.236$ m,得到结构的顶点位移 $D = 295$ mm,基底剪力 $V = 29981$ kN。

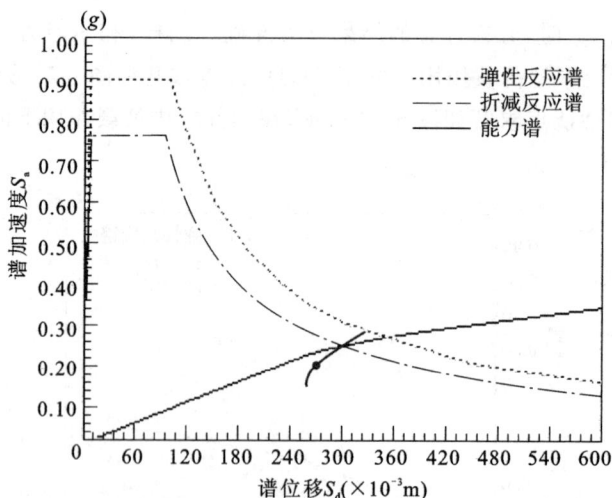

图 6-53　顶部集中荷载作用下 8 度罕遇地震的 Y 方向性能点

从图 6-53 可以得出 8 度罕遇地震下,结构在顶部集中荷载作用下的结构 Y 方向性能点为 $S_a = 0.239g$,$S_d = 0.296$ m,得到结构的顶点位移 $D = 426$ mm,基底剪力

$V=21816$ kN。

对于上述 8 度罕遇地震结构 Y 方向的性能点的能力谱求解方法,参见本章前面的介绍。其中外侧的需求谱为 5% 的初始地震需求曲线,内侧的需求谱为折减后的地震需求曲线。在 8 度多遇地震下的 Pushover 分析中,没有明显的折减,这是因为在 8 度多遇地震作用下,结构尚处于弹性阶段,未达到非线性状态,未发生结构在运动过程中由固有黏滞阻尼和滞回阻尼产生的消能作用,所以对于需求谱基本不需折减。而 8 度罕遇地震结构性能点的确定,则需要考虑需求谱的折减。

在性能点(即目标位移)处结构侧移和层间位移角如表 6-8 所示。从表 6-8 可以看出,采用第一振型荷载分布进行 Pushover 分析时,结构顶点最大位移为 332.7 mm,结构的最大层间位移角为 1/103,出现在结构第四层;采用均匀荷载分布进行 Pushover 分析时,结构顶点最大位移为 295.3 mm,结构的最大层间位移角为 1/103,出现在结构第三层;采用顶部集中荷载分布进行 Pushover 分析时,结构顶点最大位移为 426.0 mm,结构的最大层间位移角为 1/114,出现在结构第十层。弹性分析时,8 度罕遇地震下的 Y 方向顶点最大位移为 382.9 mm,最大层间位移角为 1/94,出现在结构第三层。结构的层间位移角也都满足《抗震规范》中对钢筋混凝土框架结构弹塑性层间位移角限值 1/50 的要求。

从表 6-8 可以看出,第一振型荷载分布下的 Pushover 分析得到的性能点的结构顶点位移明显小于弹性分析的结果,大约为弹性分析结果的 87%。观察 Pushover 分析的能力曲线和能力谱曲线,不难发现虽然结构在进入弹塑性阶段表现出一定的延性,结构的刚度降低,但是由于结构固有黏滞阻尼及滞回阻尼的影响,结构在运动过程中的消能作用明显,这使得需求谱进行了折减。观察能力谱与需求谱,可以发现,由需求谱折减引起的性能点的结构目标位移的降低要比由于结构刚度降低引起的结构顶点位移的增加明显。参考文献[26],结构弹塑性分析的位移结果比弹性分析的小,与本书所获得的结果相一致。

表 6-8   **8 度罕遇地震 Y 方向性能点侧移与层间位移角**

楼层	第一振型荷载分布		均匀荷载分布		顶部集中荷载分布	
	侧移 (mm)	层间 位移角	侧移 (mm)	层间 位移角	侧移 (mm)	层间 位移角
15	332.7	1/750	295.3	1/900	426.0	1/152
14	327.9	1/468	291.3	1/692	402.3	1/125
13	320.2	1/327	286.1	1/439	373.4	1/118
12	309.2	1/252	277.9	1/333	342.8	1/115
11	294.9	1/207	267.1	1/271	311.6	1/115

续表 6-8

楼层	第一振型荷载分布		均匀荷载分布		顶部集中荷载分布	
	侧移（mm）	层间位移角	侧移（mm）	层间位移角	侧移（mm）	层间位移角
10	277.5	1/176	253.8	1/226	280.2	1/114
9	257.1	1/156	237.9	1/196	248.7	1/115
8	234.0	1/139	219.5	1/171	217.3	1/115
7	208.1	1/125	198.4	1/151	185.9	1/115
6	179.3	1/129	174.6	1/134	154.7	1/116
5	147.4	1/107	147.7	1/120	123.7	1/120
4	113.7	1/103	117.7	1/108	93.7	1/123
3	78.7	1/106	84.3	1/103	64.5	1/130
2	44.6	1/122	49.2	1/113	36.8	1/149
1	15.2	1/237	17.2	1/209	12.7	1/283

8 度罕遇地震 Y 方向 Pushover 分析还给出了结构的塑性铰发展过程。图 6-54 给出了结构在第一振型荷载作用下 Pushover 分析的性能点时和结构局部构件失效时的塑性铰分布图，图 6-55 给出了结构在均匀荷载作用下 Pushover 分析的性能点时和结构局部构件失效时的塑性铰分布图，图 6-56 给出了结构在顶部集中荷载作用下 Pushover 分析的性能点时和结构局部构件失效时的塑性铰分布图。其中，性能点表示在 8 度罕遇地震作用下的结构性能与状态，性能点之后（包括结构局部构件失效）的分析则反映当地震作用超过 8 度罕遇地震时的结构状态。Pushover 分析结果表明，结构在性能点之后仍有较大的变形能力与承载能力，可以抵抗更大的地震反应。

第一振型荷载作用下，结构三、四层横梁两端先出现塑性铰，然后同时向上、下及水平方向发展，达到性能点时的塑性铰发展情况如图 6-54(a) 所示。过了性能点之后，随着 Pushover 分析的进行，塑性铰继续发展，塑性铰的变形不断增大，塑性铰周围也不断出现新的塑性铰。当顶点位移达到 664.8mm 时，梁上塑性铰充分发展，但十一层以上没有出现塑性铰，一、二层柱柱端出现大量塑性铰，如图 6-54(b) 所示。

均布荷载作用下，结构二、三层横梁梁端先出现塑性铰，并快速向水平方向较为充分地发展，然后缓慢向上、向下发展，达到性能点时的塑性铰发展情况如图 6-55(a) 所示。过了性能点之后，随着 Pushover 分析的进行，塑性铰继续发展，已出现塑性铰的变形不断增大，塑性铰周围也不断出现新的塑性铰。当顶点位移达到 614.9 mm 时，梁上塑性铰充分发展，但八层以上均没有出现塑性铰，一层结构受拉一侧柱上塑性铰充分发展，如图 6-55(b) 所示。

边跨   次边跨   次中跨   中跨

(a)

边跨   次边跨   次中跨   中跨

(b)

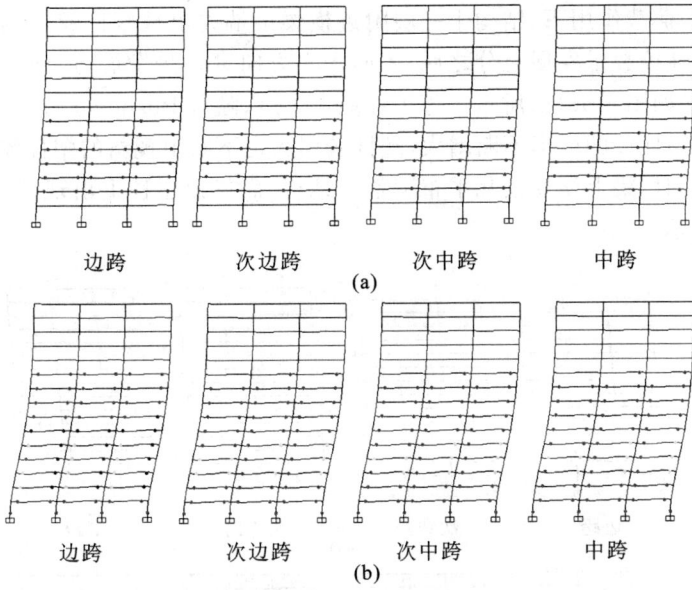

图 6-54　第一振型荷载作用下 8 度罕遇地震的塑性铰分布

(a)性能点时的塑性铰分布;(b)顶点位移达到 664.8 mm 时的塑性铰分布

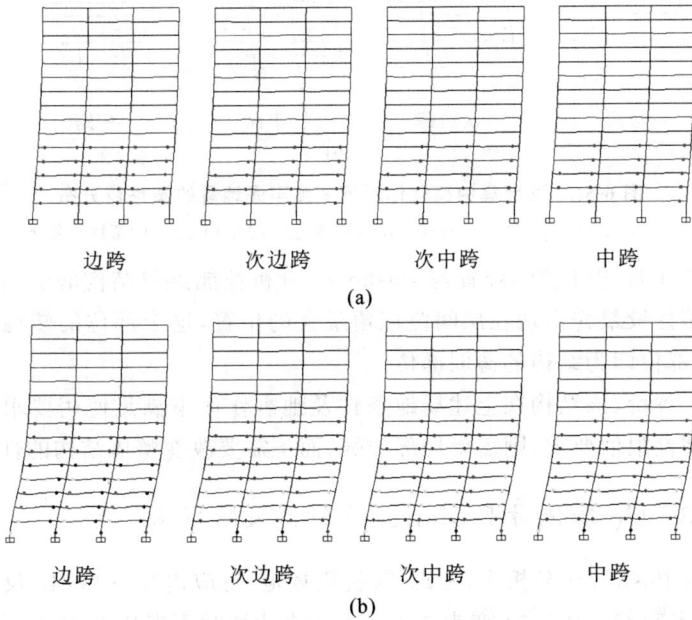

边跨   次边跨   次中跨   中跨

(a)

边跨   次边跨   次中跨   中跨

(b)

图 6-55　均匀荷载作用下 8 度罕遇地震的塑性铰分布

(a)性能点时的塑性铰分布;(b)顶点位移达到 614.9 mm 时的塑性铰分布

顶部集中荷载作用下,结构十一层附近横梁梁端先出现塑性铰,然后快速向上、向下发展,塑性铰数量发展充分之后,才向水平方向进一步发展,达到性能点时的塑性铰发展情况如图 6-56(a)所示。过了性能点之后,随着 Pushover 分析的进行,塑性铰继续发展,塑性铰的变形不断增大,塑性铰周围也不断出现新的塑性铰。当位移达到 904.0 mm 时,梁上塑性铰几乎布满整个结构,而仅顶层柱上出现部分塑性铰,如图 6-56(b)所示。

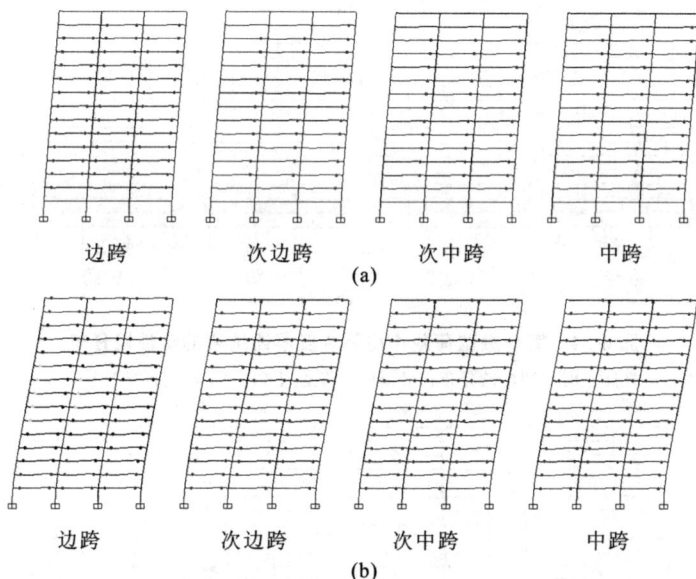

图 6-56　顶部集中荷载作用下 8 度罕遇地震的塑性铰分布

(a)性能点时的塑性铰分布;(b)顶点位移达到 904.0 mm 时的塑性铰分布

上述首先出现塑性铰的位置与 Pushover 分析性能点时结构的层间位移角的情况相对应。塑性铰最先出现在层间位移角最大的位置,这个部位的塑性铰最先进入破坏状态,该部位即为结构的薄弱部位。

综合以上评价,该结构在上述场地条件及地震作用下满足使用要求。如果局部构件不满足塑性限值要求,则需要局部加强,而不需要改变整体结构的性能。

6.4.4.3　C_V 取值对 Pushover 分析结果的影响

在本节的 Pushover 分析中,考虑了《抗震规范》反应谱与 ATC-40 反应谱之间的差异,将计算参数 C_V 由 0.54 变为 0.6。本小节计算时不考虑此调整,而采用 $C_V =$ 0.54 再次分析 Y 方向 8 度罕遇地震下的结构地震反应性能点。在第一振型荷载作用下的 Y 方向性能点求解如图 6-57 所示,在均匀荷载作用下的 Y 方向性能点求解如

图 6-58 所示,在顶部集中荷载作用下的 Y 方向性能点求解如图 6-59 所示。

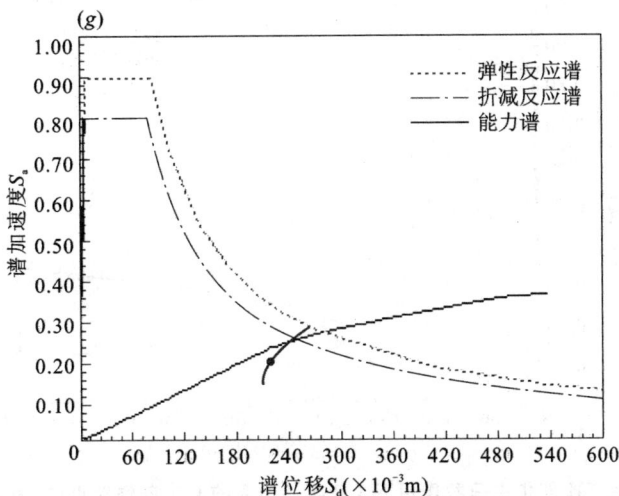

图 6-57 第一振型荷载作用下 8 度罕遇地震的 Y 方向性能点($C_v = 0.54$)

从图 6-57 可以得出 8 度罕遇地震下,结构在第一振型荷载作用下的结构 Y 方向性能点为 $S_a = 0.244g$,$S_d = 0.241$ m,得到结构的顶点位移 $D = 309$ mm,基底剪力 $V = 24373$ kN。

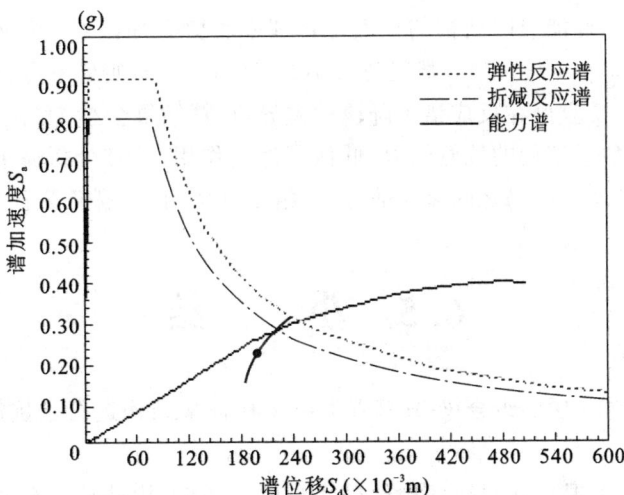

图 6-58 均匀荷载作用下 8 度罕遇地震的 Y 方向性能点($C_v = 0.54$)

从图 6-58 可以得出 8 度罕遇地震下,结构在均布侧向荷载作用下的结构 Y 方向性能点为 $S_a = 0.277g$,$S_d = 0.219$ m,得到结构的顶点位移 $D = 276$ mm,基底剪力 $V = 28457$ kN。

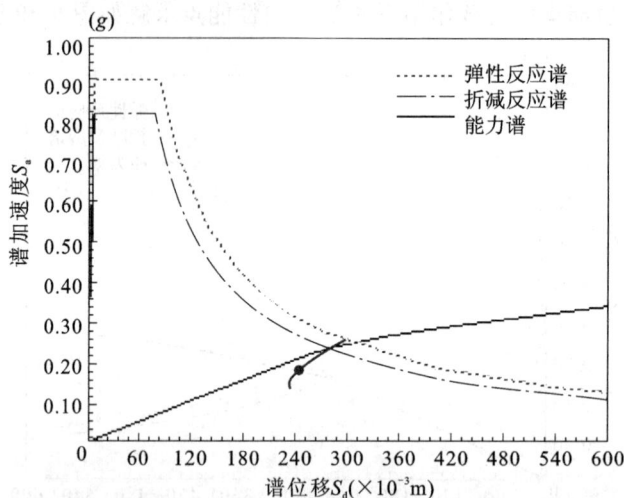

图 6-59　顶部集中荷载作用下 8 度罕遇地震的 Y 方向性能点 $(C_v = 0.54)$

从图 6-59 可以得出 8 度罕遇地震下,结构在顶部集中荷载作用下的结构 Y 方向性能点为 $S_a = 0.230g$, $S_d = 0.278$ m,得到结构的顶点位移 $D = 401$ mm,基底剪力 $V = 21111$ kN。

将上述计算结果与 6.4.4.2 节的 Y 方向 8 度罕遇地震 Pushover 分析的结果进行比较可以发现,性能点时结构的顶点位移和基底剪力都比 C_v 调整后计算得到的结果小:顶点位移小 5%～7%,基底剪力小 3%～5%。即如果不考虑《抗震规范》反应谱与 ATC-40 反应谱在反应谱下降段的差异,计算结果会小 5% 左右,虽然误差不大,但是还是高估了结构的抗侧能力,低估了地震作用,计算分析偏于不安全。所以建议采用本章考虑反应谱之间差距的方法,精度更高,而且偏于安全。

6.5　小　　　结

本章对一个 15 层的组合梁-方钢管混凝土柱框架结构进行了抗震性能分析,具体工作如下。

(1) 给出了实现建立非线性构件单元与原 CFSST 构件轴压刚度、抗弯刚度、剪切刚度等效以及质量等效的方法。

(2) 根据已有的 CFSST 截面轴力-弯矩极限相关曲线,通过大量 CFSST 截面非线性力学性能的数值分析,给出了方钢管混凝土截面轴力-弯矩屈服相关曲面的简化计算公式,并修正了现有的方钢管混凝土截面的弯矩-曲率关系曲线。

（3）通过对现有的钢-混凝土组合梁弯矩-曲率骨架曲线的总结和比较，修正了钢-混凝土组合梁弯矩-曲率上升段的骨架曲线。

（4）对已有的试验结果进行分析，验证了建立的方钢管混凝土柱和钢-混凝土组合梁弹塑性模型的适用性，为后面的计算分析提供技术保证。

（5）本章所发展的组合梁、钢管混凝土柱非线性单元可以通过自编软件实现，也可以在现有的大型有限元分析软件中实现，例如可以在SAP2000中直接实现。

（6）利用SAP2000软件，对一个15层的钢管混凝土结构进行了8度多遇地震、8度罕遇地震下的Pushover分析，得到结构在地震作用下的变形状态、结构的塑性铰发展情况、结构薄弱环节等，分析结果表明结构满足相关规范要求。

（7）探讨了Pushover分析法在该体系中的应用，给出了结合ATC-40需求谱求解性能点的方法。

（8）将Pushover分析与弹性分析相对比，验证了Pushover分析的准确性。

（9）讨论Pushover分析中，不同侧向荷载分布下的结果差异，建议Pushover分析时采用多种侧向荷载分布模式对结构性能进行综合评价。

参 考 文 献

[1] 刘阳冰，刘晶波，韩强，等. 方钢管混凝土压弯构件塑性屈服面的简化确定方法[J]. 重庆大学学报，2010，33(10)：70-75.

[2] 刘晶波，郭冰，刘阳冰. 组合梁-方钢管混凝土柱框架结构抗震性能的pushover分析[J]. 地震工程与工程振动，2008，28(5)：87-93.

[3] 李珠，郭秀华，张文芳，等. 中国国家大剧院结构分析中钢管混凝土柱的简化分析[J]. 工程力学，2004，21(4)：34-38.

[4] 韩林海，杨有福. 现代钢管混凝土结构技术[M]. 2版. 北京：中国建筑工业出版社，2007：5-6.

[5] 中国工程建设标准化协会. 矩形钢管混凝土结构技术规程：CECS 159：2004[S]. 北京：中国计划出版社，2004.

[6] 福建省住房和城乡建设厅. 钢管混凝土结构技术规程：DBJ/T 13-51—2020[S]. 福州：福建省建设标准，2020.

[7] CEN. Eurocode 4：Design of composite steel and concrete structures，Part 1-1：General rules and rules for buildings[S]. London：British Staudard Istitution，1994.

[8] 韩林海. 钢管混凝土结构：理论与实践[M]. 3版. 北京：科学出版社，2016.

[9] 张建辉. 方钢管混凝土框架柱的抗震性能分析[D]. 天津：天津大学，2004.

[10] 王文达，韩林海，陶忠. 钢管混凝土柱-钢梁平面框架抗震性能的试验研究[J]. 建筑结构学报，2006，27(3)：48-58.

[11] 韩林海，游经团，杨有福，等. 往复荷载作用下矩形钢管混凝土构件力学性能的研究[J]. 土木工程学报，2004，37(11)：11-22.

[12] 张素梅，刘界鹏，王玉银，等. 双向压弯方钢管高强混凝土构件滞回性能试验与分析[J]. 建筑结构学报，2005，26(3)：9-18.

[13] 陶忠，杨有福，韩林海. 方钢管混凝土构件弯矩-曲率滞回性能研究[J]. 工业建筑，2000，30(6)：7-12.

[14] 韩林海，李威，王文达，等. 现代组合结构和混合结构：试验、理论和方法[M]. 2 版. 北京：科学出版社，2017.

[15] TAKEDA T，SOZEN M A，NIELSEN N N. Reinforced concrete response to simulated earthquakes[J]. Joural of thd Structural Division，1970，96(12)：2257-2573.

[16] VIEST I M，COLACO J P，GRIFFIS R W，et al. Composite construction design for buildings[M]. New York：McGraw-Hill，1997.

[17] 陈戈. 钢-混凝土组合框架的试验及理论分析[D]. 北京：清华大学，2005.

[18] 中华人民共和国住房和城乡建设部. 钢结构设计标准：GB 50017 — 2017[S]. 北京：中国建筑工业出版社，2017.

[19] 聂建国，刘明，叶列平. 钢-混凝土组合结构[M]. 北京：中国建筑工业出版社，2005.

[20] 蒋丽忠，余志武，曹华，等. 钢-混凝土简支组合梁的恢复力模型[J]. 工业建筑，2007，37(11)：85-87.

[21] 聂建国. 钢-混凝土组合梁结构：试验、理论与应用[M]. 北京：科学出版社，2005.

[22] 聂建国，余洲亮，袁彦声，等. 钢-混凝土组合梁恢复力模型的研究[J]. 清华大学学报（自然科学版），1999，39(6)：121-123.

[23] 辛学忠，蒋丽忠，曹华. 钢-混凝土连续组合梁的恢复力模型[J]. 建筑结构学报，2006，27(1)：83-89.

[24] 薛建阳. 钢-混凝土简支组合梁抗弯性能的试验与理论研究[D]. 西安：西安建筑科技大学，2007.

[25] 孙景江. 建筑结构抗震研究若干基本问题概述及讨论[J]. 震灾防御技术，2006,1(2)：87-96.

[26] GUPTA A，KRAWINKLER H. Estimation of seismic drift demands for

frame structures[J]. Earthquake Engineering and Structural Dynamics，2000，29(8)：1287-1305.

[27] 汪大绥，贺军利，张凤新. 静力弹塑性分析(Pushover Analysis)的基本原理和计算实例[J]. 世界地震工程，2004，20(1)：45-53.

[28] 聂建国，秦凯，肖岩. 方钢管混凝土框架结构的 push-over 分析[J]. 工业建筑，2005，35(3)：68-70.

[29] Applied Technology Council. ACT-40 seismic evaluation and retrofit concrete buildings[R]. Redwood City，California，1996.

[30] 北京金土木软件技术有限公司，中国建筑标准设计研究院. SAP2000 中文版使用指南[M]. 北京：人民交通出版社，2012.

[31] 牛家伟. Pushover 分析在延性抗震及减隔震设计中的应用研究[D]. 西安：长安大学，2023.

7　不同形式框架结构体系抗震性能对比分析

本章在第 6 章方钢管混凝土（CFSST）柱和钢-混凝土组合梁（CB，简称组合梁）弹塑性模型和结构 Pushover 分析的基础上，采用 SAP2000 有限元分析软件，分别建立 15 层的混凝土组合梁-方钢管混凝土柱框架结构（CB-CFSST）、钢梁-方钢管混凝土柱框架结构（SB-CFSST）、组合梁-等刚度 RC 柱组合框架结构（CB-ETRC）、钢梁-等刚度 RC 柱框架结构（SB-ETRC）以及 RC 框架结构的弹性模型和弹塑性力学模型，并对这 5 个结构进行模态分析、反应谱分析、多遇地震下的弹性时程分析以及罕遇地震下的弹塑性动力时程分析，通过对各个结构内力和变形结果的比较，研究钢-混凝土组合框架结构体系的抗震性能。

7.1　结构及材料模型

所研究的 5 个结构的底层层高均为 4.5 m，二至十五层层高均为 3.6 m，总高 54.9 m。结构的平面布置如图 7-1 所示，立面布置如图 7-2 所示。与第 6 章结构布置相比，只增加了底层的层高，更贴合实际工程。图 7-1 中柱用 Z 表示，梁用 L 表示。各结构模型的梁、柱截面类型及尺寸见表 7-1。图 7-3 给出了结构梁、柱构件截面示意图，其中钢梁均采用焊接工字钢；等刚度 RC（ETRC）柱是指与 CFSST 柱等抗弯刚度。在有限元模型中，梁、柱均采用梁单元模拟。CFSST 柱混凝土强度等级为 C40，钢筋混凝土梁和柱的混凝土强度等级分别为 C30 和 C40，钢筋均采用 HRB335。钢管钢材采用 Q355-B，钢梁钢材采用 Q235-B。楼面及屋面均采用 140 mm 厚混凝土板，混凝土强度等级 C30，钢筋均采用 HRB400，在有限元模型中采用壳单元（Shell）模拟。混凝土板内上部筋直径为 14 mm，沿框架横梁间距 100 mm，沿框架纵梁间距 130 mm。栓钉直径 19 mm，按完全剪力连接设计，双排布置。

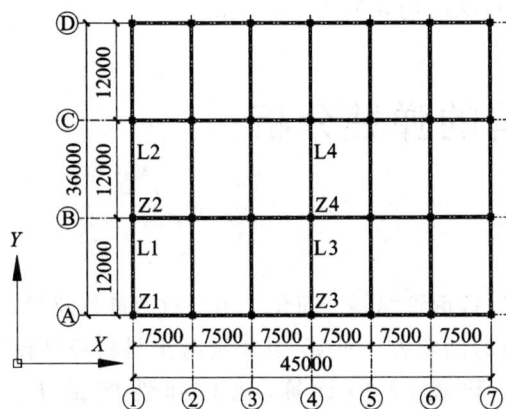

图 7-1 平面布置图

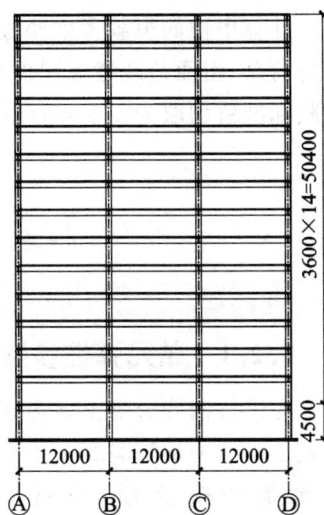

图 7-2 立面布置图

表 7-1 框架结构梁、柱截面参数

框架类型		RC	CB-CFSST	SB-CFSST	SB-ETRC	CB-ETRC
柱类型		RC 柱	CFSST 柱	CFSST 柱	RC 柱	RC 柱
柱截面尺寸（mm）	一至五层	900×900	600×20	600×20	712×712	712×712
	六至十五层	800×800	600×15	600×15	682×682	682×682
梁类型		RC 梁	组合梁	钢梁	钢梁	组合梁
梁截面尺寸（mm）	横梁	350×900	750×300×13×24	750×300×13×24	750×300×13×24	750×300×13×24
	纵梁	350×800	700×300×13×24	700×300×13×24	700×300×13×24	700×300×13×24
楼板厚度（mm）		140	140	140	140	140

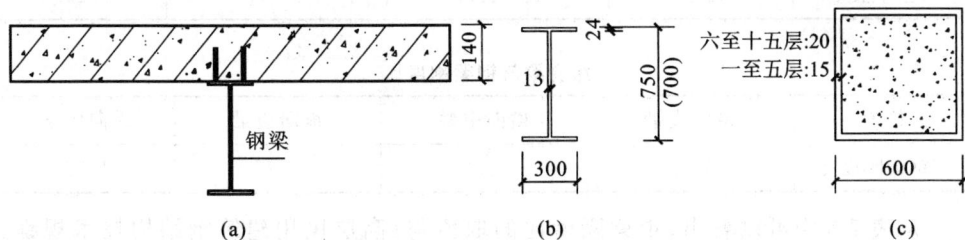

图 7-3 构件截面示意图

(a)组合梁截面；(b)横向（纵向）钢梁截面；(c)CFSST 柱截面

计算中楼面恒载考虑楼板自重、楼面装饰层（包括吊顶管道）以及填充墙折减的均匀荷载，屋面荷载考虑屋面板自重、屋面的保温防水层自重及吊顶管道自重。两者恒载标准值均取为 $4.5\ kN/m^2$，活荷载标准值均取为 $2.0\ kN/m^2$。

7.2 结构的弹性分析

7.2.1 单元弹性参数确定

在进行钢管混凝土结构弹性分析时，将钢管混凝土简化成单一材料进行建模，根据 6.2.1 节中钢管混凝土单元弹性参数的确定方法计算，其中混凝土材料弹性模量 E_c 和剪切模量 G_c 分别按式（7-1）和式（7-2）计算，钢材弹性模量 $E_s = 206000\ N/mm^2$，剪切模量 $G_s = 79000\ N/mm^2$。计算得到结构中 CFSST 柱截面物理参数如表 7-2 所示。

$$E_c = \frac{10^5}{2.2 + 34.7/f_{cu}} \tag{7-1}$$

$$G_c = \frac{E_c}{2(1 + \nu_c)} \tag{7-2}$$

式中，f_{cu} 为混凝土强度等级值（N/mm^2）；ν_c 为混凝土泊松比，取值为 0.2。

同时计算框架组合梁的刚度，用与相应钢梁刚度的比值来表示，所得结果如表 7-3 所示。

表 7-2   **CFSST 柱截面材料物理参数**

CFSST 柱	材料等效密度 ρ_{eq}（kg/m^3）	等轴压弹性模量 E_{eq}（N/mm^2）	抗弯刚度修正系数 κ_I	等效泊松比 ν_{eq}
一至五层	3098.09	54949.19	1.174	0.248
六至十五层	2926.86	49506.35	1.094	0.240

表 7-3   **组合梁与钢梁刚度比**

位置	横向边梁	横向中梁	纵向边梁	纵向中梁
与钢梁刚度比	1.39	1.53	1.37	1.52

从表 7-3 中可以看出，中梁刚度比的取值与《高层民用建筑钢结构技术规程》（JGJ 99—2015）[1]（简称《规程》）第 6.1.3 条中规定的 1.5 倍比较接近，边梁刚度比的取值大于规定的 1.2 倍取值。组合梁刚度的取值与楼板的厚度、楼板上部钢筋的

数量等均有很大关系,一般与钢梁的刚度比均会大于《规程》中的取值,文献[2]中的算例分析也证实了这一点。《规程》中给出了组合梁与相应钢梁刚度比的下限值。

7.2.2 模态分析

表 7-4 给出了 5 个框架结构的前 10 阶自振周期,其中结构的第一阶振型均为沿 Y 方向的平动振动,第二阶振型均为沿 X 方向的平动振动,第三阶振型均为结构整体扭转振型。结构扭转为主的第一自振周期与平动为主的第一自振周期的比值均小于 0.9,满足《高层建筑混凝土结构技术规程》(JGJ 3—2010)[3] 中对结构扭转效应的限制。

表 7-4   前 10 阶自振周期比较   (单位:s)

阶数	RC	CB-CFSST	SB-CFSST	SB-ETRC	CB-ETRC
1	2.264	2.162	2.462	2.583	2.182
2	2.006	1.905	2.085	2.239	1.926
3	1.917	1.826	2.034	2.121	1.839
4	0.741	0.714	0.808	0.848	0.720
5	0.661	0.632	0.689	0.740	0.639
6	0.631	0.605	0.671	0.700	0.609
7	0.423	0.416	0.467	0.489	0.419
8	0.381	0.370	0.402	0.430	0.373
9	0.364	0.355	0.391	0.408	0.357
10	0.284	0.286	0.318	0.333	0.288

由表 7-4 可看出,SB-CFSST 柱框架结构第一阶自振周期要比 CB-CFSST 柱框架结构增长约 14%。对于与 CFSST 柱等抗弯刚度的 RC(ETRC)柱框架结构,其第一阶振型周期比相应的 CFSST 柱框架结构略长,但柱截面远远大于 CFSST 柱截面。RC 框架结构是用于与 CB-CFSST 进行整体性能比较的,因此希望两者的动力特性接近;从表 7-4 中数据计算可知,两者之间自振周期差别基本上在 5% 之内。

7.2.3 弹性内力和变形计算分析

为了讨论弹性阶段混凝土楼板组合作用以及不同类型的框架柱(RC 柱、钢管混凝土柱)对结构主要承重构件内力设计值和变形性能的影响,根据《抗震规范》[4] 和《高层建筑混凝土结构技术规程》(JGJ 3—2010)对 5 个结构分别进行风荷载组合下和地震作用组合下受力和变形性能分析。

7.2.3.1 "永久荷载＋可变荷载＋风荷载"组合下的内力和变形

基本风压取为 0.45 kN/m^2。风荷载组合下,风荷载作用方向取 Y 负方向(结构弱方向),5 个计算模型得到的结构基底反力和基底反力矩如表 7-5 所示。风荷载采用《高层建筑混凝土结构技术规程》(JGJ 3—2010)中的简化计算方法,5 个结构施加的风荷载相同,因此结构沿 Y 方向的基底反力 F_Y 相等。RC 框架总的受力最大,等刚度 RC(ETRC)柱框架结构的总基底反力和基底反力矩绝对值略大于相应的 CFSST 柱框架结构。

表 7-5   **风荷载组合下结构总基底反力和基底反力矩**

结构类型	基底反力(kN)			基底反力矩(kN·m)		
	F_X	F_Y	F_Z	M_X	M_Y	M_Z
RC	0	2088.83	284133.72	−77938.47	0	0
CB-CFSST	0	2088.83	232600.08	−68543.60	0	0
SB-CFSST	0	2088.83	232600.08	−68543.60	0	0
SB-ETRC	0	2088.83	234004.76	−68662.21	0	0
CB-ETRC	0	2088.83	234004.76	−68662.21	0	0

取图 7-1 中轴线①边框架和轴线④中框架的两榀框架来计算比较模型的受力性能。图 7-4～图 7-7 分别给出了轴线①上柱 Z1、Z2 和轴线④上柱 Z3、Z4 的轴力和弯矩图。图中轴力以拉力为正,弯矩以沿 X 正方向为正。

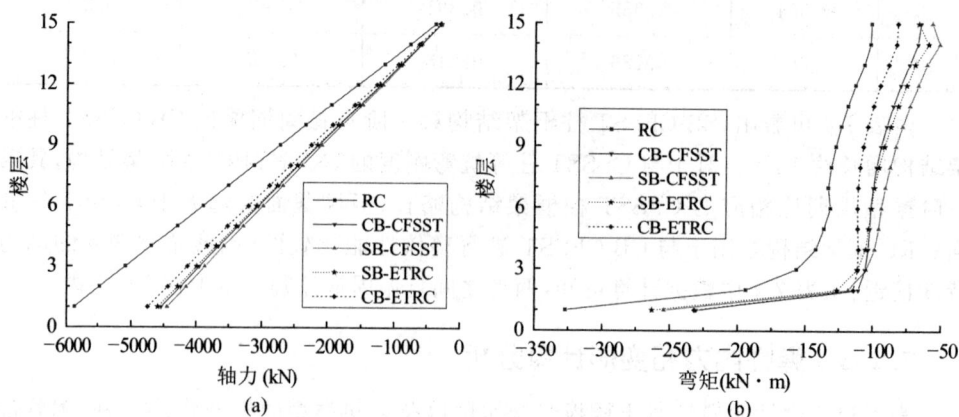

图 7-4   风荷载组合下柱 Z1 内力图

(a)Z1 边柱轴力图;(b)Z1 边柱弯矩图

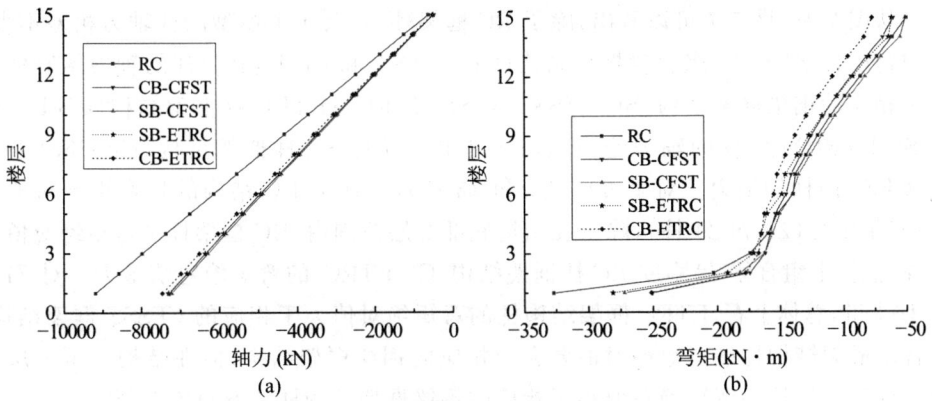

图 7-5　风荷载组合下柱 Z2 内力图

(a)Z2 中柱轴力图；(b)Z2 中柱弯矩图

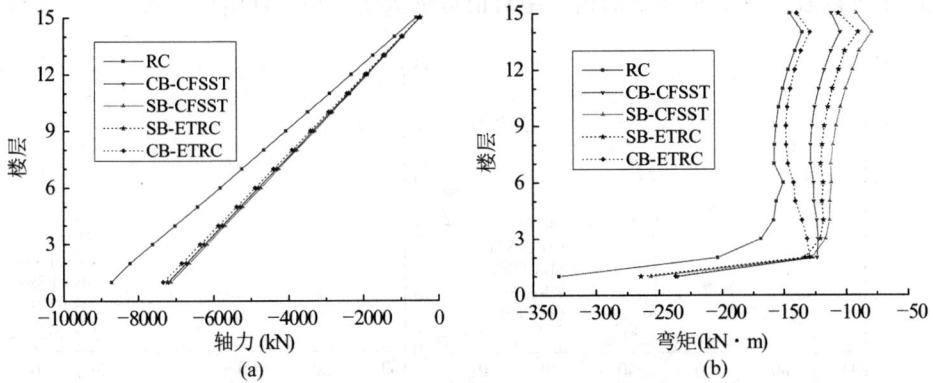

图 7-6　风荷载组合下柱 Z3 内力图

(a)Z3 边柱轴力图；(b)Z3 边柱弯矩图

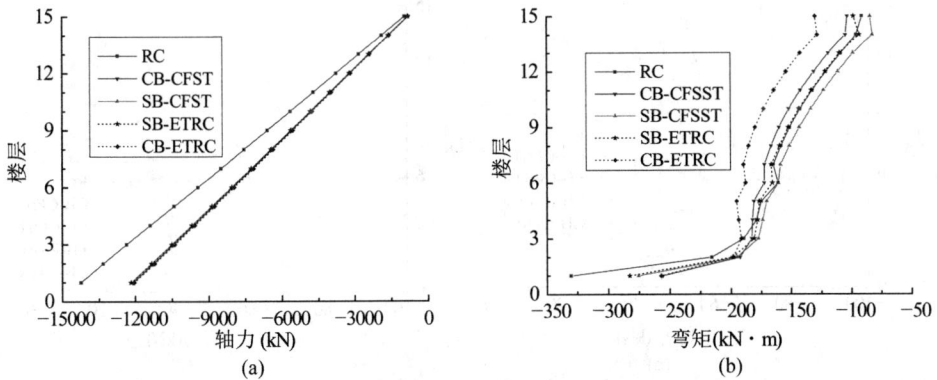

图 7-7　风荷载组合下柱 Z4 内力图

(a)Z4 中柱轴力图；(b)Z4 中柱弯矩图

从图 7-4～图 7-7 可以看出,除了 RC 框架外,其余 4 个模型的柱轴力相差不大;除中跨中柱 Z4 柱外,组合梁框架结构(CB-CFSST 和 CB-ETRC)柱的轴力绝对值略大于相应的钢梁框架结构(SB-CFSST 和 SB-ETRC);ETRC 柱框架结构(CB-ETRC 和 SB-ETRC)RC 柱的轴力绝对值略大于相应 CFSST 柱框架结构(CB-CFSST 和 SB-CFSST)柱的轴力。对于边柱(Z1 和 Z3 柱),总体上 RC 结构的柱弯矩绝对值最大;对于中柱(Z2 和 Z4 柱),除了在结构底部 2 层范围内,RC 框架柱的弯矩绝对值最大外,总体上组合梁-等刚度 RC 柱框架结构(CB-ETRC)的弯矩绝对值最大。对 Z1～Z4 柱来讲,总体上看,ETRC 框架结构柱的弯矩绝对值大于相应的 CFSST 框架结构;组合梁框架结构柱的弯矩绝对值要大于相应的钢梁框架结构,但在结构一至三层组合梁框架结构柱的弯矩绝对值小于相应的钢梁框架结构柱的弯矩绝对值。

图 7-8 和图 7-9 分别给出了框架梁 L1～L4 在风荷载组合下的计算剪力和弯矩。从图中可以看出,RC 框架梁的内力绝对值远远大于其他 4 种结构。对于其他 4 种框

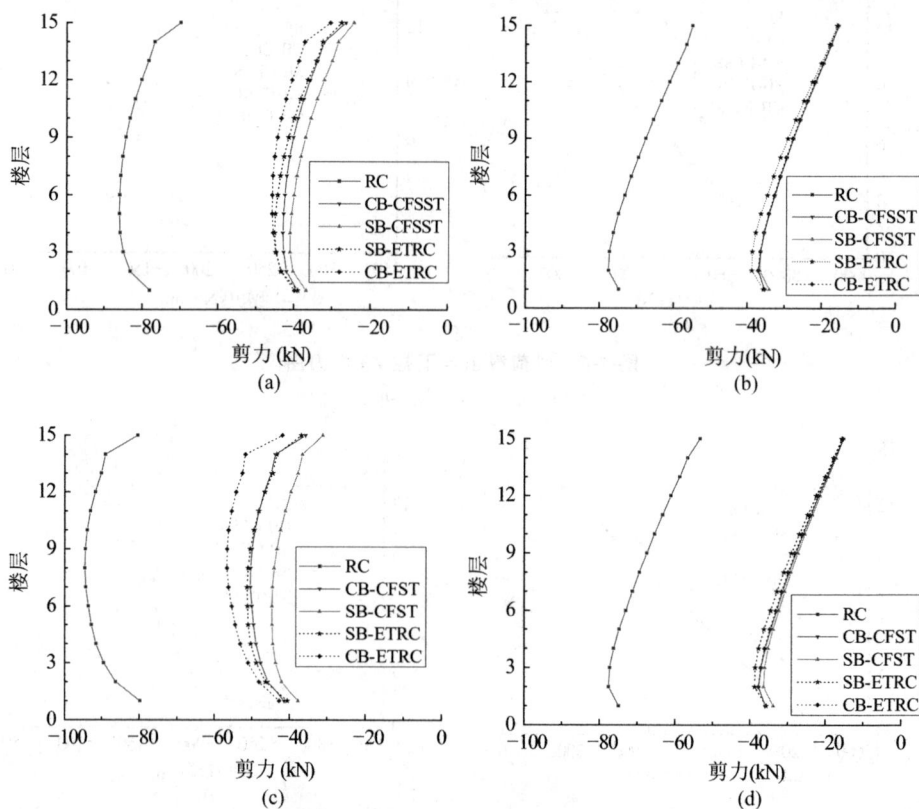

图 7-8　风荷载组合下梁剪力图

（a）轴线①L1 边梁剪力图;（b）轴线①L2 中梁剪力图;（c）轴线④L3 边梁剪力图;（d）轴线④L4 中梁剪力图

架结构,中梁(L2、L4 梁)的剪力和弯矩相差不大,SB-ETRC 的内力绝对值最大;边梁(L1、L3 梁)的剪力和弯矩差别较大,CB-ETRC 的内力绝对值最大。除了 L2、L4 梁 CB-ETRC 的弯矩绝对值几乎等于 CB-CFSST 外,ETRC 框架结构框架梁的弯矩和剪力绝对值均大于相应的 CFSST 柱框架结构。

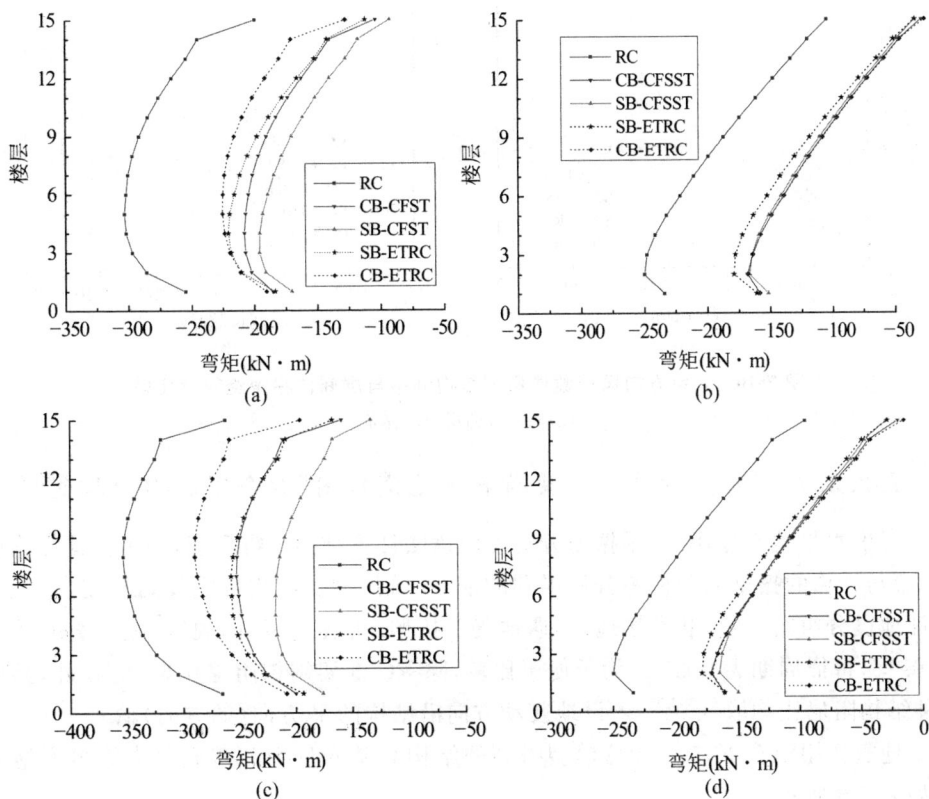

图 7-9 风荷载组合下梁弯矩图

(a)轴线①L1 梁弯矩图;(b)轴线①L2 梁弯矩图;(c)轴线④L3 梁弯矩图;(d)轴线④L4 梁弯矩图

从风荷载组合下框架梁内力计算结果的统计分析可知,对于 CB-CFSST 和 SB-CFSST,CB-ETRC 和 SB-ETRC 的边梁,沿结构高度组合梁的剪力和弯矩绝对值均大于相应的钢梁,其中剪力绝对值增大约 5%~20%,弯矩绝对值增大约 6%~26%;对于中梁,CB-CFSST 组合梁的剪力总体上大于 SB-CFSST 钢梁的剪力,增大约 5%;CB-ETRC 组合梁的剪力总体上小于 SB-ETRC 钢梁的剪力,减小约 5%。组合梁的弯矩在结构底部稍大于钢梁但相差不大,约 5%;在结构上部小于钢梁,除顶层相差较大外,其余均在 10%以内。

图 7-10 为 Y 负方向风荷载组合下结构侧移和层间位移角绝对值的比较,从该图中可以看出,RC 框架结构抗侧刚度最大,侧移和层间位移角绝对值最小。其他 4 个

结构中,CB-CFSST 的变形最小,SB-ETRC 变形最大。SB-CFSST 顶点位移绝对值和最大层间位移角较 CB-CFSST 均增大约 30%。可以看出考虑混凝土楼板组合作用后的组合梁框架结构整体抗侧刚度比钢梁框架结构有很大提高。

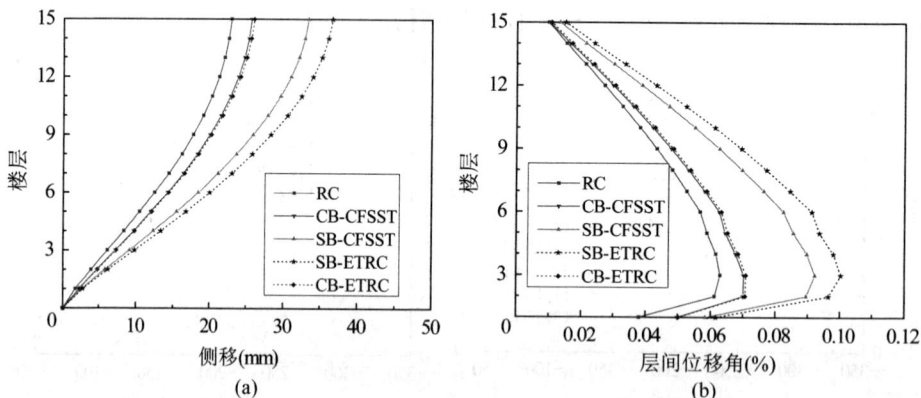

图 7-10 Y 负方向风荷载作用下结构侧移与层间位移角绝对值比较

(a)侧移;(b)层间位移角

7.2.3.2 "永久荷载+可变荷载+地震作用"组合下的内力和变形

考虑水平地震作用,采用振型分解反应谱法计算结构地震反应,为了保证计算精度,参与计算的振型采用模态分析得到的前 30 阶振型。结构抗震设防烈度为 8 度,设计地震分组第一组,Ⅱ类场地,多遇地震。按照《抗震规范》的规定,地震影响系数取 0.16,特征周期为 0.35 s,为了便于比较,除 RC 框架结构阻尼比取 0.05 外,其他 4 种结构阻尼比均取 0.04[5]。设地震动方向沿结构的 Y 方向(弱方向)输入。

地震作用组合下,5 个计算模型得到的结构总基底反力和基底反力矩最大绝对值如表 7-6 所示。

表 7-6　　　　地震作用组合下结构总基底反力和基底反力矩

结构类型	基底反力(kN)			基底反力矩(kN·m)		
	F_X	F_Y	F_Z	M_X	M_Y	M_Z
RC	0	8113.46	245144.68	−284834.91	0	0
CB-CFSST	0	8044.96	193789.50	−272704.69	0	0
SB-CFSST	0	7746.35	193668.82	−264552.95	0	0
SB-ETRC	0	7672.29	195145.11	−263021.76	0	0
CB-ETRC	0	8079.95	195150.21	−274220.67	0	0

对比表 7-5 和表 7-6 可以看出,地震作用组合下除竖向总反力 F_Z 小于风荷载组合下计算结果 16% 外,5 个结构 Y 方向总的反力和反力矩绝对值均为相应风荷载组

合下的 3 倍左右。因此在结构设计中,对于本章算例,采用地震作用效应和重力荷载效应的基本组合作为控制荷载。

从表 7-6 中可以看出,RC 框架由于自重和抗侧刚度较大,结构总基底反力 F_Y、F_Z 和反力矩 M_X 绝对值最大;ETRC 柱框架结构自重略大于相应的 CFSST 柱结构,因此其基底反力 F_Y、F_Z 和反力矩 M_X 绝对值略大于相应的 CFSST 柱结构。组合梁框架结构和相应的钢梁框架结构虽然重力荷载代表值相同,但因组合梁刚度较相应的钢梁大,所以其基底反力 F_Y 和反力矩 M_X 绝对值大于相应的钢梁框架结构。

图 7-11~图 7-14 分别给出了轴线①上柱 Z1、Z2 和轴线④上柱 Z3、Z4 的轴力和弯矩图。图中轴力以拉力为正,弯矩以沿 X 正方向为正。从图中可以看出,5 个结构柱轴力和弯矩的计算结果与风荷载组合下的变化规律一致,只是轴力绝对值略小于风荷载组合下的计算结果,而弯矩远远大于相应的风荷载组合下的计算结果。

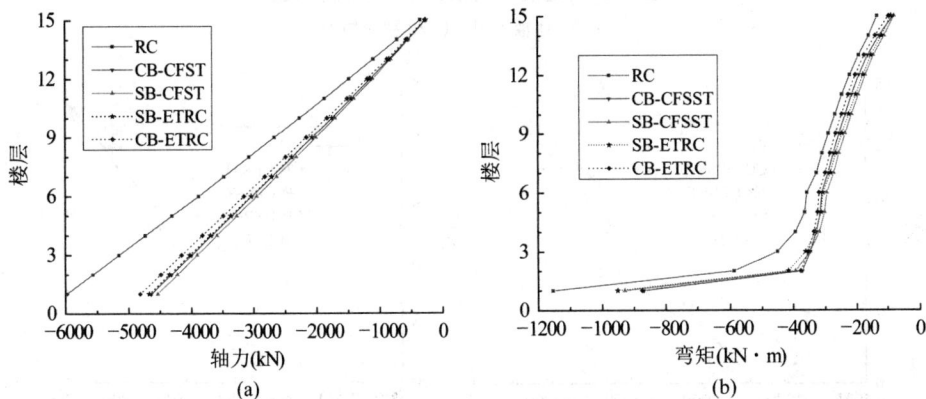

图 7-11 地震作用组合下柱 Z1 内力图

(a)Z1 柱轴力图;(b)Z1 柱弯矩图

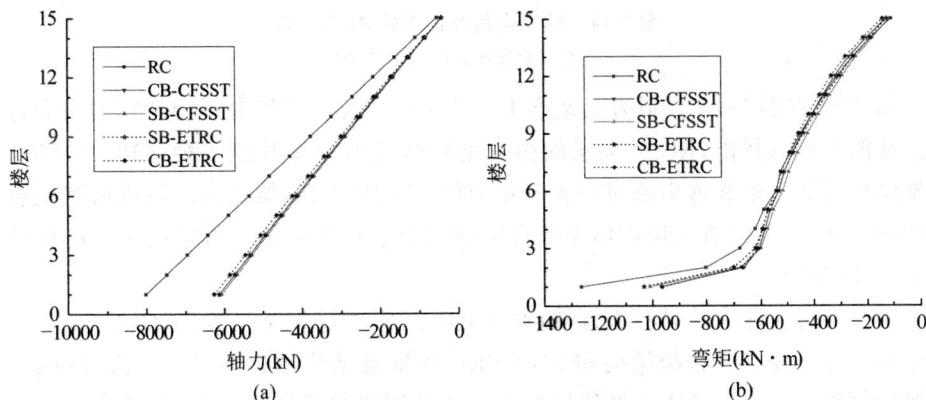

图 7-12 地震作用组合下柱 Z2 内力图

(a)Z2 柱轴力图;(b)Z2 柱弯矩图

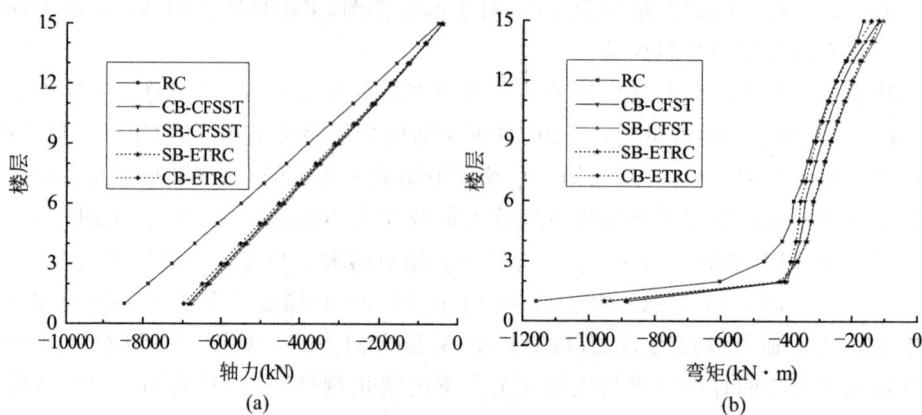

图 7-13　地震作用组合下柱 Z3 内力图

（a）Z3 柱轴力图；（b）Z3 柱弯矩图

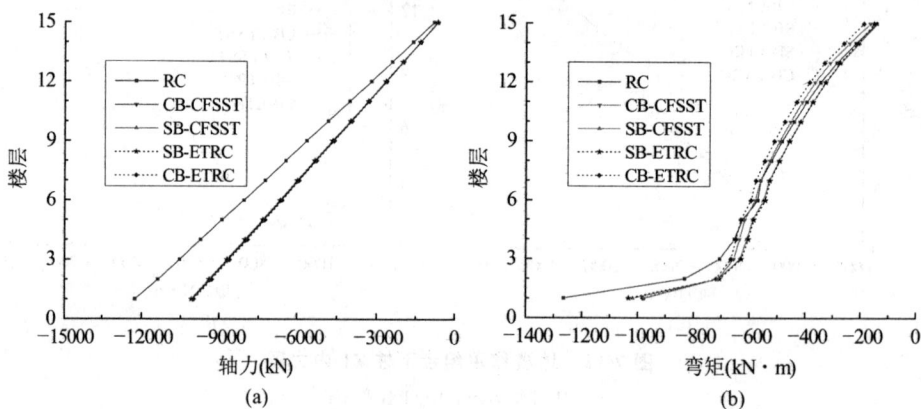

图 7-14　地震作用组合下柱 Z4 内力图

（a）Z4 柱轴力图；（b）Z4 柱弯矩图

　　图 7-15 和图 7-16 分别为框架梁 L1～L4 在地震作用组合下的计算剪力和弯矩图。从图中可以看出,RC 框架梁的内力绝对值远远大于其他 4 种结构。ETRC 柱框架结构梁的弯矩和剪力绝对值大于相应的 CFSST 柱框架结构。与风荷载组合下梁的内力比较,可以看出地震作用组合下梁的剪力和弯矩绝对值远远大于风荷载组合下的计算结果。

　　从梁内力的计算结果分析可知,对于 CB-CFSST 柱框架结构和 SB-CFSST 柱框架结构,CB-ETRC 柱框架结构和 SB-ETRC 柱框架结构的边梁,沿结构高度组合梁框架结构梁的剪力和弯矩绝对值均大于相应的钢梁框架结构,其中剪力绝对值增大约 4％～15％,弯矩绝对值增大约 5％～18％;对于中梁,CB-CFSST 组合梁的剪力和弯矩绝对值总体上均大于 SB-CFSST 钢梁的计算结果,增大约 12%。CB-ETRC 组合梁的剪力和弯矩与 SB-ETRC 梁的剪力和弯矩相差不大,约 5%。

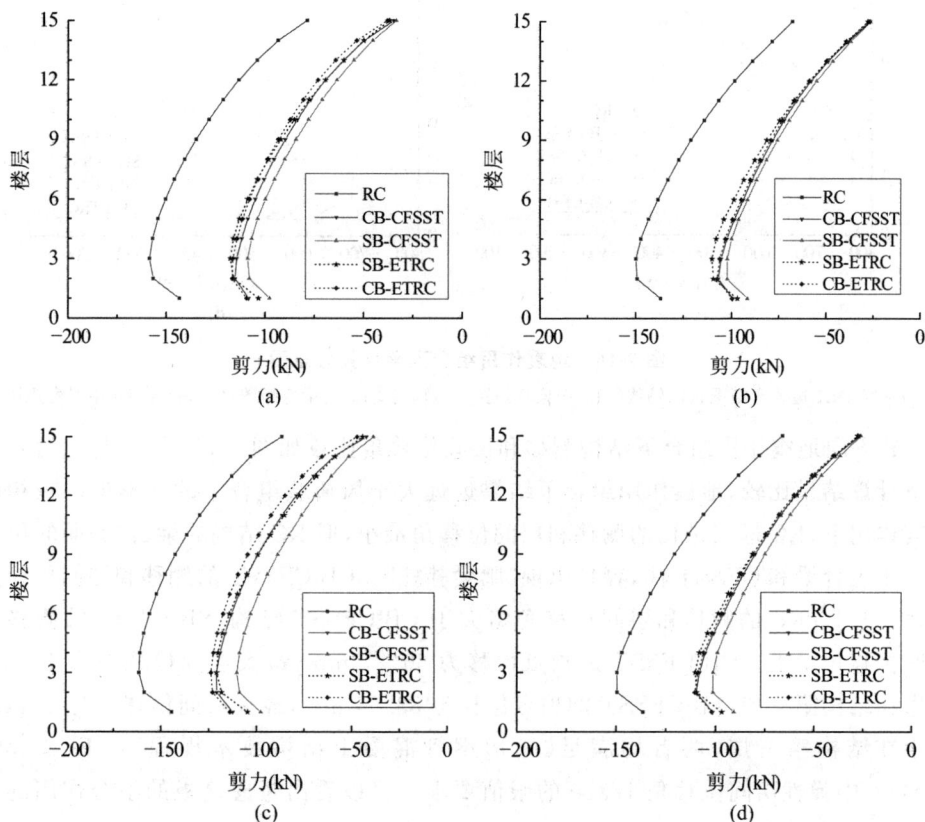

图 7-15 地震作用组合下梁计算剪力图

(a)轴线①L1 边梁剪力图;(b)轴线①L2 中梁剪力图;(c)轴线④L3 边梁剪力图;(d)轴线④L4 中梁剪力图

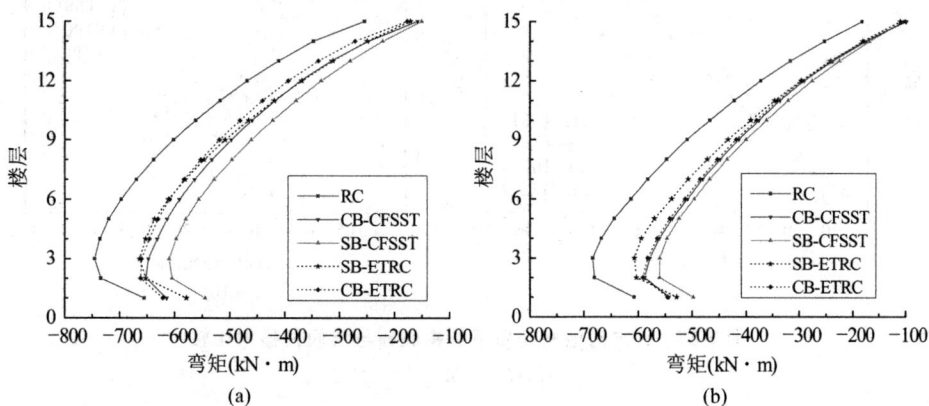

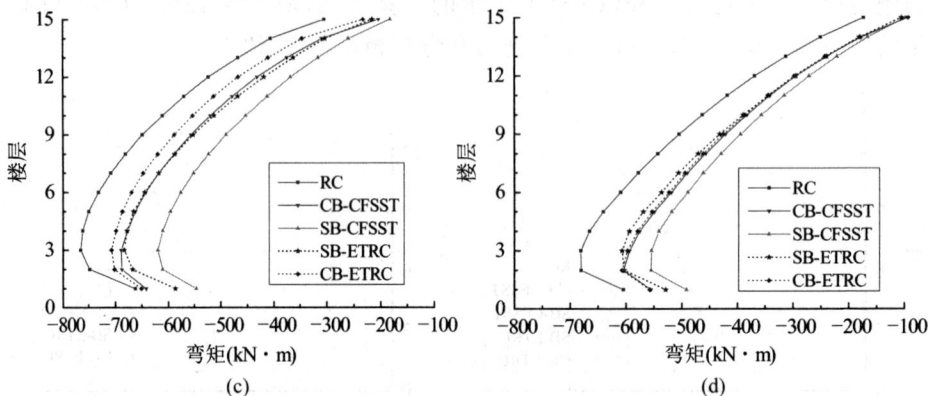

(c)

(d)

图 7-16 地震作用组合下梁计算弯矩图

(a)轴线①L1 边梁弯矩图;(b)轴线①L2 中梁弯矩图;(c)轴线④L3 边梁弯矩图;(d)轴线④L4 中梁弯矩图

    Y 方向地震作用组合下结构侧移和层间位移角比较如图 7-17 所示,与风荷载组合下计算结果比较,地震作用组合下结果远远大于风荷载组合下的变形值。在相同地震作用下,RC 框架结构的侧移和层间位移角最小,但 RC 结构的梁、柱截面的尺寸远大于组合梁和 CFSST 柱,容易出现"肥梁胖柱"。CB-CFSST 的侧移和层间位移角次之,CB-ETRC 的侧移和层间位移角略大于 CB-CFSST 结构,SB-ETRC 的侧移和层间位移角最大。CB-CFSST 的顶点位移为 66.27 mm,最大层间位移角为 1/563,发生在结构第三层;SB-CFSST 的顶点位移为 83.63 mm,最大层间位移角为 1/442,发生在结构第三层,两者均满足《矩形钢管混凝土结构技术规程》(CECS 159:2004)[5]中弹性层间位移角 1/300 的限值要求。可以看出考虑楼板的组合作用的框

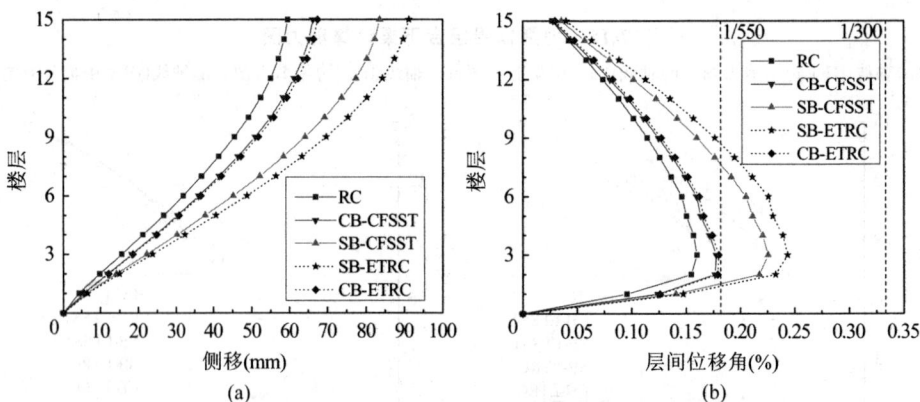

(a)

(b)

图 7-17 Y 方向地震作用下结构侧移与层间位移角比较

(a)侧移;(b)层间位移角

架结构,其组合梁对结构的刚度影响显著,结构整体刚度提高,结构变形减小。对于 ETRC 柱框架结构,最大层间位移角均出现在结构第三层,计算得到的侧移和层间位移角均大于与其相对应的 CFSST 柱框架结构。

7.2.3.3 构件承载力校核

对 5 个结构进行多遇地震作用下的构件承载力和变形验算,得到以下结论。

(1)CB-CFSST 柱框架结构和 SB-CFSST 柱框架结构与其构件均满足承载力和变形要求。

(2)对于与 CFSST 柱等抗弯刚度的 RC(ETRC)柱框架结构,部分 RC 柱截面尺寸不能满足承载力的要求,轴压比超限。因此,对 CB-ETRC 柱框架结构和 SB-ETRC 柱框架结构,在后面的时程分析中,一至五层柱的截面尺寸增大为 850 mm× 850 mm,六至十五层柱的截面尺寸增大为 750 mm×750 mm。CB-ETRC 和 SB-ETRC 改用组合梁-RC(CB-RC)柱框架结构和钢梁-RC(SB-RC)柱框架结构表示。

(3)对于 RC 框架结构,《抗震规范》对 8 度区框架结构的高度限值为 45 m。从计算分析过程来看,虽然结构刚度大,很容易满足变形的要求,但框架柱不满足轴压比限值的要求。通过增大柱截面也很难解决这一问题。因为柱截面增大,结构自重和地震作用相应增大,柱轴力增大,对减小轴压比效果不显著。

7.2.4 多遇地震下弹性时程反应分析

弹性时程采用 El Centro 波、Kobe 波和北京波输入,分别按多遇地震加速度峰值 0.7 m/s^2 对实际地震波进行调幅处理。图 7-18 为调幅后的地震波加速度时程图和阻尼比为 5%时 3 条地震波的弹性加速度反应谱与规范规定反应谱,同时,图 7-18 (d)中也给出了 CB-CFSST 柱框架结构和 SB-CFSST 柱框架结构基本周期对应的加速度反应谱值。时间步长为 0.02 s,阻尼比的取值同振型分解反应谱法中的取值,将加速度时程沿 Y 方向(结构弱方向)输入。

下面给出 CB-CFSST 与 SB-CFSST 的弹性地震反应结果,来比较当框架柱为 CFSST 柱,框架梁考虑混凝土楼板组合作用时对结构弹性位移反应的影响。同时给出 SB-CFSST 和 SB-RC 柱框架结构的反应结果,来比较框架梁相同,框架柱分别为 CFSST 柱和 RC 柱时,结构位移反应的差别。

多遇地震作用下 CB-CFSST、SB-CFSST 和 SB-RC 层间位移角包络线如图 7-19 所示,最大层间位移角和顶点最大位移如表 7-7 所示。表中括号内的数值为负方向的最大层间位移角和顶点最大位移。

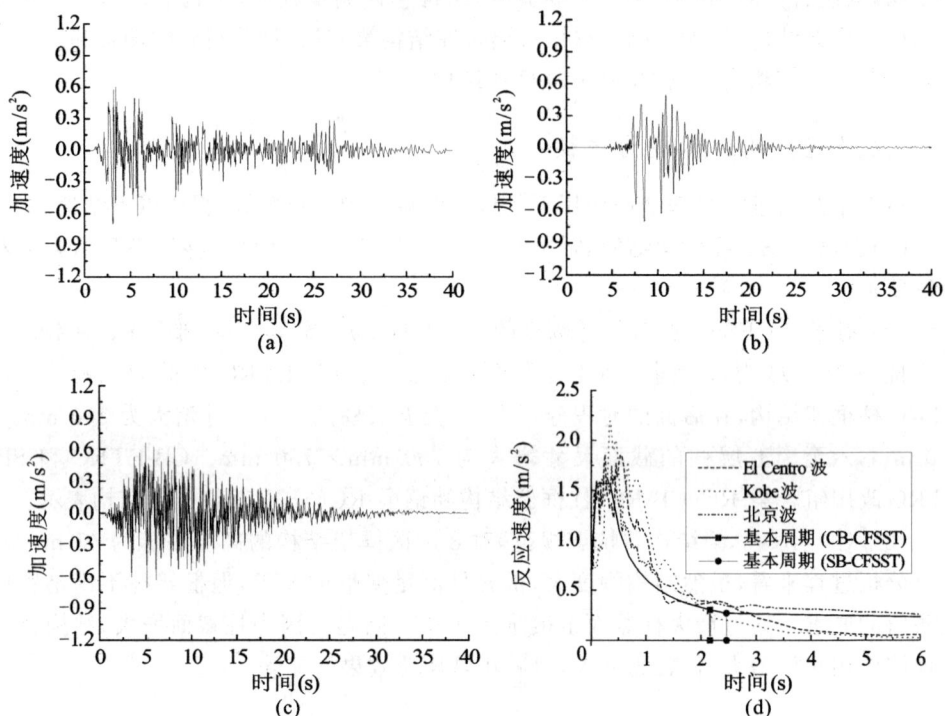

图 7-18　地震加速度时程

(a)El Centro 波；(b)Kobe 波；(c)北京波；(d)加速度反应谱

从表 7-7 中数值和图 7-19 可以看出,在所选用的三条地震波作用下,El Centro 波作用下结构的位移反应最大,北京波次之,Kobe 波最小。总体上看,CB-CFSST 的层间位移角包络值小于 SB-CFSST 和 SB-RC,且沿高度变化比较均匀。SB-CFSST

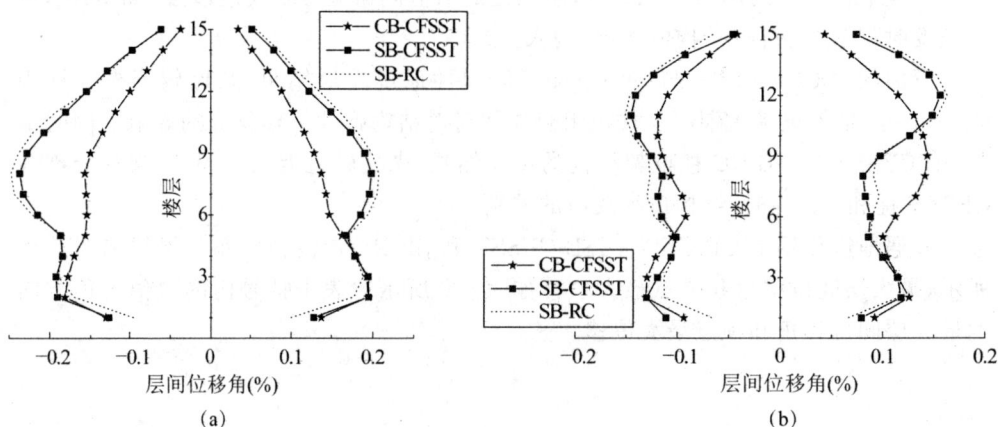

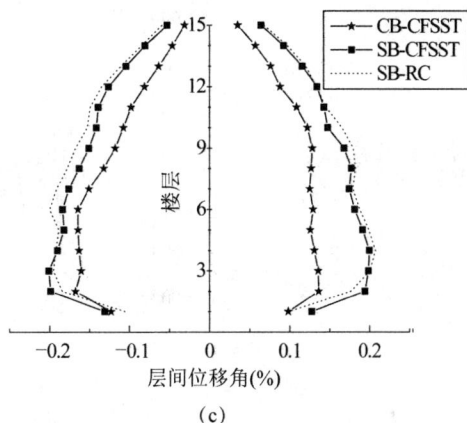

（c）

图 7-19　多遇地震作用下层间位移角包络线

（a）El Centro 波；（b）Kobe 波；（c）北京波

和 SB-RC 的层间位移角包络线形状接近,除了在结构底部几层 SB-RC 的层间位移角绝对值小于 SB-CFSST,绝大多数情况下 SB-RC 的包络线在 SB-CFSST 的外侧;且两个结构的层间位移角和顶点位移最大绝对值相差不多。但 RC 柱截面远远大于相应的 CFSST 柱截面。

表 7-7　　　　　　多遇地震下结构最大层间位移角与顶点最大位移幅值

结构形式	El Centro 波		Kobe 波		北京波	
	最大层间位移角	顶点最大位移（mm）	最大层间位移角	顶点最大位移（mm）	最大层间位移角	顶点最大位移（mm）
CB-CFSST	1/514（−1/552）	59.3（−60.8）	1/695（−1/767）	43.8（−40.4）	1/736（−1/596）	47.1（−59.8）
SB-CFSST	1/504（−1/422）	75.1（−85.2）	1/639（−1/690）	32.3（−50.6）	1/501（−1/497）	73.4（−68.3）
SB-RC	1/482（−1/404）	75.6（−84.6）	1/613（−1/664）	32.4（−50.8）	1/482（−1/500）	73.5（−69.0）

图 7-20 分别给出了 CB-CFSST 和 SB-CFSST 两个结构的顶点位移时程,从该图上可以看出,在 El Centro 波和北京波作用下 SB-CFSST 在绝大部分时刻顶点位移均大于 CB-CFSST;Kobe 波作用下,SB-CFSST 的负向最大位移大于 CB-CFSST,正向最大位移小于 CB-CFSST,但在最初 10 s 左右,SB-CFSST 的位移反应均大于 CB-CFSST。SB-CFSST 和 SB-RC 两个结构的顶点位移时程反应几乎重合,此处不再给出 SB-RC 的计算结果。

(a)

(b)

(c)

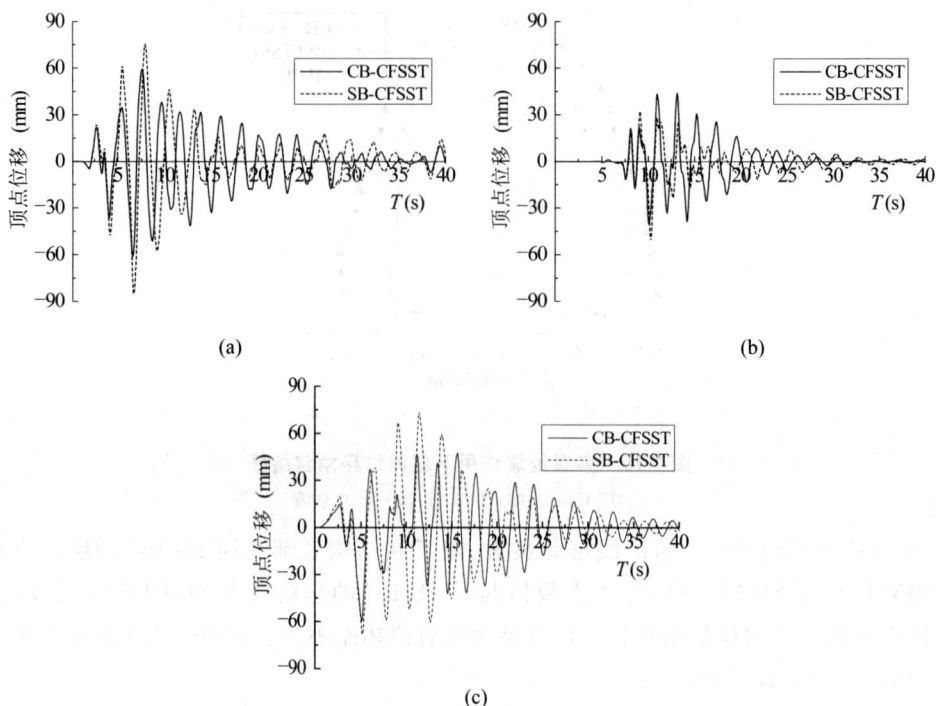

图 7-20　CFSST 柱框架结构顶点位移时程比较

（a）El Centro 波；（b）Kobe 波；（c）北京波

7.3　弹塑性动力时程分析

对弹性时程分析中的 CB-CFSST 柱框架结构、SB-CFSST 柱框架结构和 SB-RC 柱框架结构进行罕遇地震作用下的弹塑性时程分析，讨论在罕遇地震作用下结构变形和破坏状态的差别。

弹塑性分析中构件的非线性模型采用集中塑性模型，以 SAP2000 中的非线性连接单元方法来实现。组合梁和钢梁考虑弯曲变形的非线性，滞回模型分别采用 Takeda 模型和 Wen 模型，CFSST 柱考虑轴向和弯曲变形的非线性，滞回模型分别采用 Kinematic 模型和 Takeda 模型（详见 6.2.5 节和 6.3.2 节）。输入地震波峰值调整为 0.4g，弹塑性时程分析采用 Rayleigh 阻尼，阻尼比按 5% 考虑。

在弹塑性时程反应计算前，先将重力荷载代表值（1.0 的恒荷载与 1/2 的活荷载之和）施加在结构上，确定结构初始内力。

对于 SB-RC 结构,框架柱配筋率取设防烈度为 8 度、抗震等级为一级、多遇地震作用下 PKPM 的计算结果,来进行罕遇地震下结构的弹塑性变形验算。为了方便比较,一至五层采用同一截面,六至十五层采用同一截面,如图 7-21 所示。RC 柱也采用集中塑性模型,考虑轴向和弯曲非线性,滞回模型分别采用 Kinematic 模型和 Takeda 模型。

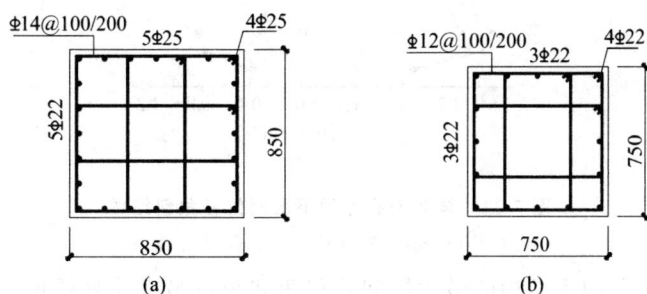

图 7-21 弹性配筋率下 RC 柱截面
(a)一至五层柱;(b)六至十五层柱

7.3.1 弹塑性位移结果分析

图 7-22 给出了罕遇地震下 3 条地震波沿 Y 方向输入时,CB-CFSST 柱框架结构和 SB-CFSST 柱框架结构的层间位移角包络线。与多遇地震下的计算结果比较,考虑楼板组合作用的 CB-CFSST 对弹塑性位移反应的降低作用不如多遇地震下显著,且在北京波作用下,层间位移角幅值沿结构高度的分布形状与多遇地震下的分布形状略有不同,在结构上部,CB-CFSST 层间位移角包络值大于 SB-CFSST 的计算结果。总体上看,CB-CFSST 的层间位移角包络值小于 SB-CFSST,且沿结构高度变化比较均匀[6]。

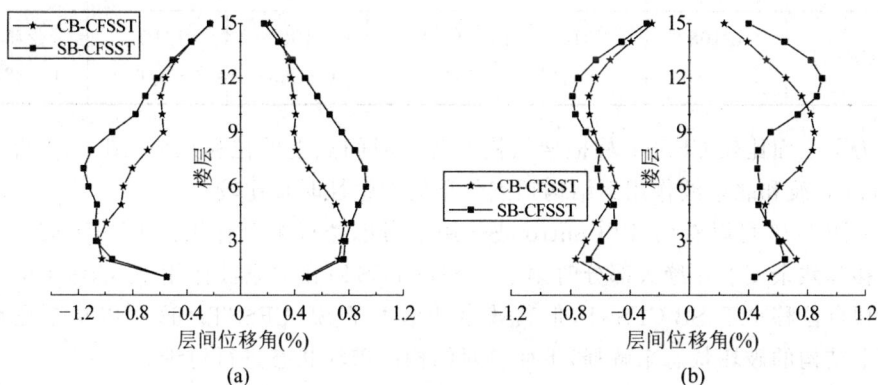

(a)   (b)

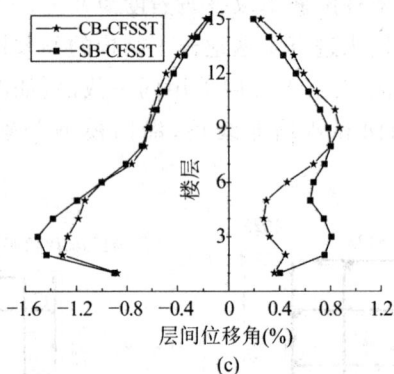

图 7-22　罕遇地震作用下层间位移角包络线
(a)El Centro 波；(b)Kobe 波；(c)北京波

表 7-8 列出了两个结构的最大层间位移角和顶点最大位移幅值。可以看出，层间位移角均满足弹塑性层间位移角 1/50 的限值；除 Kobe 波 Y 正方向顶点最大位移外，CB-CFSST 的层间位移角和顶点位移最大绝对值均小于 SB-CFSST。Kobe 波作用下，结构反应最小，故下面的分析中只给出其他两条地震波的计算结果。El Centro 波作用下 SB-CFSST 的顶点位移最大绝对值最大，北京波作用下两个结构层间位移角最大绝对值均最大，且 CB-CFSST 顶点位移最大绝对值也最大。

表 7-8　　　　　　　罕遇地震下结构层间位移角与顶点最大位移

结构形式	El Centro 波		Kobe 波		北京波	
	最大层间位移角	顶点最大位移(mm)	最大层间位移角	顶点最大位移(mm)	最大层间位移角	顶点最大位移(mm)
CB-CFSST	1/130 (−1/95)	232 (−312)	1/118 (−1/131)	254 (−224)	1/115 (−1/76)	233 (−333)
SB-CFSST	1/108 (−1/86)	316 (−412)	1/111 (−1/125)	180 (−263)	1/124 (−1/66)	275 (−385)

为了全面比较 CFSST 柱框架结构在各个时间点上的位移反应，图 7-23 给出了 El Centro 波和北京波作用下结构顶点位移的弹塑性时程比较。

从图 7-23 可以看出，El Centro 波作用下考虑楼板组合作用的 CB-CFSST 的顶点位移和残余变形在绝大部分时刻小于 SB-CFSST；在北京波作用下，CB-CFSST 总体上顶点位移小于 SB-CFSST，但其残余变形大于 SB-CFSST。这可以从罕遇地震作用下结构的破坏状态来解释，下面将对结构的破坏状态进行讨论。

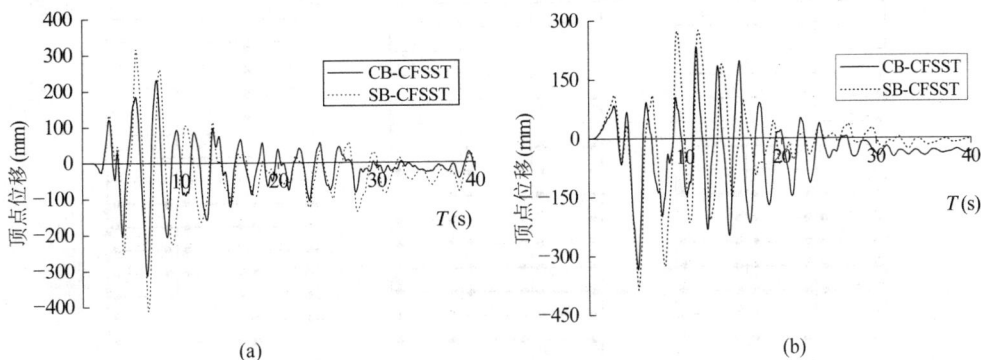

图 7-23　罕遇地震下 CFSST 柱框架结构顶点位移弹塑性时程

(a)El Centro 波；(b)北京波

7.3.2　内力和结构破坏状态

根据弹塑性时程计算结果，对结构构件进入弹塑性状态的情况进行分析。判断构件弹塑性状态时，连接单元方法不如塑性铰方法直观、方便。连接单元方法需要根据连接单元非线性自由度的内力或变形与该自由度的屈服力或屈服变形的比值来判断，若比值大于 1，则该连接单元进入弹塑性状态。以 CB-CFSST 柱框架结构 L4 梁靠近 B 轴线梁端 Link435 单元为例，给出 θ_3 自由度（即梁强轴弯矩 M_3）的内力与相应屈服弯矩的比值，如图 7-24 所示。从图中可以看出，该单元屈服。

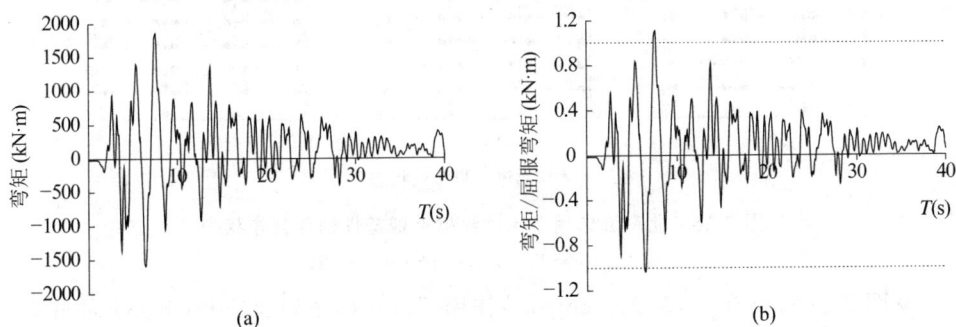

图 7-24　El Centro 波作用下 CB-CFSST 结构梁端弯矩反应时程

(a)梁端弯矩反应时程；(b)弯矩/屈服弯矩

采用此方法对全部 Link 单元进行判别，确定结构中进入弹塑性状态的构件。图 7-25 和图 7-26 分别给出了 CB-CFSST 柱框架结构、SB-CFSST 柱框架结构和 SB-RC 柱框架结构④轴轴线上一榀框架在 El Centro 波和北京波作用下，进入弹塑性状态的构件的分布情况。

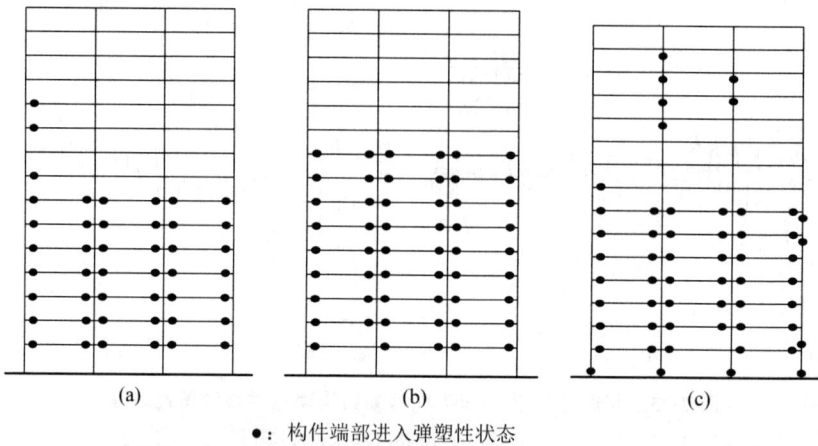

●：构件端部进入弹塑性状态

图 7-25　El Centro 波作用下④轴线框架弹塑性构件分布状态

（a）CB-CFSST；（b）SB-CFSST；（c）SB-RC

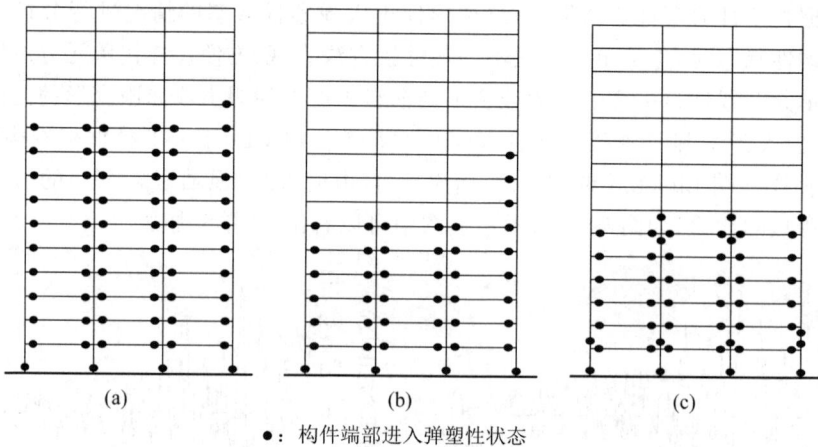

●：构件端部进入弹塑性状态

图 7-26　北京波作用下④轴线框架弹塑性构件分布状态

（a）CB-CFSST；（b）SB-CFSST；（c）SB-RC

从图 7-25 可以看出，在 El Centro 波作用下，CB-CFSST 和 SB-CFSST 的柱端均没有屈服，CB-CFSST 的弹塑性构件数量略少于 SB-CFSST，且由分析结果可知，大部分钢梁的塑性变形大于组合梁，因此，SB-CFSST 的残余变形大于 CB-CFSST；SB-RC 底层柱底端和部分柱顶端均屈服，结构局部破坏，计算不收敛。从图 7-26 可以看出，北京波作用下，CB-CFSST 和 SB-CFSST 底层柱底端均进入屈服状态，且 CB-CFSST 进入弹塑性状态的构件的数量大于 SB-CFSST，因此，图 7-23（b）中 CB-CFSST 残余变形大于 SB-CFSST。SB-RC 底层柱和二层柱均屈服，柱截面改变的六层和七层柱顶端部分进入弹塑性状态,结构局部形成机构,计算不收敛。

从 CB-CFSST 和 SB-CFSST 的破坏状态比较可以看出,由于组合梁刚度和承载能力相应于钢梁的提高,在相同地震波作用下,两个结构的位移和破坏状态不同,但破坏机制基本相同,不同地震波对计算结果影响较大。总体来讲,CB-CFSST 的位移反应小于 SB-CFSST。

由 SB-CFSST 与 SB-RC 破坏模式的比较可以看出,CFSST 柱框架结构为梁铰模式,而 RC 柱框架结构的破坏为局部破坏模式;且 CFSST 柱框架结构的塑性铰分布更广泛、均匀,结构的破坏为整体机制,具有更良好的吸能能力。

7.4　小　　结

本章在第 6 章的基础上,对结构模型进行了进一步的优化,主要进行了以下几个方面的工作。

(1) 对 5 种 15 层的框架结构进行了弹性抗震性能分析,比较了结构承重构件内力设计值和变形性能。结果表明:是否考虑楼板组合作用对框架结构的弹性动力性能有较大影响;忽略钢梁和楼板的组合作用,不仅低估结构的抗侧刚度,使结构的自振周期和位移反应增大,而且在地震作用组合和风荷载组合下,钢梁框架结构上部框架柱内力设计值会小于考虑组合作用的组合梁框架结构中柱的内力,使结构设计偏于不安全。

(2) 对组合梁-方钢管混凝土柱框架结构和钢梁-方钢管混凝土柱框架结构进行了弹塑性动力时程分析。分析结果表明:考虑楼板组合作用后,框架梁刚度和承载能力提高,总体上看,组合梁-方钢管混凝土柱框架结构位移反应小于钢梁-方钢管混凝土柱框架结构,且层间位移角包络值沿高度变化比较均匀;由于组合梁刚度和承载能力的提高改变了梁、柱线刚度比和承载力比,也改变了结构的整体刚度和承载能力,两种结构在罕遇地震下破坏状态并不相同,因此忽略楼板组合作用,并不能反映结构的真实破坏状态。

(3) 对钢梁-方钢管混凝土柱框架结构和钢梁-RC 柱框架结构的抗震性能进行了研究。与方钢管混凝土柱框架结构相比,等抗弯刚度的 RC 柱框架结构虽然可以满足结构变形的要求,但柱轴压比不能满足截面抗震验算的要求。增大截面后,按多遇地震下弹性设计的钢梁-RC 柱框架结构,不能抵御罕遇地震,为混合破坏机制;而方钢管混凝土柱框架结构可以抵御罕遇地震作用,除北京波作用下底层柱底端出现塑性铰外,其他塑性铰均出现在梁上,且分布均匀,结构具有良好的吸能能力。由于设计的框架结构高度超过了相关规范中对 RC 框架结构的高度限值,计算表明 RC

框架结构很难通过增大柱截面和提高配筋率抵御罕遇地震。与 RC 柱框架结构相比,方钢管混凝土柱框架结构能达到更高的高度。

参 考 文 献

[1] 中华人民共和国住房和城乡建设部. 高层民用建筑钢结构技术规程:JGJ 99—2015[S]. 北京:中国建筑工业出版社,2015.

[2] 陈戈. 钢-混凝土组合框架的试验及理论分析[D]. 北京:清华大学,2005.

[3] 中华人民共和国住房和城乡建设部. 高层建筑混凝土结构技术规程:JGJ 3—2010[S]. 北京:中国建筑工业出版社,2010.

[4] 中华人民共和国住房和城乡建设部. 建筑抗震设计标准(2024 年版):GB/T 50011—2010[S]. 北京:中国建筑工业出版社,2024.

[5] 中国工程建设标准化协会. 矩形钢管混凝土结构技术规程:CECS 159:2004[S]. 北京:中国标准出版社,2004.

[6] LIU Y B, CAO T F. Influence analysis of composite action of floor slab on aseismic behavior of mixed frame structures [C]//AER-Advances in Engineering Research,2014,7:541-546.

8 钢管混凝土组合框架结构 "强柱弱梁"问题分析

2008年"5·12汶川地震"造成大量房屋建筑破坏倒塌,钢筋混凝土框架结构出现了大量的柱铰破坏机制而不是梁铰破坏机制,主要原因之一是没有考虑现浇楼板对梁强度和刚度的增强作用。框架结构的变形能力与其破坏机制密切相关。试验研究表明,梁先屈服,可使整个框架有较大的内力重分布和能量消耗能力,极限层间位移角较大,抗震性能较好,即所谓的"强柱弱梁"。因此按照框架结构抗震设计的要求,结构应具有多道抗震防线,其中的一个原则就是"强柱弱梁"。我国抗震规范对钢筋混凝土框架结构和钢框架结构均采用提高节点处柱端承载力的方法来实现。对于钢-混凝土组合框架结构,规范中还没有给出相应的方法来实现"强柱弱梁"机制,对由钢管混凝土柱和钢梁或组合梁组成的组合框架结构的"强柱弱梁"问题开展的有针对性的研究工作较少[1-3]。为了保证组合框架结构体系在地震作用下有较好的延性和耗能能力,需要对实现组合框架"强柱弱梁"的实用设计方法进行研究。

8.1 相关规范规定及研究意义

8.1.1 各国规范关于"强柱弱梁"问题的相关规定

在强震作用下结构构件不存在强度储备,梁端实际达到的弯矩与其受弯承载力是相等的,柱端实际达到的弯矩也与其偏压下的受弯承载力相等[4]。因此,所谓"强柱弱梁",是指节点处梁端实际受弯承载力 M_{by}^a 和柱端实际受弯承载力 M_{cy}^a 之间满足下列不等式:

$$M_{by}^a < M_{cy}^a \tag{8-1}$$

这种概念设计,由于地震的复杂性、楼板的影响和钢筋的屈服强度,难以通过精确的计算真正实现。因此我国《抗震规范》[4]对于 RC 框架结构针对不同的抗震等级和设防烈度均采用提高柱端弯矩设计值的方法来实现"强柱弱梁"机制。

我国《抗震规范》考虑地震作用组合的一、二、三、四级框架柱，除框架顶层和柱轴压比小于 0.15 者及框支梁与框支柱的节点外，柱端组合的设计弯矩应满足下式要求：

$$\sum M_c = \eta_c \sum M_b \tag{8-2}$$

一级框架结构和 9 度时的一级框架可不符合式(8-2)要求，但应符合下式要求：

$$\sum M_c = 1.2 \sum M_{bua} \tag{8-3}$$

式中，$\sum M_c$ 为节点上下柱端截面顺时针或逆时针方向组合的弯矩设计值之和，上下柱端的弯矩设计值可按弹性分析分配；$\sum M_b$ 为节点左右梁端截面逆时针或顺时针方向组合的弯矩设计值之和，一级框架节点左右梁端均为负弯矩时，绝对值较小的一端弯矩应取零；$\sum M_{bua}$ 为节点左右梁端截面顺时针或逆时针方向实配的正截面抗震抗弯承载力所对应的弯矩值之和，根据实配钢筋面积（计入受压筋）和材料强度标准值确定；η_c 为柱端弯矩增大系数，对框架结构一级取 1.7，二级取 1.5，三级取 1.3，四级取 1.2。对其他结构类型中的框架部分，一级可取 1.4，二级可取 1.2，三、四级可取 1.1。对于钢框架[5]，应满足如下要求：

$$\sum W_{pc}\left(f_{yc} - \frac{N}{A_c}\right) \geqslant \eta \sum W_{pb} f_{yb} \tag{8-4}$$

式中，W_{pc}、W_{pb} 为钢柱和梁的塑性截面模量；N 为轴向压力设计值；A_c 为柱截面面积；f_{yc}、f_{yb} 表示柱和梁钢材的屈服强度；η 为强柱系数（一级取 1.15，二级取 1.10，三级取 1.05）。

欧洲规范 Eurocode 8[6]在钢-混凝土组合弯曲框架的抗震设计中，建议通过满足混凝土和钢框架的"强柱弱梁"相应规定，以实现要求的塑性铰形成模式。该规范采用了 3 种结构强度和延性的组合进行设计，延性等级分为高（DCH）、中（DCM）、低（DCL）三级。对于混凝土中、高级延性框架，除顶层节点外，所有梁柱节点两个正交方向的抗弯承载力设计值应满足：

$$\sum M_{Rc} \geqslant 1.3 \sum M_{Rb} \tag{8-5}$$

式中，$\sum M_{Rc}$ 为节点上下柱端与轴向力相应的顺时针或逆时针方向柱端抗弯设计值之和；$\sum M_{Rb}$ 为节点左右两端顺时针或逆时针方向抗弯设计值之和。对于钢结构抗弯框架，为保证梁塑性铰的完全塑性抗弯能力和转动能力，梁铰处的内力设计值还应满足一定的比值要求。同样，柱端承载力验算时，也应满足相应的比值要求，但验算中的内力设计值应按下式予以放大。

$$N_{Ed} = N_{Ed,G} + 1.1\gamma_{ov}\Omega N_{Ed,E} \tag{8-6}$$

$$M_{Ed} = M_{Ed,G} + 1.1\gamma_{ov}\Omega M_{Ed,E} \tag{8-7}$$

$$V_{Ed} = V_{Ed,G} + 1.1\gamma_{ov}\Omega V_{Ed,E} \tag{8-8}$$

式中，$N_{Ed,E}$、$M_{Ed,E}$、$V_{Ed,E}$ 与 $N_{Ed,G}$、$M_{Ed,G}$、$V_{Ed,G}$ 分别为在抗震设计状况下，包含在作用组合中的设计地震作用引起的柱压力（弯矩和剪力）与非地震作用引起的柱压力（弯矩和剪力）；γ_{ov} 为超强系数；Ω 为所有耗能区梁 $M_{pl,R,d,i}/M_{Ed,i}$ 的最小值，$M_{Ed,i}$ 为在抗震设计状况下梁 i 端弯矩的设计值，$M_{pl,R,d}$ 为相应的塑性弯矩。

美国规范 ACI 318-08[7] 规定，为减小柱发生屈服的可能性，柱抗弯承载力应满足下式：

$$\sum M_{nc} \geqslant 1.2\sum M_{nb} \tag{8-9}$$

式中，$\sum M_{nc}$、$\sum M_{nb}$ 分别为节点端面计算的顺时针或逆时针方向柱与梁名义抗弯强度之和，在计算 $\sum M_{nb}$ 时应计入楼板中与梁共同作用的有效翼缘宽度内的钢筋的贡献。美国钢结构规范[8] 要求特殊抗弯钢框架梁柱节点处弯矩值满足：

$$\frac{\sum M_{pc}^*}{\sum M_{pb}^*} > 1.0 \tag{8-10}$$

式中，$\sum M_{pc}^*$ 为梁柱中心线相交节点处的上下柱端弯矩值之和；$\sum M_{pb}^*$ 为梁柱中心线相交处梁端弯矩值之和。

加拿大混凝土结构设计规范 CSA A23.3-04[9] 对框架柱的抗弯承载力要求如下：

$$\sum M_{nc} \geqslant \sum M_{pb} \tag{8-11}$$

式中，$\sum M_{nc}$ 为节点中心上下柱端顺（逆）时针方向名义抗弯承载力之和，抗弯承载力为考虑柱轴力影响的最小值；$\sum M_{pb}$ 为节点中心左右梁端逆（顺）时针方向可能的抗弯承载力值之和，同样需考虑一定宽度范围内楼板的贡献。

新西兰是较早发展能力设计法的国家，其规范按照"强柱弱梁"原则保证结构延性的措施相对更为细致。NZS 3101.1:2006[10] 在附录 D 中对延性框架和有限延性框架柱端塑性铰的调控措施提供了两种设计方案以供选择，分别命名为方案 A 和方案 B，这两种方案均可在较高程度上防止结构形成层侧移机构。

把中国、欧洲、美国、加拿大和新西兰规范中的荷载效应或材料强度换算为设计值，并考虑相关条款的规定后，比较了上述规范中柱梁抗弯承载力比的最高要求，认为新西兰规范的要求最高，中国、欧洲和美国规范的柱梁抗弯承载力比的最高要求相差不大，但美国、新西兰和加拿大规范都明确要求梁端抗弯承载力应考虑现浇楼板的影响，而我国规范对此没有作出明确规定。

8.1.2 研究意义

基于第 6 章和第 7 章的研究分析,可以更清楚地了解钢管混凝土组合框架结构的抗震性能。钢管混凝土柱和钢-混凝土组合梁等组合构件是由钢材、混凝土两种属性完全不同的材料组成的,但是其力学性能并不等于这两种材料的简单叠加。目前国内外对单个构件的研究已趋于成熟,其成果基本反映在各设计规程中。而针对钢管混凝土组合框架结构体系的整体性能开展的研究还不够深入,仍有必要进行进一步的研究。

钢管混凝土组合框架的发展历程较短,经历地震考验的机会少,缺乏震害资料,其在高烈度区的安全应用问题亟待解决。现有的抗震设计规范也没有对钢-混凝土组合框架结构的"强柱弱梁"问题进行具体规定,针对该问题开展的研究工作也极少。且目前对钢管混凝土组合框架的研究主要集中在抗震性能的试验和弹塑性静力、动力分析上,对其破坏模式开展的有针对性的研究工作很少。强震下结构的破坏模式是影响结构抗震性能的最主要因素之一,选择合理的破坏模式并加以引导有助于提高结构在大震甚至超大震下的抗震性能,以实现"大震不倒"的性能目标。而钢管混凝土组合框架作为最基本的结构,广泛应用于钢管混凝土组合框架结构、钢管混凝土组合框架-核心筒结构、混合框筒结构等多种结构体系中,其在强震中的受力和变形性能相比常规的钢筋混凝土结构和钢结构更为复杂,影响其破坏模式的因素众多,且规范中还没有给出相应的方法来实现其"强柱弱梁"破坏机制。现有规范中针对钢筋混凝土结构和钢结构框架结构体系合理破坏模式的控制措施是否适应于混合框架结构也是需要研究的。

对于常见的由钢管混凝土柱、钢梁或组合梁组成的组合框架结构,相关规范中没有给出相应的方法来实现"强柱弱梁"。因此,本章在对 Pushover 分析法和动力时程分析法计算结果比较的基础上,选择适当的方法对钢梁-圆钢管混凝土柱框架结构和组合梁-方钢管混凝土柱框架进行破坏机制影响因素参数分析,找出主要影响因素,进而给出组合框架结构实现"强柱弱梁"的实用设计方法的建议。

8.2　Pushover 分析法与弹塑性动力时程分析法对比分析

针对结构进行地震反应分析的方法主要有 Pushover 分析法和弹塑性动力时程分析法,两种方法各有优缺点。Pushover 分析法是一种以静力计算形式来模拟结构动力特性的方法,同时也存在用单自由度模拟多自由度的近似问题,较适用于结构特性本质上接近单自由度体系的结构;而对于弹塑性动力时程分析,采用不同地震波进行结构的地震反应分析时,即使它们的强度和时间步相近,也有可能得到具有较大差异的地震反应结果,具有一定的不确定性。因此,选用合适的方法对结构进行地震反应分析,是准确判断结构性能的前提条件。

以单榀 3 跨 8 层钢梁-圆钢管混凝土柱(SB-CFCST)组合框架为例,采用有限元分析软件 PERFORM-3D 分别对其进行 Pushover 分析和弹塑性动力时程分析。比较结构在多遇地震、罕遇地震下的变形与破坏状态,对两种方法的适用性进行讨论。

8.2.1　计算模型

设计结构模型为单榀钢梁-圆钢管混凝土柱框架结构,底层层高 4.5 m,其余层层高均为 3.6 m,总高 29.7 m,梁跨度为 7.2 m,结构立面如图 8-1 所示。主要参数如下:抗震设防烈度为 8 度(0.20g),设计地震分组为第二组,建筑场地类别为Ⅱ类。钢梁采用 HN500 mm×200 mm×10 mm×16 mm,强度等级为 Q235-B。圆钢管混凝土柱截面尺寸为 $D×t=500$ mm×10 mm,钢材选用 Q235-B,混凝土强度等级为 C35。考虑楼板自重、楼面装饰等,各层梁上恒荷载标准值取为 27 kN/m,梁上活荷载标准值为 12 kN/m。

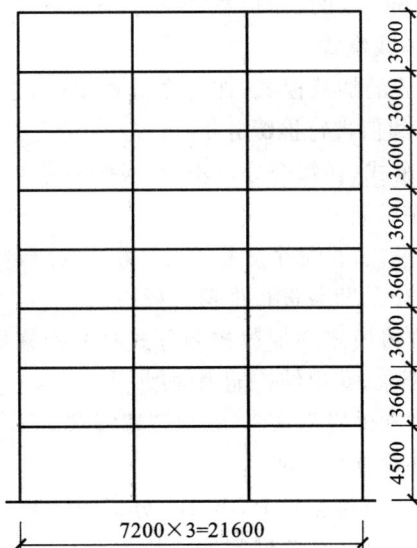

图 8-1　结构立面图

8.2.2 Pushover 分析法

8.2.2.1 Pushover 分析法概述

Pushover 分析法是用于预测地震引起的力和变形需求的方法,可以识别出结构可能出现的一些反应机制,能反映强度或刚度变化对结构的影响,为设计工作提供依据。Pushover 分析时沿结构高度施加以一定形式分布的水平侧向力模拟地震作用下结构层惯性力的分布,并逐步增大侧向力,使结构从弹性状态逐步进入弹塑性状态,最终达到并超过规定的弹塑性位移。该方法能够同时对结构的宏观(结构承载力和变形)和微观(构件内力和变形)弹塑性性能加以评价,较为实用、简单,与动力分析方法相比可以大幅减少计算工作量,在结构抗震设计和抗震性能评估中得到广泛的应用。Pushover 分析一般有以下几个步骤。

(1)对所要分析的结构建立合适的计算模型。在整个 Pushover 分析过程中,这是最为关键的一步,所选的模型必须包括对结构的质量、刚度、强度及稳定性都有较大影响的构件。

(2)对结构施加竖向荷载,以便和水平侧向力组合。

(3)选择水平静力推覆加载模式。在 PERFORM-3D 的 Pushover 分析中,水平荷载的方向与分布模式是固定的,而荷载的大小随分析步而改变。PERFORM-3D 中有以下三种静力推覆加载模式:

① 基于节点荷载形式的加载模式,在每个分析步中,根据给定点荷载沿结构纵向的分布,按比例加大荷载值进行推覆分析;

② 基于位移的加载模式,在每个分析步中,根据参考点的固定位移模式,按比例加大参照点位移进行推覆分析;

③ 基于模态的加载模式,在每个分析步中,由结构质量和模态形状决定荷载分布方式,按比例加大所求出的荷载进行推覆分析。

(4)根据所选静力推覆模式和加载控制方式对结构施加水平荷载,直到结构侧向位移或荷载达到控制要求,获得结构能力曲线。

(5)比较结构能力谱和地震需求谱,获得位移需求。

(6)根据需求位移评价结构性能。

不同的侧向力分布,将直接影响 Pushover 分析的结果。因此,在 Pushover 分析中,侧向力分布模式的选择是一个关键问题。均匀荷载分布、第一振型荷载分布、弹性反应谱多振型组合分布等是几种常用的侧向力分布模式。由于在整个加载过程中,这些侧向力分布模式保持不变,故称之为固定侧向力分布模式。当结构高阶振型影响不显著且结构的失效模式唯一时,固定侧向力分布可以较好地预测结构的反应;

当结构高阶振型影响显著时,固定侧向力分布模式的适用性尚待研究。自适应分布是对固定分布的改进,考虑了层惯性力分布随结构弹塑性水平的变化,根据每次加载时结构侧向位移或振型的变化调整侧向力分布。

(1)均匀荷载分布:结构各层侧向力与该层质量成正比,第 i 层侧向力的增量 ΔF_i 为:

$$\Delta F_i = \frac{w_i}{\sum_{i=1}^{N} w_i} \Delta V_b \tag{8-12}$$

式中,w_i 为第 i 层的质量;ΔV_b 为结构基底的增量;N 为结构总层数。

(2)第一振型荷载分布:

$$\Delta F_i = \phi_{1i} \Delta V_b \tag{8-13}$$

式中,ϕ_{1i} 为第 i 层在第一振型下的相对位移。FEMA 356[11]建议采用该分布时第一振型参与质量应超过总质量的 75%。

(3)弹性反应谱多振型组合分布:首先由振型分析方法计算各阶振型对应的反应谱值,再通过 SRSS 振型组合方法得到各层层间剪力:

$$V_i = \sqrt{\sum_{j}^{m} \left(\sum_{l=i}^{N} \gamma_j w_l \phi_{lj} A_j \right)^2} \tag{8-14}$$

式中,i 为层号;m 为所考虑的结构总振型数;w_l 为结构第 l 层的重量;ϕ_{lj} 为第 l 层的第 j 阶振型值;γ_j 为第 j 阶振型的质量参与系数;A_j 为第 j 阶振型的结构弹性加速度反应谱值,结构各层施加的侧向力可根据层间剪力计算得到。FEMA 356 建议所考虑振型数的质量参与系数应达到 90%,并选用合适的地震动反应谱,同时保证结构的第一振型周期大于 1.0 s。

(4)考虑高度影响的等效分布(高度等效分布):该分布引入高度等效因子 k,以考虑层加速度沿结构高度的变化,结构在第 i 层的增量 ΔF_i 为:

$$\Delta F_i = \frac{w_i h_i^k}{\sum_{l=1}^{N} w_l h_l^k} \Delta V_b \tag{8-15}$$

式中,k 为楼层高度修正系数,与结构第一振型的弹性周期有关,当第一振型周期 $T \leqslant 0.5$ s 时,$k=1.0$,$T>2.5$ s 时,$k=2.0$,0.5 s$<T\leqslant 2.5$ s 线性插值。该侧力模式可以考虑层高的影响,当 $k=1.0$ 时即为倒三角侧力模式。FEMA 356 建议在第一振型质量超过总质量 75% 时采用该侧力分布模式,并且同时要用均匀荷载分布模式进行分析。

(5)自适应分布:通常所选的侧向力分布只考虑结构弹性阶段的反应,当结构进入塑性,如果此时结构的侧向力分布没有根据刚度分布变化调整,结构的反应可能会与在实际地震动下的反应有差别。

8.2.2.2 不同侧向荷载分布模式结果比较

选取几种常见的侧向荷载分布模式作为 Pushover 分析的评定依据,分别为均匀荷载分布、第一振型荷载分布、顶部集中荷载分布三种侧向荷载分布模式。在 PERFORM-3D 中对该框架进行不同水平侧向力下的 Pushover 分析,得到结构基底剪力与顶点位移的关系曲线,如图 8-2 所示。

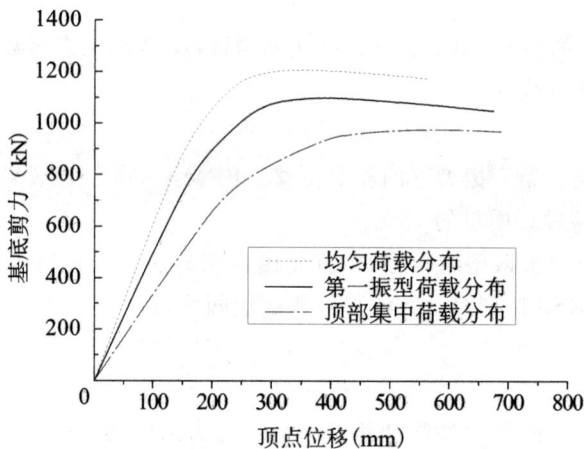

图 8-2 结构基底剪力-顶点位移曲线

从图 8-2 中可以看出,三种侧向荷载分布模式下,结构的能力曲线差异较大。在均匀荷载分布模式下,结构表现出能力曲线斜率最大的特点,抗侧刚度与承载能力均为最大;在顶部集中荷载分布模式下,由于结构的侧向力集中于顶部,表现出顶点位移明显的特点,能力曲线的斜率与承载能力均为最小;第一振型荷载分布模式下的计算结果居于两者之间。

多遇地震、罕遇地震下结构对应性能点的顶点位移和基底剪力如表 8-1 所示。由表中数值可知,均匀荷载分布模式下结构性能点的顶点位移最小,顶部集中荷载分布模式下结构性能点的顶点位移最大,第一振型荷载分布模式下的结果居中。

表 8-1 多遇地震、罕遇地震下结构对应性能点顶底位移和基底剪力

地震类型	均匀荷载分布	第一振型荷载分布	顶部集中荷载分布
多遇地震	36 mm,223 kN	43 mm,217 kN	62 mm,210 kN
罕遇地震	209 mm,1083 kN	250 mm,1009 kN	336 mm,882 kN

多遇地震作用下 Pushover 分析得到的结构侧移、层间位移角计算结果与振型分

解反应谱法的结果对比如图 8-3 所示。从该图中可以看出,框架的最大层间位移角没有超过《高层建筑钢-混凝土混合结构设计规程》(CECS 230:2008)[12]中最大弹性层间位移角 1/400 的限值规定。当侧向力为第一振型荷载分布模式时,结构侧移、层间位移角与振型分解反应谱法分析得到的结果最为接近。因此,结构处于弹性状态时,可采用第一振型荷载分布模式的侧向力来考虑结构的水平地震作用。

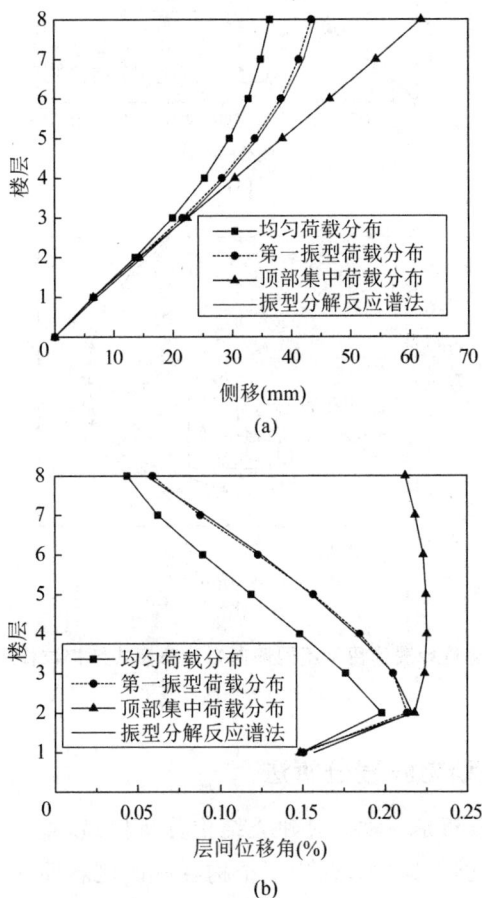

(a)

(b)

图 8-3　多遇地震作用下不同侧向力分布模式结构位移反应比较

(a)侧移;(b)层间位移角

　　罕遇地震作用下 Pushover 分析得到的结构侧移、层间位移角计算结果如图 8-4 所示。从图中可以看出,框架的最大层间位移角未超过《高层建筑钢-混凝土混合结构设计规程》(CECS 230:2008)中 1/50 的限值规定。各侧向力分布模式下沿结构高度的楼层位移反应规律,与多遇地震下的反应规律类似。

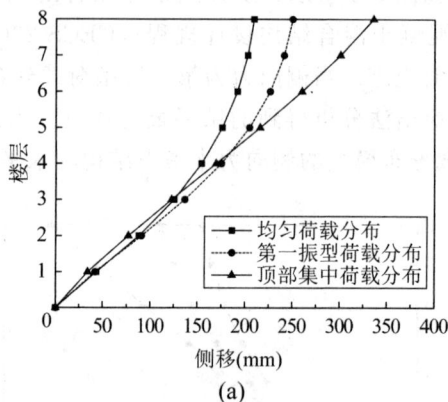

(a)

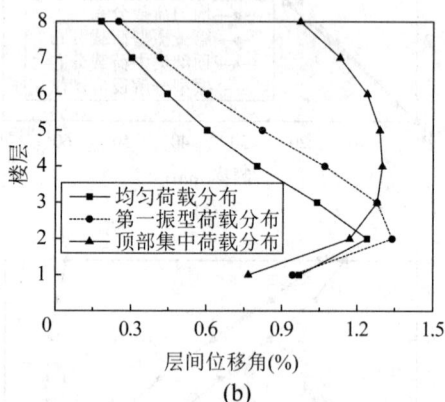

(b)

图 8-4   罕遇地震作用下不同侧向力分布模式结构位移反应比较

(a)侧移;(b)层间位移角

8.2.3   弹塑性动力时程分析法

弹塑性动力时程分析是一种通过建立结构分析模型,直接采用结构动力方程求解的数值分析方法,能够得到地震作用下结构在各时刻各质点的位移、速度、加速度及杆件内力。同时,还可以得到结构开裂和屈服的顺序,发现应力和变形集中部位,获得结构弹塑性变形和延性要求,进而可判别结构的屈服机制、薄弱环节以及可能的破坏类型。此外,该方法考虑地面运动的方向、特性以及持续作用的影响,并且考虑地基与结构的相互作用、结构的各种非线性因素(如几何、材料、边界条件)等问题。因此,与其他方法相比较,弹塑性动力时程分析法是较为先进的方法,在结构抗震性能分析中经常使用。目前,大多数国家建议采用弹塑性动力时程分析法对重要、复杂、大跨结构进行抗震分析,我国现行抗震规范也建议采用该方法对某些建筑进行补充分析。越来越多的实际工程也开始采用弹塑性动力时程分析法校核结构是否存在承载力、刚度等方面的不足,以避免大震下的结构倒塌等严重破坏。

弹塑性动力时程分析一般有以下几个步骤:

(1)建立结构弹塑性分析模型;

(2)定义材料本构关系、截面属性、单元类型,确定结构质量、刚度及阻尼矩阵;

(3)定义结构边界条件;

(4)选择分析计算方法;

(5)输入适合场地条件的地震波进行计算;

(6)对数据结果进行处理,评估结构的整体抗震性能。

8.2.3.1 阻尼系数的确定

阻尼是抗震计算中的一个重要参数,直接影响结构的动力反应。为了获得精确的结果,需要恰当地选择阻尼类型和阻尼系数值。本节在第 7 章的组合梁-钢管混凝土柱框架结构阻尼比选取的基础上,对其取值进行进一步的讨论和比较。我国相关规范和规程对组合结构的阻尼参数选取均给出了相关规定。《高层建筑混凝土结构技术规程》(JGJ 3—2010)[13]中规定:组合结构在多遇地震下的阻尼比可取0.04。《建筑抗震设计标准(2024 年版)》(GB/T 50011—2010)[4]中条文 G2.4 规定了钢框架-钢筋混凝土核心筒体结构阻尼比的取值:组合结构的阻尼比取决于混凝土和钢结构在总变形能中所占比例的大小。《高层建筑钢-混凝土混合结构设计规程》(CECS 230:2008)[12]中第 5.3.4 条规定罕遇地震作用下的弹塑性动力时程分析中阻尼比宜采用 0.05。《组合结构设计规范》(JGJ 138—2016)[14]规定,组合结构在多遇地震作用下的结构阻尼比可取 0.04。《矩形钢管混凝土结构技术规程》(CECS 159:2004)[15]中第 5.2.1 条规定:抗震设计时,在多遇地震作用下,矩形钢管混凝土结构与混凝土结构的混合结构的阻尼比可取 0.04;其他情况下的阻尼比可取 0.035;在罕遇地震作用下,阻尼比可取 0.05。《钢管混凝土结构技术规程》(CECS 28:2012)[16]中第 4.3.6 条对钢管混凝土结构在多遇地震作用下的阻尼比规定:

(1)采用钢筋混凝土楼盖时可取 0.05。

(2)框架-中心支撑和框架-偏心支撑结构高度不大于 50 m 时可取 0.04;高度大于 50 m 且小于 200 m 时可取 0.03;高度不小于 200 m 时宜取 0.02。

(3)除框架-中心支撑和框架-偏心支撑结构外,其他采用钢梁-混凝土板楼屋盖的结构可取 0.04。在罕遇地震作用下的结构阻尼比可取 0.05。

基于我国一些规范、规程对组合结构抗震计算时阻尼比的规定,对钢梁-钢管混凝土柱混合框架结构,多遇地震下的阻尼比取 0.04,罕遇地震下的阻尼比取 0.05 是比较合理的。

分析时阻尼采用瑞利阻尼,与结构的质量和初始刚度成比例,表达式如下:

$$C = \alpha_0 M + \alpha_1 K \tag{8-16}$$

式中,C 为阻尼矩阵;M 为质量矩阵;K 为刚度矩阵;系数 α_0 和 α_1 由下式确定:

$$\begin{bmatrix} a_0 \\ a_1 \end{bmatrix} = \frac{2\omega_i\omega_j}{\omega_i^2 - \omega_j^2} \begin{bmatrix} \omega_i & -\omega_j \\ -\dfrac{1}{\omega_i} & \dfrac{1}{\omega_j} \end{bmatrix} \begin{bmatrix} \xi_i \\ \xi_j \end{bmatrix} \tag{8-17}$$

式中,ω_i、ω_j、ξ_i、ξ_j 分别为第 i、j 振型的圆频率和阻尼比。

8.2.3.2 地震波的选取

抗震设计的第一步即是确定设计地震动(地面运动参数或地面运动时程等),合理的地震动输入是保证设计合理的必要条件。在影响结构非线性反应的众多不确定性因素中,地震波输入的不确定性是影响最大的一个因素。

目前时程分析常见的地震波选取方法有:

(1)依场地选波:根据建设场地的类别,同时考虑震中距及加速度峰值(烈度)两个因素,选取具有相同或相近场地类别的台站记录作为输入。

(2)依场地特征周期 T_g 选波:此方法要求记录的反应谱卓越周期与 T_g 接近,单纯依据反应谱曲线上的单个控制点使记录反应谱与标准反应谱相一致。

(3)依反应谱的两个频段选波:对地震记录加速度反应谱值在 $[0.1, T_g]$ 的平台段和结构基本周期 T_1 附近段 $[T_1 - \Delta T_1, T_1 + \Delta T_2]$ 的均值进行控制($\Delta T_1 \leqslant \Delta T_2 = 0.5 \text{ s}$),要求与设计反应谱相差不超过 10%。

(4)依反应谱 T_g 前后的面积选波:采用反应谱曲线与周期坐标所围成的面积表征反应谱,通过对面积偏差的控制实现所选波与标准反应谱具有一致性。

《抗震规范》规定,时程分析应按建筑场地类别和设计地震分组选用实际强震记录和人工模拟的加速度时程曲线,其中实际强震记录的数量应不少于所选地震波数量的 2/3。本节选取 7 条天然波作为结构地震动输入进行时程分析。

本节依据反应谱的两个频段进行时程分析的选波,即按地震加速度记录反应谱的特征周期 T_g 和结构基本自振周期 T_1 两个指标选取,分别选取 7 条地震波,所选取的地震波信息见表 8-2、表 8-3。其中在选取罕遇地震时,根据《抗震规范》规定,特征周期增加 0.05 s,因此罕遇地震作用的特征周期为 0.45 s。进行时程分析时,应按照《抗震规范》规定的多遇地震加速度峰值 70 cm/s²、罕遇地震加速度峰值 400 cm/s² 对各条实际地震波进行调幅处理。

表8-2 <!-- title -->

多遇地震所选地震波信息

编号	发生地点	发震时间	记录方向	峰值加速度（cm/s²）	持续时间(s)	步长（s）
USA01972	IMPERIAL VALLEY	1979-10-15	S45W	122.26	37.86	0.02
USA01381	OROVILLE	1975-8-3	N24W	151.147	49.44	0.02
USA00525	SAN FERNANDO	1971-2-9	N54E	114.44	45.24	0.02
USA00721	SAN FERNANDO	1971-2-9	NORTH	153.56	41.92	0.02
USA00459	SAN FERNANDO	1971-2-9	N00E	164.24	65.20	0.02
USA00684	SAN FERNANDO	1971-2-9	N30W	242.00	35.36	0.02
USA00113	PARKFIELD	1966-6-27	S54W	114.43	29.70	0.02

表8-3 <!-- title -->

罕遇地震所选地震波信息

编号	发生地点	发震时间	记录方向	峰值加速度（cm/s²）	持续时间(s)	步长（s）
USA01545	SOUTHEASTERN ALASKA	1972-7-30	NORTH	69.96	41.92	0.02
USA00117	NORTHERN CALIFORNIA	1967-12-10	S11E	204.20	29.94	0.02
USA00684	SAN FERNANDO	1971-2-9	N30W	242.00	36.36	0.02
USA02616	IMPERIAL VALLEY	1979-10-15	140	309.30	39.64	0.01
USA04502	NORTHRIDGE	1994-1-17	S02W	139.65	48.90	0.02
USA01266	SOUTHEASTERN ALASKA	1972-7-30	WEST	92.00	57.30	0.02
USA01511	OROVILLE	1975-8-2	N00E	55.93	49.26	0.02

8.2.3.3 动力弹塑性时程分析结果

钢梁-圆钢管混凝土柱组合框架在各条地震波作用下侧移曲线和层间位移角曲线如图8-5、图8-6所示。顶点最大位移和最大层间位移角幅值如表8-4所示。

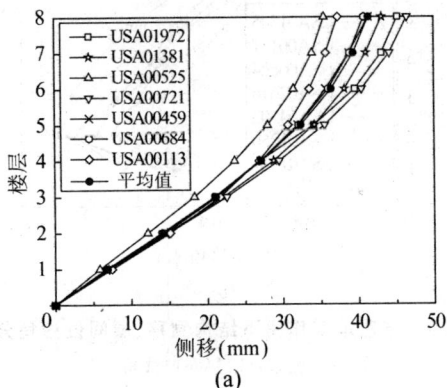

(a)

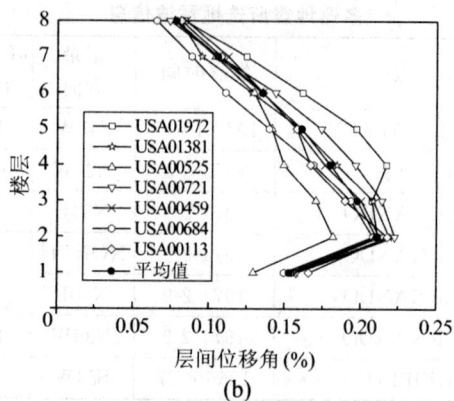

(b)

图 8-5 多遇地震作用下结构层侧移、层间位移角分布

（a）侧移；（b）层间位移角

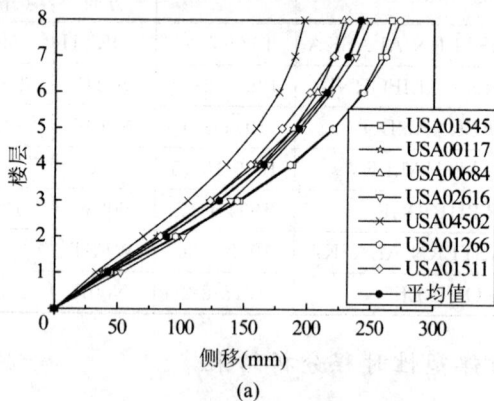

(a)

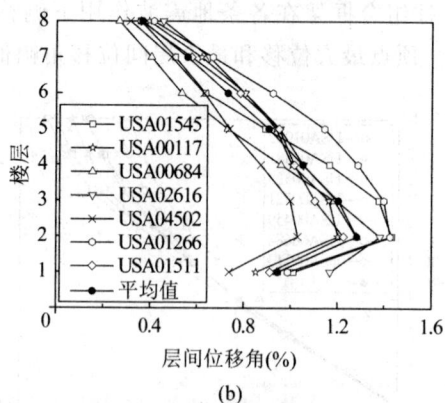

(b)

图 8-6 罕遇地震作用下结构侧移、层间位移角分布

（a）侧移；（b）层间位移角

表 8-4 各条地震波作用下结构位移反应

地震类型	地震波编号	顶点最大位移（mm）	顶点最大位移平均值（mm）	最大层间位移角	最大层间位移角所在楼层	最大层间位移角平均值（mm）
多遇地震	USA01972	45.17		1/460	4	
	USA01381	43.12		1/456	2	
	USA00525	35.49		1/550	2	
	USA00721	46.41	41.38	1/449	2	1/473
	USA00459	41.37		1/470	2	
	USA00684	40.77		1/480	2	
	USA00113	37.33		1/459	2	
罕遇地震	USA01545	266.51		1/70	2	
	USA00117	243.08		1/83	2	
	USA00684	228.12		1/78	2	
	USA02616	249.19	241.28	1/72	2	1/78
	USA04502	196.90		1/97	2	
	USA01266	272.93		1/70	2	
	USA01511	232.23		1/82	2	

由图 8-5、图 8-6 及表 8-4 中的数值可以看出，组合框架结构在各条多遇地震波作用下的最大层间位移角均没有超过相关规范 1/400 的限值规定。除 USA01972 波外，框架最大层间位移角均发生在第二层；在各条罕遇地震波作用下，最大层间位移角也没有超过相关规范 1/50 的限值，均发生在第二层。说明第二层是结构相对薄弱的部位，大震下应重点校核该层的承载能力、刚度变化。从 7 条波的平均水平来看，结构的最大层间位移角均满足相关规范限值，且与限值比较接近，设计模型比较合理。

8.2.4 Pushover 分析结果与弹塑性动力时程分析结果对比

将 Pushover 分析结果与弹塑性动力时程分析结果进行对比，比较结构反应，包括整体反应量（如顶点最大位移、各层最大层间位移角）和局部反应量（如塑性铰分布、杆端曲率延性），并对 Pushover 分析中的不同侧力分布模式做出评价。

8.2.4.1 结构整体反应对比

图 8-7、图 8-8 给出了不同侧向荷载分布模式的 Pushover 分析得到的结构层侧

移、层间位移角与时程均值的对比。顶点最大位移和最大层间位移角的对比见表 8-5。

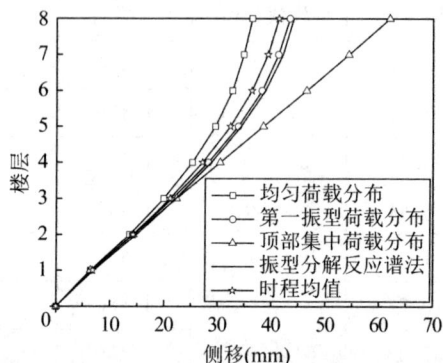

(a)

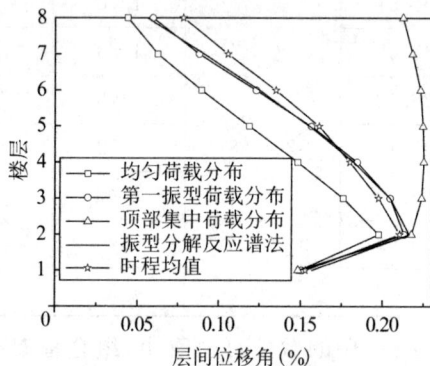

(b)

图 8-7 多遇地震作用下 Pushover 分析与时程分析结果比较

(a)侧移;(b)层间位移角

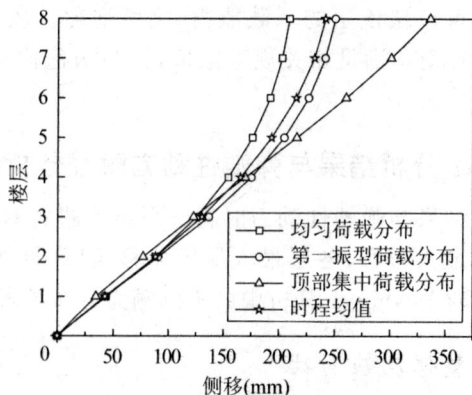

(a)

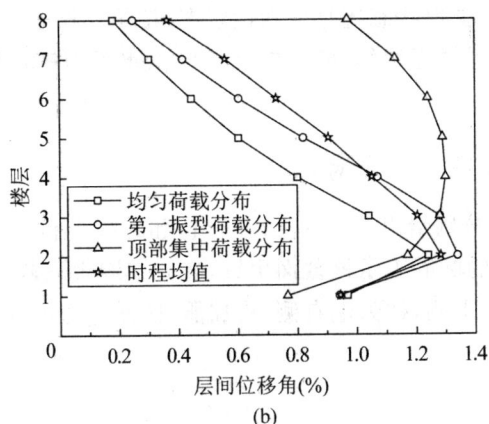

图 8-8 罕遇地震作用下 Pushover 分析与时程分析结果比较

（a）侧移；（b）层间位移角

表 8-5   **Pushover 分析与时程分析结构位移反应对比**

地震类型	分析类型	顶点最大位移（mm）	最大层间位移角	最大层间位移角所在楼层
多遇地震	均匀荷载分布	36.46	1/506	2
	第一振型荷载分布	43.45	1/469	2
	顶部集中荷载分布	61.98	1/444	4
	振型分解反应谱法	44.16	1/463	2
	时程均值	41.38	1/475	2
罕遇地震	均匀荷载分布	209.30	1/81	2
	第一振型荷载分布	250.22	1/75	2
	顶部集中荷载分布	335.88	1/77	4
	时程均值	241.28	1/78	2

对比图 8-7、图 8-8 与表 8-5 可以清楚地发现，相对于时程分析得到的各层最大层侧移均值，按均匀荷载分布模式分析得到的结构侧移整体过小；按顶部集中荷载分布模式分析得到的结构侧移在多遇地震下整体过大，而在罕遇地震下上部侧移过大，下部偏小；按第一振型荷载分布模式分析得到的结果明显最接近时程均值。相对于时程分析得到的各层最大层间位移角均值，按均匀荷载分布模式分析得到的数值整体过小；按顶部集中荷载分布模式分析的在多遇地震下整体过大，而在罕遇地震下上部过大，下部两层过小；按第一振型荷载分布模式分析的底层结果接近时程均值，中间三层略大，上部四层偏小。

综上所述,不管在弹性状态还是弹塑性状态,按第一振型荷载分布模式计算的结构整体反应总体上接近时程均值,能够较好地模拟水平地震作用。而另外两种侧向力分布模式的计算结果误差较大。

8.2.4.2 结构局部反应对比

图 8-9 和图 8-10 分别给出了 Pushover 分析和时程分析所得的杆端塑性铰分布情况。图中构件端部的圆圈表示该截面出铰,空心圆圈表示截面单向屈服,实心圆圈表示截面两侧(梁为上下侧,柱为左右侧)均屈服,圆圈旁边的数据表示该截面塑性铰的曲率延性需求。

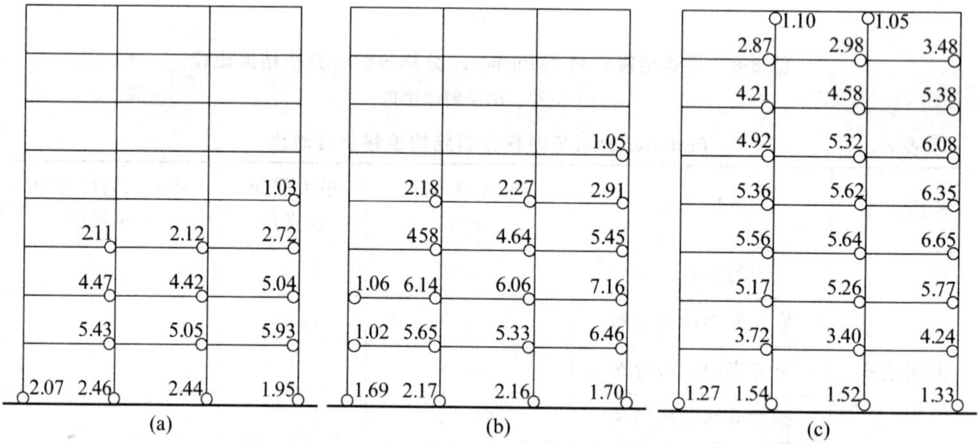

图 8-9 Pushover 分析杆端塑性铰分布

(a)均匀荷载分布;(b)第一振型荷载分布;(c)顶部集中荷载分布

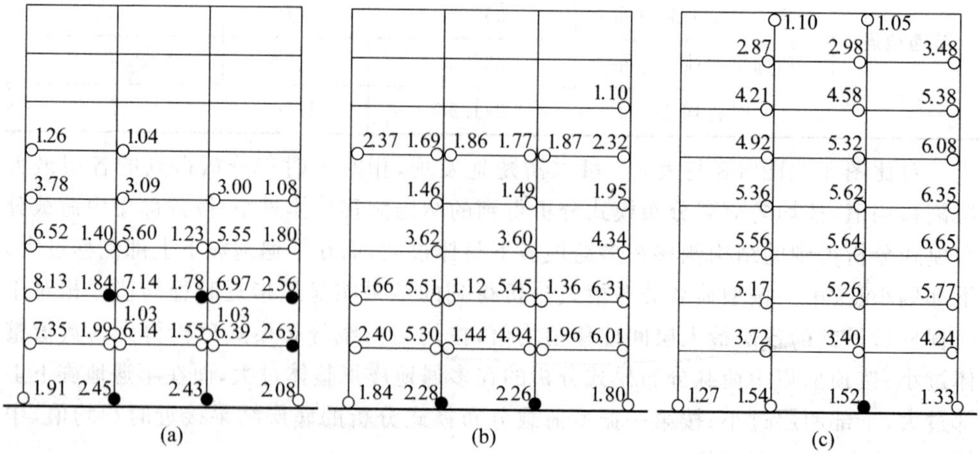

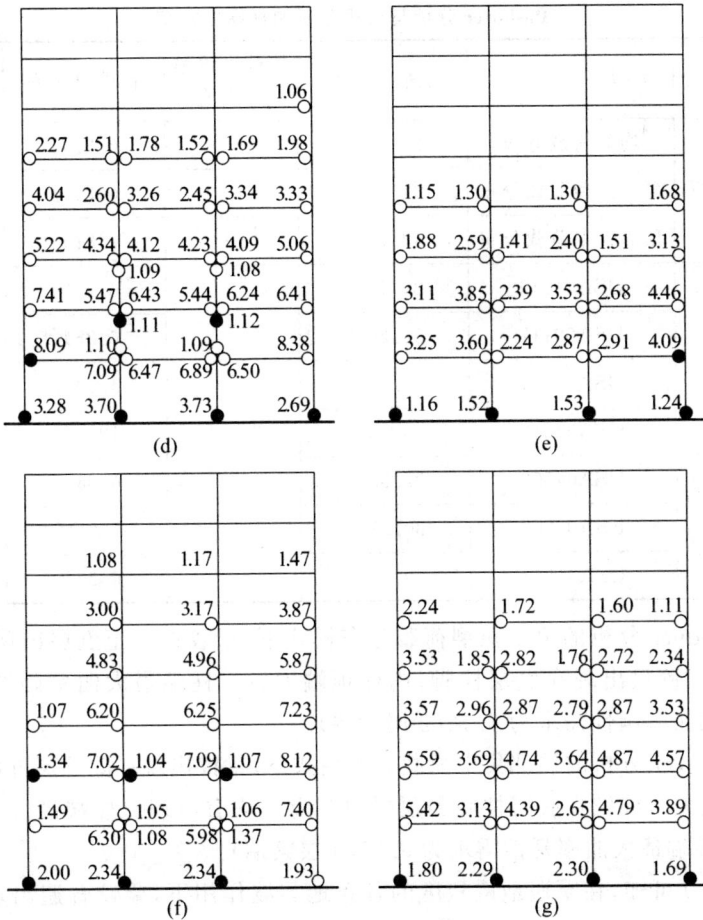

图 8-10　时程分析杆端塑性铰分布

(a)USA01545 波;(b)USA00117 波;(c)USA00684 波;
(d)USA02616 波;(e)USA04502 波;(f)USA01266 波;(g)USA01511 波

　　罕遇地震作用下的塑性铰统计见表 8-6,表中梁、柱截面杆端出铰率为发生屈服的杆件端部数量与总杆件端部数量的比值。杆端截面屈服以钢材达到屈服拉应变为标志,单向屈服计 1 次,双向屈服计 2 次。由于算例为平面二维框架,梁和柱在Pushover 分析时只能沿一个主轴方面单向屈服,时程分析时可沿一个主轴方向正向或反向屈服,故在计算 Pushover 分析总杆件端部数量时杆端计 1 次,在计算时程分析总杆件端部数量时杆端计 2 次。

　　由图 8-9 可知,在 Pushover 分析的均匀荷载分布模式下,梁铰仅在 1~4 层部分梁端出现(底部两层转动较大),柱铰只在底层柱底出现,内柱顶端无铰。柱端最大曲率延性需求为 2.46,梁端最大曲率延性需求为 5.93(1 层梁端)。

表 8-6 　　　　　　　　　　Pushover 分析与时程分析的杆端出铰率

分析类型		梁端出铰率	梁端出铰率平均值	柱端出铰率	柱端出铰率平均值
Pushover 分析	均匀荷载分布	20.83%	—	6.25%	—
	第一振型荷载分布	31.25%	—	6.25%	—
	顶部集中荷载分布	43.75%	—	7.81%	—
时程分析	USA01545	29.17%	27.98%	6.25%	7.03%
	USA00117	32.29%		6.25%	
	USA00684	18.75%		4.69%	
	USA02616	33.33%		12.5%	
	USA04502	22.92%		6.25%	
	USA01266	30.21%		7.03%	
	USA01511	29.17%		6.25%	

在 Pushover 分析的第一振型荷载分布模式下,梁铰在一至五层出现(底部三层转动较大),柱铰只出现在底层柱脚,内柱顶端无铰。柱端最大曲率延性需求为 2.17,梁端最大曲率延性需求为 7.16(2 层梁端)。

在 Pushover 分析的顶部集中荷载分布模式下,梁铰出现在除顶层外的所有楼层(普遍转动较大),柱铰在底层柱底和顶层两个内柱均有出现。柱端最大曲率延性需求为 1.54,梁端最大曲率延性需求为 6.65(3 层梁端)。

由图 8-10 可知,在罕遇地震烈度的各条地震波作用下,梁铰普遍出现在一至四层,柱铰主要出现在底层柱底,在 USA01545、USA02616、USA01266 这三条波作用下,中柱上部也出现塑性铰。从 7 条波出铰率的平均值来看,梁端出铰率为 27.98%,柱端出铰率为 7.03%,梁铰数量明显多于柱铰,结构的破坏是典型的"梁柱混合铰"模式。从塑性铰曲率延性需求来看,柱端最大值为 USA02616 波作用下的 3.73,USA01545 波作用下次之(2.45),其余多数在 2.00 附近;梁端曲率延性需求最大值为 USA02616 波作用下的 8.38。

基于上述分析结果,均匀荷载分布模式时,因荷载分布均匀,底部荷载相对较大,表现为梁铰主要分布在下部楼层,柱铰的曲率延性需求大于其他模式下的结果;顶部集中荷载分布模式时,由于荷载集中于顶部,表现为梁铰也出现在上部楼层,顶层内柱屈服,底层柱铰曲率延性需求值最小;与时程分析所得到的塑性铰分布及杆端出铰率平均值相比,第一振型荷载分布模式的结果最为接近,顶部集中荷载分布模式的差别最大,均匀荷载分布模式介于两者之间。

8.3 结构破坏机制

框架结构在水平地震作用下的屈服机制有两种基本类型:梁铰破坏机制和柱铰破坏机制。混合破坏机制由这两种机制组合而成,如图 8-11 所示。

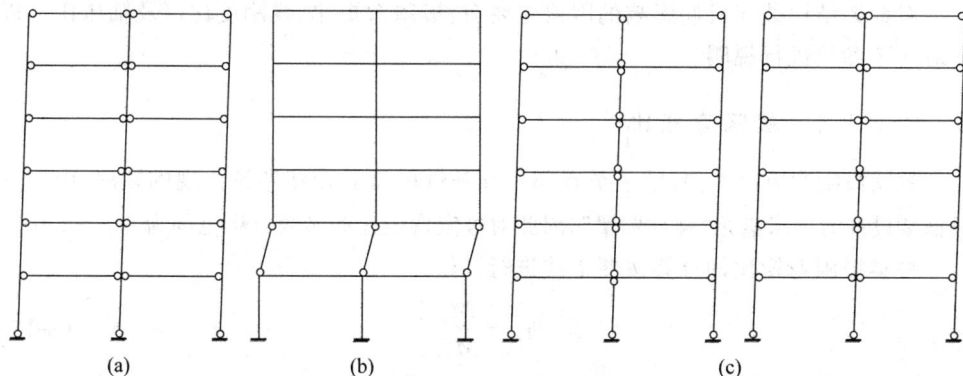

图 8-11 结构破坏机制类型
(a)梁铰机制;(b)柱铰机制;(c)混合机制

梁铰破坏机制是指框架梁端的抗弯承载力小于柱端的抗弯承载力,地震时塑性铰首先出现在梁端,梁端的塑性转动吸收较多的地震能量,各层柱在较长时间范围内均不屈服,最后由于在底层柱脚出现塑性铰,整个结构围绕根部做刚体转动。此时,结构整体只有一个自由度,具有较大的内力重分布能力,结构能够承受较大的变形。

柱铰破坏机制是指框架柱端的抗弯承载力小于梁端的抗弯承载力,地震时仅竖向构件屈服,水平构件基本处于弹性状态,若某一层或某几层所有柱的上下端都形成塑性铰,则会导致该楼层屈服,并与上部楼层一起形成机构。此时结构的自由度数目相当于总层数的自由度,这种破坏机制易危及结构的整体稳定性和竖向承载力,变形往往集中在某一薄弱楼层,整个结构的变形能力小。因此,各国规范均没有采用此屈服机制对结构进行设计。

混合破坏机制中,结构允许水平构件及部分竖向构件屈服,梁端较早出现塑性铰,柱端较晚出现塑性铰,其抗震性能介于梁铰破坏机制和柱铰破坏机制之间。考虑经济性及结构抗震性能两方面的因素,混合破坏机制被大多数国家规范作为实现"强柱弱梁"机制的主要措施。

8.4 SB-CFCST 框架结构破坏机制影响因素参数分析

8.4.1 参数定义

对框架结构破坏机制影响的因素主要有:极限弯矩比、线刚度比以及轴压比。以下对三个参数进行说明。

8.4.1.1 极限弯矩比

柱梁极限弯矩比 k_m 反映了节点部位弹塑性的发展及塑性铰出现的顺序,由于一般框架设计时要求满足"强柱弱梁",因此对极限弯矩比的参数分析范围为 0.8~2.0。

柱梁极限弯矩比的计算按照下式进行:

$$k_m = \frac{M_0}{M_{ub}} \tag{8-18}$$

其中,圆形钢管混凝土柱的受弯承载力按《高层建筑钢-混凝土混合结构设计规程》(CECS 230:2008)[12] 相关规定计算:

$$M_0 = 0.24 N_0 r_c \tag{8-19}$$

式中,M_0 为圆形钢管混凝土柱的受弯承载力;N_0 为钢管混凝土短柱的轴心受压承载力;r_c 为钢管内混凝土横截面的半径。

钢梁的受弯承载力计算如下:

$$M_{ub} = \gamma_m W_n f \tag{8-20}$$

式中,W_n 为对强轴的净截面模量;γ_m 为截面塑性发展系数;f 为钢材的抗弯强度。

8.4.1.2 线刚度比

框架结构的梁柱线刚度比主要反映框架梁对框架柱的约束程度,也是决定框架整体性能的重要因素,对框架的整体抗侧刚度、内力分布、延性和耗能能力均有影响。因此,在满足结构承载力和变形的前提下,改变结构的线刚度比,寻求其对结构破坏机制的影响,具有重要的意义。

梁柱线刚度比(i_b/i_c)的计算如下:

$$i_b/i_c = \frac{(EI)_b/L}{(EI)_c/H} \tag{8-21}$$

钢管混凝土柱截面抗弯刚度的计算,可采用钢管部分的刚度与混凝土部分的刚度之和,即[12]

$$(EI)_c = E_c I_c + E_{ss} I_{ss} \qquad (8\text{-}22)$$

式中，$E_c I_c$ 为混凝土部分的抗弯刚度；$E_{ss} I_{ss}$ 为钢管部分的抗弯刚度。

8.4.1.3 轴压比

柱轴压比是影响框架结构变形能力和破坏形态的主要因素，是反映结构抗震性能的重要指标。通常情况下，柱轴压比越大，延性越小。《建筑抗震设计标准（2024年版）》（GB/T 50011—2010）[4]为了保证柱的塑性变形能力和保证框架的抗倒塌能力，规定钢筋混凝土柱的轴压比应不大于表 8-7 的限值。《高层建筑钢-混凝土混合结构设计规程》（CECS 230:2008）[12]规定抗震设计时钢骨混凝土柱的轴压比应不大于表 8-8 的限值。

表 8-7   **钢筋混凝土柱的轴压比限值**

结构类型	抗震等级			
	一	二	三	四
框架结构	0.65	0.75	0.85	0.90
框架-抗震墙、板柱-抗震墙、框架-核心筒及筒中筒	0.75	0.85	0.90	0.95
部分框支抗震墙	0.6	0.7	—	—

表 8-8   **钢骨混凝土柱的轴压比限值**

结构类型	抗震等级			
	特一级	一	二	三
框架结构	0.60	0.65	0.75	0.85
框架-剪力墙结构、框架-筒体结构、筒中筒结构	0.65	0.70	0.80	0.90

而对于所研究的钢梁-圆钢管混凝土柱组合框架结构，各规程均未对钢管混凝土柱的轴压比限值作出具体规定，所以有必要探讨轴压比对钢管混凝土柱混合框架受力性能和破坏机制的影响。

钢管混凝土柱的轴压比 n 计算依据下式进行[12]：

$$n = N/N_0 \qquad (8\text{-}23)$$

当 $\theta \leqslant \xi$ 时

$$N_0 = 0.9 A_c f_c (1 + \alpha\theta) \qquad (8\text{-}24)$$

当 $\theta > \xi$ 时

$$N_0 = 0.9 A_c f_c (1 + \sqrt{\theta} + \theta) \qquad (8\text{-}25)$$

$$\theta = A_a f_a / (A_c f_c) \qquad (8\text{-}26)$$

式中，N 为柱轴向压力设计值；N_0 为钢管混凝土短柱的轴心受压承载力；θ 为钢管混凝土套箍系数；α 为与混凝土强度等级有关的系数；ξ 为与混凝土强度等级有关的系数；A_a、A_c 分别为柱中钢管部分和混凝土部分的横截面面积；f_a、f_c 分别为钢管和混凝土的抗压强度。

8.4.2 极限弯矩比对破坏机制的影响

8.4.2.1 计算模型

按现行规程分别设计 3 层、5 层、8 层及 10 层钢梁-圆钢管混凝土柱平面框架，结构底层层高 3.6 m，其余层层高 3.0 m，框架立面如图 8-12 所示。图中 L 为梁跨度。

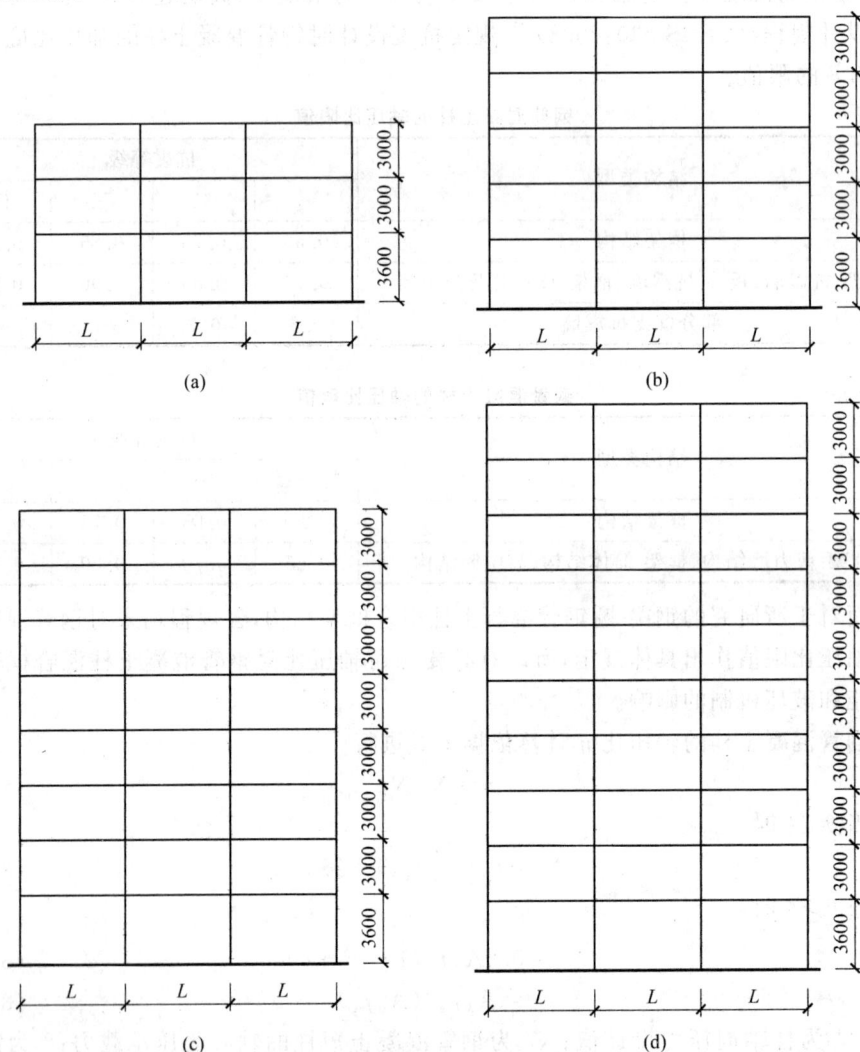

图 8-12　框架立面图

(a)3 层框架；(b)5 层框架；(d)8 层框架；(d)10 层框架

主要计算参数如下：抗震设防烈度为 8 度(0.20g)，设计地震分组为第二组，建筑场地类别为Ⅱ类。各计算模型中钢梁截面尺寸保持不变，强度等级均为 Q235-B，通过改变圆钢管混凝土柱的截面尺寸、钢管壁厚、材料强度等级来实现柱梁的不同极限弯矩比，同时调整框架梁上线荷载值与梁跨度，使框架底层中柱设计轴压比及梁柱线刚度比保持恒定。5 层、8 层不同极限弯矩比模型方案的信息详见表 8-9、表 8-10(3 层与 5 层的模型信息相同，8 层与 10 层的模型信息相同，但 k_m＝0.8 为柱铰破坏机制，因此只在 8 层模型中考虑，10 层模型不再分析这种情况)，所用模型均进行了弹性抗震验算，且满足强度和变形要求。

表 8-9　　　　　　　　　　　**5 层框架不同 k_m 下的模型信息一览表**

k_m	柱尺寸 (mm× mm)	柱材料		钢梁尺寸 (mm×mm× mm×mm)	梁跨度 L(mm)	轴压比 n	i_b/i_c	
		混凝土	钢材				底层	其余层
1.0	450×6	C30	Q235	H450×200×9×14	9300	0.27	0.265	0.221
1.2	450×8	C35	Q235	H450×200×9×14	8100	0.27	0.265	0.221
1.6	470×10	C40	Q235	H450×200×9×14	6200	0.27	0.265	0.221
2.0	500×8	C40	Q345	H450×200×9×14	5400	0.27	0.265	0.221

表 8-10　　　　　　　　　　　**8 层框架不同 k_m 下的模型信息一览表**

k_m	柱尺寸 (mm× mm)	柱材料		钢梁尺寸 (mm×mm× mm×mm)	梁跨度 L(mm)	轴压比 n	i_b/i_c	
		混凝土	钢材				底层	其余层
0.8	450×6	C30	Q235	H500×200×10×16	10400	0.40	0.339	0.282
1.0	450×8	C35	Q235	H500×200×10×16	9100	0.40	0.339	0.282
1.2	460×10	C40	Q235	H500×200×10×16	7500	0.40	0.339	0.282
1.6	500×8	C40	Q345	H500×200×10×16	6100	0.40	0.339	0.282
2.0	500×12	C40	Q345	H500×200×10×16	5200	0.40	0.339	0.282

8.4.2.2　结构能力曲线比较

采用第一振型荷载分布模式的侧向荷载对结构进行 Pushover 分析，图 8-13 给出了 3 层、5 层、8 层和 10 层结构不同柱梁极限弯矩比计算模型的结构能力曲线。

从图 8-13 可以看出，在保持轴压比、梁柱线刚度比不变的情况下，随着柱梁极限弯矩比的逐渐增大，组合框架的整体抗侧刚度、结构承载能力及延性均有大幅度的提高。当 $k_m \leqslant 1.6$ 时，结构的延性较差；当 $k_m > 1.6$ 时，结构表现出良好的延性。

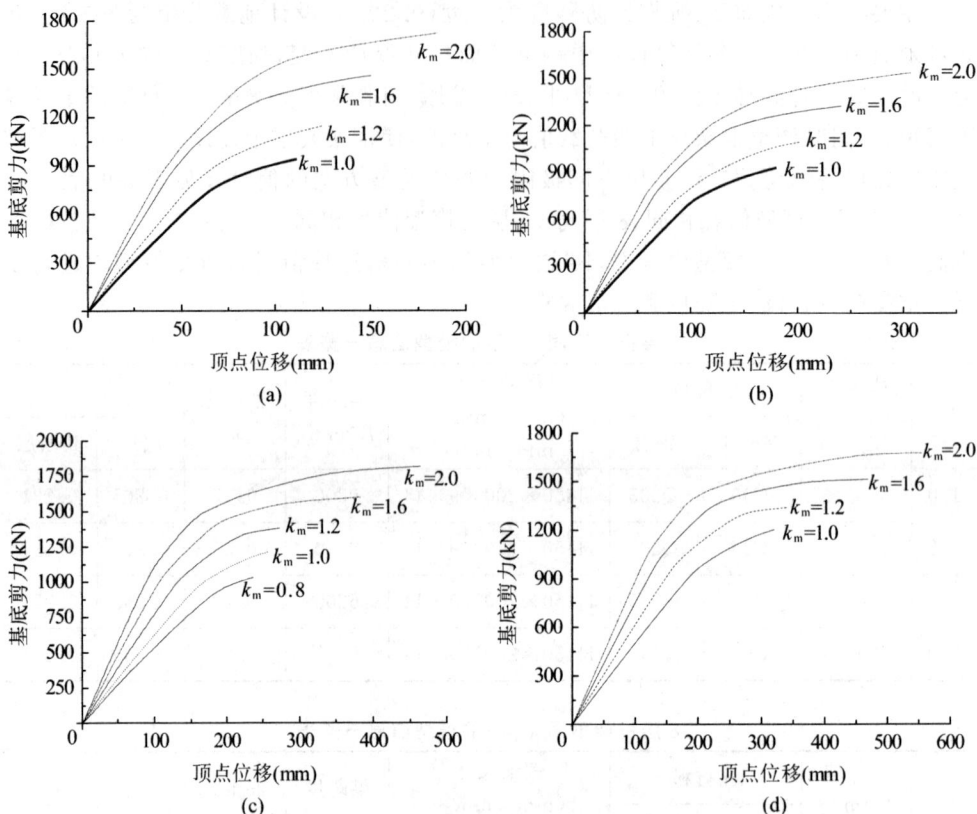

图 8-13　不同 k_m 下结构的基底剪力-顶点位移对比

(a)3 层框架;(b)5 层框架;(c)8 层框架;(d)10 层框架

8.4.2.3　破坏机制分析

图 8-14~图 8-17 分别给出了不同柱梁极限弯矩比下 3 层框架结构最先出现塑性铰的位置、结构顶点位移为 90 mm 时和结构极限破坏状态时的塑性铰分布情况,其中,○表示塑性铰刚进入屈服状态;◑表示塑性铰的曲率为屈服曲率的 4 倍;●表示塑性铰的曲率为屈服曲率的 6 倍;▲表示塑性铰完全失效达到极限状态。钢梁与圆钢管混凝土柱的屈服曲率,分别采用最外侧钢纤维开始屈服时对应的曲率值。钢梁的极限状态参照 FEMA 356[11]中关于受弯钢梁防止倒塌(CP)性能水平的变形限值,取屈服曲率的 8 倍。对于组合柱的极限状态定义为,结构承载能力达到或超过极限承载能力且结构曲率为相应屈服曲率的 8 倍。

如图 8-14 所示,当 $k_m=1.0$ 时,首先是底层 4 根柱底部屈服,紧接着一层部分梁端进入屈服状态,随后二层中柱上部、一层中柱上部依次出现塑性铰。随着变形的增

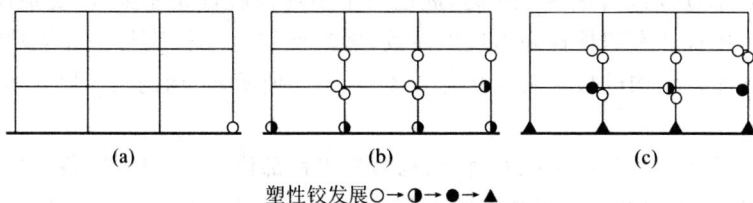

塑性铰发展○→◑→●→▲

图 8-14 $k_m = 1.0$ 时 3 层框架结构的塑性铰分布

(a)最先出现塑性铰位置;(b)顶点位移 90 mm;(c)结构极限破坏状态

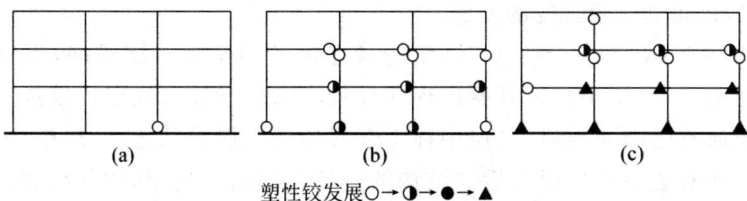

塑性铰发展○→◑→●→▲

图 8-15 $k_m = 1.2$ 时 3 层框架结构的塑性铰分布

(a)最先出现塑性铰位置;(b)顶点位移 90 mm;(c)结构极限破坏状态

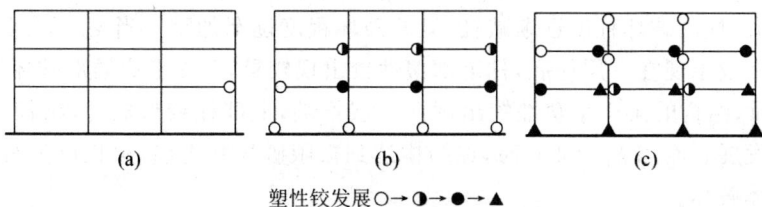

塑性铰发展○→◑→●→▲

图 8-16 $k_m = 1.6$ 时 3 层框架结构的塑性铰分布

(a)最先出现塑性铰位置;(b)顶点位移 90 mm;(c)结构极限破坏状态

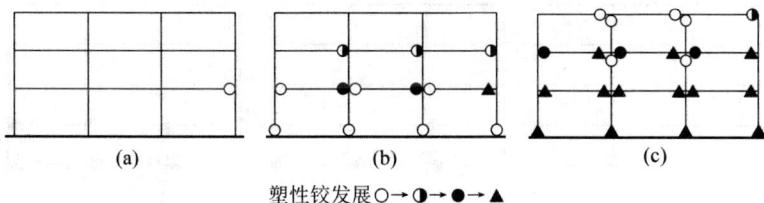

塑性铰发展○→◑→●→▲

图 8-17 $k_m = 2.0$ 时 3 层框架结构的塑性铰分布

(a)最先出现塑性铰位置;(b)顶点位移 90 mm;(c)结构极限破坏状态

大,二层边柱上部及二层梁端也开始屈服,结构的极限破坏状态如图 8-14(c)所示,此时梁端塑性铰发展不充分,柱铰较早出现,且数量偏多,结构的破坏模式属于混合破坏机制。

如图 8.15 所示,当 $k_m = 1.2$ 时,底层一个中柱柱底首先屈服,出现塑性铰,然后底层另一个中柱和右边柱柱底出现塑性铰,随后底层左柱柱底与一层梁端几乎同时进入屈服状态。结构的极限破坏状态如图 8-15(c)所示,结构的破坏模式属于混合破坏机制。

如图 8-16 所示,当 $k_m = 1.6$ 时,结构最先出铰部位为一层梁端,待一层所有梁右端屈服后,底层中柱开始出现塑性铰。随后梁铰与底层柱铰进一步发展,当下部两层所有梁右端屈服后,二层中柱上部开始进入屈服状态。待一层所有梁端屈服后,三层中柱上部出现塑性铰,结构的破坏模式仍属于混合破坏机制,但是上部柱铰较晚出现,此时梁铰已得到一定程度的发展。

如图 8-17 所示,当 $k_m = 2.0$ 时,结构最先出铰部位为一层梁端,当一、二层所有梁右端屈服后,底层中柱才开始出现塑性铰。随后梁铰与底层柱铰进一步发展,当下部两层所有梁端屈服后,二层中柱上部开始进入屈服状态,三层中柱上部柱铰形成于三层所有梁右端屈服之后。结构的破坏模式属于典型的"强柱弱梁"破坏机制,虽然在极限状态下也出现了上部柱铰,但此时梁铰发展非常充分,结构具有良好的延性。

对比图 8-13(a)和图 8-14~图 8-17 可知,随着 k_m 从 1.0 变化到 2.0,结构的延性逐渐增大,柱的破坏程度逐渐减轻,梁的破坏程度逐渐加重。当 $k_m \leqslant 1.2$ 时,结构第一个塑性铰出现在一层柱底,柱上部塑性铰出现较早,首先形成局部破坏机制。当 $k_m = 1.6$ 时,结构的第一个塑性铰出现在一层梁端,上部柱铰形成时,梁铰已得到一定程度的发展。而当 $k_m = 2.0$ 时,在结构达到极限破坏状态前,梁铰已充分发展,最后发生整体破坏。

图 8-18~图 8-21 给出了不同柱梁极限弯矩比下 5 层框架结构最先出现塑性铰的位置、结构顶点位移 150 mm 时与结构极限破坏状态时的塑性铰分布情况。

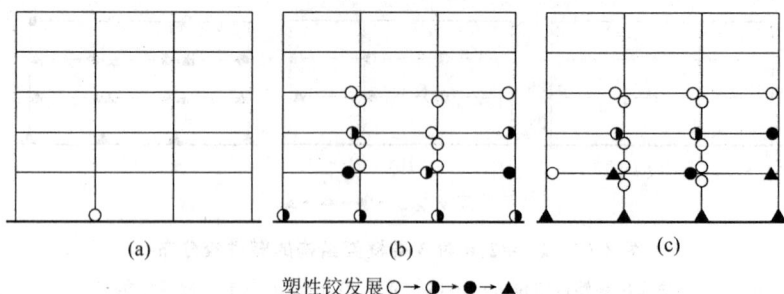

塑性铰发展 ○ → ◑ → ● → ▲

图 8-18　$k_m = 1.0$ 时 5 层框架结构的塑性铰分布

(a)最先出现塑性铰位置;(b)顶点位移 150 mm;(c)结构极限破坏状态

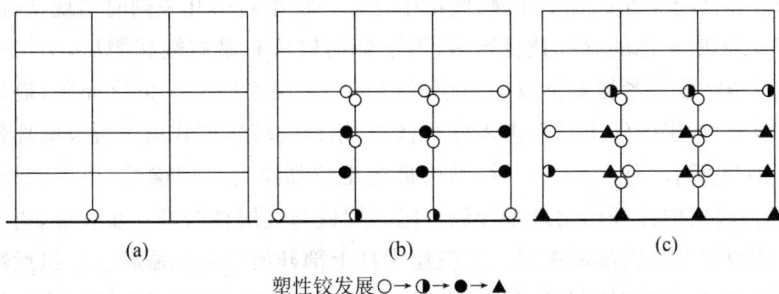

塑性铰发展○→◑→●→▲

图 8-19 $k_m=1.2$ 时 5 层框架结构的塑性铰分布

(a)最先出现塑性铰位置;(b)顶点位移 150 mm;(c)结构极限破坏状态

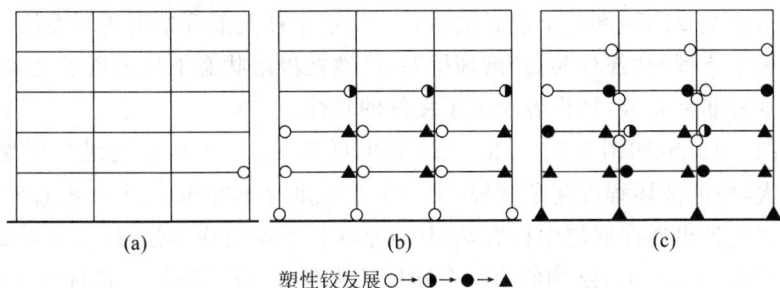

塑性铰发展○→◑→●→▲

图 8-20 $k_m=1.6$ 时 5 层框架结构的塑性铰分布

(a)最先出现塑性铰位置;(b)顶点位移 150 mm;(c)结构极限破坏状态

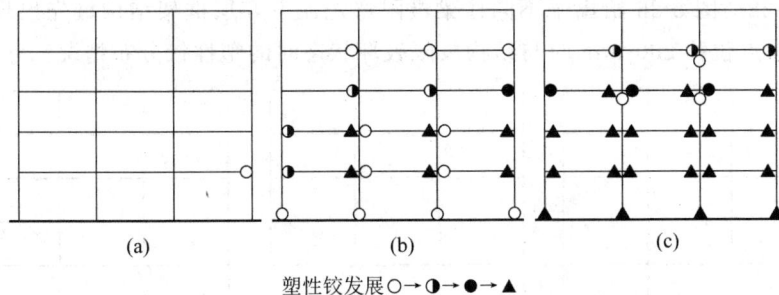

塑性铰发展○→◑→●→▲

图 8-21 $k_m=2.0$ 时 5 层框架结构的塑性铰分布

(a)最先出现塑性铰位置;(b)顶点位移 150 mm;(c)结构极限破坏状态

如图 8-18 所示,当 $k_m=1.0$ 时,首先是底层 4 根柱底部屈服,紧接着一、二层梁端逐渐进入屈服状态,当下部两层所有梁右端屈服后,二、三层中柱上部依次出现塑性铰。随后梁铰向三层发展,二层中柱下部、一层中柱上部依次屈服,形成如图 8-18(c)所示的结构极限破坏状态,此时梁端塑性铰发展不充分,柱铰出现较早,且数量偏多,结构的破坏模式属于混合破坏机制。

如图 8-19 所示,当 $k_m=1.2$ 时,底层中柱与一层梁右端几乎同时出现塑性铰,随后一、二层进入屈服状态的梁铰数目增多,当下部两层所有梁右端屈服后,结构一层 4 个柱底都出现塑性铰。紧接着梁铰向三层发展,二、三层中柱上部依次屈服,最后随着梁铰数目的增多,一层中柱上部也进入屈服状态,结构的破坏模式属于混合破坏机制。

如图 8-20 所示,当 $k_m=1.6$ 时,结构最先出铰部位为一层梁端,待一、二层所有梁右端屈服后,底层中柱开始出现塑性铰。随后梁铰与底层柱铰进一步发展,当下部三层所有梁端及四层部分梁端屈服后,二、三层中柱上部开始进入屈服状态。虽然结构的破坏模式仍属于混合破坏机制,但是上部柱铰出现较晚,此时梁铰已得到较充分的发展。

如图 8-21 所示,当 $k_m=2.0$ 时,结构最先出铰部位为一层梁端,当下部三层所有梁右端屈服后,底层中柱才开始出现塑性铰。随后梁铰与底层柱铰进一步发展,待下部三层所有梁端及四层部分梁端屈服后,三、四层中柱上部开始出现塑性铰。结构的破坏模式属于典型的"强柱弱梁"破坏机制,虽然在极限状态下也出现了上部柱铰,但此时梁铰发展非常充分,结构表现出了良好的延性。

对比图 8-13(b)和图 8-18~图 8-21 可知,随着 k_m 从 1.0 变化到 2.0,结构的延性逐渐增大,柱的破坏程度逐渐减轻,梁的破坏程度逐渐加重。当 $k_m \leqslant 1.2$ 时,结构的第一个塑性铰出现在底层中柱底端,且较早在柱上端出现塑性铰,首先形成局部破坏机制。当 $k_m=1.6$ 时,结构的第一个塑性铰出现在一层梁端,上部柱铰形成时,梁铰已得到一定程度的发展。而当 $k_m=2.0$ 时,结构在达到极限破坏状态前,梁铰发展已非常充分,最后发生整体破坏。

图 8-22~图 8-26 给出了不同柱梁极限弯矩比下 8 层框架结构最先出现塑性铰的位置、顶点位移 200 mm 时与结构极限破坏状态时的塑性铰分布情况。

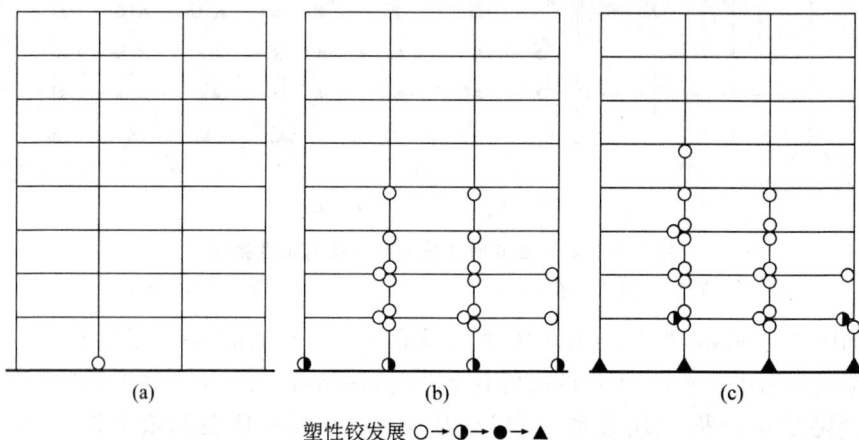

塑性铰发展 ○→◑→●→▲

图 8-22 $k_m=0.8$ 时 8 层框架结构的塑性铰分布

(a)最先出现塑性铰位置;(b)顶点位移 200 mm;(c)结构极限破坏状态

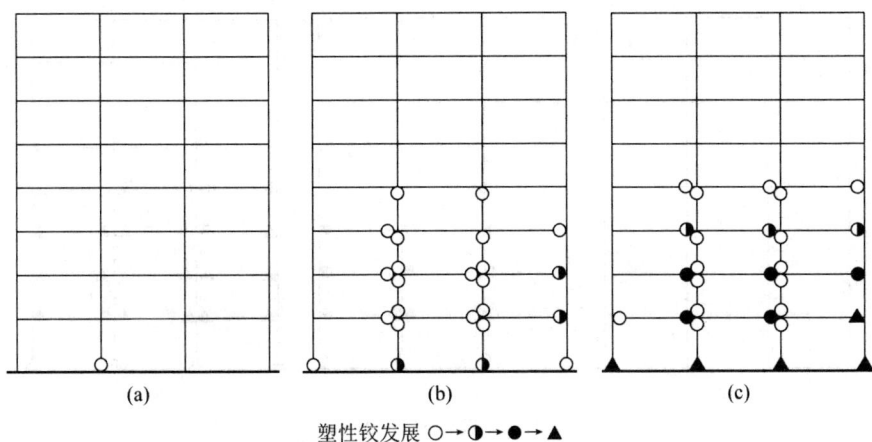

塑性铰发展 ○→◐→●→▲

图 8-23　$k_m=1.0$ 时 8 层框架结构的塑性铰分布

(a)最先出现塑性铰位置；(b)顶点位移 200 mm；(c)结构极限破坏状态

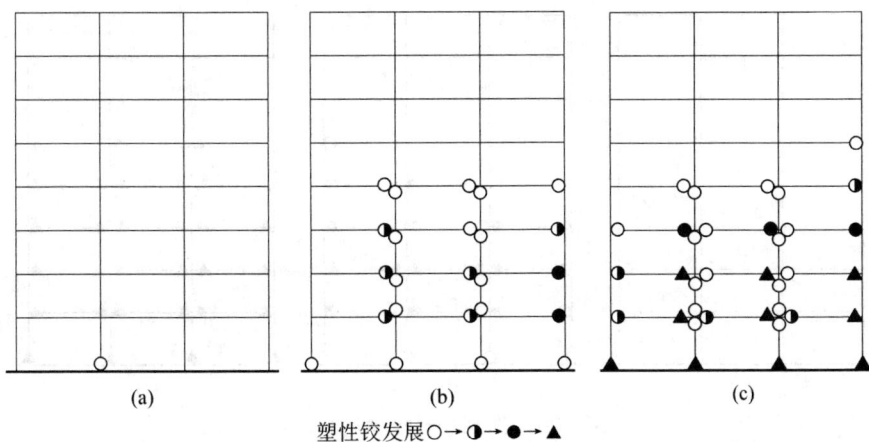

塑性铰发展○→◐→●→▲

图 8-24　$k_m=1.2$ 时 8 层框架结构的塑性铰分布

(a)最先出现塑性铰位置；(b)顶点位移 200 mm；(c)结构极限破坏状态

　　如图 8-22 所示，当 $k_m=0.8$ 时，首先是底层 4 根柱底部屈服，紧接着二、三层中柱上下端、一层中柱上端依次进入屈服状态，随后一层梁端出现第一个梁铰，随着结构变形进一步增大，结构上形成的塑性铰以柱铰为主。极限破坏状态的塑性铰分布如图 8-22(c)所示，梁上塑性铰发展不充分，梁铰仅分布在下部三层部分梁端，且底部有形成层侧移的趋势，结构的破坏模式属于柱铰破坏机制。

　　如图 8-23 所示，当 $k_m=1.0$ 时，首先是底层 4 根柱底部出现塑性铰，紧接着二层中柱上下端进入屈服状态，随后一、二层边梁右端出现塑性铰，三层中柱上端出铰，待

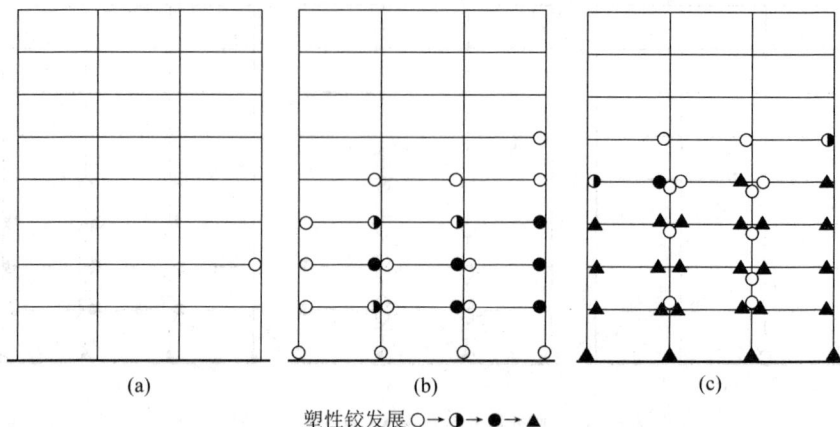

塑性铰发展 ○ → ◖ → ● → ▲

图 8-25 k_m＝1.6 时 8 层框架结构的塑性铰分布

(a)最先出现塑性铰位置；(b)顶点位移 200 mm；(c)结构极限破坏状态

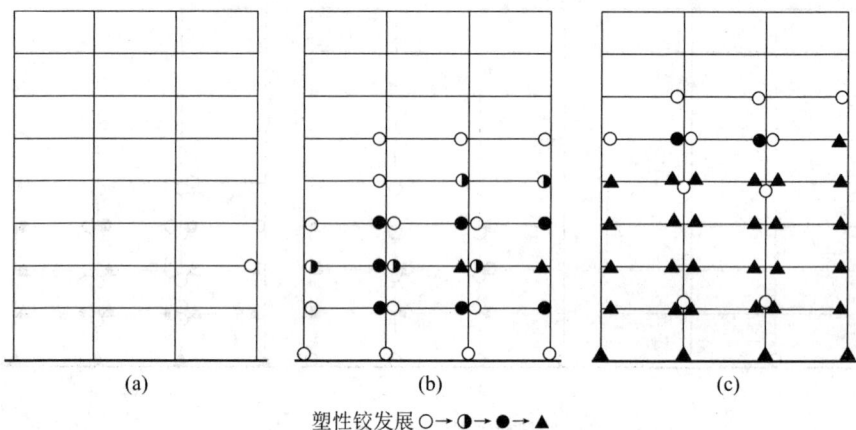

塑性铰发展 ○ → ◖ → ● → ▲

图 8-26 k_m＝2.0 时 8 层框架结构的塑性铰分布

(a)最先出现塑性铰位置；(b)顶点位移 200 mm；(c)结构极限破坏状态

底部三层所有梁右端屈服后，一层中柱上端、三层中柱下端、四层中柱上端依次出现塑性铰。随着结构变形的增大，最后由于底层柱下部截面达到极限状态而破坏，结构的破坏模式仍然属于柱铰破坏机制。

如图 8-24 所示，当 k_m＝1.2 时，首先是底层第二个柱脚出现塑性铰，待一、二层部分梁端出现梁铰后，底层其余柱脚也进入屈服状态。随后梁铰进一步发展，二层中柱下端屈服，待一至三层所有梁右端屈服后，二、三层中柱上部出铰。当四层梁右端出铰后，四层中柱上端也屈服。在结构极限破坏状态，梁上塑性铰发展较 k_m 等于

0.8、1.0 时充分,结构的破坏模式属于混合破坏机制。

如图 8-25 所示,当 $k_m=1.6$ 时,首先是二层梁端出铰,待一至三层所有梁右端屈服后,底层中柱下部出现第一个柱铰,随后梁铰与底层柱铰进一步发展,随着变形的增大,二层中柱下部,三、四层中柱上部依次形成塑性铰,结构极限破坏状态如图 8-25(c)所示,结构的破坏模式属于混合破坏机制。

如图 8-26 所示,当 $k_m=2.0$ 时,二层梁端首先出铰,待下部四层所有梁右端屈服后,底层中柱出现柱铰,随后梁铰与底层柱铰进一步发展。待下部四层所有梁端及五层梁右端屈服后,二层中柱下部形成塑性铰。待下部五层所有梁端及六层梁右端屈服后,四层中柱上部出现塑性铰,由于上部柱铰形成较晚,此时梁铰发展非常充分,结构的最终破坏模式属于梁铰破坏机制。

对比图 8-13(c)和图 8-22~图 8-26 可知,随着 k_m 从 0.8 变化到 2.0,结构的延性逐渐增大,柱的破坏程度逐渐减轻,梁的破坏程度逐渐加重。当 $k_m \leqslant 1.2$ 时,结构的第一个塑性铰出现在底层中柱,柱上部塑性铰出现较早,首先形成局部破坏机制。当 $k_m=1.6$ 时,结构的第一个塑性铰出现在二层梁端,上部柱铰形成时,梁铰已得到一定程度的发展。而当 $k_m=2.0$ 时,结构在达到极限破坏状态前,梁铰发展已非常充分,最后发生整体破坏。

图 8-27~图 8-30 给出了不同柱梁极限弯矩比下 10 层框架结构最先出现塑性铰的位置、结构顶点位移 240 mm 时与结构极限破坏状态时的塑性铰分布情况。

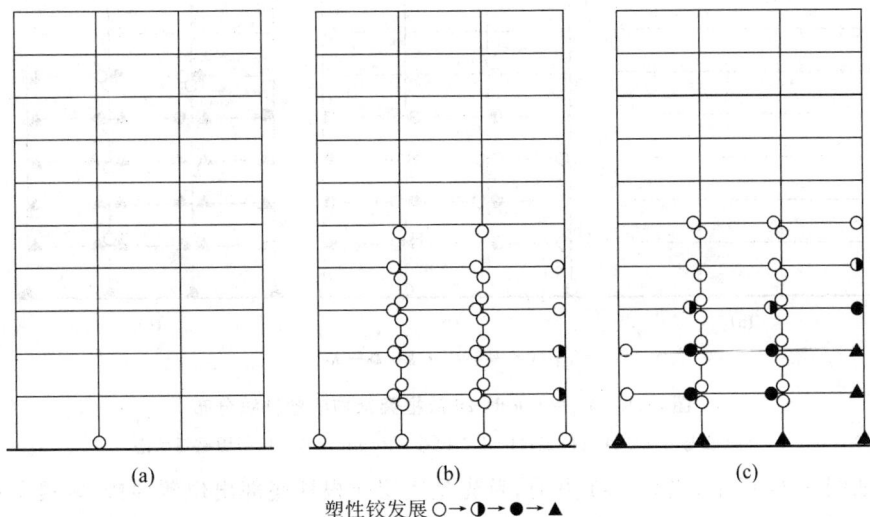

$$(a) \qquad (b) \qquad (c)$$

塑性铰发展 ○→◑→●→▲

图 8-27 $k_m=1.0$ 时 10 层框架结构的塑性铰分布

(a)最先出现塑性铰位置;(b)顶点位移 240 mm;(c)结构极限破坏状态

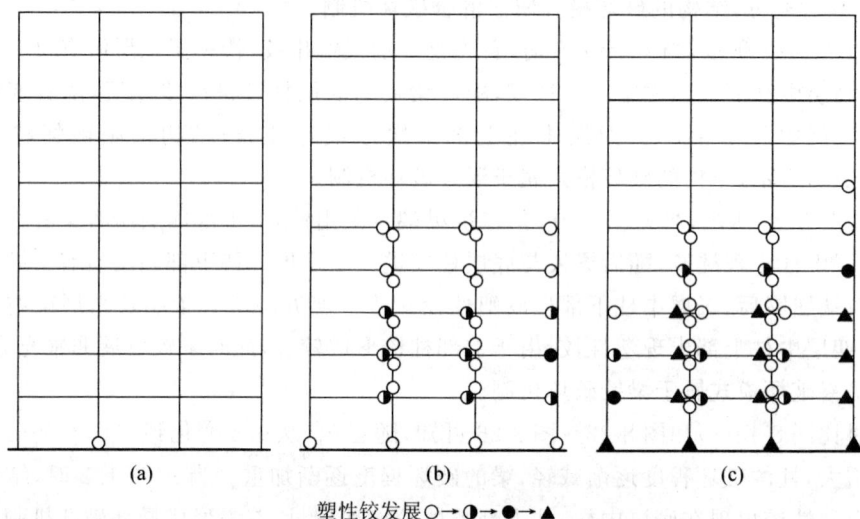

塑性铰发展○→◑→●→▲

图 8-28　$k_m = 1.2$ 时 10 层框架结构的塑性铰分布

(a)最先出现塑性铰位置;(b)顶点位移 240 mm;(c)结构极限破坏状态

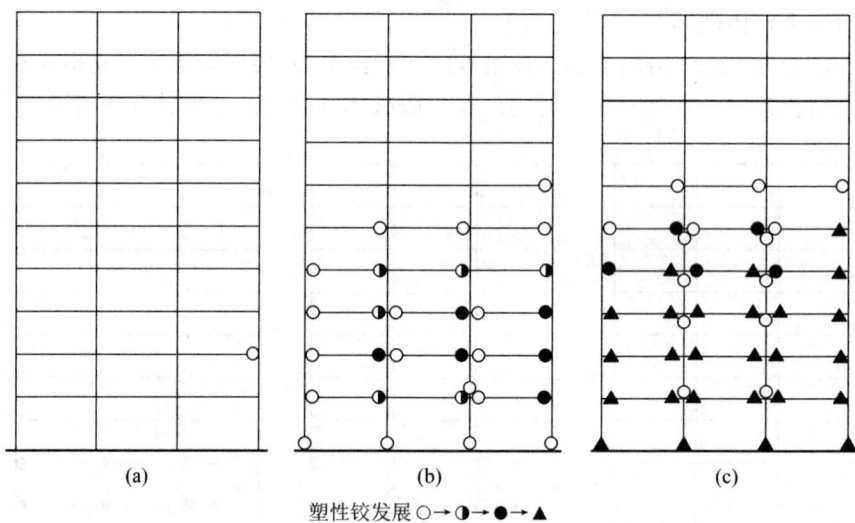

塑性铰发展 ○→◑→●→▲

图 8-29　$k_m = 1.6$ 时 10 层框架结构的塑性铰分布

(a)最先出现塑性铰位置;(b)顶点位移 240 mm;(c)结构极限破坏状态

如图 8-27 所示,当 $k_m = 1.0$ 时,首先是底层 4 根柱底部出现塑性铰,紧接着二层中柱上下端进入屈服状态,随后三层中柱上部与二层边梁右端几乎同时进入屈服状态,三层中柱下部与少数梁端出现塑性铰。之后梁铰与柱铰进一步增多,梁铰仅分布在下部四层梁右端时,下部四层中柱所有柱端均已屈服。随着结构变形的增大,最后

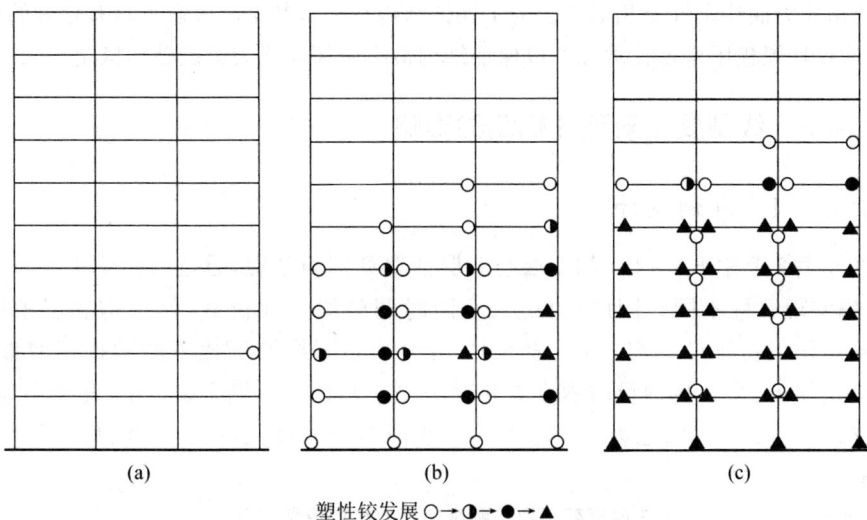

塑性铰发展 ○→◖→●→▲

图 8-30 $k_m = 2.0$ 时 10 层框架结构的塑性铰分布

(a)最先出现塑性铰位置;(b)顶点位移 240 mm(c)结构极限破坏状态

由于底层柱下部截面达到极限状态而破坏,结构的破坏模式属于混合破坏机制。

如图 8-28 所示,当 $k_m = 1.2$ 时,底层一个中柱柱底首先屈服,出现塑性铰,然后底层另一个中柱和右边柱柱底出现塑性铰,随后底层左柱柱底与一层梁端几乎同时进入屈服状态,与 3 层框架结构 $k_m = 1.2$ 时的出铰顺序一致。在结构极限破坏状态,梁上塑性铰发展较 $k_m = 1.0$ 时充分,结构的破坏模式属于混合破坏机制。

如图 8-29 所示,当 $k_m = 1.6$ 时,首先是二层梁端出铰,待一至三层所有梁右端屈服后,底层中柱下部出现柱铰,随后梁铰与底层柱铰进一步发展,当下部五层梁普遍出铰后,二层中柱下部开始屈服。随着变形的增大,结构极限破坏状态时部分中柱上部也形成塑性铰,此时梁铰发展较充分,柱铰出现较晚,结构的破坏模式属于混合破坏机制。

如图 8-30 所示,当 $k_m = 2.0$ 时,二层梁端首先出铰,待下部四层所有梁右端屈服后,底层中柱出现柱铰,随后梁铰与底层柱铰进一步发展,当下部四层所有梁端及五、六层梁右端屈服后,二层中柱下部形成塑性铰。待下部六层所有梁端及七层部分梁端屈服后,四、五层中柱上部出现塑性铰。由于上部柱铰形成较晚,此时梁铰发展已非常充分,结构的最终破坏模式属于梁铰破坏机制。

由上述分析可知,柱梁极限弯矩比对框架结构的塑性铰发展影响较大。当轴压比、梁柱线刚度比保持不变,增大柱梁极限弯矩比,结构的破坏模式由 $k_m = 0.8$ 时的柱铰破坏机制过渡到 k_m 为 1.0、1.2、1.6 时的混合破坏机制,最后形成 $k_m = 2.0$ 时的梁铰破坏机制。当 $k_m < 1.6$ 时,梁上塑性铰发展不充分,结构耗能能力弱,与图 8-13

中的结构能力曲线延性差相对应。为了保证结构在大震甚至超大震下具有较好的抗震性能,建议柱梁极限弯矩比取 2.0 以保证结构最终破坏模式为梁铰破坏机制。

8.4.3 线刚度比对破坏机制的影响

8.4.3.1 算例设计

以 8.4.2 节中 $k_m=2.0$ 的 5 层与 8 层框架算例为基础,通过改变梁跨度及结构层高,来实现梁柱不同线刚度比(i_b/i_c),同时调整梁上线荷载,使结构底层中柱的设计轴压比保持不变。表 8-11、表 8-12 给出了不同线刚度比下的结构模型参数。设计信息如下:所在场地设防烈度为 8 度($0.20g$),设计分组为第二组,Ⅱ类场地,多遇地震,$T_g=0.40$ s,阻尼为 0.04。所有模型进行了弹性抗震验算,均满足强度和变形要求。

表 8-11　　　　　　　　　5 层框架不同线刚度比下的结构模型信息

框架编号	梁跨度 L(mm)	层高 H(mm)		i_b/i_c		轴压比 n	k_m
		底层	其余层	底层	其余层		
k1	5400	4500	3900	0.333	0.289	0.27	2.0
k2	5400	4200	3600	0.311	0.267	0.27	2.0
k3	5400	3600	3600	0.265	0.221	0.27	2.0
k4	6300	3600	3000	0.229	0.190	0.27	2.0
k5	7200	3600	3000	0.200	0.167	0.27	2.0

表 8-12　　　　　　　　　8 层框架不同线刚度比下的结构模型信息

框架编号	梁跨度 L(mm)	层高 H(mm)		i_b/i_c		轴压比 n	k_m
		底层	其余层	底层	其余层		
k1	4200	3600	3000	0.416	0.347	0.30	2.0
k2	5200	3600	3000	0.336	0.280	0.30	2.0
k3	7200	3600	3000	0.243	0.202	0.30	2.0
k4	8400	3600	3000	0.208	0.173	0.30	2.0

8.4.3.2 结构能力曲线比较

采用第一振型荷载分布模式的侧向荷载对结构进行 Pushover 分析,图 8-31 给出了不同线刚度比下结构模型的能力曲线。

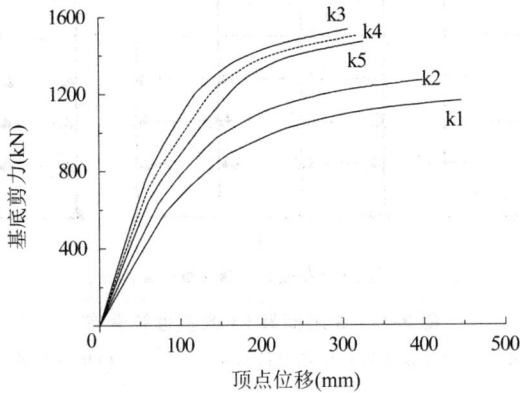

(a)

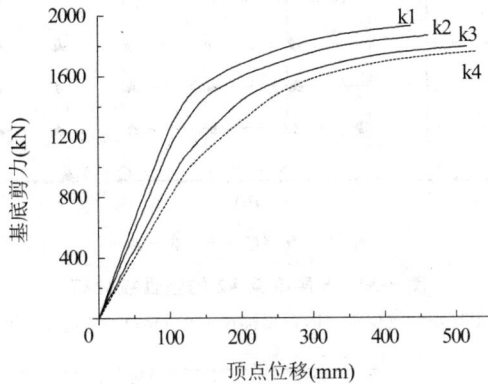

(b)

图 8-31　不同线刚度比下结构的基底剪力-顶点位移对比

(a)5 层框架;(b)8 层框架

从图 8-31 可以看出,在保持轴压比、梁柱极限弯矩比不变的情况下,梁跨度减小,框架梁对框架柱的约束作用增强,表现为钢梁-圆钢管混凝土柱混合框架的整体抗侧刚度、承载能力、位移延性稍有提高;层高增大,结构的整体承载能力大幅降低,但是结构的延性会有一定程度的提升。

8.4.3.3　破坏机制分析

图 8-32~图 8-36 给出了不同线刚度下 5 层框架结构最先出现塑性铰的位置、结构顶点位移为 150 mm 时与结构极限破坏状态时的塑性铰分布情况,其中○表示塑性铰刚进入屈服状态;◑表示塑性铰的曲率为屈服曲率的 4 倍;●表示塑性铰的曲率为屈服曲率的 6 倍;▲表示塑性铰完全失效达到极限破坏状态。

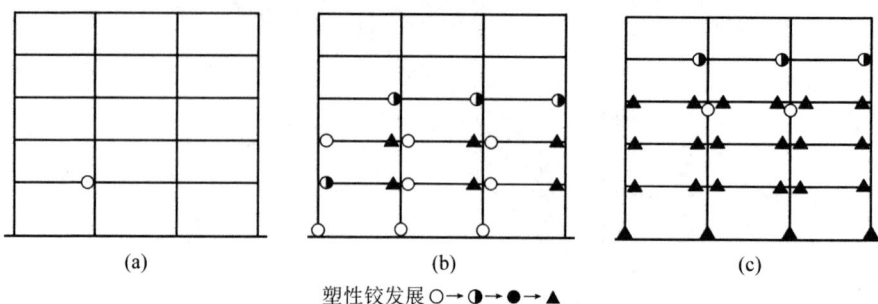

塑性铰发展 ○ → ◑ → ● → ▲

图 8-32　5 层框架 k1 的塑性铰分布

(a)最先出现塑性铰位置;(b)顶点位移 150 mm;(c)结构极限破坏状态

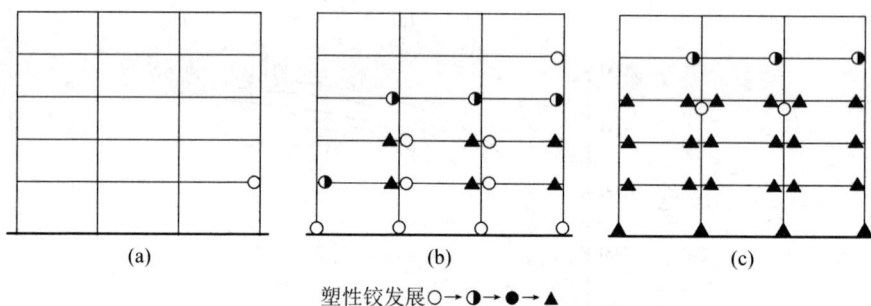

塑性铰发展 ○ → ◑ → ● → ▲

图 8-33　5 层框架 k2 的塑性铰分布

(a)最先出现塑性铰位置;(b)顶点位移 150 mm;(c)结构极限破坏状态

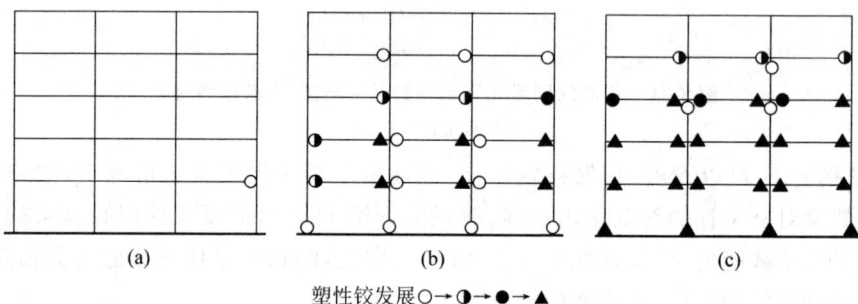

塑性铰发展 ○ → ◑ → ● → ▲

图 8-34　5 层框架 k3 的塑性铰分布

(a)最先出现塑性铰位置;(b)顶点位移 150 mm;(c)结构极限破坏状态

对比图 8-32～图 8-36 可知,随着框架 k1～k5 梁柱线刚度比的逐渐降低,结构的出铰顺序无明显差异,各框架的最先出铰部位均为一层梁端。对于框架 k1,下部两层所有梁端及三层部分梁端均屈服后,底层中柱底端出现首个柱铰,随后梁铰与底层柱铰进一步发展,当下部三层所有梁端及四层梁右端屈服后,三层中柱上部开始进入

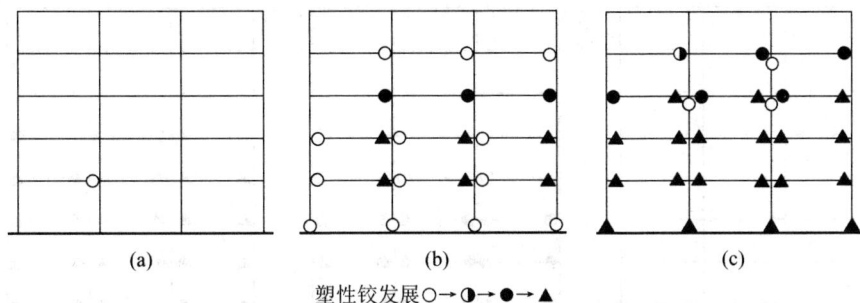

塑性铰发展○→◑→●→▲

图 8-35　5 层框架 k4 的塑性铰分布

(a)最先出现塑性铰位置；(b)顶点位移 150 mm；(c)结构极限破坏状态

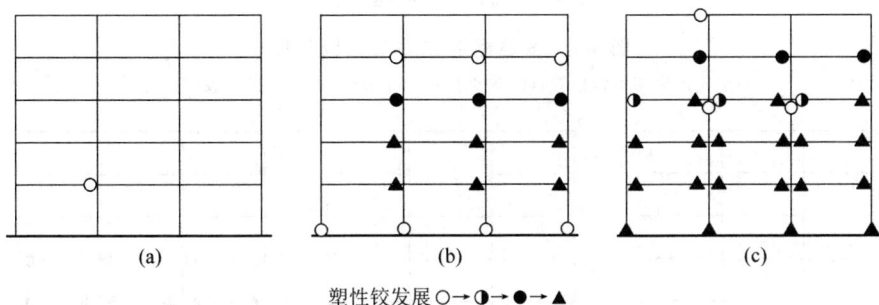

塑性铰发展○→◑→●→▲

图 8-36　5 层框架 k5 的塑性铰分布

(a)最先出现塑性铰位置；(b)顶点位移 150 mm；(c)结构极限破坏状态

弹塑性状态,形成图 8-32(c)所示的极限破坏状态。结构为整体破坏机制,符合"强柱弱梁"的设计要求。框架 k2 塑性铰出现顺序和破坏机制与框架 k1 类似。

对于框架 k3,当下部三层所有梁右端屈服后,柱底端出现第一个塑性铰,随着变形的增大,底层 4 个柱铰及上部梁铰得到充分发展,当下部三层所有梁端及四层梁右端屈服后,三层中柱上部开始进入弹塑形状态,形成如图 8-34(c)所示的极限破坏状态。结构为整体破坏机制,符合"强柱弱梁"的设计要求。

框架 k4、k5 的塑性铰出现和发展顺序与框架 k3 类似,不再赘述,不同之处在于框架 k5 的第一个柱铰出现在下部四层所有梁右端屈服后。结构的最终破坏都是由于底层 4 个柱脚达到极限破坏状态,此时梁上塑性铰发展非常充分,属于梁铰破坏机制。

图 8-37~图 8-40 给出了不同线刚度比下 8 层框架结构最先出现塑性铰的位置、结构顶点位移为 200 mm 时与结构极限破坏状态时的塑性铰分布情况。

对比图 8-37~图 8-40 可知,随着框架 k1~k4 梁柱线刚度比的逐渐降低,结构的出铰顺序无明显差别,各框架的最先出铰部位均为二层梁端。对于框架 k1,待下部

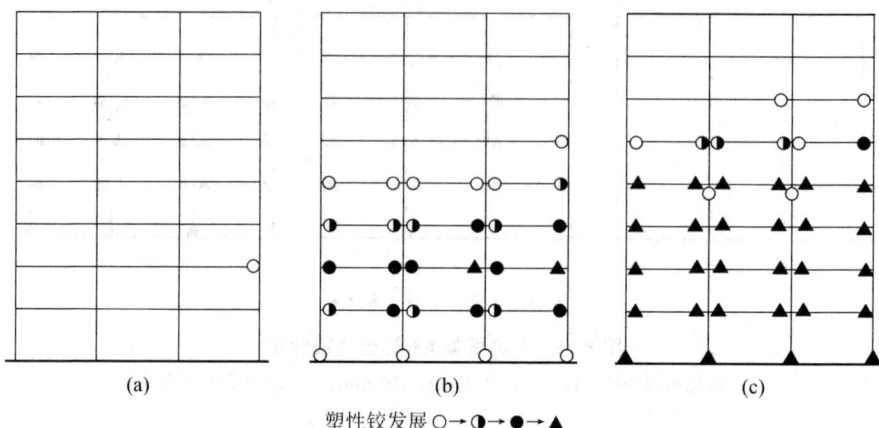

塑性铰发展 ○→◐→●→▲

图 8-37　8 层框架 k1 的塑性铰分布

(a)最先出现塑性铰位置；(b)顶点位移 200 mm；(c)结构极限破坏状态

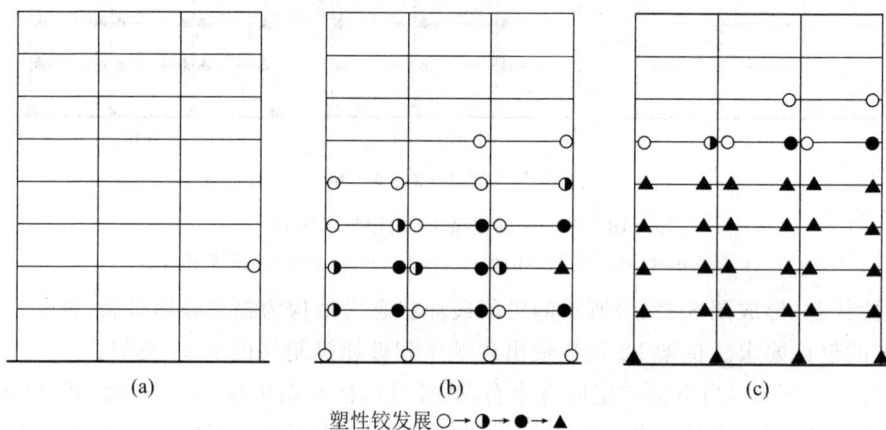

塑性铰发展 ○→◐→●→▲

图 8-38　8 层框架 k2 的塑性铰分布

(a)最先出现塑性铰位置；(b)顶点位移 200 mm；(c)结构极限破坏状态

三层梁端普遍出铰后，底层中柱底端出现首个柱铰，随后梁端与底层柱端塑性铰进一步发展。当变形增大到一至五层所有梁端屈服且下部四层所有梁端塑性铰完全失效达到极限状态，四层中柱上部开始屈服，结构随后达到极限破坏状态，为整体破坏机制，符合"强柱弱梁"的要求。

对于框架 k2，当下部四层梁端普遍出铰后，底层中柱底端出现首个柱铰，随后梁铰与底层柱铰进一步发展，直至达到如图 8-38(c)所示的极限破坏状态，除柱脚外，钢管柱上部始终未屈服，结构的破坏模式属于典型的梁铰破坏机制。框架 k3、k4 的破坏顺序与 k2 类似，不同之处在于框架 k3 的第一个柱铰出现在下部四层所有梁右端

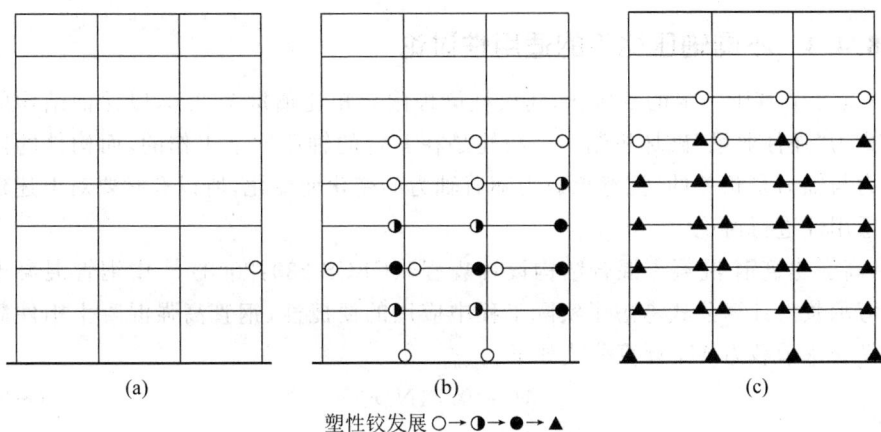

(a)   (b)   (c)

塑性铰发展 ○→◑→●→▲

图 8-39   8 层框架 k3 的塑性铰分布

(a)最先出现塑性铰位置;(b)顶点位移 200 mm;(c)结构极限破坏状态

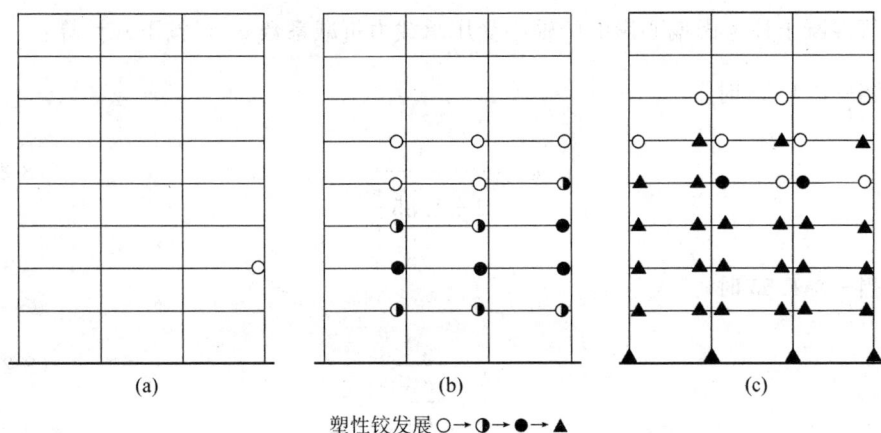

(a)   (b)   (c)

塑性铰发展 ○→◑→●→▲

图 8-40   8 层框架 k4 的塑性铰分布

(a)最先出现塑性铰位置;(b)顶点位移 200 mm;(c)结构极限破坏状态

屈服后,而框架 k4 的第一个柱铰出现在下部五层所有梁右端屈服后,结构最终破坏都是由于底层 4 个柱脚达到极限破坏状态,此时梁上塑性铰得到了充分的发展,属于梁铰破坏机制。

    由上述分析可知,当极限弯矩比保持不变时,对于选取的框架,梁柱线刚度比在 0.167~0.416 之间变化,对结构的破坏模式几乎没有影响。当梁柱构件截面尺寸不变,减小梁柱线刚度比时,底层柱底端出现第一个塑性铰的时间会变迟。对于此线刚度变化范围的钢梁-圆钢管混凝土柱组合框架,其破坏模式与塑性铰出现顺序总体上是服从"强柱弱梁"设计要求的。

8.4.4　不同轴压比下的适用性讨论

8.4.2 节基于一定的轴压比,建议柱梁极限弯矩比值取为 2.0,以保证结构的破坏模式为"强柱弱梁"破坏机制。一般柱是在一定的轴压比下工作的,而构件的抗弯承载力与轴力是相关的,抗弯承载力随着轴力的变化而变化,所以有必要对上述建议值的适用性进行讨论。

《高层建筑钢-混凝土混合结构设计规程》(CECS 230:2008)[12] 中钢管混凝土柱的抗弯承载力计算公式考虑了实际工程中应用的便捷性,钢管高强混凝土构件截面的名义受弯承载力 M_0 计算公式如下:

$$M_0 = 0.24 N_0 r_c \tag{8-27a}$$

$$N_0 = A_c f_c (1 + 1.65\theta) \tag{8-27b}$$

式中,N_0 为钢管混凝土短柱的轴心受压承载能力;r_c 为核心混凝土横截面的半径。

《高层建筑钢-混凝土混合结构设计规程》(CECS 230:2008)[12] 5.4.7 节规定,圆形钢管混凝土柱考虑偏心影响的轴心受压承载力折减系数 φ_e 可按下式计算:

当 $\dfrac{e_0}{r_c} \leqslant 1.55$ 时

$$\varphi_e = \frac{1}{1 + 1.85 \dfrac{e_0}{r_c}} \tag{8-28a}$$

当 $\dfrac{e_0}{r_c} > 1.55$ 时

$$\varphi_e = \frac{0.4}{\dfrac{e_0}{r_c}} \tag{8-28b}$$

$$e_0 = \frac{M_2}{N} \tag{8-28c}$$

式中,e_0 为偏心距;M_2 为柱端弯矩设计值的较大者;N 为轴力设计值。

根据式(8-28a)、式(8-28b),并定义 $\varphi_e = N/N_0$,经简单变换,可以推导出压弯构件 M-N 相关方程:

当 $\dfrac{N}{N_0} \geqslant 0.258$ 时

$$\frac{N}{N_0} + 0.444 \frac{M}{M_0} = 1 \tag{8-29a}$$

当 $\dfrac{N}{N_0} < 0.258$ 时

$$M = \frac{5}{3} M_0 \qquad (8\text{-}29\text{b})$$

图 8-41 为圆钢管混凝土的 $M\text{-}N$ 相关曲线，由图可知，当柱轴压比 n 在 $[0, 0.556]$ 区间时，柱的极限抗弯承载力均大于 M_0，而当柱轴压比 n 大于 0.556 时，柱的极限抗弯承载力小于 M_0。因此，有必要对其他轴压比下的破坏机制进行分析，验证建议的柱梁极限弯矩比 2.0 能否保证结构实现 "梁铰破坏机制"。

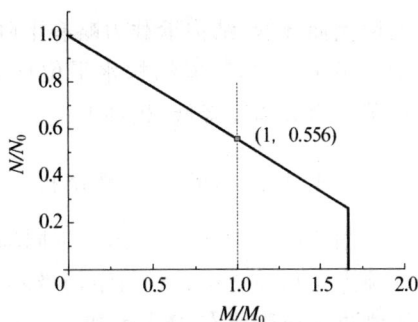

图 8-41 $M\text{-}N$ 相关曲线

8.4.4.1   算例设计

以 8.4.2 节中 $k_m = 2.0$ 的 8 层平面框架为基础，结构几何尺寸和材料强度均保持不变，仅改变梁上线荷载值来实现柱轴压比的变化。设计计算参数为：设防烈度为 8 度 $(0.20g)$，设计分组为第二组，Ⅱ 类场地，多遇地震，$T_g = 0.40 \text{ s}$，阻尼比为 0.04。不同轴压比设计模型均进行多遇地震下的弹性抗震验算，当轴压比在 $0.2 \sim 0.6$ 之间时，均满足强度和变形要求。为了探讨高轴压比对结构的破坏机制的影响，另增加了 $n = 1.0$ 的算例。

8.4.4.2   结构能力曲线比较

采用第一振型荷载分布模式的侧向荷载分别对不同轴压比下的 8 层框架进行 Pushover 分析，图 8-42 给出了底层中柱轴压比为 $0.2 \sim 0.6$ 及 1.0 时的结构能力曲线。

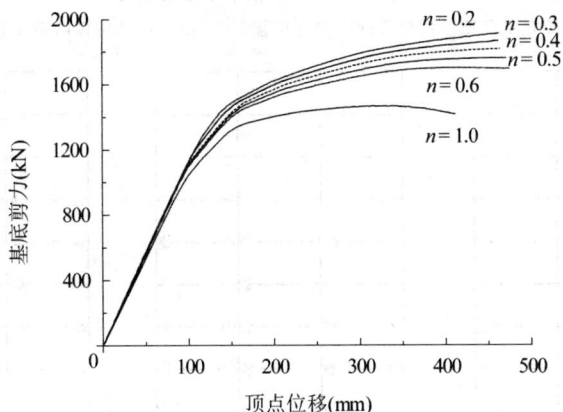

图 8-42   不同轴压比下结构的基底剪力-顶点位移对比

从图 8-42 可以看出，当轴压比在 $0.2 \sim 0.6$ 范围时，在弹性阶段，轴压比的变化对组合框架的整体抗侧刚度没有影响；在弹塑性阶段，结构的整体抗侧刚度随轴压比的增大而降低,结构承载力略有下降,而结构延性没有明显的变化。当轴压比由 0.6 增大至 1.0 时,随着结构水平位移的增大,轴压力越大,$P\text{-}\Delta$ 二阶效应越显著,结构承载能力大幅度降低,延性变差。

8.4.4.3 破坏机制分析

图 8-43~图 8-48 给出了不同轴压比下组合框架结构最先出现塑性铰的位置、结构顶点位移 200 mm 时与结构极限破坏状态时的塑性铰分布情况,其中○表示塑性铰刚进入屈服状态;◐表示塑性铰的曲率为屈服曲率的 4 倍;●表示塑性铰的曲率为屈服曲率的 6 倍;▲表示塑性铰完全失效达到极限破坏状态。

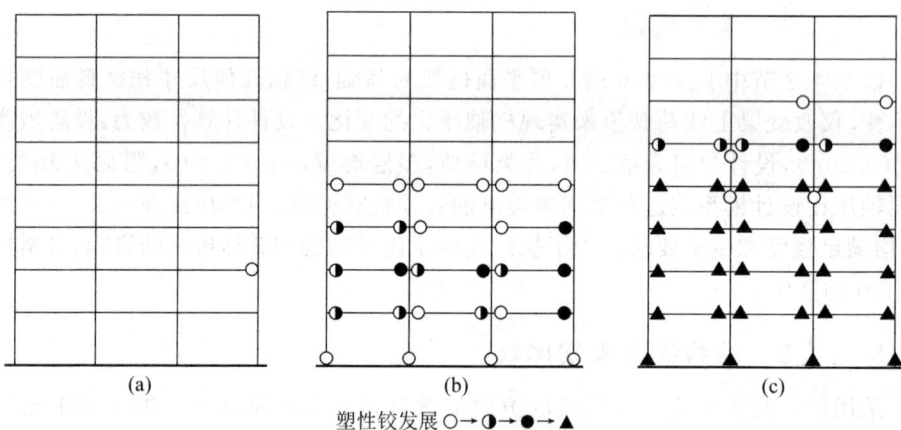

塑性铰发展○→◐→●→▲

图 8-43 $n=0.2$ 时结构的塑性铰分布

(a)最先出现塑性铰位置;(b)顶点位移 200 mm;(c)结构极限破坏状态

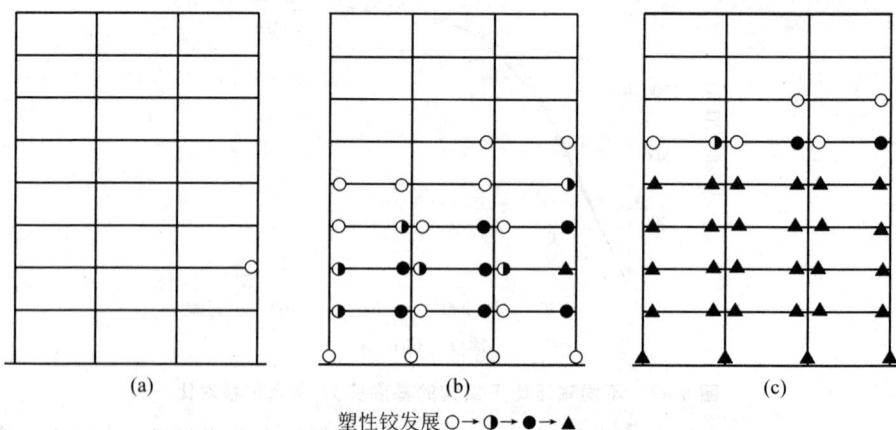

塑性铰发展○→◐→●→▲

图 8-44 $n=0.3$ 时结构的塑性铰分布

(a)最先出现塑性铰位置;(b)顶点位移 200 mm;(c)结构极限破坏状态

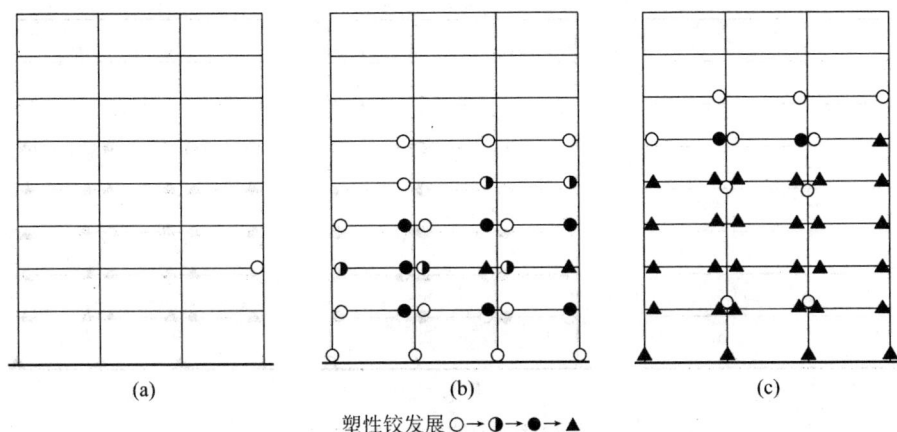

(a)　　　　　　　　　(b)　　　　　　　　　(c)

塑性铰发展 ○→◑→●→▲

图 8-45　n＝0.4 时结构的塑性铰分布

(a)最先出现塑性铰位置;(b)顶点位移 200 mm;(c)结构极限破坏状态

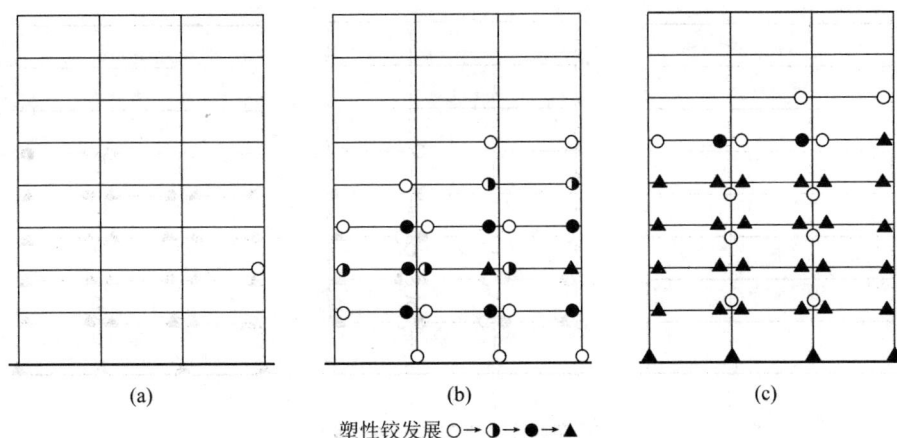

(a)　　　　　　　　　(b)　　　　　　　　　(c)

塑性铰发展 ○→◑→●→▲

图 8-46　n＝0.5 时结构的塑性铰分布

(a)最先出现塑性铰位置;(b)顶点位移 200 mm;(c)结构极限破坏状态

当 n 在 0.2～0.6 范围内变化时,结构最先出铰部位都是二层梁端。如图 8-43 所示,对于 n＝0.2 时的框架,在一至三层大部分梁端及四层梁右端屈服后底层柱下部形成首个柱铰,之后梁铰与底层柱铰进一步发展,直至一至五层所有梁端均出铰时,四、五层中柱上部开始屈服,结构随后达到极限破坏状态。

如图 8-44 所示,对于 n＝0.3 时的框架,当下部四层梁端普遍出铰后,底层中柱出现首个柱铰,随后梁铰与底层柱铰进一步发展,直至达到图 8-44(c)所示的极限破坏状态,除柱脚外,组合柱上部始终未屈服,结构的破坏模式属于典型的梁铰破坏机制。

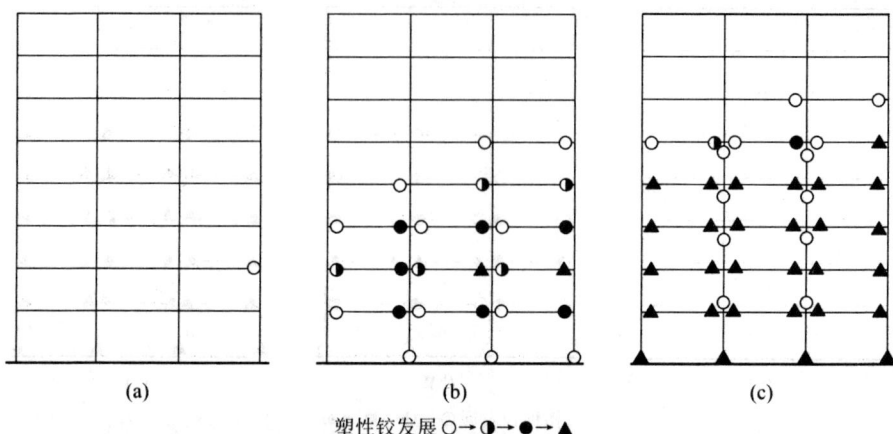

塑性铰发展 ○ → ◑ → ● → ▲

图 8-47　n＝0.6 时结构的塑性铰分布

(a)最先出现塑性铰位置；(b)顶点位移 200 mm；(c)结构极限破坏状态

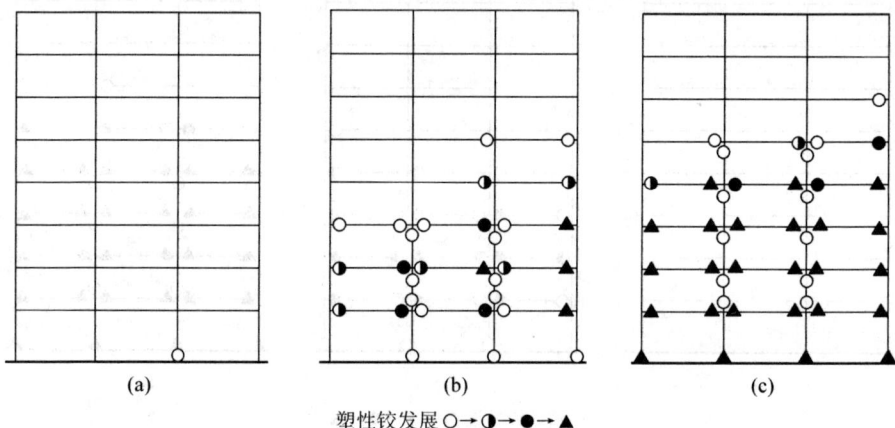

塑性铰发展 ○ → ◑ → ● → ▲

图 8-48　n＝1.0 时结构的塑性铰分布

(a)最先出现塑性铰位置；(b)顶点位移 200 mm；(c)结构极限破坏状态

如图 8-45 所示，对于 n＝0.4 时的框架，待下部四层所有梁右端屈服后，底层中柱出现柱铰，随后梁铰与底层柱铰进一步发展。当下部四层所有梁端及五层梁右端屈服后，二层中柱下部形成塑性铰。待下部五层所有梁端及六层梁右端屈服后，四层中柱上部也出现塑性铰。结构上部柱铰形成较晚，此时梁铰已充分发展，结构的最终破坏模式属于梁铰破坏机制。

如图 8-46 所示，对于 n＝0.5 时的框架，当下部三层所有梁端及四层部分梁端屈服后，底层中柱出现柱铰，随后梁铰与底层柱铰进一步形成。当下部四层所有梁端出铰后，二层中柱下部、四层中柱上部、三层中柱上部依次开始屈服，直至达到图 8-46

(c)所示的极限破坏状态。

如图 8-47 所示,对于 $n=0.6$ 时的框架,当下部三层所有梁端及四层部分梁端屈服后,底层中柱出现柱铰,随后梁铰与底层柱铰进一步形成。当下部三层所有梁端及四、五层部分梁端出铰后,二层中柱下部、四层中柱上部、三层中柱上部、五层中柱上部依次进入屈服状态,直至达到图 8-47(c)所示的极限破坏状态。

如图 8-48 所示,对于 $n=1.0$ 时的框架,结构首先是底层中柱出现塑性铰,随后一至三层梁右端屈服,随着变形的增大,一层边柱、二层中柱下部依次出现塑性铰,紧接着二层、三层中柱上部也开始进入非线性状态。结构的极限破坏状态如图 8-48(c)所示。

从上面的分析可以看出,当 n 在 $0.2\sim0.6$ 范围时,结构的最先出铰部位都是二层梁端,待形成一定数量的梁端塑性铰后,底层柱下部开始屈服,随着变形的增大,梁铰与底层柱铰进一步发展,当梁铰发展得较充分时,中柱上部会陆续进入屈服状态。对于此轴压比变化范围的混合框架,虽然在出现部分梁端塑性铰后也出现了部分柱端塑性铰,但是上部柱铰出现较晚,其破坏模式与塑性铰出现顺序总体上服从"强柱弱梁"的设计要求。而当 $n=1.0$ 时,结构最先出铰部位是底层中柱,柱铰出现提前,此时梁铰发展较低轴压比不充分,由此可见,当轴压比过高时,结构的破坏机制趋于不安全,在实际工程中,应适当限制组合柱的轴压比。

8.5 CB-CFSST 框架结构破坏机制影响因素参数分析

采用 2 跨 3 层组合梁-方钢管混凝土柱平面框架,组合梁按完全抗剪连接设计。采用第一振型荷载分布模式对框架进行 Pushover 分析,结构立面及加载如图 8-49 所示,图中 L 为梁跨度,H 为层高。

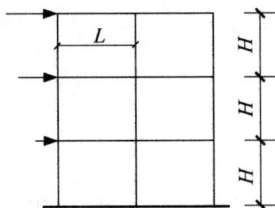

图 8-49 结构立面及加载示意图

8.5.1 极限弯矩比(强度比)对破坏机制的影响

进行极限弯矩比分析时,层高均为 3.6 m,方钢管混凝土(CFSST)柱截面的边长为 400 mm，组合梁钢梁截面为 HN 400 mm×200 mm，RC 翼板宽度根据《钢结构通用规范》(GB 55006 — 2021)[5] 取为 1400 mm，厚度为 100 mm。

因为组合梁负弯矩区极限弯矩远小于正弯矩区极限弯矩，且地震作用下发生破坏时，通常都是梁端负弯矩区先破坏。不同轴压比下 CFSST 柱极限弯矩也不同，但当柱的轴压比 n 在 $[0, 2\eta_0]$ 区间时，柱的极限抗弯承载力均大于等于纯弯的极限承载力[17]，η_0 可由式(6-18)求得。这也是 CFSST 柱常用的轴压比范围。

为了便于比较且保持统一，对于柱轴压比在 $[0, 2\eta_0]$ 区间的组合框架结构，极限弯矩比为 CFSST 柱纯弯极限弯矩 M_{cua} 与组合梁负弯矩区极限弯矩 M'_{bua} 的比值，用 k_m 表示：

$$k_m = \frac{M_{cua}}{M'_{bua}} \tag{8-30}$$

通过改变组合梁材料强度、跨度及混凝土翼板钢筋数量，CFSST 柱材料强度及钢管壁厚来实现柱和梁负弯矩区的不同极限弯矩比的同时，保持梁柱线刚度比不变，均为 0.5。取 k_m 分别为 0.8、1.0、1.2、1.6、2.0、2.2 来进行分析。梁上恒荷载标准值为 3.5 kN/m，活荷载标准值为 2.8 kN/m。进行 Pushover 分析前，对结构施加 1.0 倍的恒载和 1.0 倍的活载，分析过程中考虑 $P\text{-}\Delta$ 效应。

图 8-50 给出了不同极限弯矩比 k_m 下结构的能力曲线。从图 8-50 可以看出，随着极限弯矩比从 2.2 变化到 0.8，结构延性变差。$k_m < 1.2$ 时，在一定范围内随着极限弯矩比的减小延性系数减小很慢。k_m 从 1.6 变化到 1.2，延性系数急剧减小。

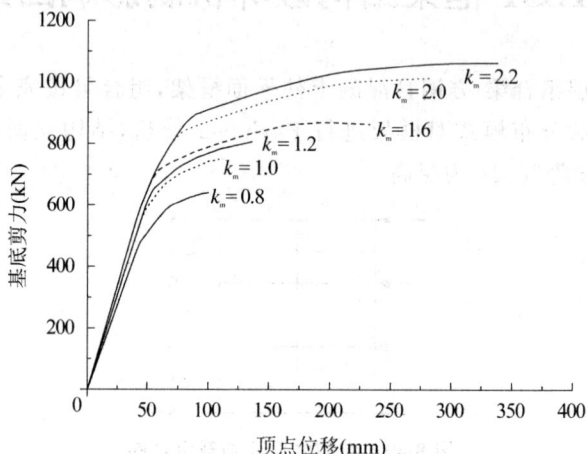

图 8-50　不同 k_m 下结构的能力曲线比较

图 8-51～图 8-53 分别给出了不同极限弯矩比下结构出现第一个塑性铰的位置、结构顶点位移为 75 mm 时的破坏状态和结构的极限破坏状态。

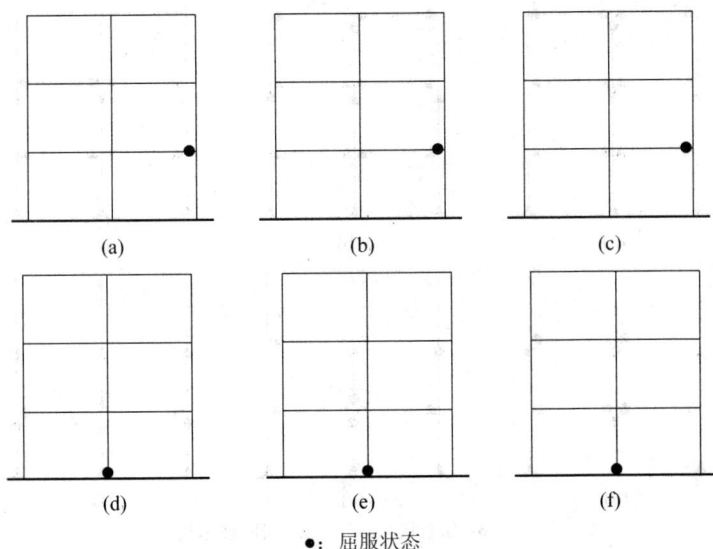

●：屈服状态

图 8-51　不同 k_m 下结构出现第一个塑性铰的位置

(a)$k_m=2.2, L=4.5$ m; (b)$k_m=2.0, L=4.5$ m; (c)$k_m=1.6, L=4.5$ m;

(d)$k_m=1.2, L=5.0$ m; (e)$k_m=1.0, L=5.3$ m; (f)$k_m=0.8, L=6.15$ m

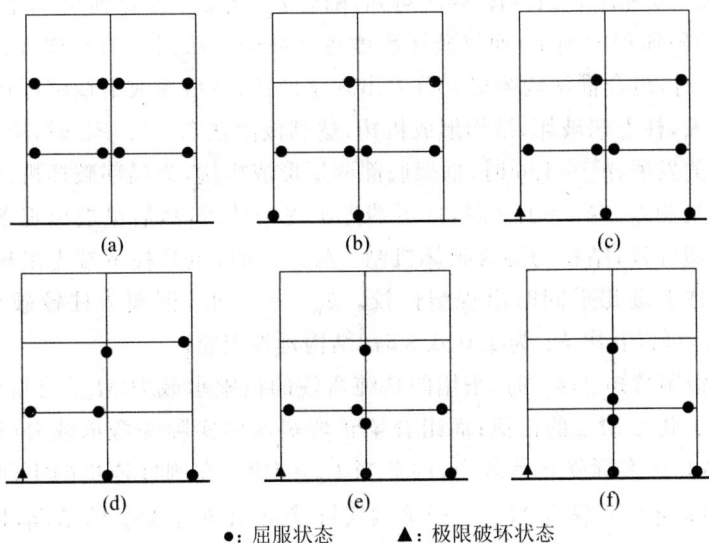

●：屈服状态　　▲：极限破坏状态

图 8-52　不同 k_m 下顶点位移 75 mm 时结构破坏状态

(a)$k_m=2.2, L=4.5$ m; (b)$k_m=2.0, L=4.5$ m; (c)$k_m=1.6, L=4.5$ m;

(d)$k_m=1.2, L=5.0$ m; (e)$k_m=1.0, L=5.3$ m; (f)$k_m=0.8, L=6.15$ m

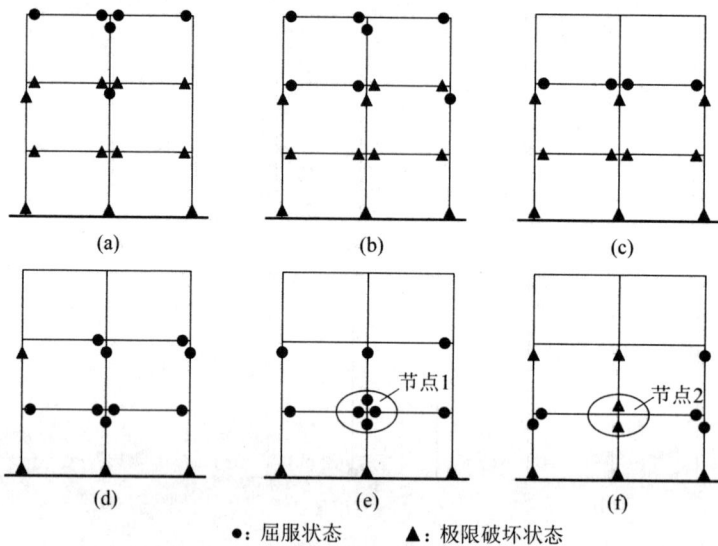

●：屈服状态　▲：极限破坏状态

图 8-53　不同 k_m 下结构极限破坏状态

(a)$k_m=2.2,L=4.5$ m；(b)$k_m=2.0,L=4.5$ m；(c)$k_m=1.6,L=4.5$ m；
(d)$k_m=1.2,L=5.0$ m；(e)$k_m=1.0,L=5.3$ m；(f)$k_m=0.8,L=6.15$ m

对比图 8-50 和图 8-51～图 8-53 可知，随着 k_m 从 2.2 变化到 0.8，结构的延性逐渐降低，柱的破坏程度加重，而梁破坏程度逐渐减弱。从图 8-51～图 8-53 中可以看出，$k_m \geqslant 1.6$ 时，组合框架均为梁上首先出现塑性铰，然后形成梁铰破坏机制，最后随着变形的增大，柱上端破坏，结构形成机构，达到极限状态。$k_m \geqslant 2$ 时，梁上塑性铰均得到了很好的发展；$k_m=1.6$ 时，框架底部两层形成机构，为局部破坏机制，结构延性较整体破坏机制差。$k_m=1.2$ 时，柱下端先出现塑性铰，然后梁端出现塑性铰，随后柱上端出现塑性铰，结构为混合破坏机制。$k_m=1$ 时，也是柱下端先出现塑性铰，但随后梁端和柱上端几乎同时出现塑性铰。$k_m=0.8$ 时，框架为柱铰破坏机制。与图 8-50 对应，可以看出 k_m 为 1.0、0.8 时，结构延性很差。

在计算极限弯矩比 k_m 时，采用的是纯弯柱的极限承载力 M_{cua} 与组合梁负弯矩区受弯极限承载力 M'_{bua} 的比值；而组合梁正弯矩区的实际受弯承载力（即极限承载力）大于负弯矩区实际受弯承载力，因此当 $k_m=1$ 时，在刚性连接的中间节点处，会出现柱端实际受弯承载力 M^a_{cy} 小于梁端实际受弯承载力 M^a_{by} 的情况，即如图 8-53（e）中节点 1 所示的情形。从上面分析可以看出，$k_m \geqslant 1$，不能保证节点处梁端实际受弯承载力 M^a_{by} 和柱端实际受弯承载力 M^a_{cy} 满足式（8-1），即不能保证实现"强柱弱梁"。因此为了保证"强柱弱梁"，k_m 需要取大于 1 的数，对于本节算例 $k_m=1.2$ 时是两种破坏模式的界限值。

　　下面对组合梁-方钢管混凝土柱框架结构的节点,按照钢筋混凝土框架式(8-2)建议的对弹性阶段内力调整的方法进行验证,判断其是否能满足"强柱弱梁"的要求。以图8-53(f)节点2为例进行研究,表8-13给出了组合框架梁柱节点随塑性铰发展的内力变化情况。

表8-13　　　　　　　　　　节点2构件内力变化情况及实际承载能力　　　　　（单位:kN·m）

弯矩示意图	框架状态	M_c^+	M_c^-	M_b^+	M_b^-
M_c^+　M_b^- M_b^+　M_c^-	柱出铰前	281.93	249.19	243.95	287.17
	两柱均出铰时	300.12	298.57	276.35	322.33
	结构最大承载力	400.10	401.20	443.33	357.97
	实际承载力	405.72	410.15	685.10	495.73

注:数值为绝对值,方向见示意图。

　　表8-13中柱的实际承载力是对应于结构最大承载力时一定轴压力作用下的极限弯矩值,因此k_m略大于0.8。

　　取表中柱出铰前梁端弯矩作为弹性阶段弯矩设计值之和,即$\sum M_b = 531.12$ kN,若取二级框架的柱端内力调整系数η_c为1.5,得到$\sum M_c = 1.5 \sum M_b = 796.68$ kN。可以看出调整后的柱端设计弯矩小于结构最大承载力时,柱端弯矩之和为400.10＋401.20＝801.30 kN。因此,柱若按调整后的内力设计,对于不同抗震等级的框架结构,可能无法保证出现"强柱弱梁"屈服机制。

　　若按式(8-3)对柱内力进行调整,则$\sum M_c = 1.2 \sum M_{bua} = 1416.88$ kN,远大于结构最大承载力时柱端弯矩之和,可以保证实现"强柱弱梁";但对于抗震等级较低或低烈度区的结构会过于保守,造成不必要的浪费。若取$M_c = 1.2 M'_{bua} = 594.88$ kN,则调整后的节点柱端弯矩设计值之和为$\sum M_c = 2M_c = 1189.76$ kN,大于梁端极限弯矩之和$\sum M_{bua} = 1180.83$ kN,对于组合梁-方钢管混凝土框架结构可以保证出现"强柱弱梁"屈服机制。

　　根据以上分析,对组合梁-方钢管混凝土框架结构建议采用极限弯矩比k_m和梁端的实际极限承载力对柱的设计内力进行调整,要求其满足:

$$M_c \geq \max(k_m M'_{bua}, 0.5 \sum M_{bua}) \tag{8-31}$$

式中,M_c为柱的设计弯矩;$\sum M_{bua}$为组合梁正弯矩区和负弯矩区极限承载力之和。k_m建议取值为1.2。

　　采用式(8-31)的方法,对k_m为2.2、2.0、1.6、1.2、1.0的几个组合框架进行验证,当 $k_m \geqslant 1.6$ 时,均满足式(8-31)的要求,结构破坏均为"强柱弱梁",延性好;$k_m =$ 1.0 时,很显然不满足要求;当 $k_m = 1.2$ 时,$M_c = 1.2M'_{bua} < 0.5\sum M_{bua}$,不满足式(8-31),框架为混合破坏机制。

《抗震规范》给出的式(8-2)是内力的设计公式,即用梁的计算内力来调整柱的设计内力,对组合框架结构既不能实现"强柱弱梁"的目标,也不能清晰地解释柱的设计对地震的需求。在抗震设计中,要实现"强柱弱梁"的目标,应该保证节点处柱的抗弯承载力(极限承载力)大于梁的抗弯承载力(极限承载力),而不是采用梁的设计弯矩(弹性反应的计算结果)。式(8-3)从梁的实际承载力出发,对组合梁-方钢管混凝土框架结构可以保证实现"强柱弱梁",但若对所有的框架均采用此方法进行调整,可能会因过于保守而导致不经济。

8.5.2 线刚度比对破坏机制的影响

以 8.5.1 节中 $k_m = 2.0$ 的框架为基础,通过改变层高和梁跨度,来调整梁柱线刚度比 i_b/i_c(梁线刚度/柱线刚度)。梁跨度改变,组合梁正、负弯矩区有效翼缘宽度可能会随之改变,通过调整翼缘内钢筋数量和钢梁强度来保持 k_m 不变,且梁、柱承载力保持不变。取 γ 为 0.3、0.38、0.5、0.7 来进行分析。表 8-14 给出了 4 个模型基本情况。图 8-54 给出了不同线刚度比 γ 下结构的能力曲线。

表 8-14   模型几何尺寸基本信息

γ	0.3	0.38	0.5	0.7
L(m)	6	6	4.5	4.5
H(m)	2.9	3.6	3.6	4.5

从图 8-54 中可以看出,不同线刚度比下,结构的延性相差不大。对于本节算例,在构件承载能力相同的情况下,增大层高,结构的整体承载能力会大大降低;增大梁跨度,结构的整体承载能力未明显下降(γ 为 0.38、0.5)。

4 个结构均为一、二层梁端先出现塑性铰,然后柱底端出现塑性铰,形成梁铰破坏机制,最后随着变形的增大,柱顶端破坏,结构形成机构,达到极限状态,最终破坏状态均与图 8-53(b)相似。

从上面的分析可以看出,对于本节选取的框架,保持极限弯矩比相同并使线刚度比在 0.3～0.7 间变化,对框架破坏机制几乎没有影响。

极限弯矩比(广义上讲也可称为"强度比")控制结构可能的破坏状态。强度比是截面的特性,由控制(梁端和柱端)截面的(几何、物理)性质决定;而线刚度比是构件和结构的性质,不仅与截面的性质有关,而且与构件的(梁、柱)长度和(铰接、刚接等)约束边界条件相关。以上分析结果表明强度比控制结构的破坏状态,而线刚度比在

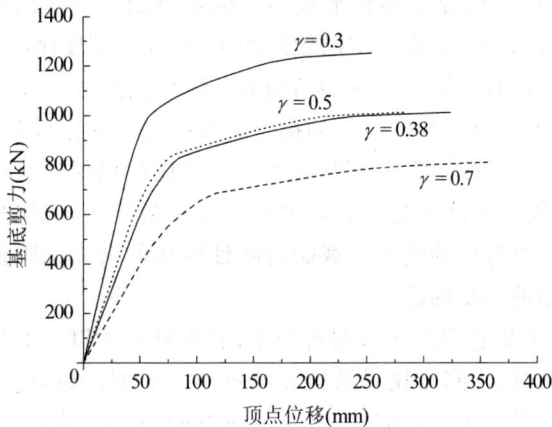

图 8-54 不同线刚度比下结构的能力曲线比较

强度比一定的情况下进一步影响结构的极限承载力。

本节只是初步对组合梁-方钢管混凝土柱框架结构的"强柱弱梁"问题进行了讨论,建议的方法在一定轴压比范围内适用,对其他类型的组合框架结构具有一定的参考价值。但由于组合构件特性相差较大,尚需进一步对不同截面组成的组合框架开展大规模的试验研究和理论分析。

8.6 小　　结

本章主要进行了以下几个方面的工作。

(1) 设计了一单榀 8 层钢梁-圆钢管混凝土柱组合框架结构,并对该框架分别进行 Pushover 分析与时程分析。比较了均匀荷载分布模式、第一振型荷载分布模式、顶部集中荷载分布模式下结构的 Pushover 分析结果,并对比了 Pushover 分析法和弹塑性动力时程分析方法下结构整体反应(顶点最大位移、最大层间位移角)与局部反应(塑性铰分布、杆端曲率延性)。结果表明,采用侧向荷载为第一振型荷载分布模式进行的 Pushover 分析,不管是整体反应结果还是局部反应结果,都与时程分析结果较为接近。因此,对简单规则框架建议选用第一振型分布模式的 Pushover 分析法来评估其抗震性能。

(2) 对钢梁-圆钢管混凝土柱框架结构的"强柱弱梁"问题进行了分析,结果表明:柱和梁的极限弯矩比控制结构的破坏机制,在一定的轴压比与线刚度比下,增大柱梁的极限弯矩比,结构的破坏模式逐渐由柱铰破坏机制过渡到混合破坏机制,直至形成梁铰破坏机制。为保证结构在大震甚至超大震下具有较好的抗震性能,建议柱梁极限弯矩比为 2.0,可以保证结构形成梁铰破坏机制。梁柱线刚度比的改变对结构的破坏机制几乎没有影响,在一定的极限弯矩比下,线刚度比的减小会延迟底层柱端首个柱铰的出现时间,并进一步影响结构的极限承载能力,但是结构破坏模式与塑性铰出现顺序总体上没有变化。构件的抗弯承载能力与轴力水平相关。本章建议的柱梁极限弯矩比在一定的轴压比范围(0.2~0.6)内可以保证结构的出铰顺序满足"强柱弱梁"破坏机制。若结构处于更高烈度区或层数较多,底层柱的轴压比可能会超过这一范围,此时组合柱的受弯承载能力随轴压比的增大而降低,应对结构"强柱弱梁"机制的实现作进一步的论证。

(3) 对组合梁-方钢管混凝土柱组合框架的"强柱弱梁"问题进行了分析,讨论了柱梁极限弯矩比与梁柱线刚度比对结构破坏机制的影响。通过算例分析可知,采用 RC 框架弹性内力调整的方法,不足以真正实现"强柱弱梁"的屈服机制;初步给出了组合结构实现"强柱弱梁"的设计方法的建议,该方法在一定轴压比范围内适用,对其他类型的组合框架结构具有一定的参考价值。但由于组合构件特性相差较大,尚需要进一步对不同截面组成的组合框架开展大规模的试验研究和理论分析。

参 考 文 献

[1] 刘阳冰,陈芳,刘晶波. 钢-混凝土组合框架强柱弱梁设计方法研究[J]. 四川大学学报(工程科学版),2012,44(4):20-25.

[2] LIU Y B, LIAO Y X, ZHENG N N. Analysis of strong column and weak beam behavior of steel-concrete mixed frames [C]//15th World Conference on Earthquake Engineering. Lisbon,2012.

[3] 陈芳. 钢-混凝土混合框架结构强柱弱梁破坏机制研究[D]. 重庆:重庆大学,2013.

[4] 中华人民共和国住房和城乡建设部. 建筑抗震设计标准(2024 年版):GB/T 50011－2010[S]. 北京:中国建筑工业出版社,2024.

[5] 中华人民共和国住房和城乡建设部. 钢结构通用规范:GB 55006－2021[S]. 北京:中国建筑工业出版社,2022.1

[6] Eurocode 8:Design of structures for earthquake resistance:Part 1:General rules, seismic actions and rules for buildings [S]. Brussels:European Commission,2004.

[7] Building code requirements for structural concrete (ACI 318-08) and commentary[S]. ACI Committee 318,2008.

［8］Seismic provisions for structural steel buildings［S］. American Institute of Steel Construction，2016．

［9］Design of concrete structures：CSA A23.3-04［S］. Toronto：Canadian Standards Association，2004.

［10］Concrete structures standards：NZS 3101.1：2006［S］. Wellington：Standards New Zealand，2006.

［11］Federal Emergency Management Agency(FEMA). FEMA 356 Commentary on the guidelines for the seismic rehabilitation of buildings［S］. Washington D.C.：American Society of Civil Engineers，2000.

［12］中国工程建设标准化协会.高层建筑钢-混凝土混合结构设计规程：CECS 230：2008［S］.北京：中国计划出版社，2008.

［13］中华人民共和国住房和城乡建设部.高层建筑混凝土结构技术规程：JGJ 3—2010［S］.北京：中国建筑工业出版社，2010.

［14］中华人民共和国住房和城乡建设部.组合结构设计规范：JGJ 138—2016［S］.北京：中国建筑工业出版社，2016.

［15］中国工程建设标准化协会.矩形钢管混凝土结构技术规程：CECS 159：2004［S］.北京：中国计划出版社，2004.

［16］中国工程建设标准化协会.钢管混凝土结构技术规程：CECS 28：2012［S］.北京：中国计划出版社，2012.

［17］韩林海，杨有福.现代钢管混凝土结构技术［M］.2版.北京：中国建筑工业出版社，2007.

9 影响钢管混凝土框架结构抗震性能的参数分析

9.1 概　述

通过第 7 章不同形式框架结构体系的抗震性能对比分析,可知从受力和变形性能分析,组合梁-方钢管混凝土柱框架结构相比于钢筋混凝土框架结构,钢-混凝土混合框架和不考虑楼板组合作用钢梁-方钢管混凝土框架结构具有明显的优势[1]。因此本章以第 7 章组合梁-方钢管混凝土柱框架结构为基础,对影响结构抗震性能的参数进行分析。

结构设计参数主要包括结构几何形态参数、截面特征参数、荷载参数、材料特征参数等。在不同结构参数下,组合框架结构在抗震性能方面具有较大的差异[2-3]。

结构几何形态参数主要包括结构平面布置、梁跨、层高等方面的参数;截面特征参数主要包括方钢管混凝土截面含钢率、组合梁上混凝土翼板厚度、组合梁下钢梁高度与翼缘宽度、组合负弯矩钢筋配置等方面参数;荷载参数主要包括结构构件自重、荷载形式、荷载大小等方面的参数;材料特征参数主要包括钢材的屈服极限、混凝土强度、材料的弹性模量等方面的参数。

本章将针对不同的方钢管混凝土柱截面含钢率、组合梁翼板厚度、组合梁下钢梁高度与翼缘宽度、钢材屈服极限及混凝土强度,对组合框架结构的破坏过程、承载力、侧向位移、结构延性、初始抗侧刚度等方面的抗震性能特点进行尝试性的研究分析工作,研究上述参数对结构体系工作性能影响的规律,从而为设计组合框架结构时的结构参数控制提供一定的参考依据。

钢管混凝土截面含钢率由钢管混凝土构件截面面积与钢管壁厚来决定,本章考虑采用不同厚度钢管来研究含钢率对结构整体性能的影响。

组合梁翼板厚度通常情况下即为楼板厚度,对比分析多种楼板厚度情况下的结构整体性能。

组合梁下钢梁高度、翼缘宽度对组合梁的性能有较大影响,这也将影响整体结构的性能,本章分别对不同的钢梁高度、翼缘宽度进行研究。

材料的强度对结构性能有一定影响,通过对采用 Q235 钢管与 C30 混凝土、Q355 钢管与 C50 混凝土、Q420 钢管与 C80 混凝土形成的三种不同钢管混凝土柱,与以 Q235、Q355 为下钢梁的两种组合梁形成的六种组合框架结构体系进行分析,得到材料强度变化时结构体系的整体性能变化规律。

9.2 方钢管混凝土柱含钢率对结构性能的影响分析

钢筋混凝土结构设计通常可以根据结构的布置、荷载的大小,估算构件的截面尺寸,然后根据构件内力计算结构的配筋,得到符合刚度、承载力要求的结构。钢管混凝土则有所不同,钢管混凝土的含钢率对其刚度、承载力、延性等方面有较大的影响。所以对钢管混凝土结构进行设计时,可以先取一个比较符合工程实际的构件截面尺寸,这个截面尺寸通常比同条件下的钢筋混凝土截面小很多,然后根据构件内力计算结果调整含钢率以得到合乎工程需求的钢管混凝土结构。由此可见,钢管混凝土的含钢率对于钢管混凝土结构来说是一个至关重要的参数。本节将研究不同钢管壁厚下钢管混凝土框架结构的力学性能,这将对钢管混凝土结构含钢率的取值提供一定的参考。

对 600 mm × 600 mm 边长的方钢管混凝土柱,分别采用 25 mm、23 mm、21 mm、19 mm、17 mm、15 mm、13 mm、11 mm 壁厚的钢管。第 6 章中的方钢管混凝土框架结构中,底部一至五层柱与上部六至十五层柱分别采用不同含钢率的方钢管,本章为了讨论问题更加直观、方便,组合框架结构统一采用同一种含钢率的方钢管混凝土柱。表 9-1 给出了不同壁厚的方钢管混凝土柱所对应的具体含钢率。

表 9-1　　　　　　　　　不同壁厚的方钢管混凝土柱的含钢率

方钢管壁厚(mm)	25	23	21	19	17	15	13	11
含钢率	0.190	0.173	0.156	0.140	0.124	0.108	0.093	0.078

由 6.2.1 节可知,对不同含钢率的方钢管混凝土构件需要重新计算其组合构件的质量、刚度,以把多材料构件模型等效成单材料构件。随着含钢率的降低,构件的等效质量降低,构件的刚度也随之降低。

9.2.1 不同含钢率方钢管混凝土柱组合框架结构基本性能分析

对上述不同含钢率方钢管混凝土柱的组合框架结构进行模态分析,得到结构的前三阶自振周期如表 9-2 所示。各结构相应的前三阶振型均分别为 Y 方向整体平动、X 方向整体平动和整体扭转。

表 9-2　　　　不同钢管壁厚方钢管混凝土组合框架结构的周期比较

钢管壁厚(mm)	含钢率	第一阶周期(s)	第二阶周期(s)	第三阶周期(s)
25	0.190	1.9436	1.7522	1.6681
23	0.173	1.9530	1.7622	1.6760
21	0.156	1.9637	1.7735	1.6849
19	0.140	1.9759	1.7864	1.6952
17	0.124	1.9899	1.8013	1.7070
15	0.108	2.0062	1.8186	1.7209
13	0.093	2.0253	1.8388	1.7372
11	0.078	2.0481	1.8629	1.7567

结构周期与方钢管混凝土柱含钢率之间的关系如图 9-1 所示。从该图中可以看出,随着方钢管混凝土柱含钢率的增大,结构的周期不断减小。这是因为方钢管混凝土柱含钢率增大,方钢管混凝土柱的刚度增大较大,使得结构周期得到有效减小;而不像钢筋混凝土结构只能采用增大截面尺寸的方式来增大结构刚度、减小结构周期。

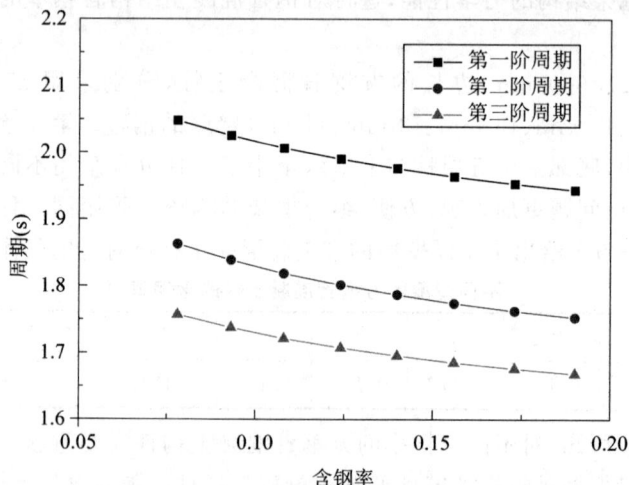

图 9-1　结构周期与方钢管混凝土含钢率的关系曲线

对结构进行 8 度多遇地震 Y 方向弹性反应谱分析,得到结构的顶点位移与最大层间位移角如表 9-3 所示。由表 9-3 得到结构在 8 度多遇地震弹性反应谱分析下结构顶点位移、最大层间位移角与含钢率之间的关系如图 9-2 所示。从该图中可以看出,随着方钢管混凝土柱含钢率的增大,结构弹性反应谱分析下的结构顶点位移减小,结构的最大层间位移角也减小,结构顶点位移与结构最大层间位移角的变化趋势基本保持一致。

表 9-3   不同钢管壁厚结构的弹性分析顶点位移与最大层间位移角

钢管壁厚(mm)	含钢率	顶点位移(mm)	最大层间位移角
25	0.19	62.65	1/563
23	0.173	63.00	1/560
21	0.156	63.40	1/556
19	0.14	63.85	1/551
17	0.124	64.37	1/547
15	0.108	64.96	1/542
13	0.093	65.65	1/537
11	0.078	66.47	1/530

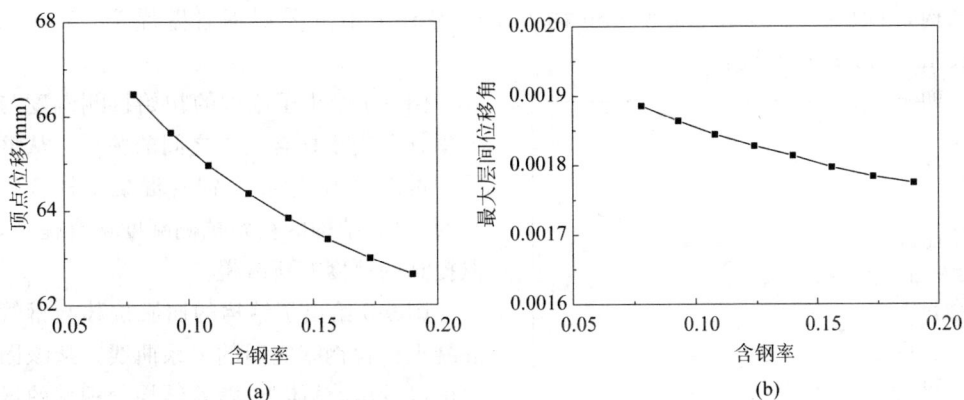

图 9-2   结构弹性顶点位移和最大层间位移角与方钢管混凝土含钢率的关系曲线
(a)顶点位移;(b)最大层间位移角

9.2.2   不同含钢率下框架结构能力曲线

对不同含钢率的方钢管混凝土柱组合框架结构进行 Pushover 分析,得到结构的能力曲线,如图 9-3 所示。

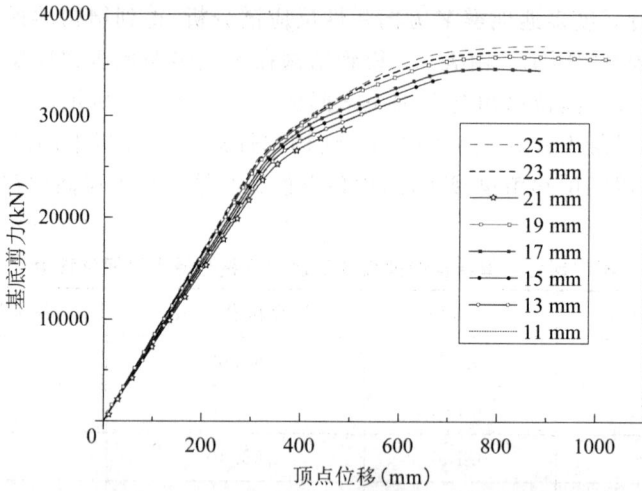

图 9-3　不同含钢率方钢管混凝土柱组合框架结构能力曲线比较

由图 9-3 可以看出,随着方钢管混凝土柱含钢率的增加,结构的初始抗侧刚度增加,结构的屈服承载力、极限承载力增加。其中,由于 15 mm、13 mm、11 mm 钢管壁厚的方钢管混凝土柱的刚度、承载力很低,在本算例的框架结构体系中,组合梁不变,即框架梁的刚度、承载力不变,而柱相对很弱时,结构表现出较差的延性,梁上塑性铰发展不充分时,柱上就出现大量塑性铰,结构的延性变形能力很弱。所以对于本节的结构,截面为 600 mm×600 mm 的方钢管混凝土不宜采用钢管壁厚为 15 mm、13 mm、11 mm 的钢管。

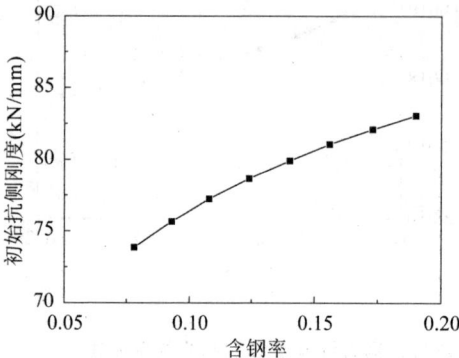

图 9-4　结构初始抗侧刚度与方钢管混凝土柱含钢率的关系曲线

图 9-4 给出了结构的初始抗侧刚度与方钢管混凝土柱含钢率之间的关系。从该图中可以看出,随着方钢管混凝土柱含钢率的增加,结构的初始抗侧刚度略有提高,但提高的速度有所减慢。

图 9-5 给出了结构的屈服位移与钢管混凝土柱含钢率之间的关系曲线。从该图中可以看出,总体上,随着结构含钢率的增加,结构开始屈服的位移有所降低。因为随着含钢率的增加,结构的初始刚度增加较大,所以结构屈服时的位移有一定的降低趋势。但是当方钢管混凝土柱含钢率相对很小时,如采用 11 mm 壁厚的钢管时,结构屈服位移不符合上述变化规律。这是因为当方钢管混凝土柱含钢率太小时,柱的承载力相对较低,结构柱上塑性铰出现较早,使得结构的屈服位移相对方钢管混凝土柱含钢率

较高的框架结构提前,而其他框架都是梁上先出现塑性铰,结构进入塑性变形状态。

图 9-6 给出了结构屈服承载力、极限承载力与钢管混凝土柱含钢率之间的关系曲线。如图 9-6 所示,总体上,随着钢管混凝土含钢率的增大,结构屈服承载力和极限承载力随之增加,极限承载力的增长幅度比屈服承载力的增长幅度大。采用 11 mm 壁厚的钢管时,结构的屈服承载力和极限承载力最小,且钢管壁厚从 11 mm 变化到 13 mm 时,曲线的斜率最大,承载力增大幅度最大,其他情况下,增大率基本趋于一致。这主要是因为结构的屈服由柱屈服控制(局部破坏机制)转变为梁屈服控制(整体破坏机制)。这说明本结构采用 11 mm 壁厚的钢管时,钢管混凝土柱结构破坏为柱先破坏,即局部破坏机制,不合理。

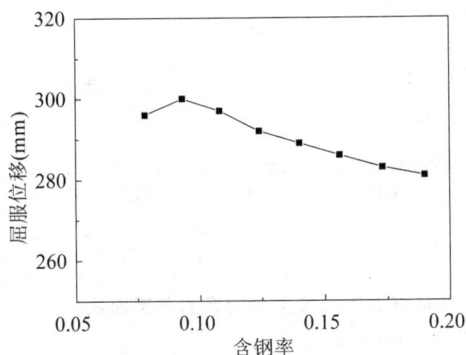

图 9-5 结构屈服位移与钢管
混凝土柱含钢率的关系曲线

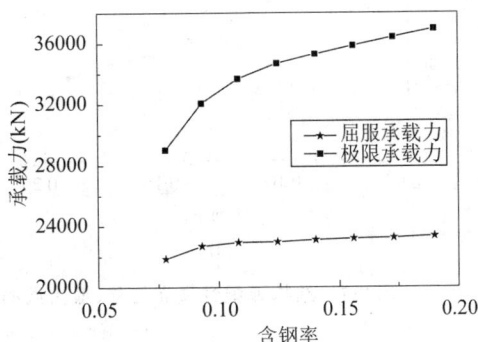

图 9-6 结构屈服承载力、极限承载力
与钢管混凝土柱含钢率的关系曲线

9.2.3 不同含钢率下框架结构性能点时侧移与层间位移角

采用能力谱法求解结构性能点,得到 8 度罕遇地震下结构塑性变形情况。各组合框架结构在性能点时的顶点位移与最大层间位移角如表 9-4 所示。

表 9-4   不同钢管壁厚结构的顶点位移与最大层间位移角

钢管壁厚(mm)	含钢率	顶点位移(mm)	最大层间位移角	最大层间位移角位置
25	0.19	338	1/100.8	结构第四层
23	0.173	341	1/100.0	结构第四层
21	0.156	343	1/100.0	结构第四层
19	0.14	346	1/99.4	结构第四层
17	0.124	350	1/98.6	结构第四层
15	0.108	354	1/97.6	结构第四层

续表 9-4

钢管壁厚(mm)	含钢率	顶点位移(mm)	最大层间位移角	最大层间位移角位置
13	0.093	356	1/98.4	结构第三层
11	0.078	357	1/99.7	结构第三层

8 度罕遇地震下结构顶点位移、最大层间位移角与含钢率之间的关系如图 9-7 所示。

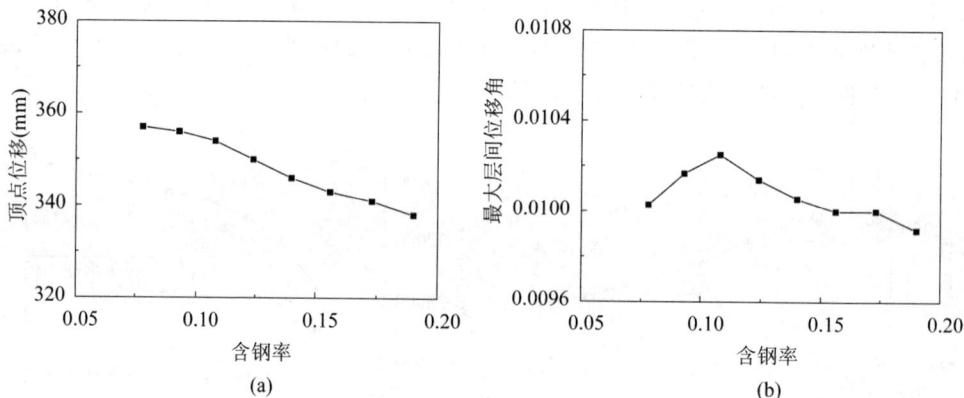

图 9-7　结构弹塑性顶点位移、最大层间位移角与钢管混凝土含钢率的关系曲线

(a)顶点位移；(b)最大层间位移角

从图 9-7 中可以看出，随着方钢管混凝土柱含钢率的增大，结构顶点位移减小，而结构的最大层间位移角并不是单调变化的，含钢率从 0.078 变化到 0.108，最大层间位移角随着含钢率的增大而增大；含钢率从 0.108 变化到 0.19，总体上最大层间位移角随着含钢率的增大而减小。分析结构的弹塑性变形发现，当方钢管混凝土柱含钢率相对较低的时候，结构的最大层间位移角在结构中的位置发生了变化，如表 9-4 所示，由结构第四层变为结构第三层，也就是说在地震作用下结构的薄弱层发生了变化。正是这个变化使得结构的最大层间位移角的变化规律发生了改变，当结构的最薄弱层转变为结构第三层时，结构的最大层间位移角随着方钢管混凝土柱含钢率的降低而减小，与薄弱层在结构第四层时的规律相反。结合在 8 度罕遇地震作用下性能点时结构的塑性铰分布情况，可以知道由于底层柱柱脚的塑性铰出现，使得结构的塑性变形集中发生了一定的改变，所以结构的最大层间位移角位置及其数值均发生了变化。

9.2.4　不同含钢率方钢管混凝土柱框架结构性能点时塑性铰分布

本节将给出不同含钢率方钢管混凝土柱框架结构在性能点时的塑性铰分布图，从塑性铰发展情况的角度来考察方钢管混凝土柱含钢率对结构性能的影响。

通过比较可得,25 mm、23 mm、21 mm、19 mm、17 mm 壁厚的方钢管混凝土柱框架结构在 8 度罕遇地震下性能点时塑性铰分布情况一样,如图 9-8 所示。

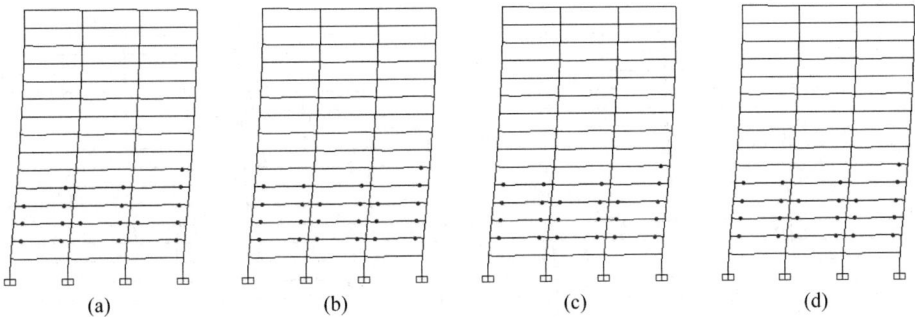

图 9-8　25 mm、23 mm、21 mm、19 mm、17 mm 壁厚方钢管混凝土柱框架结构性能点时塑性铰分布
(a)边跨;(b)次边跨;(c)次中跨;(d)中跨

25 mm、23 mm、21 mm、19 mm、17 mm 壁厚的方钢管混凝土柱框架结构性能点时塑性铰分布一致,表明钢管壁厚在这个范围内变化时,结构性能点时的塑性铰的分布变化得很不明显。这是因为性能点时结构的塑性主要表现在组合梁上,方钢管混凝土柱不是主要的控制因素,所以结构在性能点时的塑性铰分布没有多大变化。

图 9-8 与图 6-54 相比较,结构六至十五层的柱也换成了 25 mm 壁厚的方钢管混凝土柱,但是在性能点时结构塑性铰的分布没有发生明显变化。

图 9-9 给出了 15 mm 壁厚的方钢管混凝土柱框架结构性能点时塑性铰的分布情况,对比图 9-9 与图 9-8 发现,方钢管混凝土柱采用 15 mm 壁厚的方钢管时,结构性能点时梁上的塑性铰相对减少,柱上出现塑性铰。因为 15 mm 壁厚的钢管混凝土柱屈服承载力较低,在性能点时,柱进入屈服状态,引起塑性变形集中,使得梁上的塑性铰相对减少。

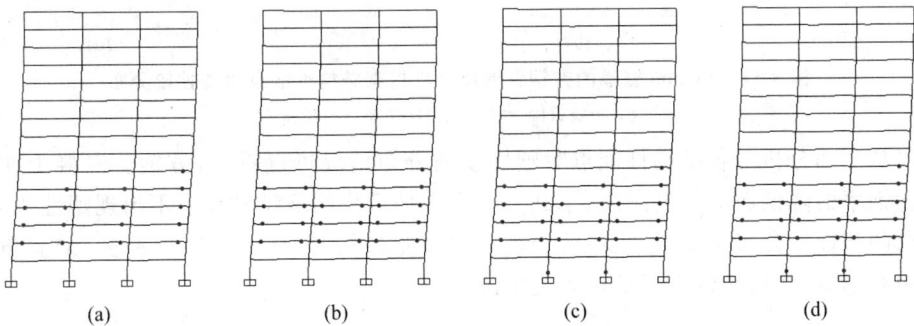

图 9-9　15 mm 壁厚的方钢管混凝土柱框架结构性能点时塑性铰分布
(a)边跨;(b)次边跨;(c)次中跨;(d)中跨

图 9-10 为 13 mm 壁厚的方钢管混凝土柱框架结构性能点时塑性铰分布情况，与图 9-9 对比，13 mm 壁厚的方钢管混凝土柱框架结构在性能点时梁上塑性铰更少，柱上塑性铰更多。

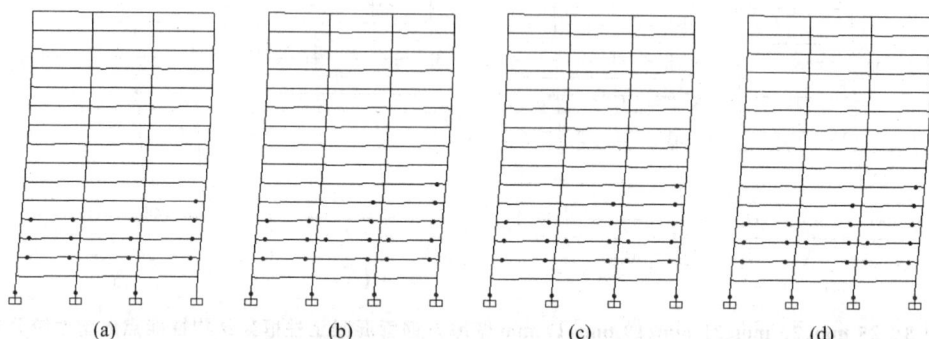

图 9-10　13 mm 壁厚的方钢管混凝土柱框架结构性能点时塑性铰分布
(a)边跨；(b)次边跨；(c)次中跨；(d)中跨

图 9-11 为 11 mm 壁厚的方钢管混凝土柱框架结构性能点时塑性铰分布情况。11 mm 壁厚的方钢管混凝土柱框架结构在性能点时底层柱柱脚布满塑性铰，二层柱柱脚也有部分塑性铰出现，而梁上的塑性铰相对最少。结构塑性更多由柱屈服后的塑性变形表现出来。

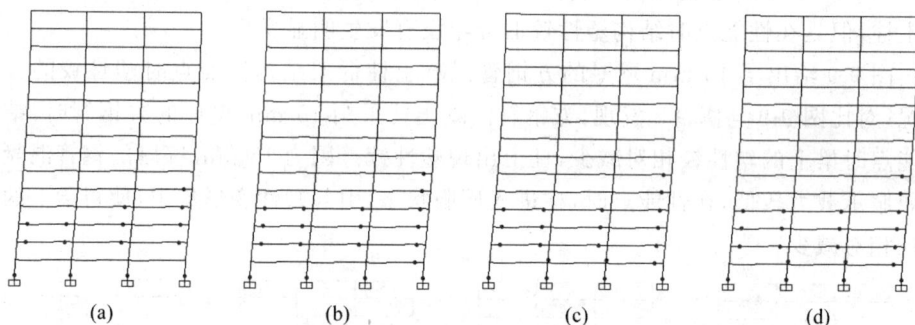

图 9-11　11 mm 壁厚的方钢管混凝土柱框架结构性能点时塑性铰分布
(a)边跨；(b)次边跨；(c)次中跨；(d)中跨

从上面分析与各结构性能点时塑性铰的分布情况可以看出，方钢管混凝土柱随着含钢率的降低而降低其刚度、承载力。当在地震作用下结构柱上不出现塑性铰时，结构的塑性铰分布不发生改变；而当柱上出现塑性铰时，柱上塑性铰越多，梁上塑性铰相对越少，结构塑性变形的位置发生改变。

9.2.5　方钢管混凝土柱含钢率对结构性能的影响小结

从上面的研究分析中可以得出以下结论：

（1）增大方钢管混凝土柱含钢率可以有效降低组合框架结构的周期。

（2）方钢管混凝土柱含钢率增加，小震作用下结构的位移反应降低。

（3）方钢管混凝土柱含钢率增加，结构初始抗侧刚度增加较为明显。

（4）结构的屈服位移、屈服承载力受方钢管混凝土柱含钢率影响较小，但当含钢率较小时，结构柱先进入屈服状态，结构屈服位移、屈服承载力受到影响变得较大。

（5）结构极限承载力受方钢管混凝土柱含钢率的影响较大，提高方钢管混凝土柱含钢率可以有效提高结构的极限承载力。

（6）大震作用下结构的侧移受方钢管混凝土柱含钢率影响较小并呈下降趋势，结构的最大层间位移角则因方钢管混凝土柱的刚度、承载力的变化而呈现不规律的变化，最大层间位移角的位置过低对结构不利，结构延性相对较差。

（7）地震作用下，当结构柱不进入塑性时，方钢管混凝土柱含钢率对塑性铰分布基本没有影响，而当含钢率过低时，柱进入塑性。随着含钢率的降低，梁上塑性铰减少，柱上塑性铰增加，结构塑性变形集中位置发生变化。

9.3　组合梁翼板厚度对结构性能的影响分析

组合梁翼板的厚度是钢-混凝土组合梁的一个重要的结构参数，对组合梁的性能有着很大的影响。组合梁翼板厚度通常取决于楼板的厚度，楼板的厚度与结构的平面布置有关，而楼板的厚度也可以在一定的范围内做适当的调整。

本节对厚度为 120 mm、140 mm、160 mm、180 mm、200 mm 的钢筋混凝土楼板进行结构性能的比较分析，得出组合梁翼板厚度对结构整体性能的影响。

9.3.1　不同楼板厚度的结构基本性能分析

对不同楼板厚度的组合框架结构进行模态分析，得到结构的前三阶自振周期如表 9-5 所示。各结构相应的前三阶振型均分别为 Y 方向整体平动、X 方向整体平动和整体扭转。

结构周期与楼板厚度之间的关系曲线如图 9-12 所示。从表 9-5 和图 9-12 可以看出，结构的周期随楼板厚度的变化不明显，随着楼板厚度的增加，结构的周期先增大，随后减小。增加楼板厚度，增加了组合梁的刚度，刚度的增加使得结构周期趋于减小，但是楼板厚度的增加同时也增大了结构的自重，使得结构周期又趋于增加，正是因为这两个因素的共同影响，才使得结构的周期呈现不明显的变化趋势，并且结构周期受楼板厚度增加的影响不大。

表9-5　　　　　　　　不同楼板厚度的组合框架结构周期比较

楼板厚度(mm)	第一阶周期(s)	第二阶周期(s)	第三阶周期(s)
120	1.9518	1.7619	1.6748
140	1.9675	1.7639	1.6856
160	1.9745	1.7574	1.6892
180	1.9784	1.7503	1.6915
200	1.9723	1.7412	1.6886

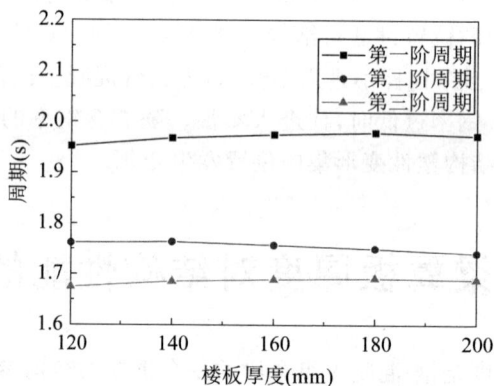

图9-12　结构周期与楼板厚度的关系曲线

　　图9-13给出了组合梁刚度提高率与楼板厚度的关系曲线。从图9-13可以看出,随着楼板厚度的增加,不论是边梁或者中梁,组合梁刚度均有提高,且4条线的斜率基本一致,当钢筋混凝土楼板厚度从120 mm增大到200 mm时,对于横向中梁、边梁和纵向中梁、边梁,刚度基本可以提高1倍以上。

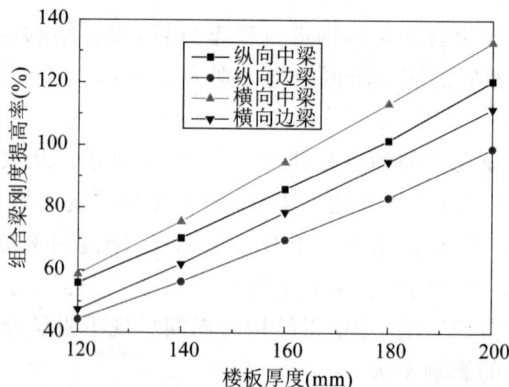

图9-13　组合梁刚度提高率与楼板厚度关系曲线

图 9-14 给出了组合梁刚度荷载比与楼板厚度的关系曲线。从图中可以看出,虽然楼板的厚度增加,使得组合梁结构的刚度有了较大的提高,但是如果从刚度荷载比来看,楼板厚度增加使得组合梁刚度增加的速度相对于楼板厚度增加使得结构自重荷载增加的速度慢,这使得组合梁刚度与荷载的比值可能呈现下降或上升的趋势。而对于整个结构来说,刚度荷载比的变化规律则会更加复杂。这也是随着楼板厚度增加,结构的自振周期变化不明显的原因。

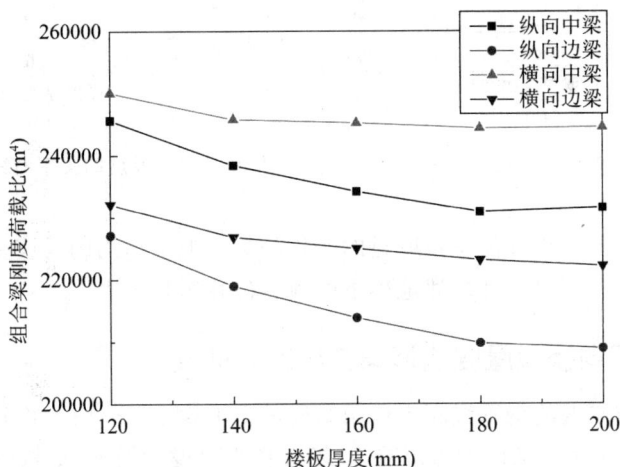

图 9-14　组合梁刚度荷载比与楼板厚度的关系曲线

对各结构进行 8 度多遇地震 Y 方向弹性反应谱分析,得到结构的顶点位移与最大层间位移角如表 9-6、图 9-15 所示。

表 9-6　　　　　　　**不同楼板厚度下结构的顶点位移与最大层间位移角**

楼板厚度(mm)	顶点位移(mm)	最大层间位移角
120	63.07	1/568
140	63.66	1/563
160	63.93	1/561
180	64.09	1/560
200	63.88	1/563

对比表 9-6 中的数值和图 9-15,发现楼板厚度对 8 度多遇地震下的结构侧移、层间位移角影响较小,不同楼板厚度下结构侧移、层间位移的差别较小。从图 9-15 中可以看出,随着楼板厚度的增大,弹性反应谱分析下的结构顶点位移、最大层间位移角先增大后减小,结构顶点位移与结构最大层间位移角的变化趋势基本保持一致,增加楼板厚度的同时增大了组合梁的刚度和结构的自重荷载,两者的共同影响使得弹

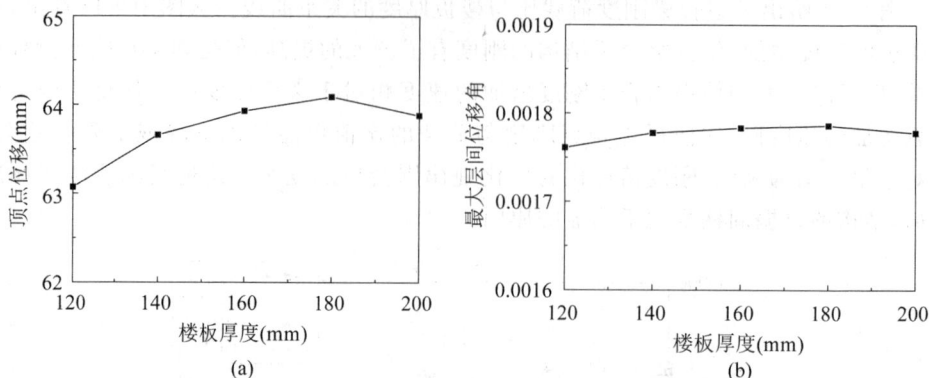

图 9-15　结构顶点位移、最大层间位移角与楼板厚度的关系曲线

(a)顶点位移；(b)最大层间位移角

性反应谱分析下的结构性能呈不明显的变化趋势。但是结构的反应变化不大也说明了增大结构楼板厚度对 8 度多遇地震下的顶点位移影响不大。

9.3.2　不同楼板厚度的框架结构能力曲线

对不同楼板厚度的钢管混凝土框架结构进行 Pushover 分析,得到各结构的能力曲线,如图 9-16 所示。从图中可以看出,随着楼板厚度的增加,结构的初始抗侧刚度明显增加,结构的屈服承载力、极限承载力也得到较大程度的增加,但结构的延性变形能力却有所降低。

图 9-17 给出了结构的初始抗侧刚度与楼板厚度之间的关系曲线。如图 9-17 所示,随着楼板厚度的增加,结构的初始抗侧刚度有明显的提高,二者之间基本保持线性关系,说明楼板厚度对结构初始抗侧刚度的影响十分显著。

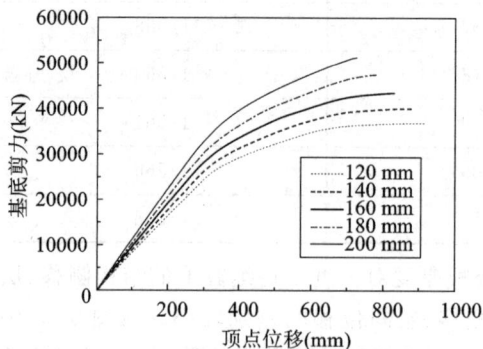

图 9-16　不同楼板厚度的结构的
能力曲线比较

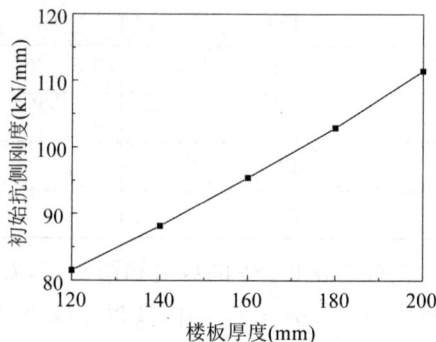

图 9-17　结构初始抗侧刚度与
楼板厚度的关系曲线

图 9-18 给出了结构的屈服位移与楼板厚度之间的关系曲线。如图 9-18 所示，结构楼板厚度的增加使得结构开始屈服时的位移有较大程度的降低。随着楼板厚度的增加，结构屈服位移减小的趋势有所减缓。楼板厚度在 120～160 mm 时，屈服位移对楼板厚度变化更为敏感，而楼板厚度为 160～200 mm 时，敏感程度降低。

图 9-19 给出了结构屈服承载力和极限承载力与结构楼板厚度之间的关系曲线。如图 9-19 所示，结构楼板厚度的增加使得结构屈服承载力和极限承载力提高。极限承载力随楼板厚度增加的速度大于屈服承载力，且极限承载力和楼板厚度基本呈线性关系。

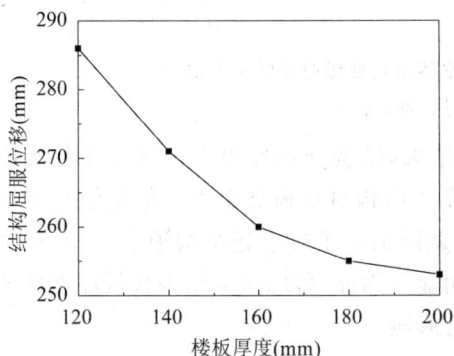

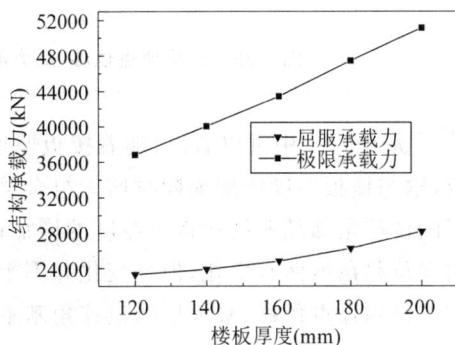

图 9-18　结构屈服位移与楼板厚度的关系曲线　　图 9-19　结构承载力与楼板厚度的关系曲线

9.3.3　不同楼板厚度的框架结构性能点时侧移与层间位移角

采用能力谱法求解结构性能点，得到 8 度罕遇地震下结构塑性变形情况。各组合框架结构在性能点时的顶点位移与最大层间位移角如表 9-7 所示。

表 9-7　　　　　　　　不同楼板厚度的结构顶点位移与最大层间位移角

楼板厚度(mm)	顶点位移(mm)	最大层间位移角
120	342	1/101.7
140	339	1/102.0
160	337	1/102.3
180	337	1/102.6
200	338	1/103.2

由表 9-7 得到 8 度罕遇地震下结构顶点位移、最大层间位移角与楼板厚度之间的关系曲线如图 9-20 所示。

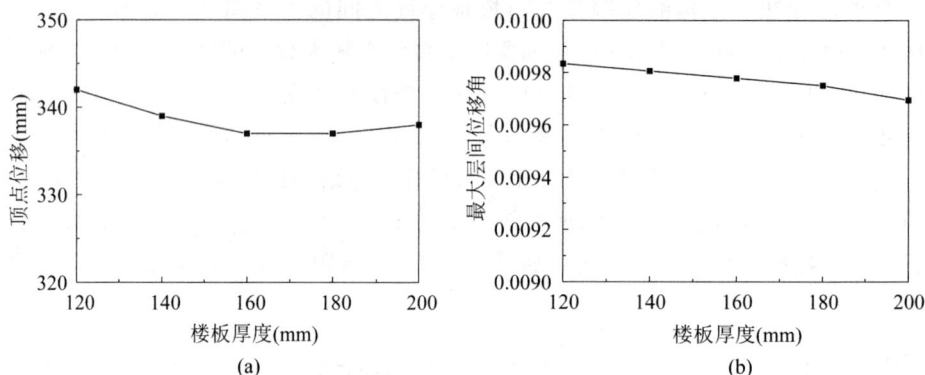

图 9-20 结构顶点位移、最大层间位移角与楼板厚度的关系曲线

(a)顶点位移;(b)最大层间位移角

从图 9-20 中可以看出,随着楼板厚度的增大,结构弹塑性顶点位移变化趋势不定,这与楼板厚度增加能同时增大组合梁刚度与结构自重荷载有关。但是结构最大层间位移角却随着结构楼板厚度的增加而单调降低。不过上述结构顶点位移、最大层间位移角虽然有变化,但是变化并不十分明显。因此,可以认为结构楼板厚度的增加对结构顶点位移、最大层间位移角基本没有影响。

9.3.4 不同楼板厚度的框架结构性能点时塑性铰分布

140 mm 厚楼板的框架结构在 8 度罕遇地震下性能点时塑性铰分布情况如图 9-21 所示。与图 6-54 比较,组合梁正弯矩区塑性铰减少,负弯矩区塑性铰略有增加,塑性铰总的数量呈减少趋势,140 mm 厚楼板的组合框架结构在性能点时的塑性变形相对较小。影响正、负弯矩区塑性铰数量的主要因素有:自重荷载增加,负弯矩区负弯矩增大,正弯矩区正弯矩减小;组合梁刚度提高,梁在结构中分担弯矩增大;组合梁屈服承载力提高。对于 140 mm 厚楼板,组合梁正弯矩区受自重荷载增加、屈服承载力提高的影响明显而塑性铰数量减少,负弯矩区塑性铰受自重荷载增加、组合梁分配弯矩增大的影响明显而塑性铰数量略有增加,所以结构总体上表现出正弯矩区塑性铰减少而负弯矩区塑性铰略有增加的现象。

图 9-22 为 160 mm 厚楼板框架结构在 8 度罕遇地震下性能点时塑性铰分布图。与图 9-21 相比,采用 160 mm 厚楼板时,组合梁上正弯矩区塑性铰略有减少,负弯矩区塑性铰略有增加,塑性铰总体数量基本保持一致。同样基于上述原因,正、负弯矩区塑性铰数量发生变化,只是正弯矩区塑性铰数量已经较少,减少的程度降低,而负弯矩区塑性铰已经较多,较为充分,结构性能点时的变形等级下,塑性铰也仅略有增加。

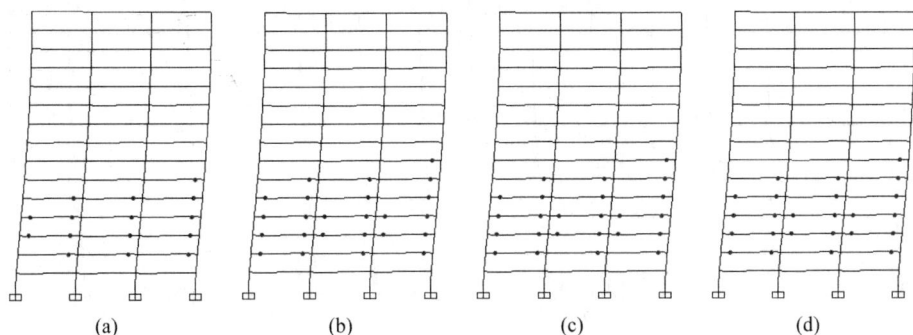

图 9-21　140 mm 厚楼板的框架结构性能点时塑性铰分布
(a)边跨；(b)次边跨；(c)次中跨；(d)中跨

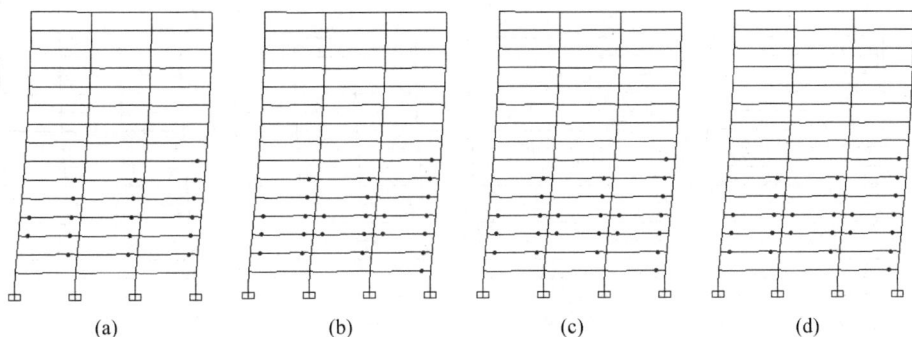

图 9-22　160 mm 厚楼板的框架结构性能点时塑性铰分布
(a)边跨；(b)次边跨；(c)次中跨；(d)中跨

180 mm 厚楼板的框架结构在 8 度罕遇地震下性能点时塑性铰分布情况如图 9-23 所示。180 mm 厚楼板时的组合框架结构，在正弯矩区主要受梁刚度增大而分担更大的弯矩，使得结构边跨正弯矩区的塑性铰略有增加；在负弯矩区同时受梁刚度增大与自重荷载增大，因此分担更大的弯矩，而结构边跨负弯矩区塑性铰也有所增加。

如图 9-24 所示，200 mm 厚楼板时组合梁正弯曲区塑性铰较 180 mm 厚楼板时组合梁少，这主要是因组合梁屈服承载力增加、自重荷载增加使得正弯矩区的正弯矩减小而引起的现象。

从上面分析不同楼板厚度下各结构性能点时塑性铰的分布情况可以得出，结构楼板厚度的增大会同时影响结构自重荷载产生的结构内力、结构组合梁的屈服承载力与结构的内力分配。研究结构塑性铰发展随楼板厚度的变化情况应该综合考虑上述三方面因素。也可以看出，单纯增大楼板厚度，并不能有效控制结构的塑性铰发展，相反，还可能使连续组合梁的相对薄弱部位——负弯矩区塑性铰数量增多。

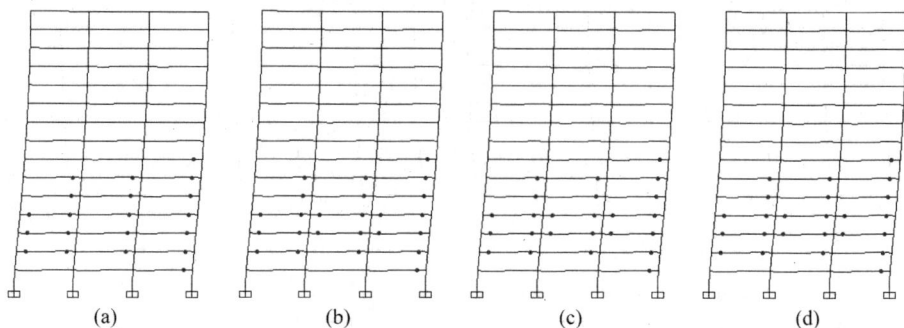

图 9-23 180 mm 厚楼板的框架结构性能点时塑性铰分布
(a)边跨;(b)次边跨;(c)次中跨;(d)中跨

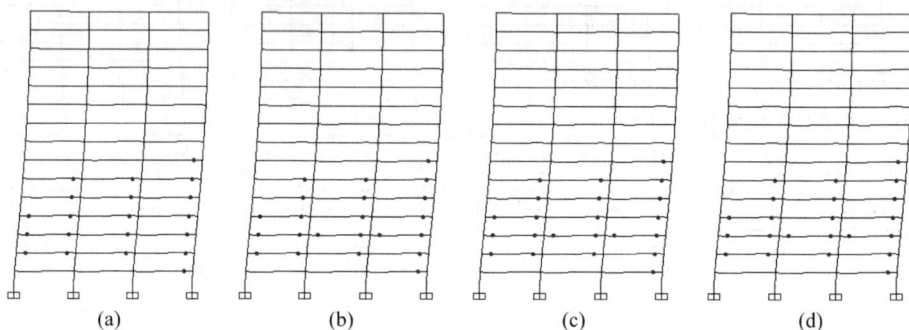

图 9-24 200 mm 厚楼板的框架结构性能点时塑性铰分布
(a)边跨;(b)次边跨;(c)次中跨;(d)中跨

9.3.5 楼板厚度对结构性能的影响小结

通过楼板厚度对框架结构性能的影响分析,可以得出以下结论:

(1)增大楼板厚度同时增大了组合梁刚度、自重荷载,对组合框架结构的周期影响并不明显。

(2)增大楼板厚度,小震作用下结构的位移反应变化不显著,并可能有增大的趋势。

(3)增大楼板厚度,可以十分有效地增加结构初始抗侧刚度。

(4)结构的屈服位移受楼板厚度的影响较小,但是总体上结构的屈服位移随楼板厚度的增大而呈减小趋势;结构的屈服承载力受楼板厚度的影响较大,随着楼板厚度的增大,结构屈服承载力明显提高。

(5)结构极限承载力受楼板厚度的影响较大,提高楼板厚度可以有效提高结构的极限承载力。

（6）随着结构楼板厚度的增大、结构极限承载力的提高，结构的延性变形能力降低。

（7）大震作用下结构的侧移受楼板厚度影响较小，并可能随楼板厚度的增加呈现上升的趋势；结构的最大层间位移角受楼板厚度影响也较小，随楼板厚度的增加呈现单调下降趋势。

（8）地震作用下，当结构柱不进入塑性时，梁上正、负弯矩区受楼板厚度的影响较大，但是需要综合考虑楼板厚度增大而引起的自重荷载增加、组合梁刚度增大、组合梁屈服承载力增大三方面的影响来进行判断。

9.4　组合梁的钢梁高度对结构性能的影响分析

组合梁的钢梁高度也是钢筋混凝土组合梁的一个重要结构参数，对组合梁的性能有着非常大的影响。本节将就 600 mm、650 mm、700 mm、750 mm 四种不同钢梁高度下的组合梁-方钢管混凝土柱框架结构进行结构性能分析。为了便于比较不同高度组合梁，本节的组合框架结构不分横梁、纵梁，统一采用同一种组合梁截面形式。

通过对不同钢梁高度的组合梁模型的计算可知，随着钢梁高度的变化，组合梁的刚度、组合梁的承载力均有较大的改变，结构的质量也略有变化。为了便于后面分析研究中的描述，本节称不同钢梁高度的组合梁-方钢管混凝土柱框架结构为不同高度梁框架结构。

9.4.1　不同高度梁框架结构基本性能分析

对不同高度梁框架结构进行模态分析，得到结构的前三阶自振周期如表 9-8 所示。各结构相应的前三阶振型均分别为 Y 方向整体平动、X 方向整体平动和整体扭转。

表 9-8　　　　　　　　　　　　　**不同高度梁框架结构周期比较**

钢梁高度（mm）	第一阶周期（s）	第二阶周期（s）	第三阶周期（s）
600	2.1819	1.7977	1.7959
650	2.0596	1.7111	1.6988
700	1.9530	1.6360	1.6148
750	1.8611	1.5704	1.5419

结构周期与钢梁高度之间的关系曲线如图 9-25 所示。从图中可以看出，随着钢梁高度的增加，结构周期逐渐减小。增加钢梁高度，能有效增加组合梁的刚度，使得整个结构的刚度得到较大的提高，进而使得结构周期减小。

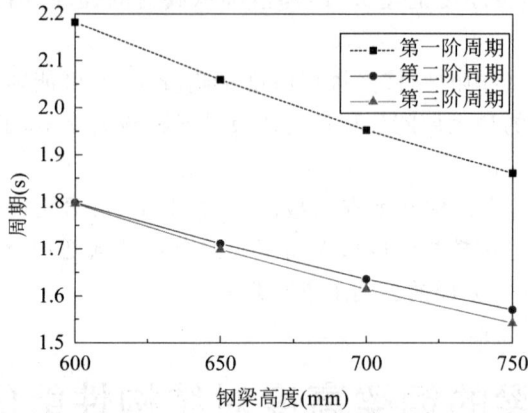

图 9-25　结构周期与钢梁高度的关系曲线

对各结构进行 8 度多遇地震 Y 方向弹性反应谱分析,得到结构的侧移与层间位移角如图 9-26 所示。由图 9-26 可以看出,随着钢梁高度的增加,结构的侧移与层间位移角都明显减小,表 9-9 给出了不同钢梁高度下结构的顶点位移与最大层间位移角。

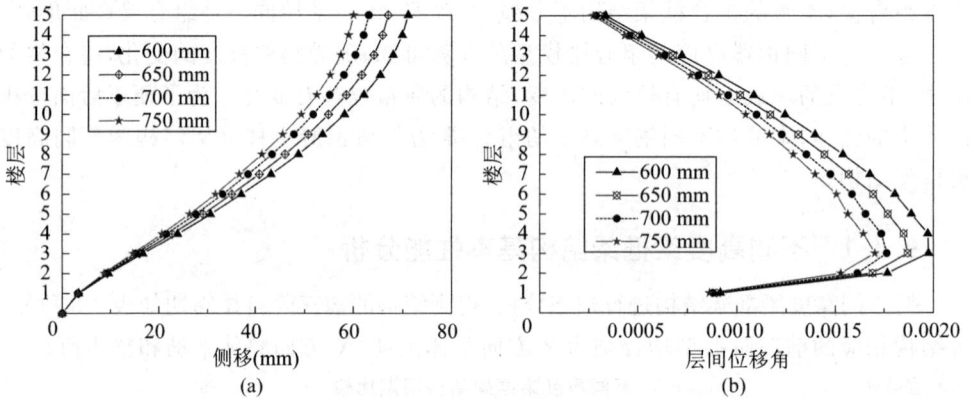

图 9-26　不同钢梁高度下结构侧移、层间位移角对比

(a)侧移;(b)层间位移角

表 9-9　　　不同钢梁高度下结构的顶点位移与最大层间位移角

钢梁高度(mm)	顶点位移(mm)	最大层间位移角
600	71.12	1/506
650	67.01	1/535
700	63.11	1/567
750	60.06	1/587

由表 9-9 得到结构在 8 度多遇地震弹性反应谱分析下结构顶点位移、最大层间位移角与钢梁高度之间的关系曲线如图 9-27 所示。从该图中可以看出,随着钢梁高度的增大,弹性反应谱分析得到的结构顶点位移、最大层间位移角均十分明显地减小,并且结构曲线顶点位移与最大层间位移角的变化趋势基本保持一致。这说明在一定范围内,通过增大钢梁高度能够有效降低 8 度多遇地震下结构的弹性位移地震反应,减小多遇地震下结构的弹性位移。

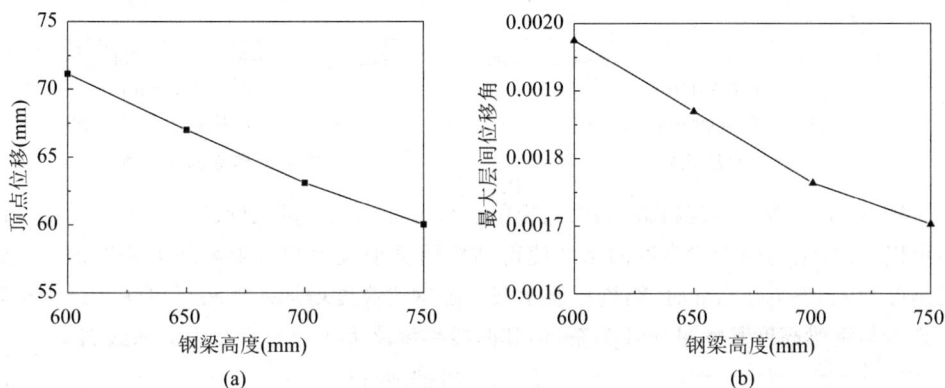

图 9-27 结构顶点位移、最大层间位移角与钢梁高度的关系曲线

(a)顶点位移;(b)最大层间位移角

9.4.2 不同高度梁框架结构能力曲线

对不同高度梁框架结构进行 Pushover 分析,得到各结构的能力曲线,如图 9-28 所示。从该图中可以看出,随着钢梁高度的增加,结构的初始抗侧刚度增加较为明显,结构的屈服承载力、极限承载力也得到较大程度的提高,而结构的延性变形能力无明显变化。

图 9-29 给出了结构的初始抗侧刚度与钢梁高度之间的关系曲线。从该图中可以看出,随着钢梁高度的增加,结构的初始抗侧刚度提高较大,二者之间基本保持线性关系。而且结构的初始抗侧刚度保持在较低的水平。

图 9-30 给出了结构的屈服位移与钢梁高度之间的关系曲线。如图 9-30 所示,结构屈服位移随着钢梁高度的增大,整体呈现下降的趋势,但是有局部不符合整体变化规律。这是因为增大钢梁高度的同时增大了钢梁的刚度与钢梁的屈服承载力,在结构体系中,钢梁的刚度对结构内力的分配有很大影响,当钢梁的刚度提高相对于钢梁屈服承载力的提高更大的时候,可能使得在一定结构侧移下,钢梁的屈服提前。

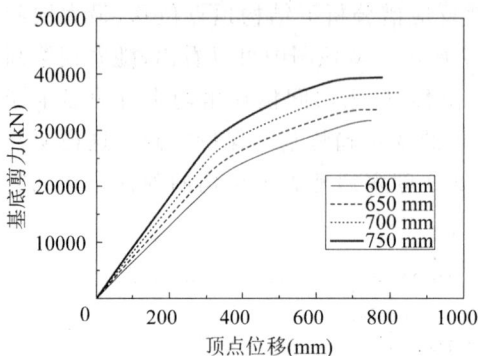

图 9-28 不同高度梁框架结构
能力曲线比较

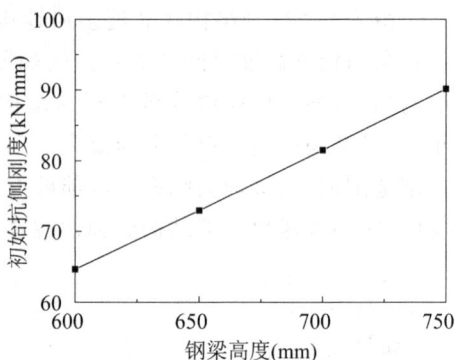

图 9-29 结构初始抗侧刚度
与钢梁高度的关系曲线

图 9-31 给出了结构屈服承载力、极限承载力与钢梁高度之间的关系曲线。从该图中可以看出,结构中钢梁高度的增加使得结构屈服承载力和极限承载力均增加。当钢梁高度为 650～700 mm 时,结构屈服承载力随钢梁高度增加而提高得更快。结构极限承载力与钢梁高度基本呈线性关系,但其曲线斜率略大于屈服承载力的曲线斜率。

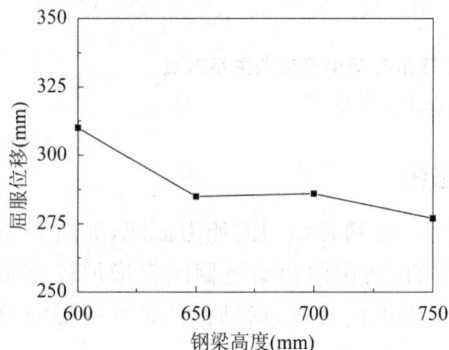

图 9-30 结构屈服位移与钢梁高度的关系曲线

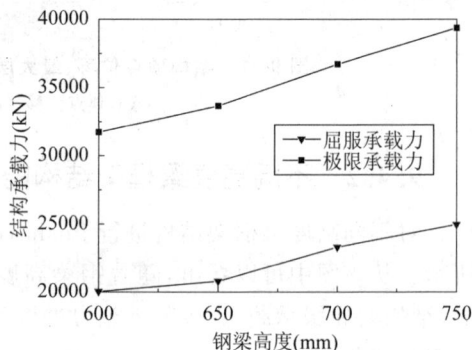

图 9-31 结构承载力与钢梁高度的关系曲线

9.4.3 不同高度梁框架结构性能点时侧移与层间位移角

采用能力谱法求解结构性能点,得到 8 度罕遇地震下结构塑性变形情况。各组合框架结构在性能点时的结构侧移与层间位移角如图 9-32 所示。从图中可以看出,增加钢梁高度可以有效降低结构的弹塑性侧移与层间位移角。

不同钢梁高度下结构的顶点位移与最大层间位移角如表 9-10 所示。由表 9-10 得到结构在 8 度罕遇地震反应下结构顶点位移、最大层间位移角与钢梁高度之间的关系曲线如图 9-33 所示。从图中可以看出,随着钢梁高度的增大,结构弹塑性顶点位移、最大层间位移角明显减小。增大钢梁高度能够有效降低结构在 8 度罕遇地震下的弹塑性位移反应。

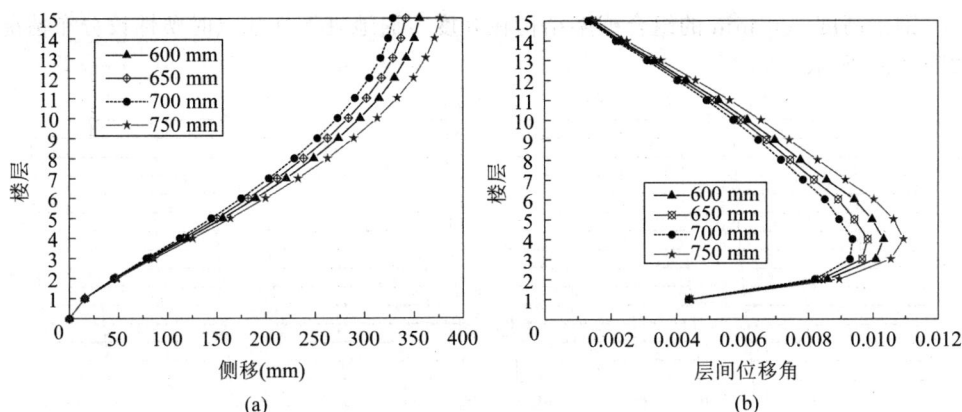

(a)

(b)

图 9-32   不同钢梁高度下结构侧移、层间位移角对比

(a)侧移；(b)层间位移角

表 9-10   **不同钢梁高度下结构的顶点位移与最大层间位移角**

钢梁高度(mm)	顶点位移(mm)	最大层间位移角
600	377	1/91.4
650	356	1/96.8
700	342	1/101.7
750	329	1/106.8

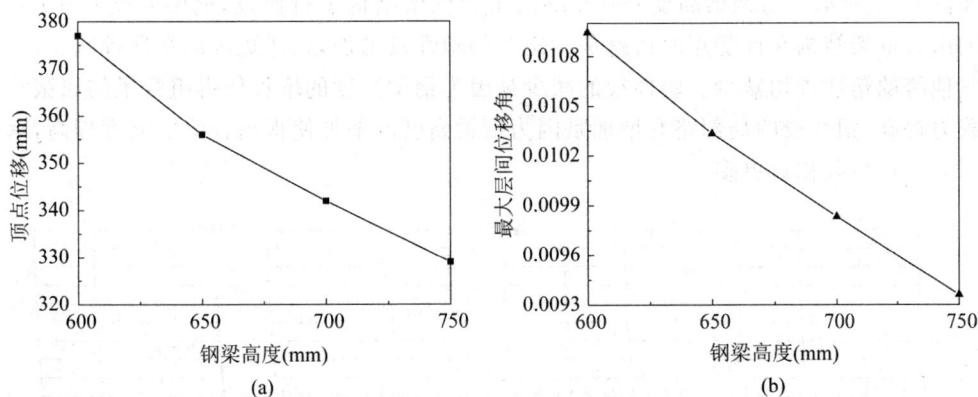

(a)

(b)

图 9-33   结构顶点位移、最大层间位移角与钢梁高度的关系曲线

(a)顶点位移；(b)最大层间位移角

9.4.4   不同高度梁框架结构性能点时塑性铰分布

本节给出不同高度梁框架结构在性能点时的塑性铰分布图，从塑性铰发展情况的角度来考察钢梁高度对结构性能的影响。

钢梁高度 600 mm 的组合框架结构在 8 度罕遇地震下性能点时塑性铰分布情况如图 9-34 所示。

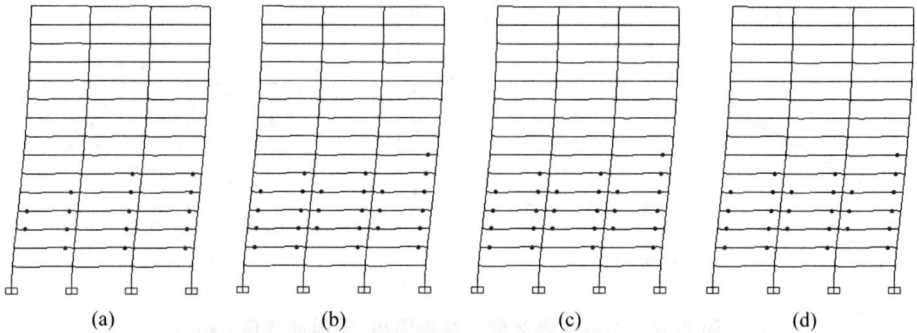

图 9-34　钢梁高度 600 mm 的框架结构性能点时塑性铰分布
（a）边跨；（b）次边跨；（c）次中跨；（d）中跨

钢梁高度 600 mm 的组合框架结构在性能点时，负弯矩区塑性铰数量比正弯矩区多。因为结构竖向荷载在梁端产生负弯矩，水平力进一步使得负弯矩区的负弯矩增大，而正弯矩区的负弯矩则是由负逐渐增加为正。此外，组合梁负弯矩区的屈服承载力较低，所以组合梁负弯矩区塑性铰数量相对较多。

钢梁高度 650 mm 的组合框架结构在 8 度罕遇地震下性能点时塑性铰分布情况如图 9-35 所示。与钢梁高度 600 mm 的组合框架结构进行比较，钢梁高度 650 mm 的组合框架结构在性能点时边跨负弯矩区的塑性铰增加，正弯矩区的塑性铰减少，而其他跨的塑性铰均减少。塑性铰的减少是因为钢梁高度的增加使得组合梁的屈服承载力提高，塑性铰的局部略有增加是因为钢梁高度的增加使得组合梁的刚度提高，承担的结构荷载相对更多。

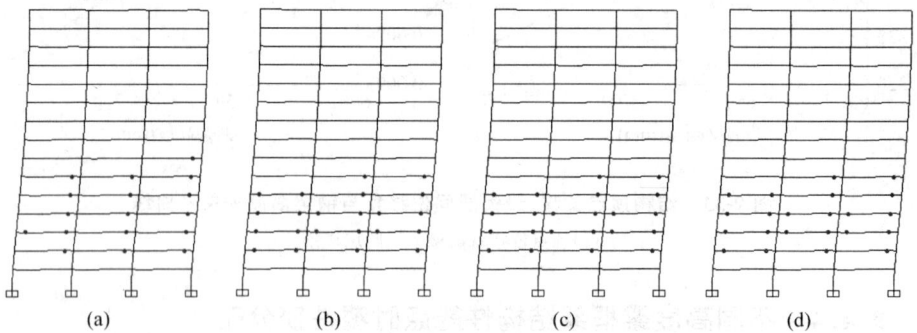

图 9-35　钢梁高度 650 mm 的框架结构性能点时塑性铰分布
（a）边跨；（b）次边跨；（c）次中跨；（d）中跨

如图 9-36 所示,钢梁高度 700 mm 的组合框架结构的塑性铰相对钢梁高度 600 mm、650 mm 的组合框架结构分布更加均匀,正、负弯矩区塑性铰数量基本保持同一水平,结构整体性相对更好,更有利于结构的延性变形能力的发挥。与图 6-54 塑性铰分布完全一致,这在一定程度上说明对于本计算模型,纵向梁的增强对横向地震作用下结构横向组合梁上的塑性铰发展没有太大的影响。

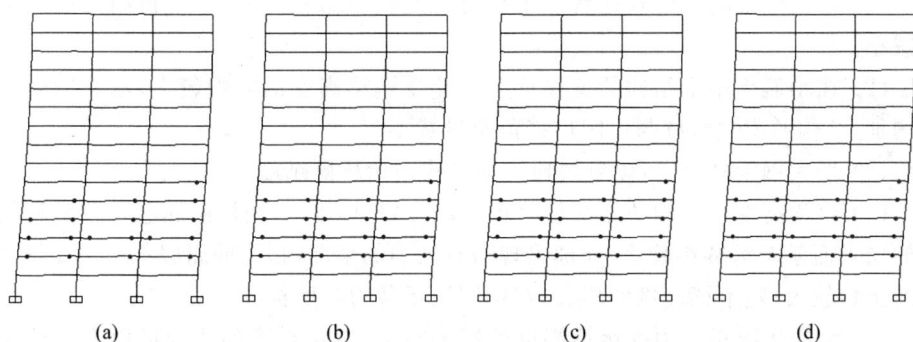

图 9-36 钢梁高度 700 mm 的框架结构性能点时塑性铰分布
(a)边跨;(b)次边跨;(c)次中跨;(d)中跨

如图 9-37 所示,当钢梁高度为 750 mm 时,由于组合梁屈服承载力的增加和组合梁刚度变化引起结构内力分配情况的改变,组合梁结构负弯矩区塑性铰分布基本不变,而正弯矩区的塑性铰数量减少。

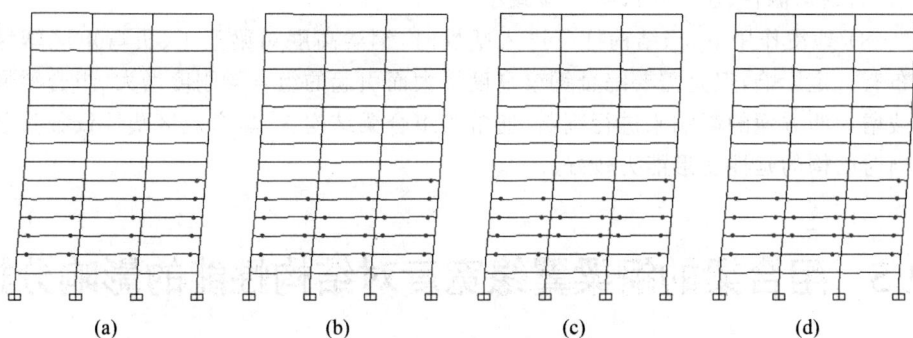

图 9-37 钢梁高度 750 mm 的框架结构性能点时塑性铰分布
(a)边跨;(b)次边跨;(c)次中跨;(d)中跨

从以上分析与各结构性能点时塑性铰的分布情况可以看出,钢梁高度的增大会同时影响组合梁的屈服承载力与结构的内力分配,结构塑性铰发展随钢梁高度的变化应该综合上述多方面因素综合评定。也可以看出,选择合适的钢梁高度,可以有效控制结构的塑性铰发展的平衡,使得组合梁结构塑性铰在正、负弯矩区分布相对更加均衡。这里的合适钢梁高度是针对固定的楼板厚度、钢梁翼缘宽度、方钢管混凝土柱截面属性等参数不变而言的。

9.4.5 钢梁高度对结构性能的影响小结

从钢梁高度对结构性能的影响分析中可以得到以下结论：

（1）增大钢梁高度有效地增加了组合梁及整个结构的刚度，使得结构的周期明显减小。

（2）在小震作用下结构的位移反应变化受钢梁高度的影响较大，随着钢梁高度的增加，结构的弹性侧移与层间位移角明显减小。

（3）增大钢梁高度，可以有效地增加结构初始抗侧刚度。

（4）钢梁高度对结构的屈服位移有一定影响，总体上，结构的屈服位移随钢梁高度的增大而基本呈减小趋势，局部出现略有增加的情况；结构的屈服承载力受钢梁高度的影响较大，随钢梁高度的增大，结构屈服承载力有所提高。

（5）结构极限承载力受钢梁高度的影响较大，钢梁高度的改变可以有效改变结构的极限承载力。

（6）在其他参数不变的情况下，结构延性在相对合适的钢梁高度下表现最好，当钢梁高度过低或过高时，分别由于组合梁承载力太低和组合梁构件延性较差而使得结构延性相对降低。

（7）在大震作用下结构的侧移、层间位移角受钢梁高度影响较大，随着钢梁高度的增加，结构侧移、层间位移角明显减小。

（8）地震作用下，当结构柱不进入塑性时，钢梁高度对梁上正、负弯矩区塑性铰分布有一定影响，但是需要综合钢梁高度增大而引起的组合梁刚度增大、组合梁屈服承载增大两方面的影响来进行判断，通常当组合梁结构正、负弯矩区塑性铰数量基本相当时结构的延性变形能力较好。

9.5 组合梁的钢梁翼缘宽度对结构性能的影响分析

钢梁翼缘宽度对组合梁的性能也有非常大的影响。本节将就 250 mm、300 mm、350 mm、400 mm 四种不同钢梁翼缘宽度的组合梁-方钢管混凝土柱框架结构进行结构性能分析。为了便于比较，本节的组合框架结构不分横梁、纵梁，统一采用钢梁高度 700 mm 的组合梁截面形式。

通过对不同翼缘宽度下钢梁的组合梁模型计算可以知道，组合梁的刚度、组合梁的承载力均有较大的改变，结构的质量也略有变化。与钢梁高度变化时的情况比较，钢梁高度变化对组合梁刚度的影响相对较大,而组合梁翼缘宽度对组合梁承载力的影响相对较大。为了便于后面分析研究中的描述,本节称不同钢梁翼缘宽度的组合梁-方钢管混凝土柱框架结构为不同钢梁翼缘宽度的框架结构。

9.5.1 不同钢梁翼缘宽度的框架结构基本性能分析

对不同钢梁翼缘宽度的框架结构进行模态分析,得到结构的前三阶自振周期如表 9-11 所示。各结构相应的前三阶振型均分别为 Y 方向整体平动、X 方向整体平动和整体扭转。

表 9-11 **不同钢梁翼缘宽度的框架结构周期比较**

翼缘宽度(mm)	第一阶周期(s)	第二阶周期(s)	第三阶周期(s)
250	2.0209	1.6814	1.6678
300	1.9530	1.6360	1.6148
350	1.8981	1.5989	1.5718
400	1.8483	1.5664	1.5336

结构周期与钢梁翼缘宽度之间的关系曲线如图 9-38 所示。从该图中可以看出,随着钢梁翼缘宽度的增加,结构周期减小。增加钢梁翼缘宽度,增加了组合梁的刚度,使得整个结构的刚度得到提高,进而使得结构周期减小。从图 9-38 中还可以看出,当横梁和纵梁截面一样时,结构的第二阶周期与第三阶周期比较接近,而与结构基本周期有较大的差距,结构横向相对薄弱得更为明显。

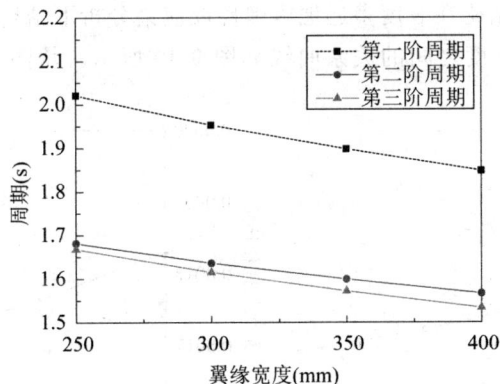

图 9-38 结构周期与钢梁翼缘宽度的关系曲线

对各结构进行 8 度多遇地震 Y 方向弹性反应谱分析,得到结构的侧移与层间位移角如图 9-39 所示。由图 9-39 可以看出,随着钢梁翼缘宽度的增加,结构的侧移与层间位移角都明显减小,表 9-12 给出了不同钢梁翼缘宽度下结构的顶点位移与最大层间位移角。

(a)

(b)

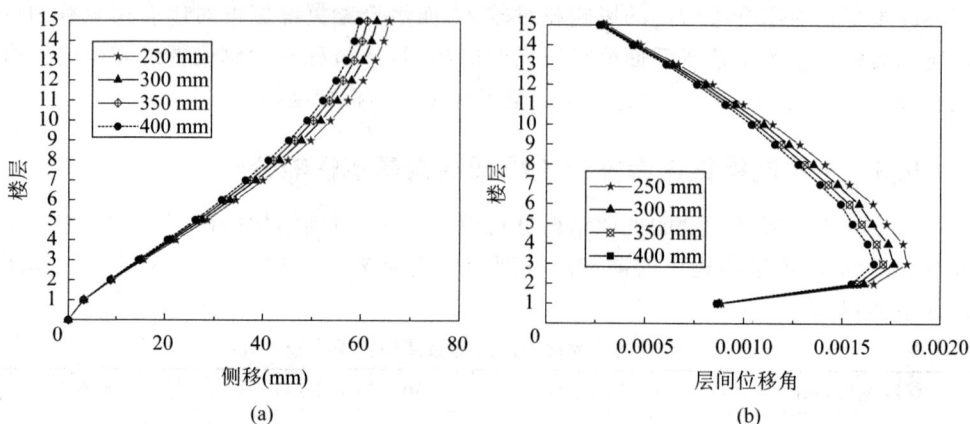

图 9-39　不同钢梁翼缘宽度下结构侧移、层间位移角对比

(a)侧移；(b)层间位移角

表 9-12　　　　**不同钢梁翼缘宽度下结构的顶点位移与最大层间位移角**

钢梁翼缘宽度(mm)	顶点位移(mm)	最大层间位移角
250	65.63	1/546
300	63.11	1/567
350	61.23	1/584
400	59.64	1/601

由表 9-12 得到结构在 8 度多遇地震弹性反应谱分析下结构顶点位移、最大层间位移角与钢梁翼缘宽度之间的关系曲线如图 9-40 所示。从图 9-40 中可以看出，随

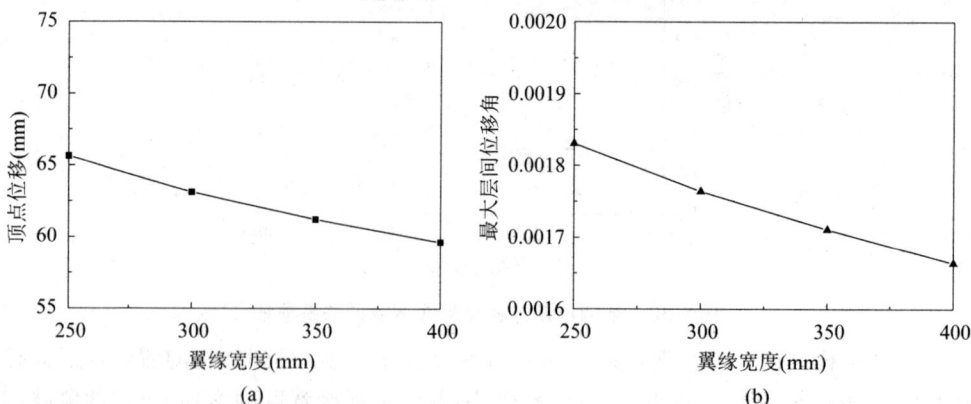

(a)

(b)

图 9-40　结构顶点位移、最大层间位移角与钢梁翼缘宽度的关系曲线

(a)顶点位移；(b)最大层间位移角

着钢梁翼缘宽度的增大，弹性反应谱分析下的结构顶点位移、最大层间位移角减小，结构顶点位移与结构最大层间位移角的变化趋势基本保持一致。这说明通过增大钢梁翼缘宽度能够有效降低 8 度多遇地震下结构弹性位移反应。

9.5.2　不同钢梁翼缘宽度的框架结构能力曲线

对不同钢梁翼缘宽度的组合框架结构进行 Pushover 分析，得到各结构的能力曲线，如图 9-41 所示。

由图 9-41 可以看出，随着钢梁翼缘宽度的增加，结构的初始抗侧刚度明显增加，结构的屈服位移、屈服承载力、极限承载力也得到较大程度的增加，同时结构的延性变形能力随之有所降低。

图 9-42 给出了结构的初始抗侧刚度与钢梁翼缘宽度之间的关系曲线。如图 9-42 所示，随着钢梁翼缘宽度的增加，结构的初始抗侧刚度相对提高，二者之间基本保持线性关系。

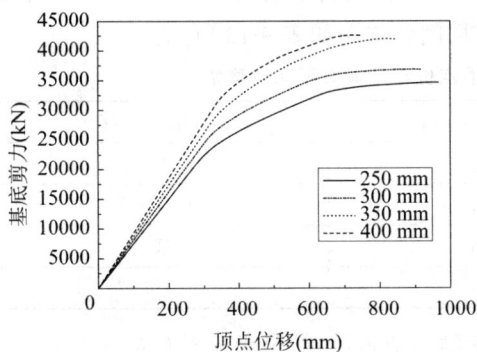

图 9-41　不同钢梁翼缘宽度的
结构能力曲线比较

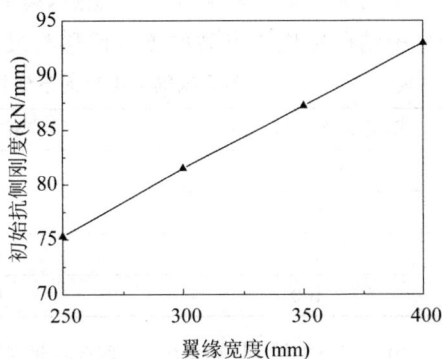

图 9-42　结构初始抗侧刚度与
钢梁翼缘宽度的关系曲线

图 9-43 给出了结构的屈服位移与钢梁翼缘宽度之间的关系曲线。从图 9-43 中可以看出，结构屈服位移随着钢梁翼缘宽度的增大而有所增大，二者之间近似满足线性关系。

图 9-44 给出了结构屈服承载力、极限承载力与钢梁翼缘宽度之间的关系曲线。如图 9-44 所示，结构中钢梁翼缘宽度的增加使得结构屈服承载力显著增加，二者近似为线性关系。钢梁翼缘宽度的增加使得结构极限承载力有所增加。当翼缘宽度在 300～350 mm 之间时，结构极限承载力随钢梁翼缘宽度增大而提高得更快，这说明结构其他参数不变时，300～350 mm 的钢梁翼缘宽度能使结构得到更高的结构极限承载力。

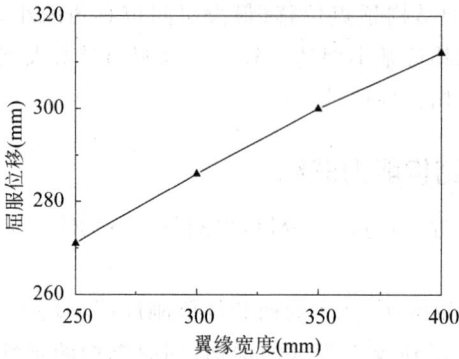

图 9-43　结构屈服位移与
钢梁翼缘宽度的关系曲线

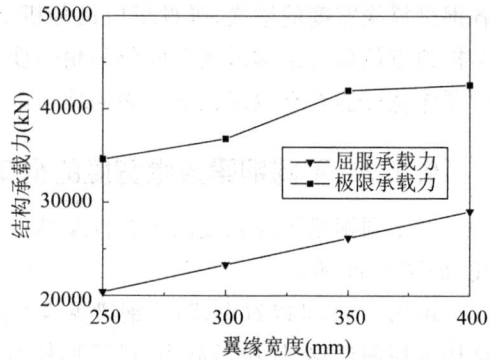

图 9-44　结构承载力与
钢梁翼缘宽度的关系曲线

9.5.3　不同钢梁翼缘宽度的框架结构性能点时侧移与层间位移角

采用能力谱法求解结构性能点,得到 8 度罕遇地震下结构塑性变形情况。各组合框架结构在性能点时的顶点位移与最大层间位移角如表 9-13 所示。

表 9-13　　　　不同钢梁翼缘宽度下结构顶点位移与最大层间位移角

钢梁翼缘宽度(mm)	顶点位移(mm)	最大层间位移角
250	342	1/99.4
300	342	1/101.7
350	346	1/103.2
400	345	1/105.3

由表 9-13 得到结构在 8 度罕遇地震下结构顶点位移、最大层间位移角与钢梁翼缘宽度之间的关系曲线如图 9-45 所示。

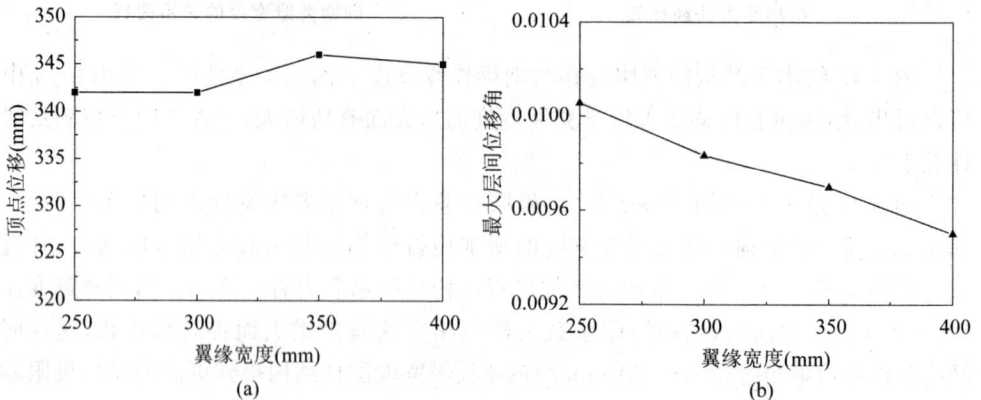

(a)

(b)

图 9-45　结构顶点位移、最大层间位移角与钢梁翼缘宽度的关系曲线
(a)顶点位移;(b)最大层间位移角

从图 9-45 中可以看出,随着钢梁翼缘宽度的增大,结构顶点位移变化不明显,而最大层间位移角有所减小。在 8 度罕遇地震下钢梁翼板宽度的增大对结构的弹塑性位移反应影响不大。

9.5.4 不同钢梁翼缘宽度的框架结构性能点时塑性铰分布

本节给出不同钢梁翼缘宽度下的组合框架结构在性能点时的塑性铰分布图,从塑性铰发展情况的角度来考察钢梁翼缘宽度对结构性能的影响。

钢梁翼缘宽度 250 mm 的组合框架结构在 8 度罕遇地震下性能点时的塑性铰分布情况如图 9-46 所示。钢梁翼缘宽度 250 mm 的组合框架结构在性能点时,正、负弯矩区塑性铰数量基本保持平衡,这样有利于结构的整体变形能力。

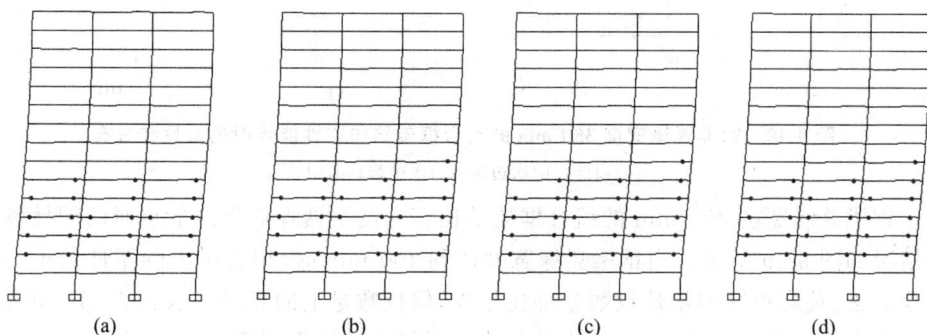

图 9-46　钢梁翼缘宽度 250 mm 的组合框架结构在性能点时的塑性铰分布
(a)边跨;(b)次边跨;(c)次中跨;(d)中跨

钢梁翼缘宽度 300 mm 的组合框架结构在 8 度罕遇地震下性能点时的塑性铰分布情况如图 9-47 所示。与钢梁翼缘宽度 250 mm 的组合框架结构进行比较,300 mm 钢梁翼缘宽度的组合框架结构在性能点时,正、负弯矩区塑性铰都有所减少。

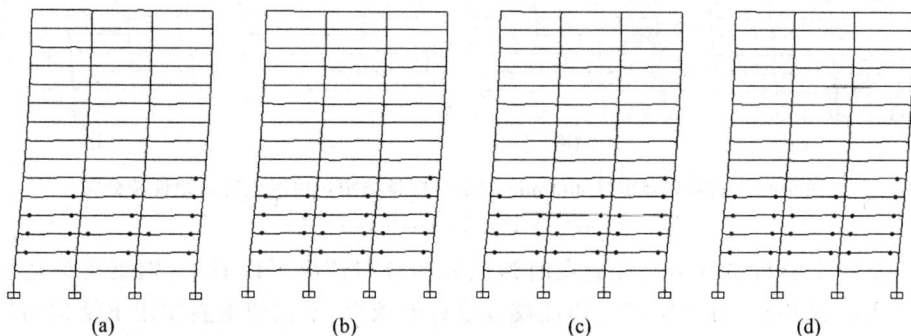

图 9-47　钢梁翼缘宽度 300 mm 的组合框架结构在性能点时的塑性铰分布
(a)边跨;(b)次边跨;(c)次中跨;(d)中跨

钢梁翼缘宽度 350 mm 的组合框架结构在 8 度罕遇地震下性能点时的塑性铰分布情况如图 9-48 所示。钢梁翼缘宽度 350 mm 的组合框架结构的塑性铰相对钢梁翼缘宽度 250 mm、300 mm 的组合框架结构塑性铰数量更少。这表明翼缘宽度的增大有效地增加了组合梁正、负弯矩区的屈服承载力。

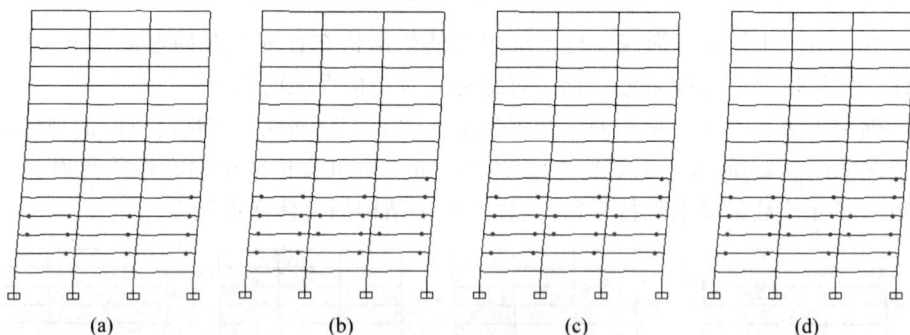

图 9-48 钢梁翼缘宽度 350 mm 的组合框架结构在性能点时的塑性铰分布
(a)边跨;(b)次边跨;(c)次中跨;(d)中跨

钢梁翼缘宽度 400 mm 的组合框架结构在 8 度罕遇地震下性能点时的塑性铰分布情况如图 9-49 所示。当钢梁翼缘宽度达到 400 mm 时,组合梁上的塑性铰进一步减少。正、负弯矩区的塑性铰数量都比较少,保持数量上的相对平衡状态,正、负弯矩区承载力发挥程度基本一致,结构的整体变形能力可以得到有效的保证。

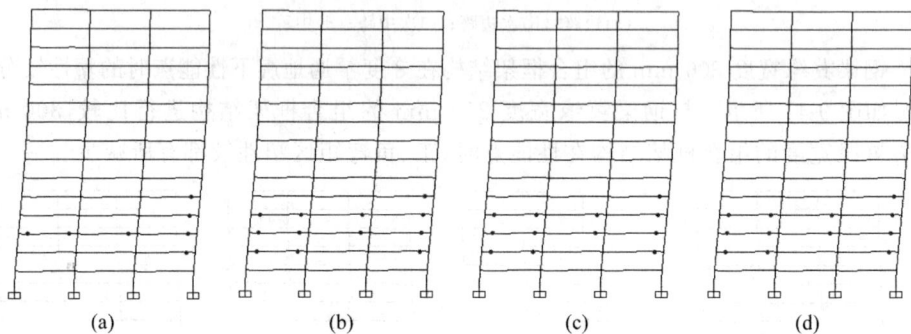

图 9-49 钢梁翼缘宽度 400 mm 的组合框架结构在性能点时的塑性铰分布
(a)边跨;(b)次边跨;(c)次中跨;(d)中跨

从以上分析与各结构性能点时塑性铰的分布情况可以看出,钢梁翼缘宽度的增大使得结构正、负弯矩区的塑性铰数量有效减少,不仅使地震作用下结构的屈服破坏更小,而且正、负弯矩区塑性铰数量的相对平衡对结构的延性变形能力比较有利。

9.5.5 钢梁翼缘宽度对结构性能的影响小结

从钢梁翼缘宽度对结构性能的影响分析中可以得出以下结论：

（1）增大钢梁翼缘宽度能增加组合梁及整个结构的刚度，使得结构的周期减小。

（2）在小震作用下结构的位移反应受钢梁翼缘宽度的影响较大，随着钢梁翼缘宽度的增加，结构的弹性侧移与层间位移角明显减小。

（3）增大钢梁翼缘宽度，可以有效地增加结构初始抗侧刚度。

（4）钢梁翼缘宽度的增大能有效地增大结构的屈服位移，二者之间保持线性关系；结构的屈服承载力也随钢梁翼缘宽度的增大而有较大程度的提高，二者之间也满足线性关系。

（5）结构极限承载力也受钢梁翼缘宽度的影响，随着钢梁翼缘宽度的增大，结构的极限承载力有所提高，而且对于结构的极限承载力来说存在一个相对较优的钢梁翼缘宽度。

（6）在其他参数不变的情况下，结构延性随着钢梁翼缘宽度的增大而有所降低。

（7）在大震作用下结构的侧移基本不受钢梁翼缘宽度的影响，而层间位移角随着钢梁翼缘宽度的增大而略有减小。

（8）地震作用下，当结构柱不进入塑性时，钢梁翼缘宽度对梁上塑性铰数量有较大影响，钢梁翼缘宽度的增大有效地降低了性能点时结构塑性铰的数量，而且组合梁上的正、负弯矩区的塑性铰数量基本保持相对平衡，对结构的延性变形能力较为有利。

9.6　结构材料强度对结构性能的影响分析

各构件的材料强度对结构性能有较大的影响，为了研究材料强度对整体结构性能的影响，分别对方钢管混凝土柱考虑 Q235 钢管与 C30 混凝土、Q355 钢管与 C50 混凝土、Q420 钢管与 C80 混凝土，对组合梁下钢梁考虑 Q235 钢材与 Q355 钢材。

对于方钢管混凝土柱，为了同时让钢管和混凝土都较为充分地发挥自身的受力性能，当钢管采用较低等级钢材的时候，混凝土等级不宜过高；当钢管采用较高等级钢材时，混凝土等级不宜过低。所以本节选取了上述 3 种不同材料强度的方钢管混凝土柱。

对于钢筋混凝土组合梁，由于上钢筋混凝土翼板通常为结构的楼面，混凝土的强度等级通常由楼面结构决定，所以对组合梁材料强度仅考虑 Q235、Q355 钢梁钢材。

针对上述不同的 3 种方钢管混凝土柱构件与 2 种组合梁构件，可以得到 6 种不同的组合框架结构,下面将就这6种框架结构的性能来简单讨论结构材料强度对结构性能的影响。

9.6.1 不同材料强度的框架结构基本性能分析

对不同材料强度的框架结构进行模态分析,得到结构的前三阶自振周期如表9-14所示。各结构相应的前三阶振型均分别为Y方向整体平动、X方向整体平动和整体扭转。

表9-14 不同材料强度的框架结构周期比较

构件材料强度	第一阶周期(s)	第二阶周期(s)	第三阶周期(s)
Q355/Q235-C30	1.9494	1.7581	1.6733
Q355/Q355-C50	1.9436	1.7522	1.6681
Q355/Q420-C80	1.9368	1.7449	1.6621
Q235/Q235-C30	1.9494	1.7581	1.6733
Q235/Q355-C50	1.9436	1.7522	1.6681
Q235/Q420-C80	1.9368	1.7449	1.6621

表9-14"构件材料强度"栏中,"/"前面的Q355或Q235表示组合梁下钢梁的钢材强度,"/"后面的Q235-C30、Q355-C50、Q420-C80表示方钢管混凝土柱的钢管与混凝土的材料强度。从表中可以看出,方钢管混凝土柱材料强度的提高使得结构的自振周期略有减小,结构的刚度增大。而组合梁下钢梁材料强度的提高,并未引起组合梁与整体结构在弹性阶段的刚度变化,所以单纯组合梁下钢梁材料强度发生变化时,结构的自振周期没有变化。

对各结构进行8度多遇地震Y方向弹性反应谱分析,得到结构的顶点位移与最大层间位移角如表9-15所示。

表9-15 不同材料强度下结构的顶点位移与最大层间位移角

构件材料强度	顶点位移(mm)	最大层间位移角
Q355/Q235-C30	62.86	1/561
Q355/Q355-C50	62.65	1/563
Q355/Q420-C80	62.36	1/566
Q235/Q235-C30	62.86	1/561
Q235/Q355-C50	62.65	1/563
Q235/Q420-C80	62.36	1/566

由结构的弹性变形可以看出,方钢管混凝土材料强度的提高对结构位移反应影响不大,使得结构的顶点位移与最大层间位移角都略有减小;而组合梁材料强度的提高对结构位移反应没有任何影响,因为组合梁材料屈服强度的改变并未使得组合梁弹性刚度发生变化,所以弹性反应下,结构的侧移、层间位移角没有任何改变。这个结果与结构自振周期的分析结果相互对应。

9.6.2 不同材料强度的框架结构能力曲线

对上述不同材料强度的组合框架结构进行 Pushover 分析,得到各结构的能力曲线,如图 9-50 所示。由图 9-50 可以看出,随着结构材料强度的提高,结构的初始抗侧刚度变化不大;随着方钢管混凝土柱的钢管与混凝土强度的提高,结构的屈服位移、屈服承载力变化不大,而结构的极限承载力有较大的提高,结构的延性也明显提高。但是值得注意的是,Q235 下钢梁的组合梁采用 Q355-C50 与 Q420-C80 钢管混凝土柱时,结构极限承载力与延性差别不大;随着组合梁下钢梁材料强度的变化,结构的屈服位移、屈服承载力、极限承载力、延性变化均较大。

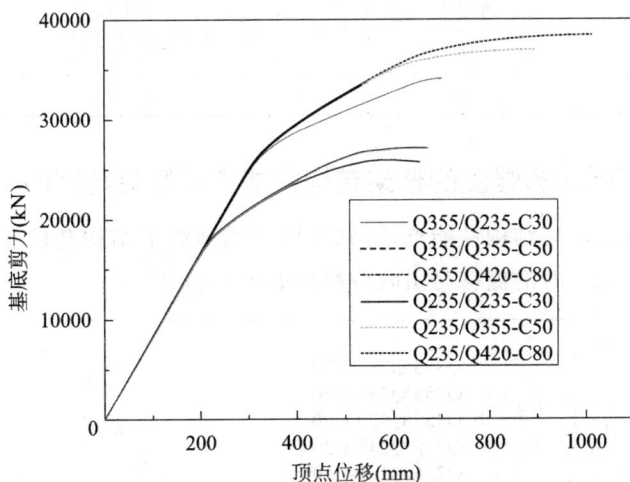

图 9-50　不同材料强度的结构能力曲线比较

表 9-16 给出了不同材料强度下结构的初始抗侧刚度、屈服位移和承载力。从表中可以看出,随着方钢管混凝土材料强度的提高,结构的初始抗侧刚度略有提高,而组合梁下钢梁强度的提高却对结构初始抗侧刚度没有影响。

随着方钢管混凝土材料强度的提高,结构的屈服位移、屈服承载力变化不大,而组合梁下钢梁强度的提高对结构的屈服位移、屈服承载力有较大影响。这是因为结构的开始屈服是由组合梁表现出来的,当组合梁屈服承载力明显降低时,结构的屈服位移、屈服承载力都会明显降低,而方钢管混凝土柱的材料强度提高,使得结构刚度略有改变,而柱并未进入屈服状态,所以结构的屈服位移、屈服承载力仅略有改变。

随着方钢管混凝土柱材料强度的提高,结构的极限承载力有所提高,这是由于柱的极限承载力有了较大提高。值得注意的是,采用 Q235 下钢梁的组合梁时,Q355-C50、Q420-C80 方钢管混凝土柱框架结构的极限承载力基本一致,这是因为相对于这两种方钢管混凝土柱,Q235 下钢梁的组合梁承载力过低,使得结构达到极限承载力时,结构柱还未进入塑性,方钢管混凝土柱的差异没有很好地体现出来。而组合梁下钢梁强度的提高使得结构的极限承载力有很大的变化,这主要是由于结构在极限承载力时更多地受梁的极限承载力控制,而进入塑性发展的柱相对很少,梁对结构极限承载力的影响较大。

表 9-16　　　**不同材料强度下结构的初始抗侧刚度、屈服位移和承载力**

构件材料强度	初始抗侧刚度(kN/mm)	屈服位移(mm)	屈服承载力(kN)	极限承载力(kN)
Q355/Q235-C30	82.6062	282	23293.8	34094.3
Q355/Q355-C50	83.0536	281	23336.9	36943.5
Q355/Q420-C80	83.6698	280	23426.3	38419.4
Q235/Q235-C30	82.6062	190	15694.0	25914.5
Q235/Q355-C50	83.0536	189	15695.9	27072.2
Q235/Q420-C80	83.6698	188	15729.2	27137.2

9.6.3　不同材料强度的框架结构性能点时侧移与层间位移角

采用能力谱法求解结构性能点,得到 8 度罕遇地震下结构塑性变形情况。各组合框架结构在性能点时的侧移与层间位移角如图 9-51 所示。

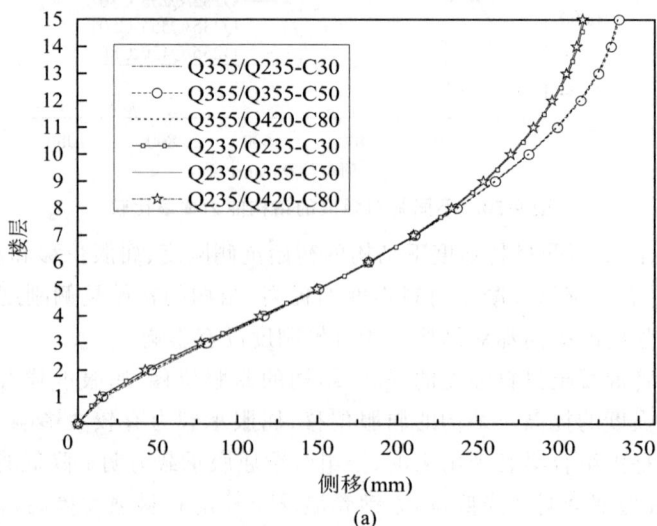

(a)

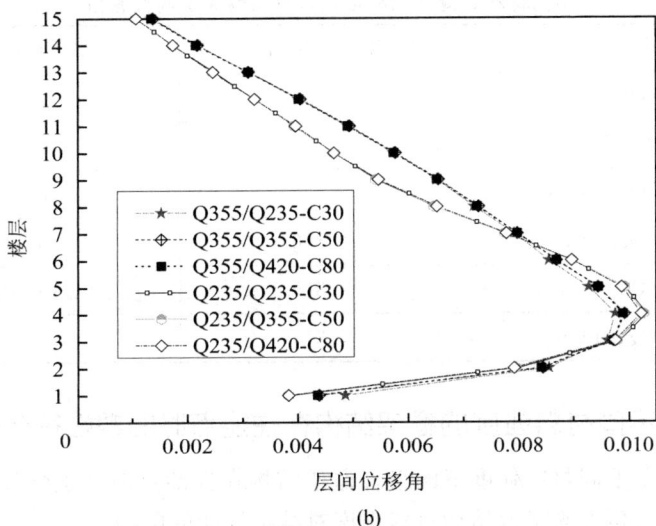

(b)

图 9-51 不同材料强度下结构弹塑性侧移、层间位移角对比

(a)侧移；(b)层间位移角

从图 9-51 可以看出，方钢管混凝土柱材料强度的提高对结构在 8 度罕遇地震下的侧移、层间位移角没有特别大的影响，而组合梁下钢梁强度的提高却使得结构的顶点位移明显减小，最大层间位移角明显增大。因为方钢管混凝土柱并不是控制结构极限状态的主要因素，即结构达到最大极限承载力时，结构梁上出现大量塑性铰，而柱上基本没有塑性铰，所以方钢管混凝土柱的材料提高并不能明显发挥出强度上的作用，而组合梁材料强度的提高却使得组合梁的极限承载力明显提高，也就使得结构极限承载状态时的承载力更高。

表 9-17 给出了不同材料强度下结构的顶点位移与最大层间位移角。从表中可以看出，随着方钢管混凝土柱材料强度的提高，性能点时结构的顶点位移、最大层间位移角变化较小，这是因为在性能点时结构柱未进入屈服状态，柱屈服强度的提高并未体现出来。而随着组合梁下钢梁强度的下降，结构的顶点位移有所减小，结构的最大层间位移角有所增加，这是因为组合梁屈服强度的降低使得结构在罕遇地震下塑性变形集中更为明显，所以结构最大层间位移角随之增大。而结构塑性变形集中使得结构整体位移反应趋于变小，一方面是局部的变形集中使得其他部位变形减小，另一方面是结构塑性表现更明显，滞回耗能更大，使得结构弹塑性地震反应减小。这也说明了对于地震作用下结构性能的研究，不能单看一个结果，而是要考察结构各方面的反应，对结构的性能进行综合的评定。

表 9-17　　　　　　不同材料强度下结构顶点位移与最大层间位移角

构件材料强度	顶点位移(mm)	最大层间位移角
Q355/Q235-C30	337	1/102.6
Q355/Q355-C50	338	1/100.8
Q355/Q420-C80	337	1/101.1
Q235/Q235-C30	316	1/96.8
Q235/Q355-C50	315	1/97.3
Q235/Q420-C80	315	1/97.8

9.6.4　不同材料强度的框架结构在性能点时的塑性铰分布

本节给出了不同材料强度下的组合框架结构在性能点时的塑性铰分布图,从塑性铰发展情况的角度来考察结构材料强度对结构性能的影响。

Q355/Q235-C30 组合框架结构在 8 度罕遇地震下性能点时的塑性铰分布情况如图 9-52 所示。结构在性能点时,梁上出现较多塑性铰,柱上也出现大量塑性铰,底层柱柱脚也布满塑性铰。与 Q355/Q355-C50 组合框架结构(图 6-54)相比,边跨梁上正弯矩区塑性铰有所减少,而底层柱柱脚却出现了大量塑性铰,结构薄弱部位发生变化,结构柱上的破坏比较严重,结构也不满足"强柱弱梁"的抗震理念,结构相对不够合理,地震作用下容易发生较大程度的破坏。

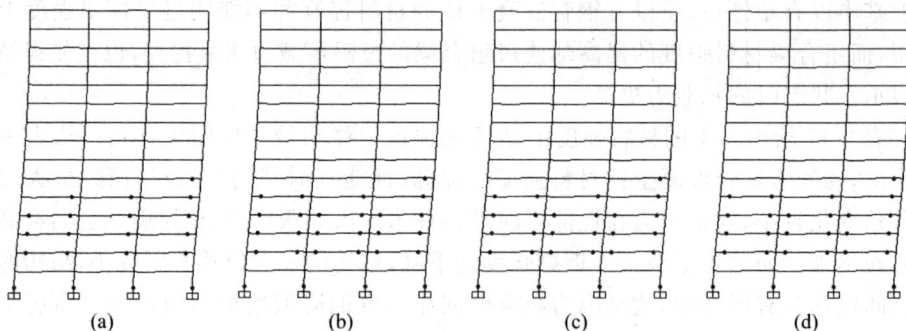

图 9-52　Q355/Q235-C30 组合框架结构在性能点时的塑性铰分布
(a)边跨;(b)次边跨;(c)次中跨;(d)中跨

Q355/Q420-C80 组合框架结构在 8 度罕遇地震下性能点时的塑性铰分布情况如图 9-53 所示。与 Q355/Q355-C50 组合框架结构相比,梁上塑性铰增多,柱上亦没有塑性铰出现。单纯提高方钢管混凝土的材料强度,在性能点时结构并未表现出明显优势。但是从结构的能力曲线可以看出,提高方钢管混凝土柱材料强度为 Q420-

C80 后,结构的延性增加了,而且结构的极限承载力也有所增大。这说明结构能够承受更强的地震作用,但是在 8 度罕遇地震下这个优势反映不出来,仅仅提高了结构的安全储备。

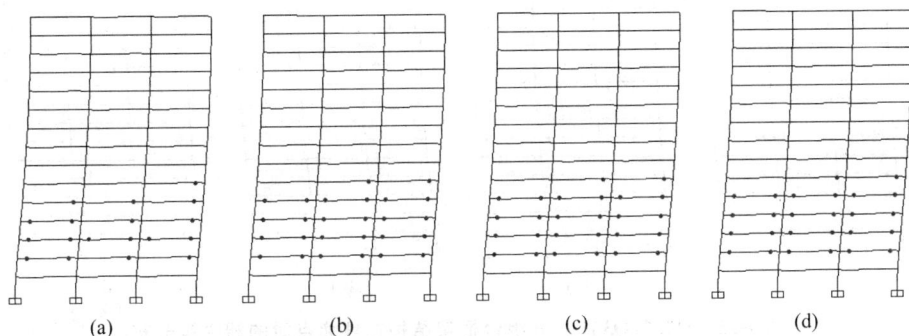

图 9-53   Q355/Q420-C80 组合框架结构在性能点时的塑性铰分布
(a)边跨;(b)次边跨;(c)次中跨;(d)中跨

Q235/Q235-C30 组合框架结构在 8 度罕遇地震下性能点时的塑性铰分布情况如图 9-54 所示。图 9-54 与图 9-52 相比,由于组合梁的刚度、承载力降低,所以结构由"强梁弱柱"结构变成了"强柱弱梁"结构,而由于柱的相对承载力更高,柱上不出现塑性铰,所以梁上塑性铰数量大大增加,意味着结构破坏比较严重。虽然说该结构仍然能够满足地震作用下的使用要求,且结构仍符合"强柱弱梁"的抗震理念,但是结构的承载力较低,结构设计不是很合理。

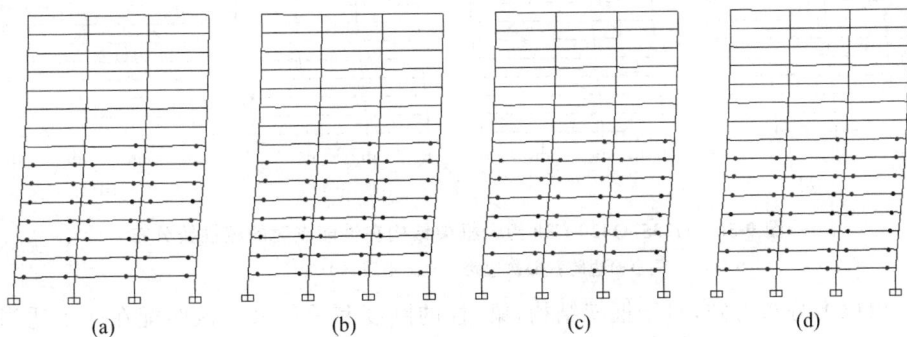

图 9-54   Q235/Q235-C30 组合框架结构在性能点时的塑性铰分布
(a)边跨;(b)次边跨;(c)次中跨;(d)中跨

如图 9-55 所示,Q235/Q355-C50 组合框架结构与 Q355/Q355-C50 组合框架结构相比,当组合梁下钢梁换为 Q235 钢时,结构的承载力降低,组合梁破坏严重,梁上出现大量塑性铰。与 Q235/Q235-C30 组合框架结构相比,组合梁破坏情况基本一致，Q235/Q235-C30 框架结构的梁、柱承载力差别已经较大，当再次单纯增大柱的承载力、刚度，对梁的破坏没有太大影响。

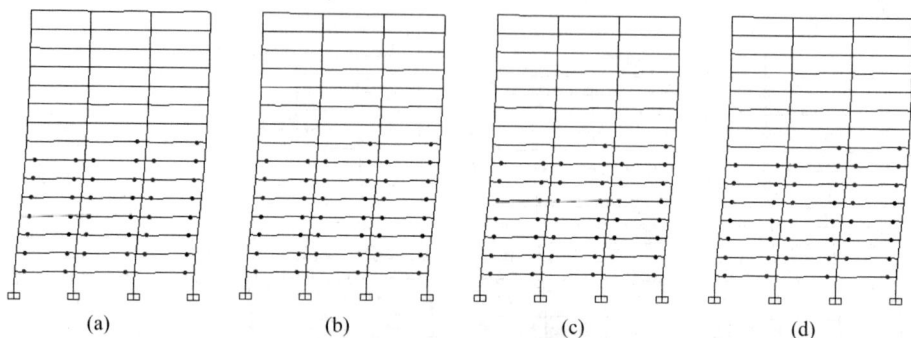

图 9-55　Q235/Q335-C50 组合框架结构在性能点时的塑性铰分布
(a)边跨；(b)次边跨；(c)次中跨；(d)中跨

Q235/Q420-C80 组合框架结构在 8 度罕遇地震下性能点时的塑性铰分布情况如图 9-56 所示。当提高钢管混凝土柱的材料强度，从而提高其刚度与承载力时，结构地震作用下滞回耗能减小，结构的地震位移反应并不降低，所以结构在地震作用下的水平作用力增大，使得结构组合梁上的塑性铰略有增加。

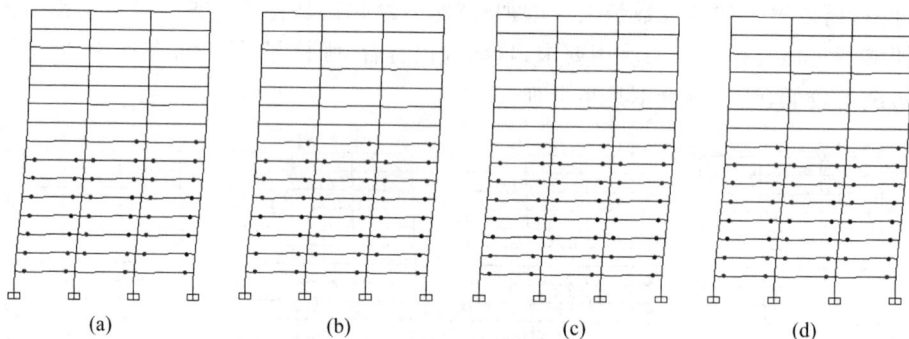

图 9-56　Q235/Q420-C80 组合框架结构在性能点时的塑性铰分布
(a)边跨；(b)次边跨；(c)次中跨；(d)中跨

由以上分析可知，对于框架结构，梁、柱的刚度和承载力应该匹配在一个适当的相对范围内，不能让二者之间的刚度、承载力相差太大，否则会影响框架结构的整体性能，且不经济。在 8 度罕遇地震作用下，柱较弱时，结构底层柱进入塑性而发生柱上破坏，从而出现局部破坏机制；梁太弱时，结构梁的破坏严重；而当梁、柱的刚度、承载力较为合适时，在 8 度罕遇地震作用下，梁上出现部分塑性铰，结构有很好的延性变形能力，而且还具有更高的承载力，能够抵抗更强的地震作用。

9.6.5 结构材料强度对结构性能的影响小结

从结构材料强度对结构性能的影响分析中可以得出以下结论：

（1）提高方钢管混凝土柱材料强度使结构周期略有降低，而提高组合梁下钢梁材料强度对结构周期无影响。

（2）在小震作用下结构的位移反应随方钢管混凝土柱材料强度的提高略有减小，但组合梁下钢梁材料强度的提高不影响小震下的弹性反应。

（3）材料强度对结构初始抗侧刚度的影响很小。

（4）方钢管混凝土柱材料强度对结构屈服位移、屈服承载力影响较小，而组合梁下钢梁材料强度对结构的影响则较大。

（5）方钢管混凝土柱材料强度对结构极限承载力有一定影响，组合梁下钢梁材料强度对结构极限承载力则有较大影响。

（6）梁、柱的刚度、承载力之比在一个较为合适的范围内时，方钢管混凝土柱材料强度的提高使得结构延性有效增大，组合梁下钢梁材料强度的提高也使得结构延性增大。

（7）在大震作用下结构的侧移、层间位移角受方钢管混凝土柱材料强度影响较小，而受组合梁下钢梁材料强度的影响较大。

（8）当方钢管混凝土柱材料强度过低时，在罕遇地震作用下结构柱进入塑性变形，柱上破坏较为严重，当组合梁下钢梁材料强度过低时，梁上破坏严重，结构延性变形能力不强，柱的承载力发挥不出来，所以应该结合结构其他参数情况，选定合适的结构材料强度，使得梁、柱承载力均得到有效发挥，保证结构合理并具有较强的延性变形能力和更高的承载力。

9.7 小　　结

本章研究了结构整体性能的影响参数，并对各参数对结构整体性能的影响做了简单的研究，得出以下结论：

（1）结构周期受组合梁下钢梁高度影响最为显著，钢梁高度增加，结构周期明显较大幅度减小；随钢梁翼缘宽度的增大，结构周期减小较大；方钢管混凝土柱含钢率的提高使得结构周期有所减小；方钢管混凝土柱材料强度的提高也使结构周期略有减小；而钢梁材料强度则对结构周期没有任何影响。

（2）结构8度多遇地震下的弹性位移反应受组合梁下钢梁高度影响最大，钢梁高度越高，弹性位移反应降低越大；钢梁翼缘宽度增大使结构弹性位移反应降低较大;随方钢管混凝土柱含钢率的提高,结构弹性位移反应有所降低;随方钢管混凝土柱材料强度的提高,弹性位移反应略有降低;而钢梁材料强度对结构弹性位移反应没有任何影响。

(3)结构初始刚度受楼板厚度影响最明显,楼板厚度增大,结构初始抗侧刚度显著提高;钢梁高度增大,结构初始抗侧刚度提高较大;钢梁翼缘宽度增大,结构初始抗侧刚度提高稍大;方钢管混凝土柱含钢率提高,结构初始抗侧刚度有所提高;方钢管混凝土柱材料强度提高,结构初始抗侧刚度略有提高;而钢梁材料强度对结构初始抗侧刚度没有任何影响。

(4)结构的屈服位移同时受结构的屈服承载力与结构初始刚度的影响,所以变化较为复杂。随着钢梁材料强度的提高、钢梁翼缘宽度的增大,屈服位移提高较大;随着钢梁高度的增大、楼板厚度的增大,屈服位移降低较大,其中楼板厚度为120~160 mm 时变化较明显,而钢梁高度为650~700 mm 时变化不明显;随着含钢率的提高,结构屈服位移有所降低,但含钢率过低时,结构屈服位移变化规律发生变化;方钢管混凝土柱材料强度对结构屈服位移影响很小。

(5)结构的屈服承载力受钢梁翼缘宽度的影响最大,钢梁翼缘宽度增大,结构屈服承载力明显提高;而楼板厚度增大、钢梁高度增大、钢梁材料强度的提高都使得结构屈服承载力有较大的提高,其中钢梁高度为650~750 mm 时变化更明显;方钢管混凝土柱材料强度对结构屈服承载力影响很小。

(6)结构极限承载力受钢梁材料、楼板厚度的影响最为显著,钢梁材料提高,楼板厚度增大,结构极限承载力明显提高;钢梁高度增大,结构极限承载力有较大程度的提高;钢梁翼缘宽度增大、方钢管混凝土柱材料强度提高,结构极限承载力有所提高,其中钢梁翼缘宽度为300~350 mm 时,提高更为明显;方钢管混凝土柱含钢率的提高仅使得结构极限承载力略有提高。

(7)结构8度罕遇地震作用下的弹塑性位移反应受钢梁高度影响最大,钢梁高度增大,结构弹塑性位移反应明显降低;方钢管混凝土柱含钢率提高,结构弹塑性位移反应有所降低;钢梁材料强度提高,结构顶点位移反应增大,但结构层间位移角减小;楼板厚度、钢梁翼缘宽度、方钢管混凝土柱材料强度对结构弹塑性位移反应的影响很小。

(8)当梁、柱刚度、承载力大小相对合理时,结构延性受材料强度影响最为显著,材料强度提高,结构延性明显提高;而适当的方钢管混凝土柱含钢率、钢梁高度可以提升结构延性;楼板厚度增大、钢梁翼缘宽度增大都使得结构延性有所降低。

(9)钢梁翼缘宽度对8度罕遇地震作用下结构塑性铰分布有明显影响,翼缘宽度的增大能够有效减少结构塑性铰数量,而且使得组合梁上正、负弯矩区塑性铰保持相对平衡,很好地保证了结构的延性;楼板厚度、钢梁高度的变化影响组合梁上正、负弯矩区塑性铰的分布情况,当正、负弯矩区塑性铰相对平衡时结构承载力发挥较为充分,结构延性表现更好;方钢管混凝土柱含钢率对梁上塑性铰影响较小,但当含钢率过低时,柱上出现塑性铰,结构不够合理,对塑性铰分布影响很大;方钢管材料强度过低使得柱上出现塑性铰,结构柱上破坏相对严重,结构不合理;钢梁材料强度过低使得梁上出现大量塑性铰,结构破坏较为严重,方钢管混凝土柱承载力发挥不够充分,结构不够合理。

上述结论可以对组合框架结构的设计起到一定的帮助作用。比如对于一个设计好的组合框架结构,当需要降低其结构自振周期时,可以首先考虑提高组合梁下钢梁高度,如果层高有所限制,可以考虑增大钢梁翼缘宽度或提高方钢管混凝土柱含钢率;当需要增大结构弹性刚度时,可以考虑增大楼板厚度、钢梁高度、翼缘宽度或提高方钢管混凝土柱含钢率等,具体办法需要基于结构的设计、使用要求以及结构参数变化对其他结构性能的影响,进行综合比较评价。根据上述研究结果,能够更快、更方便地对结构设计参数有一个简单、直观的印象,可以对组合框架结构设计起到一定的辅助作用,对结构设计调整起到有的放矢的指导作用,对设计人员、研究人员整体把握组合框架结构体系也有一定的帮助。

参 考 文 献

[1] LIU Y B, CUI P P, CHEN F. On factors behind the reasonable failure mode of concrete-filled circular steel tubular composite frame [J]. Advances in Materials Science and Engineering, 2021(1): 3027640.

[2] 刘晶波,郭冰,刘阳冰. 组合梁-方钢管混凝土柱框架结构抗震性能的 Pushover 分析[J]. 地震工程与工程振动, 2008, 28(5): 87-93.

[3] 刘晶波,刘阳冰,郭冰,等. 钢-混凝土组合框架结构体系抗震性能参数分析[J]. 工业建筑, 2009, 39(8): 96-100.

10　基于性能的钢管混凝土结构地震易损性分析

10.1　基于性能的结构整体地震易损性分析方法

　　历次地震震害表明,地震造成的经济损失和人员伤亡与建筑物的破坏程度有很大的关系,因此需要采取一套合理的预测方法对建筑物在未来地震中的抗震能力做出合理的评估。由第 7 章钢管混凝土框架在不同地震波作用下的弹性和弹塑性动力时程分析可知,不同地震波对结构的变形和破坏状态影响较大。虽然可以通过静力弹塑性或动力时程分析等方法对结构进行薄弱层的验算,但是由于地震动随机性较强,往往会发生远远高于设防烈度的地震,如唐山地震、汶川地震等,结构在高于设防烈度的地震作用下很难通过确定性的方法对破坏状态进行评估。且地震预测预报是世界性的难题,因此对地震灾害进行风险分析已成为当前工程中主要的防灾减灾措施[1]。

　　地震灾害的风险分析主要包括地震危险性分析、地震易损性分析和地震灾害损失估计三个方面。其中地震整体易损性分析是指在给定强度的地震作用下,结构达到或超过某种破坏状态时的条件失效概率,从概率意义上刻画了不同强度地震下结构完成预定目标性能的能力。因此,对建筑物进行易损性分析,一方面可以用于震前灾害预测,设计人员可以根据结构易损性的不同,有针对性地提高结构的抗震能力;另一方面可以用于震后损失评估,为估计地震损失提供依据,并提出避免或减少人员伤亡的措施,对实现防震减灾的目标有十分重要的作用。

　　地震灾害的高度不确定性和现代地震灾害引起巨大经济损失的特点,使得世界各国地震工程界对现有抗震设计思想和方法进行深刻的反思,进一步探讨更完善的结构抗震设计思想和方法。基于性能的抗震设计理论就是在这样的背景下由美国学者在 20 世纪 90 年代提出的,其主要核心是使设计的结构在未来的地震作用下能够保持所要求的性能目标。

从结构的整体易损性分析与基于性能的抗震设计的定义和目的可以看出,这两者有着许多本质的联系:两者都需要采用地震动的多级水平;两者都需要将结构的性能水平划分出不同的状态,且结构的抗震性能水平通常都采用某种整体性能指标(如层间变形、结构整体地震损伤指标等)来描述。因此,完全可以将性能设计理论应用于结构的整体地震易损性分析中,同样也可以通过结构的整体易损性分析来完善基于性能的抗震设计理论。

钢管混凝土结构逐渐在我国高烈度区开始应用,如何确保这种新型的结构体系在地震作用下的安全性是一个亟待解决的问题。除了通过试验研究、理论分析和数值模拟等手段对钢管混凝土结构体系在地震下的受力机理和破坏状态进行研究外,对组合结构进行易损性研究也具有重要意义,具体体现在以下几个方面:

(1)评价地震对结构造成的破坏,以便采取相应的抗震措施,使结构的破坏程度和经济损失控制在设计预期的范围之内。

(2)基于结构的易损性曲线可以对设计出的结构进行性能评估,这是基于性能的抗震设计方法的一个重要组成部分,对结构进行基于性能的易损性研究为该方法的实现提供了依据。

(3)通过对不同类型的钢管混凝土框架结构的易损性曲线的比较,在指导选取优良的框架抗震结构形式和寻求降低结构倒塌概率的有效抗震加固方法等方面都有重要的意义。

(4)基于易损性分析的结果,提出单体结构的震害预测方法。

钢管混凝土组合结构是一种新型的结构形式,虽然近年来得到了广泛的应用,但是在我国乃至全世界仍缺乏该类结构的地震破坏数据,所以基于性能的结构地震易损性分析方法是目前得到钢管混凝土组合结构地震易损性曲线的唯一可行的方法,但迄今为止对钢管混凝土框架结构的易损性的研究较少[1-5]。

本章通过在结构的整体易损性分析中引入结构性能水平的定义,给出了基于性能的结构地震易损性分析方法,该方法的流程如图 10-1 所示。

因为实际结构比较复杂,为了便于数值模拟,首先根据结构的受力特性和变形性能等对其进行适当的简化,建立合理的分析模型;然后考虑结构本身,主要是材料的不确定性和地震动的不确定性建立一系列结构-地震动样本,进行结构的概率地震需求分析;最后根据定义的结构不同性能水平和结构概率地震需求分析的结果,绘制结构地震易损性曲线。从图 10-1 中可以看出,要确定结构地震易损性曲线,有两个关键的问题需要解决:一是定义结构不同的性能水平,采用合理的量化指标来反映不同抗震性能水平,确定对应于不同性能水平的量化限值;二是确定结构地震需求的概率函数。

```
          ┌──────────────────┐
          │   结构及材料特性   │
          └────────┬─────────┘
                   │
     ┌─────────────▼──────────────────┐
     │  简化实际结构，建立合理的分析模型  │
     └────────────┬───────────────────┘
                  │
         ┌────────────────┐  ┌──────────────┐
         │  地震动         │  │  结构不确定性  │
         │  不确定性       │  └──────┬───────┘
         └───────┬────────┘         │
  ┌──────────┐   │                  │
  │ 定义结构的 │   └───┬──────────────┘
  │ 性能水平   │      │
  └────┬─────┘  ┌─────▼──────┐
       │        │ 结构-地震动 │
       │        │    样本     │
       │        └─────┬──────┘
       │        ┌─────▼──────┐
       │        │ 动力时程分析 │
       │        └─────┬──────┘
       │        ┌─────▼──────┐
       │        │ 结构地震需求 │
       │        │  的概率函数   │
       │        └─────┬──────┘
       │        ┌─────▼──────┐
       └───────▶│ 结构地震易损性曲线 │
                └────────────┘
```

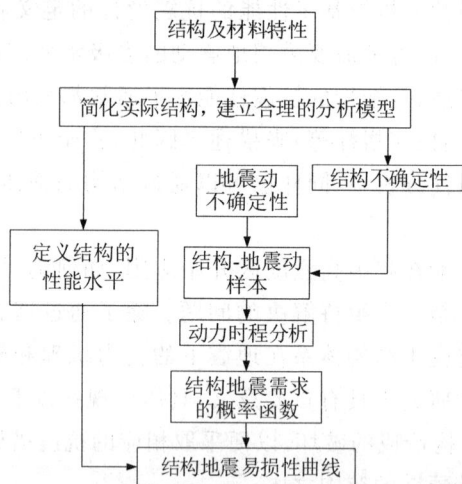

图 10-1　基于性能的结构地震易损性分析方法

　　结构性能水平的定义在形成结构地震易损性曲线以及进行基于性能的抗震设计中都起着重要的作用。目前国内外对于钢结构和钢筋混凝土结构的研究较多，并取得了很多成果，部分已经编入规范用于基于性能的抗震设计，例如美国的 FEMA 356[6]中给出了基于结构整体和构件的立即使用（IO）、生命安全（LS）和防止倒塌（CP）三个性能水平所对应的性能量化指标的具体限值。对于钢-混凝土组合结构，其变形性能和受力性能不同于钢结构和钢筋混凝土结构，需要研究已有的性能量化指标限值是否适用，且没有相关的震害资料可以参考。另外，对所要研究的每一个结构整体进行试验研究以便确定性能水平限值的方法也不可行，这就需要借助于数值模拟。

　　考虑到结构自身的随机性，代表结构不同性能水平限值的取值也应该是随机的，这通常需要对大量的试验数据以及震害资料进行统计分析。当结构的震害资料和试验数据缺乏时，可以采用蒙特卡罗方法结合非线性 Pushover 分析法计算结构的抗震能力曲线，并确定相应于不同破坏状态或性能水平下以位移或位移延性表示的界限值及其概率统计特性。但由于该问题本身的复杂性和工作量的庞大，目前国内外大部分学者对于美国的 FEMA 356 及我国的《抗震规范》中有规定的常见结构形式均直接采用规范给定的数值作为结构抗力的均值；对于美国的 FEMA 356 及我国的《抗震规范》中无规定的结构形式，采用考虑结构本身随机性的随机变量的均值建立结构模型并进行 Pushover 分析，从而得到结构性能水平限值。

　　本章首先以 Pushover 分析法作为研究手段对组合结构进行研究，从而提出适用、合理的方法来确定钢管混凝土组合框架结构的性能水平限值。首先提出确定钢-混凝土组合结构的性能水平限值的普遍适用方法；然后着重针对钢管混凝土组合框架结构进行研究,并以组合梁-方钢管混凝土柱框架结构(CB-CFSST)和钢梁-方钢管混凝土柱框架结构(SB-CFSST)这两种常见的组合框架类型为例,采用提出的方法进行分析;最后给出两个组合框架结构不同性能水平的量化指标的限值。在确定量化指标限值的基础上,对组合梁-方钢管混凝土柱框架结构(CB-CFSST)和钢梁-方钢管混凝土柱框架结构(SB-CFSST)进行了基于性能的地震易损性分析,对结构的易损性能进行评估,为结构基于性能的抗震设计提供依据;比较了基于不同性能量化指标易损性分析结果的不同。讨论了地震需求变异性的影响,研究了基于全概率和半概率的结构地震易损性分析方法的差异和转化关系;根据易损性分析结果,提出基于概率的单体组合框架结构震害指数的确定方法。

10.2　基于结构极限破坏状态的性能水平限值的确定方法

结构的性能水平是一种有限的破坏状态,与不同强度地震下结构期望的最大破坏程度相对应。参照国内外关于结构性能水平的划分[6-8],本章规定结构的抗震性能水平为正常使用(NO)、立即使用(IO)、生命安全(LS)和防止倒塌(CP)四个性能水平。结构的抗震性能是结构本身具有的能够抵抗外荷载效应的一种属性,根据衡量准则的不同,分为承载能力、变形能力、耗能能力等。当采用一个物理量来定义结构的破坏状态时,这个物理量必须能代表结构的抗震能力,称之为量化指标,结构的破坏与它有直接关系。量化指标的具体取值称为量化指标限值,也称为性能水平限值。表 10-1 给出了结构不同性能水平要求及相应的量化指标限值的表示符号。

表 10-1　　结构性能水平及量化指标

性能水平	正常使用(NO)	立即使用(IO)	生命安全(LS)	防止倒塌(CP)
要求	结构和非结构构件不损坏或损坏很小	结构和非结构构件需要少量修复工程	结构保持稳定,具有足够的承载力储备	建筑保持不倒,其余破坏在可接受范围内
量化指标限值	LS1	LS2	LS3	LS4

表 10-1 中 LS1～LS4 分别代表了结构不同性能水平时结构抗震能力量化指标的限值。对于常见的结构,已有的研究结果给出了相应的取值。例如对于钢筋混凝土框架结构,FEMA 356(ASCE 2000)给出了对应于结构立即使用(IO)、生命安全(LS)和防止倒塌(CP)三个性能水平的结构最大层间位移角限值分别为 1%、2%和 4%。

根据地震作用下结构的破坏状态,可以将结构的破坏状态划分为若干等级。建筑物地震破坏等级划分的标准是经过多次地震、反复实践、逐步形成的。虽然目前国内外专家给出了许多建筑物破坏等级的划分方法和标准,但这些方法和标准尚未形成统一的标准,这给震后地震现场震害调查、地震现场科学考察、地震灾害损失评估和建筑物安全鉴定等工作带来不便,容易造成混乱。因此,中国地震局工程力学研究所负责进行了《建(构)筑物地震破坏等级划分》(GB/T 24335—2009)[9]国家标准的编制。参照该标准及现有的大量文献中关于建筑物破坏等级的划分方法[10-11],将框架结构在地震作用下的破坏状态划分为基本完好、轻微破坏、中等破坏、严重破坏和毁坏5个等级。表 10-2 给出了结构破坏等级的宏观描述。

表 10-2   **结构破坏等级与量化指标的关系**

破坏等级	最低限破坏状态及功能描述	量化指标 θ_T	量化指标 θ_S
基本完好	结构无破坏,建筑物承重构件和非承重构件完好,或个别承重构件轻微损坏;使用功能正常,不加修理可继续使用	$\theta_T \leqslant LS1$	$\theta_S \leqslant LS1$
轻微破坏	个别承重构件轻微破坏;基本使用功能不受影响,不需要修理或稍加修理可继续使用	$LS1 < \theta_T \leqslant LS2$	$LS1 < \theta_S \leqslant LS2$
中等破坏	部分承重构件轻微破坏,个别承重构件破坏严重;基本使用功能受到影响,需要一般修理	$LS2 < \theta_T \leqslant LS3$	$LS2 < \theta_S \leqslant LS3$
严重破坏	多数承重构件破坏较严重,或局部倒塌;基本使用功能受到严重影响,甚至部分功能丧失,但可以保障生命安全,需要大修	$LS3 < \theta_T \leqslant LS4$	$LS3 < \theta_S \leqslant LS4$
毁坏	多数承重构件严重破坏,结构濒于崩溃或倒塌;使用功能不复存在,已无修复可能	$\theta_T > LS4$	$\theta_S > LS4$

注:1. 个别:一栋建筑中构件破坏数量为 10% 以下。

2. 部分:一栋建筑中构件破坏数量为 10%~50% 之间。

3. 多数:一栋建筑中破坏数量为 50% 以上。

4. θ_T:顶点位移角。

5. θ_S:层间位移角。

对比表 10-1 中结构不同性能水平的要求,表 10-2 中结构不同破坏等级最低破坏极限状态及功能描述以及结构性能水平的定义可以看出,结构 4 个不同性能水平的最大破坏程度与结构的基本完好、轻微破坏、中等破坏和严重破坏的最低极限破坏状态相对应。根据表 10-1 和表 10-2 关于结构性能水平和结构破坏程度的划分,本章定义结构对应于 4 个性能水平的 4 个极限破坏状态:正常使用极限状态、立即使用极限状态、生命安全极限状态和防止倒塌极限状态。

(1)正常使用极限状态:结构无破坏,对应于结构构件首次出现屈服。

(2)立即使用极限状态:不多于 20% 的承重构件发生轻微破坏,少量修理后可继续使用,功能基本连续,不影响承载力的增大。

（3）生命安全极限状态:多于 20% 但少于 60% 的承重构件发生破坏,或不多于 20% 的构件发生严重破坏,其余为轻微破坏,结构刚度大幅度降低。

（4）防止倒塌极限状态:50% 以上承重构件发生严重破坏,或者局部形成机构,建筑物不倒。

以上 4 个极限破坏状态定义中,对于立即使用极限状态和生命安全极限状态,构件轻微破坏和严重破坏的 20% 是上限值。

对于结构构件轻微破坏和严重破坏定义如下:

（1）构件轻微破坏:构件仅一端屈服,即出现塑性铰。

（2）构件严重破坏:构件有一端达到极限状态。

这 4 个极限破坏状态将结构的破坏等级与结构的抗震性能水平联系起来,4 个极限破坏状态对应于划分结构 5 个破坏等级的 4 个临界状态。这样就可以根据结构中主要承重构件的破坏状态,来定义结构的 4 个极限破坏状态,进而确定对应于不同极限状态的量化指标的取值。

对于多、高层框架结构来说,变形能力是结构抗震能力的控制因素,因此本章选用顶点位移和层间位移作为量化指标建立结构破坏等级与性能水平间的对应关系。为了使量化指标对于同类型的组合框架结构具有参考意义,对于顶点位移采用结构顶点位移与结构总高度的比值,用顶点位移角(θ_T)表示;对于层间位移采用层间位移与相应层高的比值,用层间位移角(θ_S)表示。表 10-2 同时给出了结构不同量化指标与结构破坏等级间的关系。

下面以组合梁-方钢管混凝土柱框架结构（CB-CFSST）和钢梁-方钢管混凝土柱框架结构（SB-CFSST）这两种常见的组合框架类型为例,采用所提出的基于结构极限破坏状态的性能水平限值的确定方法进行分析,从而给出这两种结构对应于不同量化指标时的限值。

10.3 结构计算模型及侧向荷载分布形式

10.3.1 计算模型

研究对象采用第 7 章中的组合梁-方钢管混凝土柱框架结构（CB-CFSST）和钢梁-方钢管混凝土柱框架结构（SB-CFSST）,结构的平面及立面如第 7 章的图 7-1 和图 7-2 所示。根据第 7 章的分析,结构 Y 方向为弱方向,因此对结构进行 Y 方向的易损性分析。由于结构的对称性,为了简化模型,可以将结构简化为平面模型,取图 7-1

中轴线④上的一榀框架即中间榀框架进行分析。这种简化不仅符合实际结构的受力和变形特征,而且可以大大减小计算工作量。梁上的恒荷载标准值为 33.75 kN/m,活荷载标准值为 15 kN/m。

采用非线性结构分析软件 SAP2000 对结构进行 Pushover 分析,其中混凝土板采用壳单元来模拟,梁、柱均采用梁单元来模拟。框架结构的非线性主要体现在梁和柱上,因此均采用集中塑性铰模型模拟。因为梁和柱均按强剪弱弯设计,所以钢梁和钢-混凝土组合梁仅考虑弯曲变形的非线性,采用单向弯曲的弯矩(M3 铰)来模拟;CFSST 柱考虑轴向和弯曲变形的非线性,同时考虑轴力和弯矩的相互作用,采用轴力-弯矩铰(PM 铰)来模拟。图 10-2 分别给出了钢梁和组合梁的弯矩-曲率(M-φ)骨架曲线,图 10-3 分别给出了 CFSST 柱轴力-弯矩(N-M)相关屈服曲线和不同轴压比 n 下弯矩-曲率(M-φ)骨架曲线。

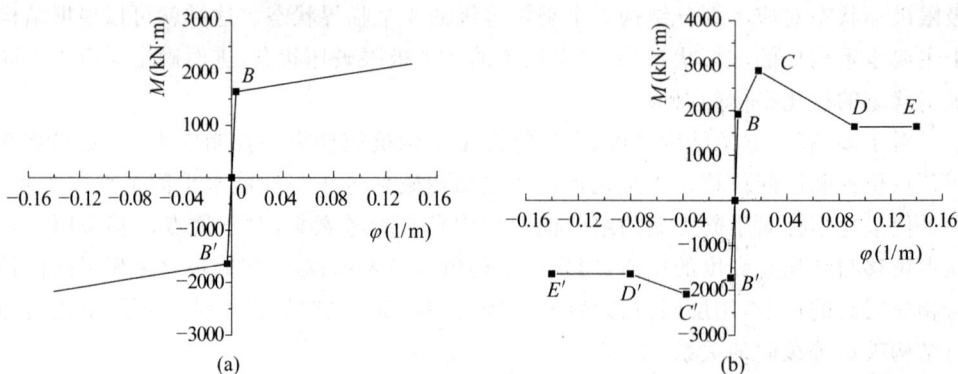

图 10-2　梁弯矩-曲率(M-φ)骨架曲线

(a)钢梁 M-φ 曲线;(b)组合梁 M-φ 曲线

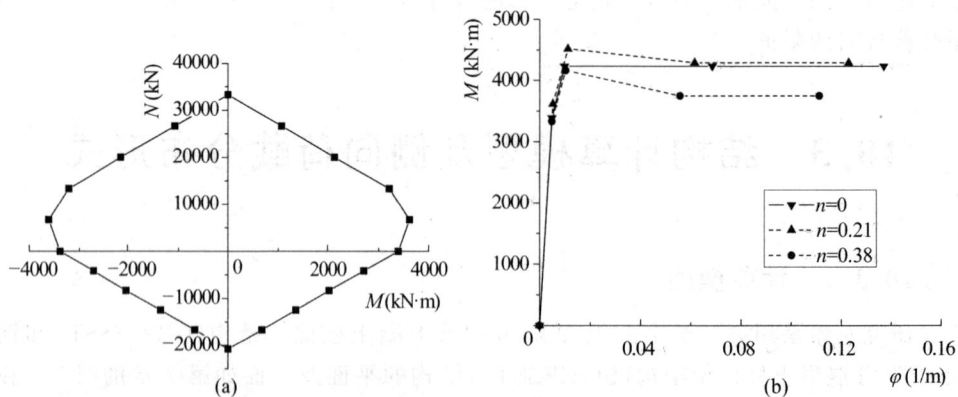

图 10-3　CFSST 柱塑性铰模型

(a)CFSST 柱 N-M 相关屈服曲线;(b)不同轴压比下 CFSST 柱 M-φ 曲线

对于钢梁和钢-混凝土组合梁的屈服状态,分别采用图 10-2 中 B 点和 B' 点截面开始屈服时对应的状态。钢梁的极限状态参照 FEMA 356[6]中关于受弯钢梁防止倒塌(CP)性能水平的变形限值,取 B 点或 B' 点相应屈服曲率的 8 倍。组合梁极限状态定义为结构承载力达到或超过极限承载力 C 点或 C' 点且结构曲率为相应屈服曲率的 8 倍。CFSST 柱屈服状态定义为结构承载力达到屈服相关线,极限状态定义类似组合梁即结构承载力达到或超过极限承载力且结构曲率为相应屈服曲率的 8 倍。

10.3.2 不同侧向荷载分布模式的比较

Pushover 分析应该综合几种侧向荷载加载模式下的分析结果进行评定。因此采用了第一振型荷载分布、均匀荷载分布、顶部集中荷载分布三种侧向荷载分布模式进行分析,综合考虑 Pushover 的分析结果,侧向荷载分布模式如图 10-4 所示。

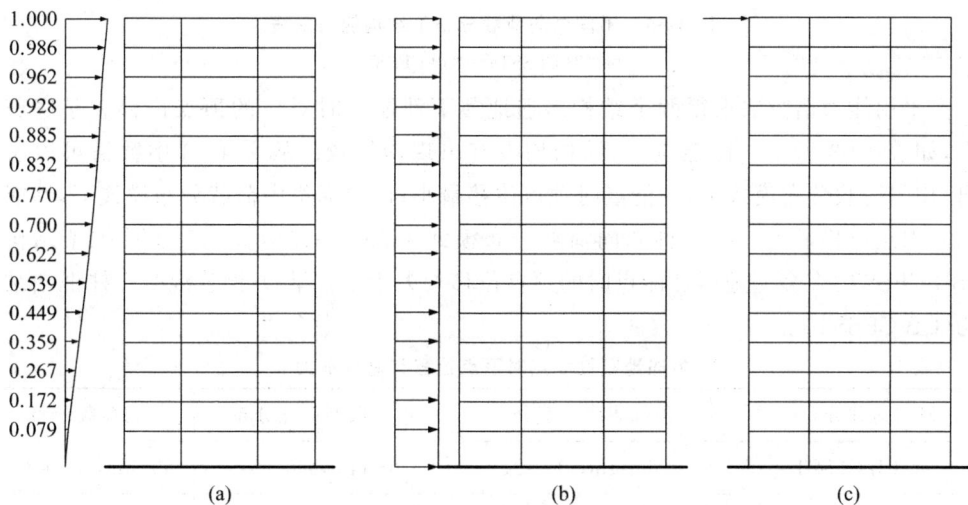

图 10-4 侧向荷载分布模式

(a)第一振型荷载分布;(b)均匀荷载分布;(c)顶部集中荷载分布

计算得到两个组合框架结构的能力曲线,即水平侧向荷载作用下结构顶点位移与基底剪力之间的关系曲线,如图 10-5 所示。从图 10-5 中可以看出,均匀荷载分布模式下,两结构的承载能力和抗侧刚度均为最大,因荷载分布均匀,底部分担荷载较大,表现为能力曲线斜率最大;顶部集中荷载分布模式下,由于荷载集中于顶部,所以顶点位移明显,能力曲线斜率最小;第一振型荷载分布模式的结果则位于两者之间。由于考虑楼板组合作用对钢-混凝土组合梁刚度和强度的提高,组合梁-方钢管混凝土柱框架结构(CB-CFSST)的整体承载能力和抗侧刚度均大于相应的钢梁-方钢管混凝土柱框架结构(SB-CFSST)。

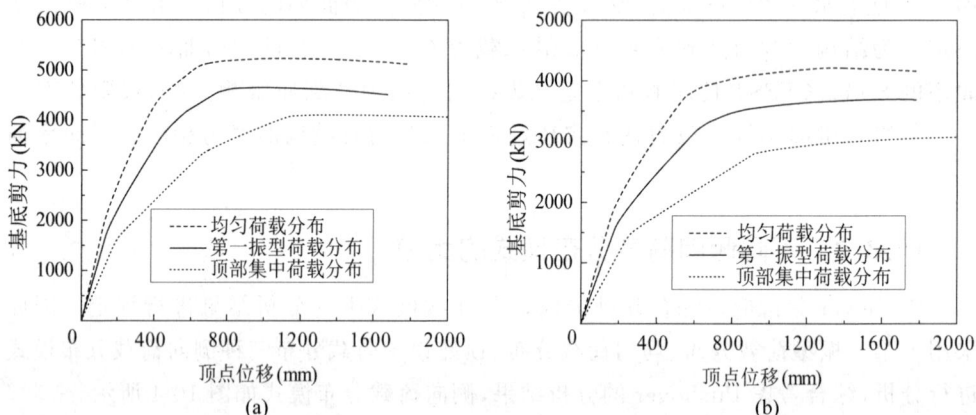

图 10-5　不同侧向荷载分布下结构能力曲线

(a)CB-CFSST；(b)SB-CFSST

　　采用能力谱方法求得两个结构多遇地震下性能点时对应的顶点位移和基底剪力,如表 10-3 所示。性能点时,结构均没有出现塑性铰。从表 10-3 中数值可以看出,均匀荷载分布模式下,性能点时顶点位移最小;而顶部集中荷载分布模式下,性能点时顶点位移最大。在三种侧向荷载分布模式下,钢梁-方钢管混凝土柱框架结构(SB-CFSST)在多遇地震性能点时的顶点位移均大于组合梁-方钢管混凝土柱框架结构(CB-CFSST)。

表 10-3　　　　　　　　多遇地震性能点时顶点位移和基底剪力

侧向荷载分布模式	顶部集中荷载分布	第一振型荷载分布	均匀荷载分布
CB-CFSST	85 mm,717 kN	68 mm,865 kN	63 mm,980 kN
SB-CFSST	109 mm,627 kN	89 mm,756 kN	77 mm,859 kN

　　将两个结构多遇地震下 Pushover 分析得到的结构侧移和层间位移角与振型分解反应谱法的计算结果进行比较,结果如图 10-6 和图 10-7 所示。

　　从图 10-6 和图 10-7 中可以看出,两种组合框架结构的最大层间位移角均满足《矩形钢管混凝土结构技术规程》(CECS 159:2004)[12]中弹性层间位移角限值 1/300 的要求。侧向荷载为第一振型荷载分布形式时,两个结构的侧移和层间位移角沿结构高度的分布模式和计算得到的数值大小均与振型分解反应谱法分析得到的结果较为接近,因此对于这两种组合框架,侧向荷载采用第一振型荷载分布模式较为合理。

(a)

(b)

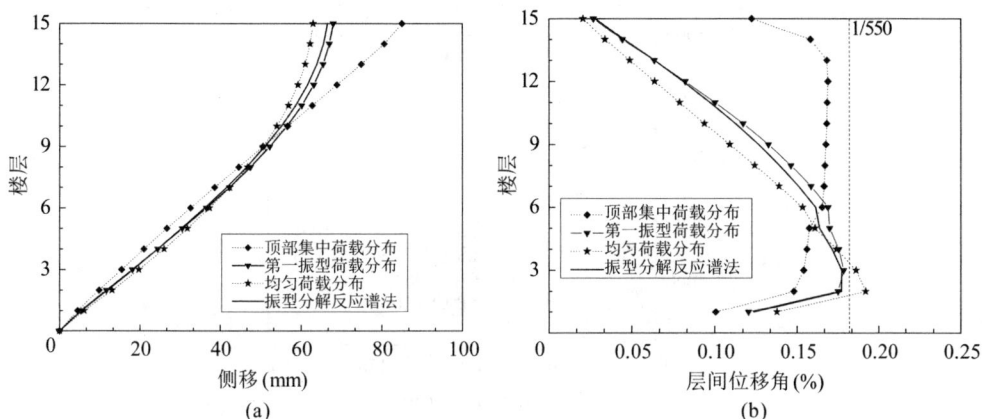

图 10-6 多遇地震下 CB-CFSST 不同侧向荷载分布模式位移反应比较

(a)侧移；(b)层间位移角

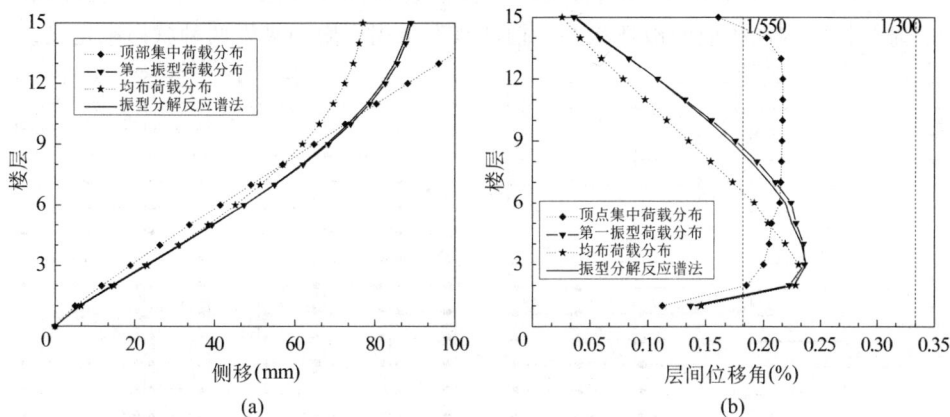

(a)

(b)

图 10-7 多遇地震下 SB-CFSST 不同侧向荷载分布模式位移反应比较

(a)侧移；(b)层间位移角

10.4 钢管混凝土组合框架量化指标限值

10.4.1 顶点位移角限值

采用第一振型侧向荷载分布模式对两个结构进行 Pushover 分析，图 10-8 给出了 Pushover 分析得到的组合梁-方钢管混凝土柱框架结构（CB-CFSST）和钢梁-方钢管混凝土柱框架结构（SB-CFSST）的能力曲线以及 4 个量化指标限值在能力曲线上的具体位置。

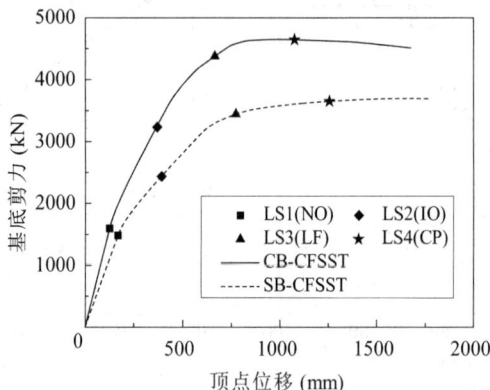

图 10-8　结构能力曲线及性能水平定义

图 10-9 给出了组合梁-方钢管混凝土柱框架结构（CB-CFSST）的 4 个极限破坏状态时结构中构件相应的破坏状态。构件状态采用屈服和极限两种状态来定义。

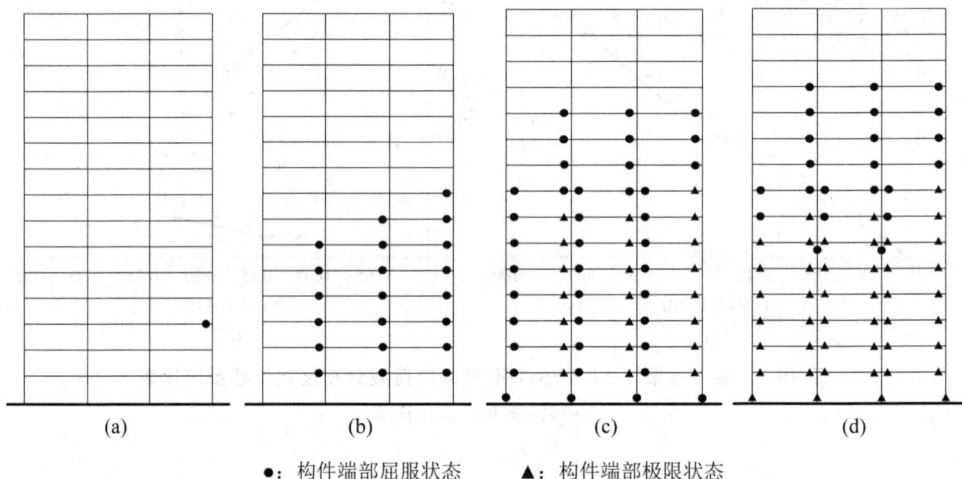

●：构件端部屈服状态　　▲：构件端部极限状态

图 10-9　CB-CFSST 极限破坏状态
（a）正常使用；（b）立即使用；（c）生命安全；（d）防止倒塌

从图 10-9 中可以看出，组合梁的负弯矩区首先屈服，待梁上塑性铰发展充分后，柱底端屈服。钢梁-方钢管混凝土柱框架结构（SB-CFSST）除了在立即使用（IO）极限状态时钢梁上的塑性铰出现在一至七层梁的右端，和组合梁[一至六层梁右端，七层和八层部分梁右端，如图 10-9（b）所示]略有不同外，其他极限状态时，结构中构件破坏状态相同。两种结构极限破坏状态特征的具体描述和量化指标限值见表 10-4。

表 10-4 **极限破坏状态及顶点位移角量化指标取值**

性能水平	极限状态	θ_T	CB-CFSST	SB-CFSST
正常使用（NO）	梁负弯矩端首次出现塑性铰	LS1	1/422	1/317
立即使用（IO）	一至八层部分梁负弯矩端屈服，柱完好；20%的构件轻微破坏	LS2	1/148	1/140
生命安全（LS）	一至十一层梁发生破坏，其中一至七层梁负弯矩端达到极限承载力，柱底端均屈服，结构刚度大幅度降低；约35%的构件发生破坏，其中20%的构件严重破坏	LS3	1/82	1/71
防止倒塌（CP）	柱底端和50%的梁两端均达到极限承载力，部分柱上端屈服，局部形成机构，结构承载力下降	LS4	1/51	1/44

10.4.2 楼层极限破坏状态的定义

层间位移角限值需要基于结构的楼层破坏机制取值，而不是基于结构整体构件的破坏状态。相对于结构整体，框架结构每层的梁、柱构件数量远远小于总的构件数量，框架结构破坏表现为局部破坏。若仍采用结构整体构件极限破坏状态的判定标准，则会低估结构的抗震性能水平。例如采用表 10-2 中定义的正常使用和立即使用极限状态来确定层间位移角限值，对于本章的两种框架结构来讲，当所研究的楼层有一根承重构件屈服，该层即达到了正常使用极限状态和立即使用极限状态，这样两个性能水平下量化指标限值 LS1 和 LS2 相等，这与实际情况是不相符的，同时与结构的整体抗震性能水平也不对应。因此本书参照 Wei 等[13]建议的楼层破坏状态的首次屈服（first yield）、塑性机制形成（plastic mechanism initiation）和强度退化（strength degradation）的定义，对于楼层破坏的 4 个极限破坏状态重新定义如下：

（1）正常使用极限状态：结构构件首次屈服。

（2）立即使用极限状态：50%以下的承重构件发生轻微破坏，且不影响楼层承载力的提高，构件经过少量修复后可继续使用。

（3）生命安全极限状态：梁铰侧移机构、柱铰侧移机构或者混合机构开始形成（等同于塑性机制形成），且 50%以下的构件严重破坏，其中 20%以下的构件两端达到极限状态，还有一定的承载能力。

（4）防止倒塌极限状态：梁铰侧移机构、柱铰侧移机构或者混合机构形成并发展，且 50%以上的承重构件严重破坏，其中 50%以下的构件两端达到极限状态，承载力开始下降。

上述定义中构件轻微破坏和严重破坏的定义同表 10-2 中构件破坏状态的描述一致。

10.4.3 层间位移角限值

基于楼层极限破坏状态的定义,采用如下步骤[2-4,14,15]进行求解:根据侧向荷载为第一振型分布模式即倒三角荷载分布模式时的 Pushover 分析结果,绘制每层层间位移角与层剪力的关系曲线,并将分析中每层构件的破坏状态相应地标记在曲线上,然后根据每层的极限破坏状态来确定不同性能水平层间位移角的限值,其中具有最小层间位移角限值的楼层确定为关键层(也即薄弱层),然后选用关键层的层间位移角限值作为结构整体性能水平层间位移角限值。

采用侧向荷载为第一振型荷载分布模式的加载方法,对结构进行 Pushover 分析,比较各层计算结果发现,两个组合结构底层层间位移角限值均为最小,因此选取底层作为关键层来定义结构整体性能水平层间位移角的限值。图 10-10 给出了两种结构层间位移角限值的确定过程。其中,图 10-10(a)为结构底层层间位移角与层剪力的关系曲线,可以看出组合梁-方钢管混凝土柱框架结构(CB-CFSST)的承载力和抗侧刚度均要高于钢梁-方钢管混凝土柱框架结构(SB-CFSST),但其延性稍劣于钢梁-方钢管混凝土柱框架结构(SB-CFSST)。图中曲线上的特征点分别代表了两个结构底层梁、柱达到不同破坏状态时在底层能力曲线上的位置,图中只给出具有代表性的点,黑色填充的点对应结构 4 个性能水平的层间位移角限值。图 10-10(b)和图 10-10(c)分别给出底层梁、柱构件达到屈服和极限状态的先后顺序,图中字母 Y 代表屈服,U 代表极限,数字代表梁端或柱端达到屈服或极限状态的先后顺序。图 10-10(a)中特征点的文字标示分别与图 10-10(b)和图 10-10(c)两个结构构件状态的文字标示一致。

从图 10-10 中可以看出,组合梁-方钢管混凝土柱框架结构(CB-CFSST)和钢梁-方钢管混凝土柱框架结构(SB-CFSST)底层构件屈服顺序略有不同,但达到极限状态的顺序相同。

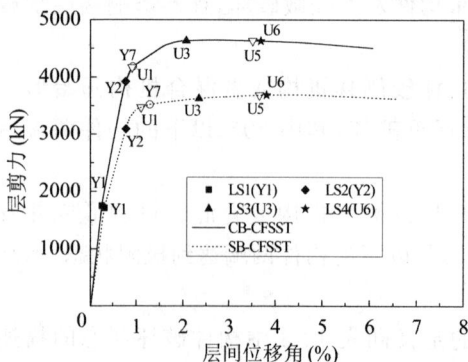

(a)

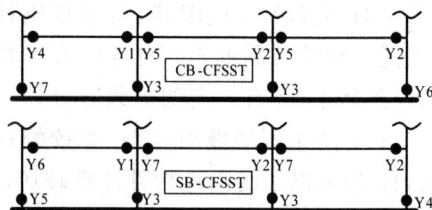

(b)

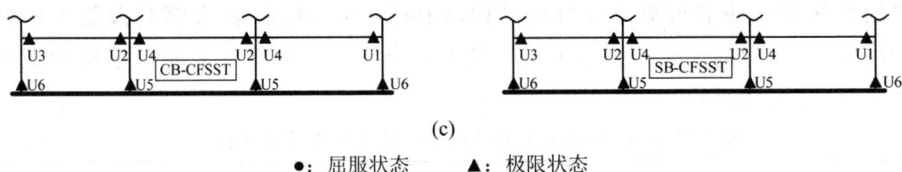

(c)

●：屈服状态　▲：极限状态

图 10-10　基于层极限破坏状态结构层间位移角限值的确定

(a)底层层间位移角与层剪力关系曲线；(b)底层构件屈服顺序；(c)底层构件达到极限状态顺序

　　两种结构的极限破坏状态相同，如图 10-11 所示。从该图中可以看出，底层破坏为梁铰机制。表 10-5 给出了结构底层楼层极限破坏状态特征描述和量化指标限值。

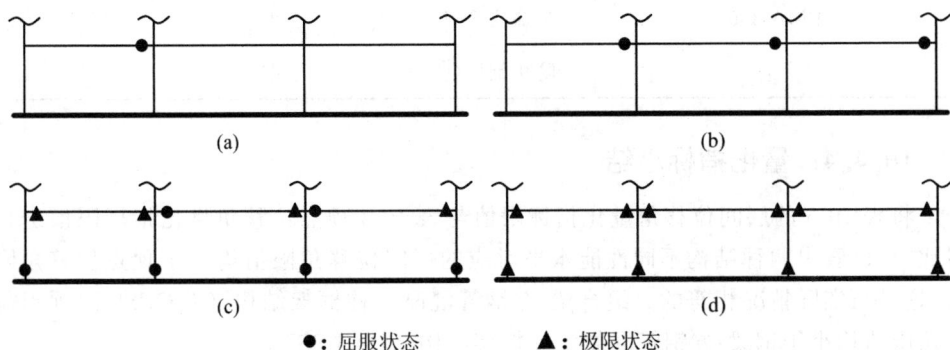

(a)　　　　　　　　　　　　　　　　　(b)

(c)　　　　　　　　　　　　　　　　　(d)

●：屈服状态　　▲：极限状态

图 10-11　两种结构底层极限破坏状态

(a)正常使用；(b)立即使用；(c)生命安全；(d)防止倒塌

表 10-5　　　　　　　　　　　**楼层极限状态及层间位移角限值**

性能水平	极限状态	θ_s	CB-CFSST	SB-CFSST
正常使用(NO)	梁负弯矩端首次出现屈服(Y1 铰)	LS1	1/391	1/314
立即使用(IO)	Y2 铰出现，梁的右端(负弯矩端)均屈服，50%以下的构件发生轻微破坏；构件经过少量修复后可继续使用	LS2	1/129	1/127
生命安全(LS)	梁铰机构开始形成，梁严重破坏且左边梁的两端均达到极限承载力；柱均没有达到极限状态，结构还有一定的承载能力	LS3	1/48	1/43
防止倒塌(CP)	U6 铰出现，柱底端和梁两端均达到极限承载力，结构承载力开始下降	LS4	1/30	1/27

　　表 10-6 给出了我国《抗震规范》中的"小震不坏"设防水准层间位移角限值和美国 FEMA 356 中定义的钢筋混凝土框架和钢框架的立即使用、生命安全以及防止倒塌三个性能水平层间位移角限值。对比表 10-5 和表 10-6 可知，采用本章建议方法

获得的组合梁-方钢管混凝土柱框架结构（CB-CFSST）和钢梁-方钢管混凝土柱框架结构（SB-CFSST）的 4 个性能水平限值基本上介于相应的钢筋混凝土框架和钢框架限值之间，这是合理的。

表 10-6 国内外规范、规程中不同性能水平的层间位移角限值[6,16]

规范名称	结构性能水平	钢筋混凝土框架	钢框架
《建筑抗震设计标准（2024 年版）》（GB/T 50011—2010）	正常使用（NO）（"小震不坏"）	1/550	1/300
FEMA 356	立即使用（IO）	1%	0.7%
	生命安全（LS）	2%	2.5%
	防止倒塌（CP）	4%	5%

10.4.4 量化指标小结

将表 10-5 的层间位移角量化指标限值与表 10-4 顶点位移角量化指标限值进行对比，可以看出两种结构不同性能水平对应的层间位移角限值均大于顶点位移角限值，这是与实际情况相符的。组合梁-方钢管混凝土柱框架结构（CB-CFSST）顶点位移角限值均小于钢梁-方钢管混凝土柱框架结构（SB-CFSST）。

采用本章所提出的方法得到的组合梁-方钢管混凝土柱框架结构（CB-CFSST）对应于不同性能水平的限值均小于钢梁-方钢管混凝土柱框架结构（SB-CFSST），这主要是因为相对于钢梁，组合梁弹性刚度的提高改变了梁、柱的线刚度比，使梁端分配的弯矩增大，但是组合梁负弯矩区屈服承载力的提高比例小于弹性刚度的提高比例，从而使相同变形下组合梁的屈服早于钢梁。

本章提出的性能指标限值的确定方法是从结构本身承载能力的极限状态来考虑的，若要从使用者的要求出发，如考虑舒适度要求结构变形在一定的限值内，则对两个结构性能指标的限值就是相同的。因此在基于性能的设计中，性能水平的定义也可以根据使用者的要求在保证结构安全可靠的前提下进行适当的调整。

10.5 结构-地震动系统的随机性

下面首先简要介绍结构-地震动系统的随机性，给出进行结构地震易损性分析中用到的随机变量及分布函数，并进行结构-地震动随机样本生成。

10.5.1　结构分析中的随机性

在结构-地震动系统的模型化过程中，可能遇到的随机性主要分为以下几类：

（1）材料特性的随机性。制造环境、技术条件、材料的多相特征等因素，使工程材料的弹性模量、泊松比、质量密度、膨胀系数、强度和疲劳极限等具有随机性。

（2）几何尺寸的随机性。设计、制造、安装等误差使结构构件的几何尺寸，如杆、梁、柱的长度、横截面积、惯性矩、板的厚度等具有随机性。

（3）结构边界条件的随机性。结构的复杂性而引起的结构与结构的连接、构件与构件的连接等边界条件具有随机性。

（4）结构物理性质的随机性。系统的复杂性而引起的系统的阻尼特性、摩擦系数、非线性特性等具有随机性。

（5）荷载的随机性。外界环境变化、突发事件等引起的结构载荷也常具有随机性，如风荷载、地震作用等。

（6）模型的随机性。在结构-地震系统的易损性分析中，因问题本身的复杂性和计算机发展水平等科研条件的限制，需要对计算模型进行简化。不同简化方法均会产生一定的误差，从而造成结构模型的不确定性。因此在结构动力分析中，应选择合理的计算模型使计算假定条件与实际情况相符。

结构的地震易损性分析中，上述的不确定性同时存在，其中结构材料性能的随机性以及结构所受荷载的随机性对结构动力反应的影响最大。由于该问题本身的复杂性且计算量巨大，为了使计算量控制在一个合理范围内，本章考虑了对结构性能影响最重要的材料强度和地震动的随机性，同时考虑材料强度相关量的随机性，如滞回模型中骨架曲线关键点的取值等。

10.5.2　结构分析中的随机变量

由于随机性是由随机变量的数字特征予以体现的，在结构地震易损性分析中存在的随机变量很多，例如钢材的屈服强度、混凝土的抗压强度、结构的动力反应等。工程结构中常见的随机变量对应的概率密度函数包括材料强度为对数正态分布或正态分布，地震荷载为极值Ⅱ、Ⅲ型分布等，以下简单介绍将要用到的一些随机变量的概率分布。

10.5.2.1　正态分布

若连续型随机变量 X 的概率密度函数为：

$$f(X)=\frac{1}{\sqrt{2\pi}\sigma_X}e^{-\frac{(X-\mu_X)^2}{2\sigma_X^2}}, \quad -\infty<X<+\infty \tag{10-1}$$

式中，μ_X、σ_X($\sigma_X > 0$)为常数，X 服从的正态分布或高斯分布记为 $X \sim N(\mu_X, \sigma_X)$。$\mu_X$、$\sigma_X$ 分别为随机变量 X 的均值和标准差。除标准差外，变异系数 δ_X 也是反映随机变量离散程度的一个重要物理量，表达式如下：

$$\delta_X = \frac{\sigma_X}{\mu_X} \tag{10-2}$$

正态分布是工程中运用最多的概率分布函数。例如，《混凝土结构设计标准（2024 年版）》（GB/T 50010 — 2010）[16]中假设混凝土立方体抗压强度服从正态分布，且规范条文说明中同时也给出了变异系数的取值。

10.5.2.2　对数正态分布

若随机变量的自然对数 $\ln X$ 呈正态分布，则 X 呈对数正态分布，其概率密度函数为：

$$f(X) = \frac{1}{\sqrt{2\pi}\sigma_{\ln X} X} \mathrm{e}^{-\frac{(X - \mu_{\ln X})^2}{2\sigma_{\ln X}^2}}, \quad 0 < X < +\infty \tag{10-3}$$

式中，$\mu_{\ln X}$、$\sigma_{\ln X}$ 与 X 的均值 μ_X 和变异系数 δ_X 的关系如下：

$$\mu_{\ln X} = \ln \frac{\mu_X}{\sqrt{1 + \delta_X^2}} \tag{10-4}$$

$$\sigma_{\ln X} = \sqrt{\ln(1 + \delta_X^2)} \tag{10-5}$$

10.5.3　结构-地震动随机样本生成

10.5.3.1　蒙特卡罗方法

蒙特卡罗（Monte Carlo）方法[17,18]不同于确定性数值方法，是用一系列随机数来近似解决问题的一种方法，主要用于求解具有随机性的不确定性问题，也能求解确定性问题。该方法的基本思想是：为了求解实际问题，首先需要建立一个概率模型或随机过程，使它的参数等于问题的解，然后通过对模型或过程的观察或抽样试验来计算所求参数的统计特征，最后给出所求解的近似值。

该方法应用于解决实际的问题，主要有以下几个步骤：

（1）随机变量的抽样。对需要考虑随机性的参数按其已知概率分布进行随机抽样，并将这些参数进行随机组合，从而形成不同的样本。

（2）样本反应求解。对每个抽取样本按问题的性质采用确定性方法求取样本反应。

（3）计算反应量的统计量估计。对所有样本反应按所求解答的类型求随机变量的均值、方差或概率分布。

结构在不同强度地震作用下的概率需求分析是个非线性问题,需要采用动力弹塑性分析方法来进行数值模拟,不可能采用解析的方法或理论推导直接进行确定。因此本节采用蒙特卡罗方法即通过上述步骤利用随机变量的数值模拟和统计分析来对结构进行概率地震需求分析。

10.5.3.2 结构模型

由于结构-地震易损性本身的复杂和计算工作量的巨大,目前,结构的易损性研究一般都集中于常见的简单结构,如低层或多层的框架结构、板柱结构等,因此在进行结构地震易损性分析时都需要根据实际情况对计算模型进行适当的简化。对于组合梁-方钢管混凝土柱框架结构(CB-CFSST),选用第 7 章中三维组合梁-方钢管混凝土柱框架结构(CB-CFSST)轴线④的一榀框架作为研究对象,结构布置图和立面布置图分别如图 7-1 和图 7-2 所示。这主要出于两方面的考虑:一方面出于简化模型的考虑,因为所采用的三维计算模型是对称的,每一榀的构件截面均相同,因此可以简化为平面框架进行分析;另一方面,15 层的高度比较符合实际工程应用情况,既不会因为层数太少没有实际应用价值,也不会因为高度太高,造成此种结构体系不适用。对于钢梁-方钢管混凝土柱框架结构(SB-CFSST),也采用相同的方法进行处理。

平面框架材料设计强度均同第 7 章。结构模型本身的不确定性主要考虑材料强度的不确定性,即钢材和混凝土强度变异性。

(1)混凝土轴心抗压强度。

《混凝土结构设计标准(2024 年版)》(GB/T 50010—2010)[16]中规定材料强度的标准值 f_k 应具有不小于 95% 的保证率,即

$$f_k = f_m(1 - 1.645\delta) \tag{10-6}$$

式中,f_m 为材料强度平均值;δ 为变异系数。上述规范在确定混凝土轴心抗压强度和轴心抗拉强度标准值时,假定其变异系数与立方体强度的变异系数相同。以 C40 混凝土为例,其轴心抗压强度标准值 26.8 MPa,由规范条例说明知相应的变异系数为 0.12,那么就可以用均值为 33.39 MPa、变异系数为 0.12 的正态分布来表示。

(2)钢材的屈服强度。

钢材屈服强度的不确定性采用对数正态分布描述。Q345 钢材的屈服强度用均值为 389.90 MPa、变异系数为 0.07 的对数正态分布来表示,根据式(10-4)和式(10-5),求得相应的对数均值和标准差分别为 5.963 和 0.07。Q235 钢材的屈服强度采用均值为 270.61 MPa、变异系数为 0.08 的对数正态分布来表示,同样的方法求得相应的对数均值和标准差分别为 5.597 和 0.08。

10.5.3.3 结构随机样本

钢-混凝土组合梁、CFSST 柱钢材的屈服强度 f_y 和混凝土的轴心抗压强度 f_c 随机变量的概率分布类型见表 10-7。根据混凝土抗压强度和钢材屈服强度的概率分布，对这 4 个随机变量采用随机抽样的方法，分别抽出 10 个样本。表 10-8 给出了这 10 个样本的混凝土抗压强度和钢材屈服强度的取值。然后将这 4 组随机变量样本按照随机方式进行排序，分别形成 10 个组合梁-方钢管混凝土柱框架结构（CB-CFSST）和 10 个钢梁-方钢管混凝土柱框架结构（SB-CFSST）的有限元计算样本。因为钢梁钢材屈服强度和翼板混凝土抗压强度的变化，对于部分结构样本，原有按设计强度设计的栓钉可能不满足完全抗剪连接，在钢-混凝土组合梁弹塑性模型中考虑部分栓钉不满足抗剪连接的影响。

表 10-7   **随机变量统计信息**

项目	平均值（MPa）	变异系数	分布类型
柱钢材 f_y	389.90	0.07	对数正态分布
梁钢材 f_y	270.61	0.08	对数正态分布
柱混凝土 f_c	33.39	0.12	正态分布
板混凝土 f_c	26.11	0.14	正态分布

表 10-8   **结构样本材料强度**   （单位：MPa）

样本序号	柱 f_c	板 f_c	梁 f_y	柱 f_y
1	32.2	26.7	259.0	395.2
2	28.3	28.2	290.8	362.8
3	34.4	25.2	245.1	410.3
4	38.2	27.6	274.4	421.3
5	24.6	19.3	230.3	418.1
6	32.5	30.7	278.1	404.8
7	37.8	29.0	247.9	401.1
8	29.0	21.8	283.6	406.9
9	30.6	23.2	269.9	416.5
10	26.6	20.9	239.5	346.6

10.5.3.4 地震波选取

采用台湾集集地震中实际记录的 10 条近场强震记录和其他地区的 6 条实际地震记录作为地震动输入,其中震中距变化范围为 7.1～71.9 km,峰值加速度为 1.6～4.2 m/s²。图 10-12 分别给出了弹塑性动力时程分析中所用到的 3 条集集地震加速度时程和阻尼比为 5% 的 16 条地震记录的弹性加速度反应谱。为了便于比较,将反应谱加速度在结构的基本周期(T_1)按比例调整为 1.0g,这些反应谱的离散性反映了地震动的不确定性。

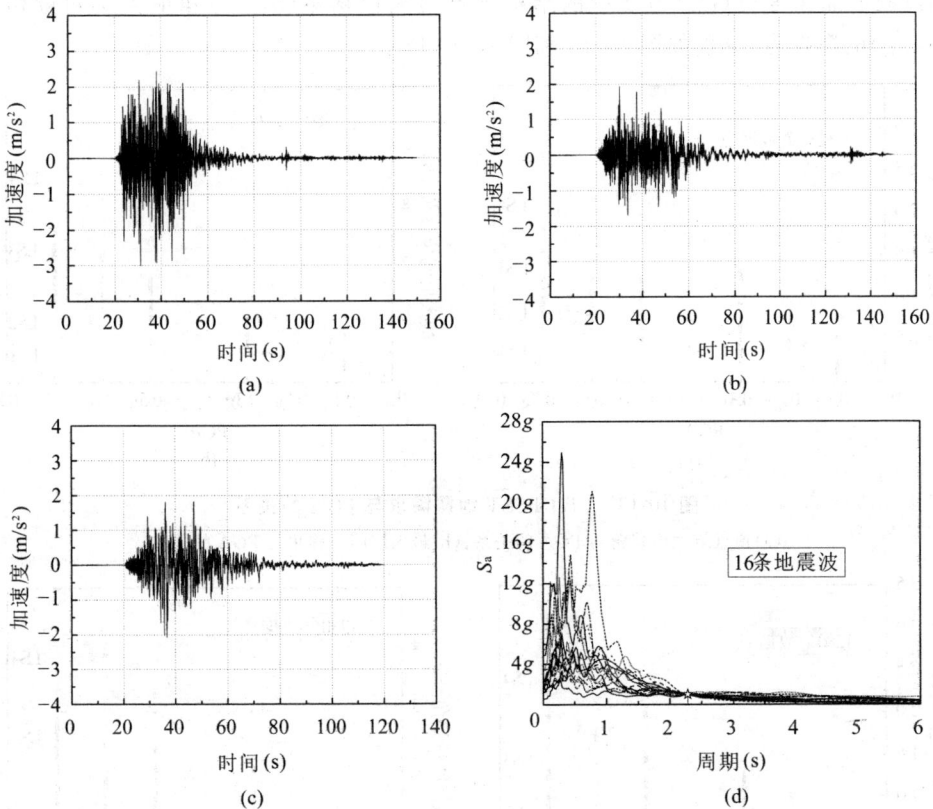

(a)

(b)

(c)

(d)

图 10-12 加速度时程及反应谱

(a)集集地震加速度时程(TCU78);(b)集集地震加速度时程(TCU120);
(c)集集地震加速度时程(TCU138);(d)地震波反应谱

10.5.3.5 结构-地震动样本生成

将所选择的 16 条地震波的每一条波的峰值加速度(PGA)均按比例调整为

$0.05g$、$0.1g$、$0.2g$、$0.3g$、$0.4g$、$0.5g$、$0.6g$ 和 $0.7g$，然后分别赋给 10 个结构样本，这样对组合梁-方钢管混凝土柱框架结构（CB-CFSST）和钢梁-方钢管混凝土柱框架结构（SB-CFSST）均形成了 1280 个结构-地震动计算样本，共计 2560 个样本。

10.6　结构的概率地震需求分析

对两个组合框架结构的结构-地震动样本分别进行弹塑性动力时程反应分析，得到以峰值加速度（PGA）为变量的结构顶点最大位移角（$\theta_{T,max}$）和最大层间位移角（$\theta_{S,max}$）的数据点，分别如图 10-13 和图 10-14 所示。

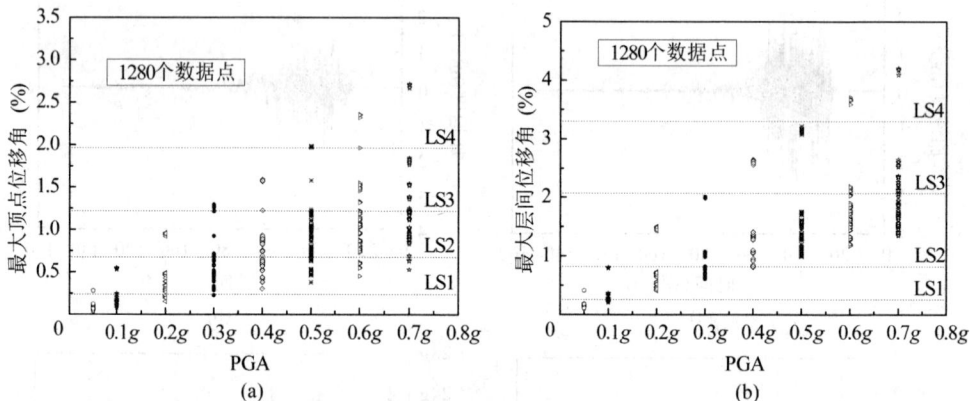

图 10-13　CB-CFSST 地震需求与 PGA 的关系
（a）顶点最大位移角与 PGA 的关系；（b）最大层间位移角与 PGA 的关系

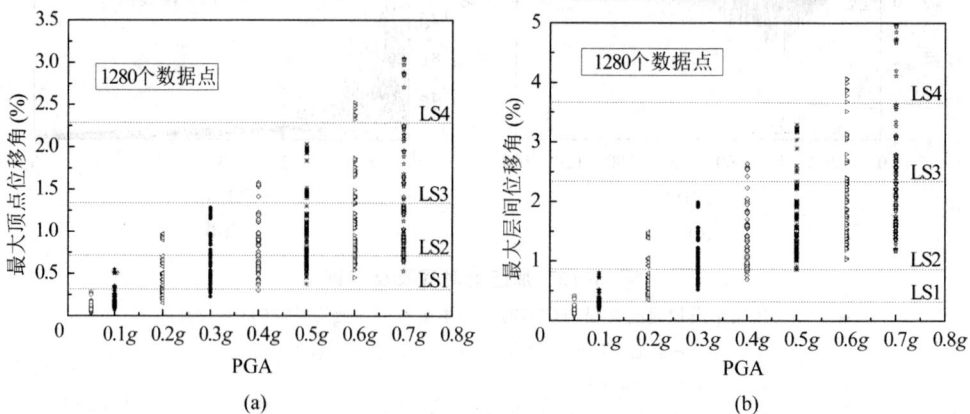

图 10-14　SB-CFSST 地震需求与 PGA 的关系
（a）顶点最大位移角与 PGA 的关系；（b）最大层间位移角与 PGA 的关系

图 10-13 和图 10-14 中每张图的每个点均代表一个结构-地震动样本弹塑性动力时程分析得到的结构反应,即地震需求,共 1280 个数据点。图中的每列竖向数据点为相同 PGA 地震动作用下结构的反应,水平虚线从下向上依次代表了结构不同性能水平量化指标限值:正常使用限值(LS1)、立即使用限值(LS2)、生命安全限值(LS3)和防止倒塌限值(LS4),其中图 10-13(a)和图 10-14(a)中顶点位移角限值见表 10-4,图 10-13(b)和图 10-14(b)中层间位移角水平限值见表 10-5。

从图 10-13 和图 10-14 中可以看出,这些代表结构不同性能水平的虚线即结构不同破坏等级的分界线,从下到上依次将样本的破坏状态划分为基本完好、轻微破坏、中等破坏、严重破坏、毁坏 5 个等级。从两种结构数据点的分布可以看出,钢梁-方钢管混凝土柱框架结构(SB-CFSST)的地震位移反应总体上要大于组合梁-方钢管混凝土柱框架结构(CB-CFSST),但两个结构数据点的离散性相差不大。

对弹塑性动力时程分析得到的结构顶点最大位移角($\theta_{T,max}$)和最大层间位移角($\theta_{S,max}$)进行统计分析得到对应于不同 PGA 的结构地震需求均值和变异系数,如表 10-9 所示。

表 10-9 <center>**两种结构地震需求的统计信息**</center>

框架类型		PGA							
		$0.05g$	$0.1g$	$0.2g$	$0.3g$	$0.4g$	$0.5g$	$0.6g$	$0.7g$
CB-CFSST	$\theta_{T,max}$ 均值	0.095%	0.189%	0.365%	0.530%	0.691%	0.852%	1.006%	1.159%
	$\theta_{T,max}$ 变异系数	0.511	0.509	0.476	0.433	0.411	0.422	0.432	0.443
	$\theta_{S,max}$ 均值	0.158%	0.315%	0.619%	0.910%	1.196%	1.461%	1.717%	1.975%
	$\theta_{S,max}$ 变异系数	0.409	0.408	0.399	0.356	0.351	0.341	0.336	0.336
SB-CFSST	$\theta_{T,max}$ 均值	0.105%	0.209%	0.411%	0.591%	0.770%	0.944%	1.107%	1.269%
	$\theta_{T,max}$ 变异系数	0.493	0.491	0.464	0.409	0.394	0.411	0.443	0.481
	$\theta_{S,max}$ 均值	0.168%	0.335%	0.669%	0.986%	1.320%	1.641%	1.955%	2.266%
	$\theta_{S,max}$ 变异系数	0.407	0.405	0.400	0.365	0.364	0.369	0.383	0.402

现有研究表明,采用一系列地震波作为结构的随机输入,结构的位移反应服从对数正态分布[19-21]。本章通过对相同加速度峰值下的结构反应样本数据取自然对数进行统计分析,得到样本在相同加速度峰值地震动作用下结构顶点最大位移角和最大层间位移角服从对数正态分布。因此研究中结构的需求 u(通用表达,包括顶点最大位移角和最大层间位移角)的概率密度函数用对数正态分布函数表示,此函数由结构需求的对数均值 $\bar{u}_{ln}$ 和对数标准差 β_d 来定义,即

$$u = \ln(\bar{u}_{ln}, \beta_d) \tag{10-7}$$

式中,结构需求的对数均值 $\bar{u}_{ln}$ 和对数标准差 β_d 可由表 10-10 确定。

表 10-10　　　　　统计得到的两种结构地震需求的对数均值和对数标准差

框架类型		PGA							
		0.05g	0.1g	0.2g	0.3g	0.4g	0.5g	0.6g	0.7g
CB-CFSST	$\theta_{T,max}$ 对数均值	−7.067	−6.378	−5.703	−5.319	−5.049	−4.842	−4.678	−4.566
	$\theta_{T,max}$ 对数标准差	0.449	0.444	0.414	0.392	0.380	0.383	0.389	0.395
	$\theta_{S,max}$ 对数均值	−6.513	−5.824	−5.140	−4.747	−4.471	−4.269	−4.107	−3.967
	$\theta_{S,max}$ 对数标准差	0.331	0.327	0.310	0.291	0.284	0.311	0.344	0.345
SB-CFSST	$\theta_{T,max}$ 对数均值	−6.963	−6.272	−5.588	−5.209	−4.939	−4.740	−4.590	−4.465
	$\theta_{T,max}$ 对数标准差	0.439	0.438	0.425	0.392	0.381	0.388	0.407	0.431
	$\theta_{S,max}$ 对数均值	−6.458	−5.766	−5.074	−4.678	−4.387	−4.171	−3.999	−3.856
	$\theta_{S,max}$ 对数标准差	0.357	0.355	0.355	0.337	0.340	0.343	0.352	0.364

表 10-9 和表 10-10 中的数值均由数值模拟的数据统计分析得到，是随机变量的离散数据，因此并不能满足连续型随机变量均值、变异系数与对数均值、对数标准差的关系式[式(10-4)和式(10-5)]。但由表 10-9 中数值采用理论公式计算得到的对数均值和对数标准差与表 10-10 中统计得到的对数均值和对数标准差比较可知，两种结构对数均值绝对值误差均在 ± 0.3％以内，对数标准差绝对值误差大部分在 5％以内，最大不超过 20％。这也从另一个方面证实了在相同 PGA 下，结构的地震需求服从对数正态分布。

以 PGA 为 0.2g 和 0.4g 为例，图 10-15 和图 10-16 分别给出了两种组合框架结构地震需求的对数正态分布概率密度函数。

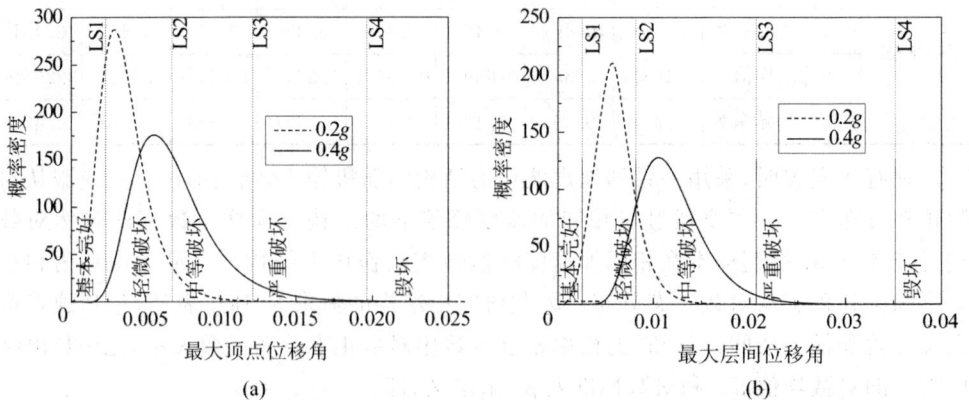

图 10-15　CB-CFSST 地震需求的对数正态分布概率密度函数

(a)顶点最大位移角;(b)最大层间位移角

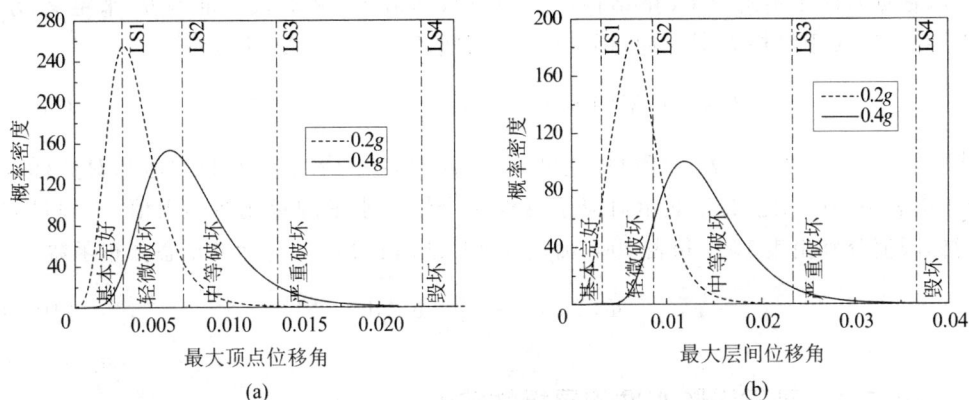

图 10-16 SB-CFSST 地震需求的对数正态分布概率密度函数
(a)顶点最大位移角；(b)最大层间位移角

图 10-15 和图 10-16 中的竖向点画线对应于结构不同的性能水平限值,取值分别同图 10-13 和图 10-14。可以看出这些点画线将概率密度函数与横坐标间的区域划分成基本完好、轻微破坏、中等破坏、严重破坏、毁坏五个部分。从图中可以看出,PGA 为 0.2g 时,即 8 度中震作用下,采用最大层间位移角为量化指标,结构需求大于 LS1 限值即正常使用(NO)性能水平的超越概率远远大于以顶点最大位移角作为量化指标的超越概率;且两种结构反应超过 LS2 限值即立即使用性能(IO)水平的超越概率较大,生命安全(LS)性能水平超越概率趋于 0。PGA 为 0.4g 时,无论采用顶点最大位移角或层间位移角作为量化指标,对于两种框架来说,结构的地震需求对于 LS1 限值的超越概率均很大,而对于 LS3 限值即生命安全(LS)性能水平的超越概率均很小,即在此强度地震作用下,结构保持基本完好和发生严重破坏的概率均很小。对应表 10-1 中性能水平的功能要求,可以看出结构对于满足"中震可修,大震不倒"具有很高的保证率。

分别将图 10-15 和图 10-13、图 10-16 和图 10-14 进行对比分析,可以看出,图 10-13 和图 10-14 中 PGA 为 0.2g 时,两个结构地震需求的数据点大部分集中在 LS1 与 LS2 之间;PGA 为 0.4g 时,两个结构地震需求的数据点大部分都集中在 LS1 与 LS3 之间,两者结果是一致的。

10.7 基于性能的结构易损性曲线的形成

基于性能的结构易损性曲线表示的是在不同强度地震作用下结构需求超过特定性能水平的概率。根据 10.4 节对结构性能水平的定义和结构地震需求的概率分布,

可以根据对应于不同 PGA 下结构需求的对数均值 $\bar{u}_{\ln}$ 和对数标准差 β_d 来定义，求得不同 PGA 下结构需求 u 超过限值 LSi 的概率 $P(u|PGA>LSi)$：

$$P(u|PGA>LSi)=1-\Phi\left[\frac{\ln(LSi)-\bar{u}_{\ln|PGA}}{\beta_{d|PGA}}\right] \tag{10-8}$$

式中，$\bar{u}_{\ln|PGA}$ 和 $\bar{\beta}_{d|PGA}$ 表示峰值加速度为 PGA 时，结构需求的对数均值和对数标准差，由表 10-10 确定；LSi 表示对应于结构 4 个性能水平的量化指标限值，不同量化指标限值分别由表 10-4 和表 10-5 确定，$i=1,2,3,4$；$\Phi(\cdot)$ 为标准正态分布函数。

$$\Phi(x)=\frac{1}{\sqrt{2\pi}}\int_{-\infty}^{x}e^{-\frac{t^2}{2}}dt \tag{10-9}$$

10.7.1 基于设防水准的易损性曲线

我国《矩形钢管混凝土结构技术规程》（CECS 159:2004）[12] 对方钢管混凝土（CFSST）框架参照钢框架给出了弹性变形和弹塑性变形的层间位移角限值分别为 1/300 和 1/50，其对应于"小震不坏"和"大震不倒"的设防水准。图 10-17 给出了相应于此设防水准的组合梁-方钢管混凝土柱框架结构（CB-CFSST）和钢梁-方钢管混凝土柱框架结构（SB-CFSST）的易损性曲线。

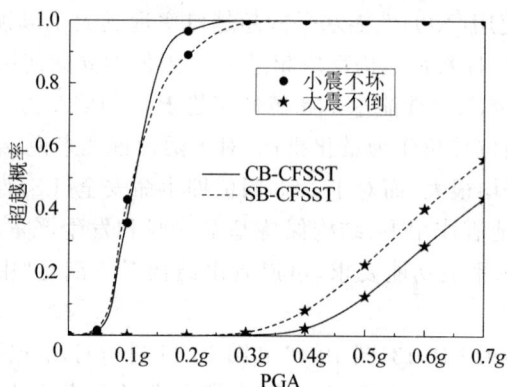

图 10-17　基于设防水准的易损性曲线

图 10-17 中横坐标为以 PGA 表示的地震动大小，纵坐标为地震作用下结构需求超越设防水准的超越概率。从图中可以看出，两个结构在 8 度罕遇地震下，即 PGA 为 0.4g 时，倒塌概率均小于 10%，钢梁-方钢管混凝土柱框架结构（SB-CFSST）的倒塌概率大于组合梁-方钢管混凝土柱框架结构（CB-CFSST）。这是因为两者的水平限值一样，但钢梁-方钢管混凝土柱框架结构（SB-CFSST）的地震反应大于组合梁-方钢管混凝土柱框架结构（CB-CFSST）。

由此可见，采用本章方法，可以给出结构相应于不同抗震设防水准或不同性能目标要求的地震易损性曲线,评估不同强度地震作用下,结构完成不同性能目标的能力,更全面地了解和评价结构的抗震性能。

10.7.2 不同量化指标易损性曲线比较

根据 10.4 节不同量化指标限值的分析结果,图 10-18 和图 10-19 分别给出了以顶点位移角和层间位移角表示的组合梁-方钢管混凝土柱框架结构(CB-CFSST)和钢梁-方钢管混凝土柱框架结构(SB-CFSST)对应于不同性能水平的易损性曲线。两图中横坐标均为以 PGA 表示的地震动大小,纵坐标为地震作用下结构需求超越不同性能水平极限状态的超越概率。

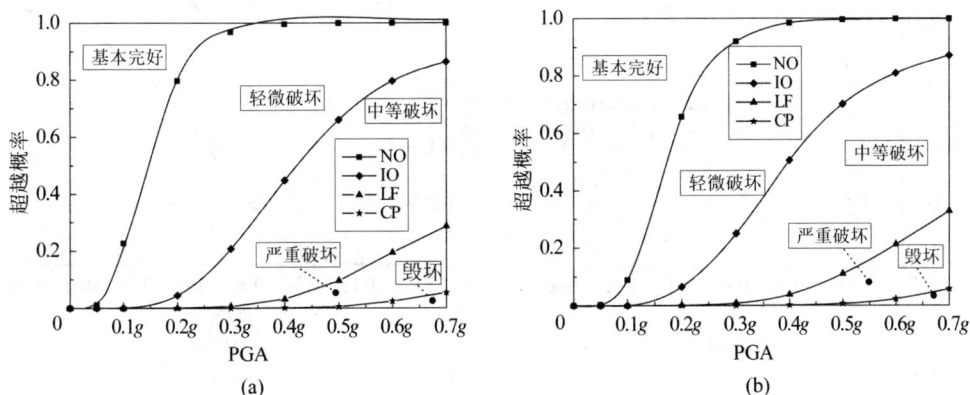

图 10-18 基于顶点位移角的结构易损性曲线

(a)CB-CFSST;(b)SB-CFSST

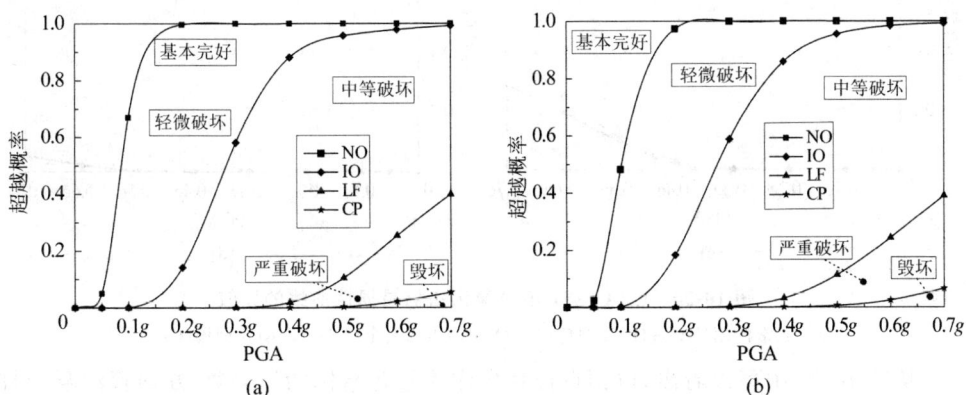

图 10-19 基于层间位移角的结构易损性曲线

(a)CB-CFSST;(b)SB-CFSST

从图 10-18 和图 10-19 中可以看出,结构正常使用(NO)、立即使用(IO)、生命安全(LS)和防止倒塌(CP)4 个性能水平极限破环状态将整个区域划分为结构破坏的 5 个等级。随着结构从基本完好状态发展到毁坏状态,易损性曲线逐渐变得扁平;随着 PGA 的增大,结构发生破坏倒塌的概率也在增大。采用不同的量化指标对结构的地震易损性曲线的形状影响较大。

为了更好地比较不同量化指标下易损性曲线的差异,图 10-20 和图 10-21 分别给出了组合梁-方钢管混凝土柱框架结构(CB-CFSST)和钢梁-方钢管混凝土柱框架结构(SB-CFSST)基于顶点位移角和层间位移角的量化指标。

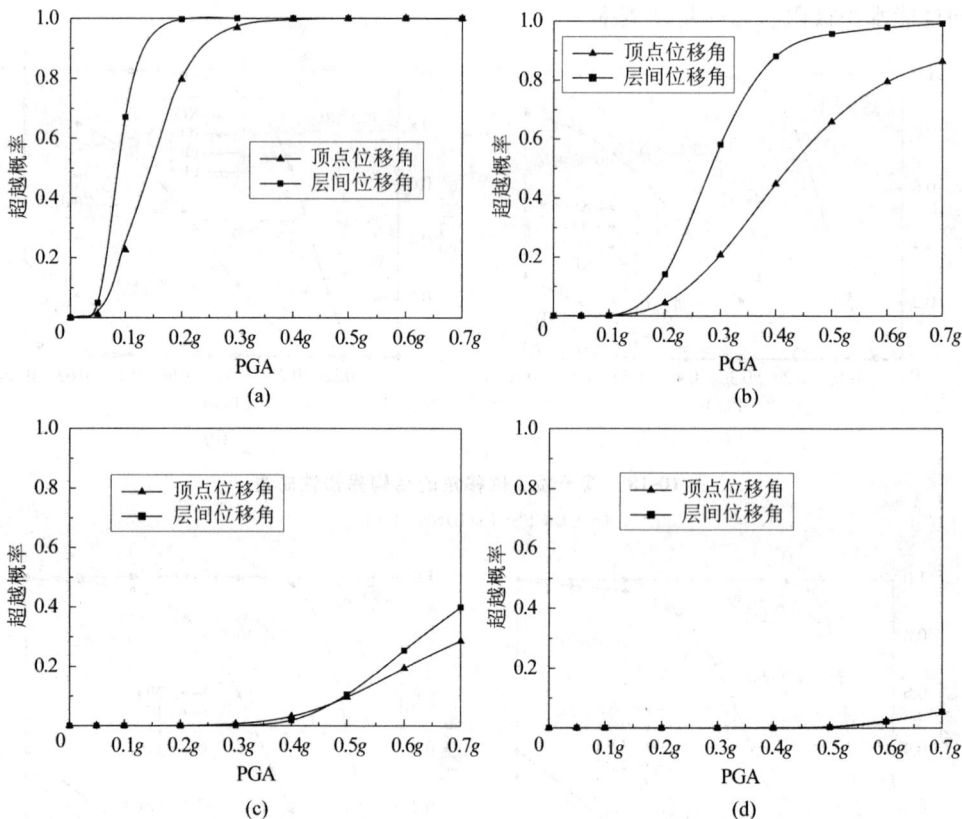

图 10-20　CB-CFSST 不同量化指标易损性曲线的比较
(a)正常使用(NO);(b)立即使用(IO);(c)生命安全(LS);(d)防止倒塌(CP)

从图 10-20 中可以看出,以顶点位移角作为量化指标的组合梁-方钢管混凝土柱框架结构(CB-CFSST)的易损性曲线在正常使用(NO)和立即使用(IO)性能水平时的超越概率小于以层间位移角作为量化指标的计算结果;除了 PGA 为 0.6g 和 0.7g 时,生命安全(LS)性能水平下以层间位移角作为量化指标的超越概率明显大于以顶点位移角作为量化指标的超越概率外,生命安全(LS)和防止倒塌(CP)性能水平下两者的超越概率相差不大。

对于钢梁-方钢管混凝土柱框架结构(SB-CFSST),如图 10-21 所示,在 4 个性能水平下,以顶点位移角作为量化指标的超越概率均小于以层间位移角作为量化指标的超越概率。

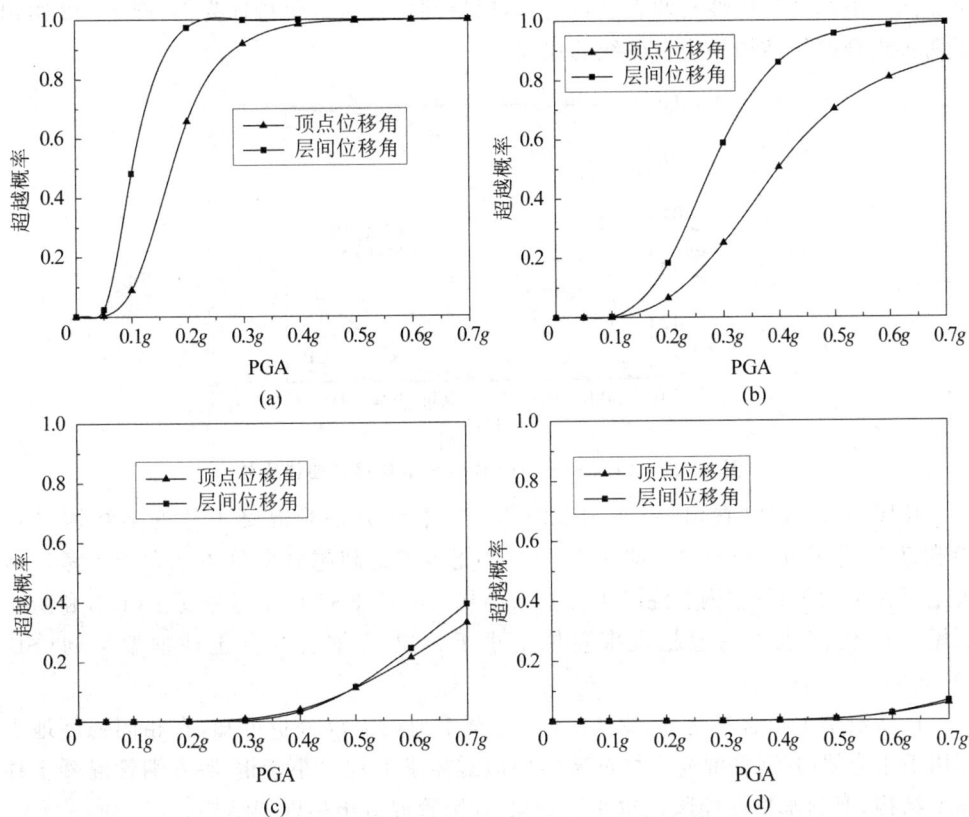

图 10-21 SB-CFSST 不同量化指标易损性曲线的比较
(a)正常使用(NO);(b)立即使用(IO);(c)生命安全(LS);(d)防止倒塌(CP)

由上述分析可知,对于钢-混凝土组合框架结构,采用层间位移角作为反映结构抗震性能的量化指标来评估结构的地震易损性总体上较采用顶点位移作为量化指标更加安全、可靠。这也反映了实际结构设计中采用层间位移角作为结构变形限制指标的合理性。由于层间位移角概念简单、应用方便,并且较好地反映了结构的性能水平,目前在各种类型的框架结构的地震易损性分析中应用较多。基于顶点位移角的易损性曲线可以作为基于层间位移角易损性曲线的补充,从而可以较全面地对结构的易损性进行评估。

10.7.3　钢-混凝土组合框架结构易损性比较

组合梁-方钢管混凝土柱框架结构(CB-CFSST)和钢梁-方钢管混凝土柱框架结构(SB-CFSST)的区别在于是否考虑楼板的组合作用。实际工程设计中,设计人员往往把组合梁当成纯钢梁考虑,但从第 7 章分析结果可知,两者的受力和变形性能均不相同。下面从易损性对两者进行比较,以层间位移角量化指标为例,图 10-22 给出了两种组合框架结构易损性曲线的比较。

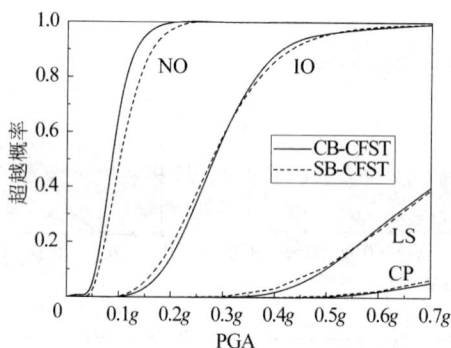

图 10-22　CB-CFSST 与 SB-CFSST 易损性曲线比较

从图 10-22 可以看出,对于本节算例,组合梁-方钢管混凝土柱框架结构(CB-CFSST)正常使用(NO)和立即使用(IO)性能水平的超越概率总体上大于未考虑楼板组合作用的钢梁-方钢管混凝土柱框架结构(SB-CFSST),在生命安全(LS)和防止倒塌(CP)性能水平的超越概率总体上小于钢梁-方钢管混凝土柱框架结构(SB-CFSST)。

这从数学上很容易解释,由 10.6 节的概率地震需求分析可知,在相同强度地震作用下组合梁-方钢管混凝土柱框架结构地震需求的均值小于钢梁-方钢管混凝土柱框架结构,但其水平性能限值也小于钢梁-方钢管混凝土柱框架结构。

从受力性能上看,组合梁负弯矩区的屈服承载力远小于正弯矩区,且相对于钢梁的屈服承载力提高很小,但抗弯刚度提高较大;组合梁负弯矩区的屈服状态对应于混凝土翼板内上部钢筋开始屈服时状态,钢梁负弯矩区的屈服状态则对应于钢梁上翼缘屈服时的状态。正常使用(NO)性能水平是结构基本完好阶段的极限破坏状态,对应于结构中构件首次出现屈服的状态,也是划分基本完好阶段和轻微破坏阶段的临阶状态。因此,可以认为结构在基本完好阶段处于弹性工作状态,在相同强度地震作用下,组合梁-方钢管混凝土柱框架结构因为整体刚度增大,地震作用力大于钢梁-方钢管混凝土柱框架结构,组合梁因为刚度的提高而使梁上分配的弯矩大于钢梁,且其负弯矩区的屈服承载力提高很小,这就使得在正常使用(NO)性能水平下组合梁端负弯矩区先于钢梁屈服,即组合梁-方钢管混凝土柱框架结构发生轻微破坏的概率大于钢梁-方钢管混凝土柱框架结构。同理,对于本节的两种框架结构,在立即使用性能(IO)水平下,部分梁一端出现屈服,即负弯矩区屈服,此时结构整体刚度下降不大,相同强度地震下组合梁先于钢梁屈服。

结构进入弹塑性阶段后,组合梁-方钢管混凝土柱框架结构的承载力远大于钢梁-方钢管混凝土柱框架结构,因此在相同强度地震作用下,组合梁-方钢管混凝土柱框架结构的倒塌概率小于钢梁-方钢管混凝土柱框架结构。从以上分析可以看出,与不考虑楼板组合作用的钢梁-方钢管混凝土柱框架结构相比,在不同的性能水平下,考虑楼板组合作用的组合梁-方钢管混凝土柱框架结构的易损性并不是都优于钢梁-方钢管混凝土柱框架结构。因此,不能单纯地认为将组合梁作为钢梁来考虑在任何情况下对于结构来说均偏于安全。鉴于组合梁-方钢管混凝土柱框架结构由于组合梁负弯矩区屈服承载力低而发生轻微破坏的概率较高的情况,可以采用在组合梁的混凝土翼板上部贴钢板等增加组合梁负弯矩区屈服承载力的方法来降低相应性能水平下结构的破坏概率。

10.7.4 地震需求变异性讨论

通过对现有地震易损性研究成果的总结发现,大部分学者在确定易损性曲线时,参照相关规范和已有研究对不同 PGA 下地震需求的对数标准差均取相同的值[2,12-27],进而给出结构的易损性曲线。这种方法虽然不能准确描述地震需求的变异性,但是总体上可以满足结构地震易损性分析的要求,且减少了计算工作量,简化了分析步骤。但钢管混凝土组合结构没有相关研究成果可以参考,因此下面对地震需求的变异性进行讨论。

地震需求的变异性主要由结构需求的对数标准差反映,由表 10-10 可以看出,不同 PGA 对应的两种结构地震需求的对数标准差相差不大。对两种组合结构不同地震需求的对数标准差进行统计,表 10-11 给出了钢-混凝土组合框架结构地震需求对数标准差的均值、标准差和变异系数。

表 10-11　　　　**组合结构地震需求对数标准差的均值、标准差和变异系数**

项目	均值	标准差	变异系数
顶点最大位移角($\theta_{T,max}$)对数标准差	0.409	0.024	0.059
最大层间位移角($\theta_{S,max}$)对数标准差	0.334	0.023	0.069

从表 10-11 中可以看出,结构顶点最大位移角和最大层间位移角地震需求的对数标准差对应于不同 PGA 的变异性很小。因此本书建议对不同 PGA 统一取顶点最大位移角对数标准差为 0.4,最大层间位移角对数标准差为 0.35。

将分别由采用建议的地震需求对数标准差和原有实际对数标准差计算得到的易损性曲线进行对比,如图 10-23 和图 10-24 所示。

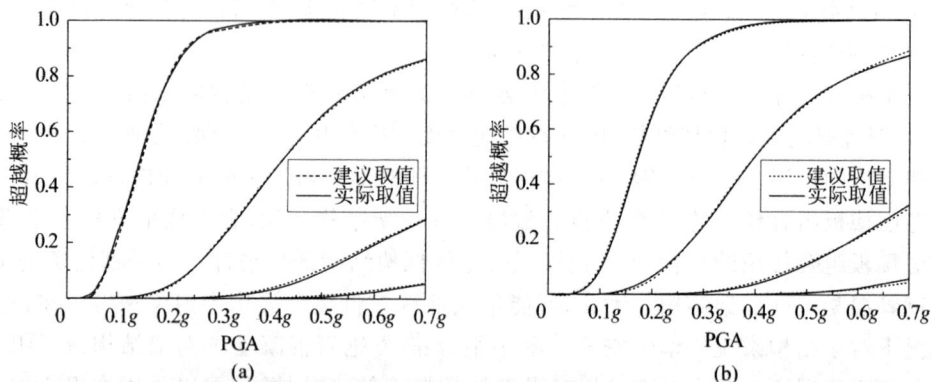

图 10-23　基于顶点位移角量化指标的结构易损性曲线比较
(a)CB-CFSST;(b)SB-CFSST

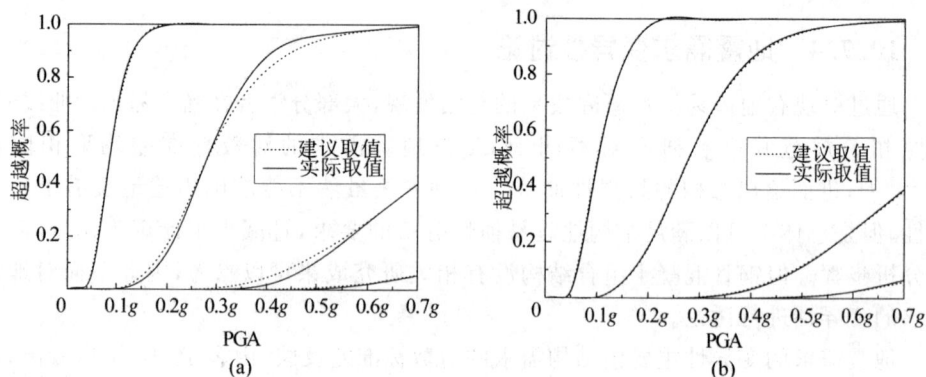

图 10-24　基于层间位移角的结构易损性曲线比较
(a)CB-CFSST;(b)SB-CFSST

从图 10-23 和图 10-24 中可以看出,本书建议取值得到的易损性曲线与原有基于实际统计分析得到的对数标准差计算得到的易损性曲线,总体上比较接近,因此可以对不同 PGA 的地震需求采用统一的对数标准差。本书建议的对数标准差取值,可为以顶点位移角和层间位移角作为结构地震需求量,PGA 为自变量的钢-混凝土组合结构的地震易损性分析提供参考,从而达到简化易损性分析问题的目的。

10.8 基于全概率的结构易损性曲线

10.8.1 结构抗震性能水平的随机性问题

10.2 节提出了基于结构极限破坏状态的性能水平限值的确定方法,但在具体实施过程中,需要确定是否考虑由于结构本身随机性而导致的结构抗震性能水平的随机性。这个问题不仅存在于本书给出的基于性能的易损性分析方法中,也普遍存在于传统的结构易损性分析方法中。本书通过对现有结构易损性分析方法的总结和归纳,基于不同的需求建议分别采用如图 10-25 所示的两种方法进行结构抗震性能水平分析。

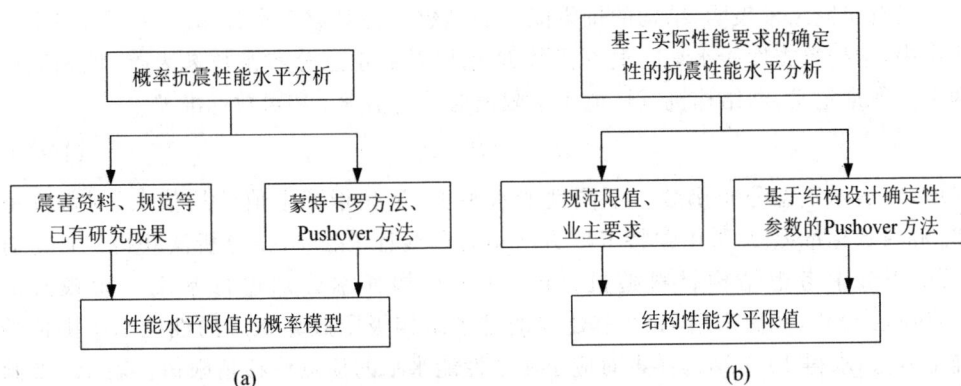

图 10-25 结构抗震性能水平分析方法
(a)基于概率论;(b)基于结构性能需求

图 10-25(a)的方法是从概率论出发,在确定结构性能水平时考虑了结构自身的随机性,相应的结构不同性能水平的限值也是随机的。该方法有两种途径可以实现,一种是通过对大量的试验数据、震害资料进行统计分析或者基于已有规范和研究成果,对于常见的钢筋混凝土框架、钢框架等可以采用该方法;另一种是当结构的震害资料和试验数据缺乏时,可以采用蒙特卡罗方法[17,18]结合非线性 Pushover 分析法计算结构的抗震能力曲线,并确定相应于不同破坏状态或性能水平的以位移或位移延性表示的界限值及其概率统计特性。但由于该方法本身的复杂性和工作量的庞大,目前开展的易损性研究大部分都是采用第一种途径,对于相关规范中有规定的常见结构形式均直接采用规范给定的数值作为结构抗力的均值[19-21]。

图 10-25(b)的方法是从结构本身的实际性能要求出发,结构的性能水平是确定的,不考虑随机性的影响,这也是目前基于性能进行抗震设计的一个重要方法。对于

业主有要求的,可以直接根据需求确定性能限值。研究者从实际性能要求出发,目前大多直接采用规范限值作为结构的性能水平限值,不考虑性能水平的随机性[19-21]。对于规范中无规定的结构,可以基于结构设计中确定性的材料参数(考虑不同的保证率可以采用材料强度的试验值、标准值或设计值)对结构进行 Pushover 分析,从而得到结构性能水平限值。

10.8.2 概率抗震性能水平分析

10.4 节确定不同性能水平限值时,主要目的在于介绍性能水平限值的确定方法,因此用于抗震性能水平分析的结构模型采用了材料强度的均值。下面以组合梁-方钢管混凝土柱框架结构(CB-CFSST)的顶点位移角量化指标为例,采用概率抗震性能水平分析方法确定顶点位移量化指标限值的概率模型。

已有研究结果表明,结构的抗震能力的函数符合对数正态分布[19-21,23-25],在本章研究中,结构抗震性能水平的概率函数 R 也用对数正态分布函数来表示,该函数由两个参数来定义,即结构抗震性能水平限值对数均值 $\bar{R}_{\ln}$ 和对数标准差 β_c:

$$R = \ln(\bar{R}_{\ln}, \beta_c) \tag{10-10}$$

式中,ln 表示正态分布函数。不同性能水平下,量化指标限值的均值 $\bar{R}$、对数均值 $\bar{R}_{\ln}$ 和对数标准差 β_c 采用蒙特卡罗方法结合非线性 Pushover 分析法获得。首先对 10.6.2 节中考虑结构材料随机性的 10 个结构样本分别进行基于一阶模态的 Pushover 分析,然后采用 10.2 节建议的基于结构极限破坏状态的性能水平限值的确定方法,求得 10 个结构样本对应于 4 个性能水平的顶点位移角限值。表 10-12 给出了结构样本不同性能水平下顶点位移角限值和统计信息。

表 10-12   **结构样本顶点位移角限值及统计信息**

样本	正常使用(NO)	立即使用(IO)	生命安全(LS)	防止倒塌(CP)
θ_T	LS1	LS2	LS3	LS4
样本 1	1/439	1/156	1/81	1/49
样本 2	1/373	1/133	1/85	1/55
样本 3	1/465	1/165	1/80	1/49
样本 4	1/413	1/144	1/79	1/49
样本 5	1/508	1/183	1/90	1/59
样本 6	1/404	1/141	1/81	1/43
样本 7	1/458	1/163	1/76	1/44
样本 8	1/389	1/138	1/79	1/49

续表 10-12

样本	正常使用(NO)	立即使用(IO)	生命安全(LS)	防止倒塌(CP)
样本 9	1/426	1/148	1/78	1/48
样本 10	1/499	1/173	1/88	1/60
$\bar{R}$	1/433	1/153	1/81	1/50
$\bar{R}_{\ln}$	-6.076	-5.035	-4.403	-3.920
β_c	0.097	0.100	0.053	0.106

表 10-13 给出了不同性能水平下,顶点位移角限值均值与表 10-4 基于材料强度均值得到的顶点位移角限值的比较。从表 10-13 中可以看出两者误差均在 ±5% 以内,相差不大。

表 10-13   基于概率方法和材料强度平均值结构抗震性能水平限值比较

性能水平	正常使用(NO)	立即使用(IO)	生命安全(LS)	防止倒塌(CP)
θ_T	LS1	LS2	LS3	LS4
$\bar{R}$	1/433	1/153	1/81	1/50
基于材料强度均值	1/422	1/148	1/82	1/51
误差	-2.54%	-3.26%	1.23%	2.00%

10.8.3   基于全概率的结构易损性曲线

根据结构的需求和结构的性能水平就可以计算结构在不同强度地震作用下结构需求超过特定性能水平的概率。由 10.6 节结构的概率地震需求分析可知,结构需求 u 也服从对数正态分布,所以不同 PGA 下结构需求超过结构抗震性能水平 R 的概率可计算如下:

$$P(R/u \leqslant 1 | \text{PGA}) = \Phi\left[\frac{-\ln(\bar{R}/\bar{u}_{|\text{PGA}})}{\sqrt{(\beta_c^2 + \beta_{d|\text{PGA}})^2}}\right] \tag{10-11}$$

式中,不同性能水平限值均值 $\bar{R}$ 和对数标准差 β_c 可由表 10-12 确定;$\bar{u}_{|\text{PGA}}$ 和 $\beta_{d|\text{PGA}}$ 分别为不同 PGA 下结构需求均值和对数标准差,分别由表 10-9 和表 10-10 确定。$\Phi(\cdot)$ 为标准正态分布函数,可用式(10-9)确定。

上述获得结构易损性曲线的方法既考虑了结构抗震性能的随机性又考虑了结构需求随机性,称为全概率方法。式(10-8)只考虑了结构需求的随机性,称为半概率方法。10.7 节对结构进行基于性能的易损性分析时,采用图 10-25(b)的方法确定结构的性能水平,是基于结构的实际性能需求的易损性分析方法。为了与全概率方法进行对比,本章在确定结构性能水平时,采用了材料性能随机变量的均值,实际在进行基于结构实际性能需求的地震易损性分析时,可根据实际性能需求采用材料强度的实测值、标准值或设计值。本章只是以材料强度均值为例介绍该方法的实施过程。

图 10-26 给出了全概率方法和半概率方法得到的组合梁-方钢管混凝土柱框架结构易损性曲线的比较。从该图中可以看出,采用全概率方法计算得到的结构地震易损性曲线位于半概率方法得到的易损性曲线的上方,即基于全概率方法计算得到的结构需求超过性能水平的超越概率大于半概率方法的计算结果。

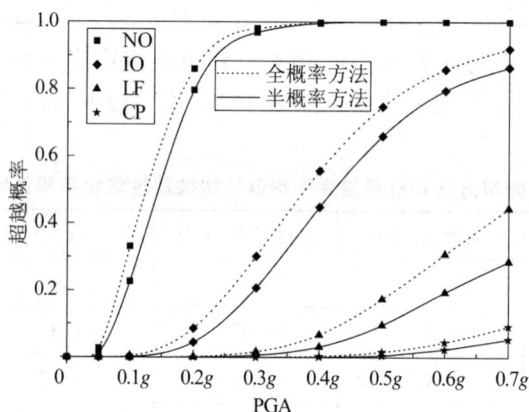

图 10-26　全概率方法和半概率方法易损性曲线的比较

虽然本章采用半概率方法得到的结构确定性抗震性能水平限值与全概率方法结构抗震性能水平限值相差不大,但是由于没有考虑性能水平的随机性,所以得到的结构地震易损性曲线与全概率方法相差较大。鉴于采用材料强度均值得到的结构抗震性能水平限值与概率抗震性能水平方法得到的结构性能水平限值均值比较接近,且为了提高计算效率和简化计算步骤,对于钢-混凝土组合结构,本书建议在没有可用的抗震性能水平限值且需要采用全概率方法进行基于性能的地震易损性分析时,可以采用基于材料强度均值得到的结构抗震性能水平限值作为性能水平限值概率模型的均值。

抗震性能水平限值的变异性主要与材料性能随机变量的变异性有关,本章参考表 10-7 中材料性能的变异系数,取抗震性能水平限值的变异系数为材料性能变异系数的均值的 0.1,通过式(10-5)计算得到相应的对数标准差也为 0.1。这样就确定了性能水平限值的对数正态分布概率模型,采用该模型按照式(10-11)求得结构的易损性曲线并与全概率方法得到的易损性曲线进行比较,如图 10-27 所示。

从图 10-27 中可以看出,本节建议方法和全概率方法得到的易损性曲线比较接近,除了在正常使用(NO)性能水平两者数值在 PGA 为 $0.2g \sim 0.5g$ 相差稍大外(最大差值小于 3%),其他性能水平下两者最大差值均小于 1%。

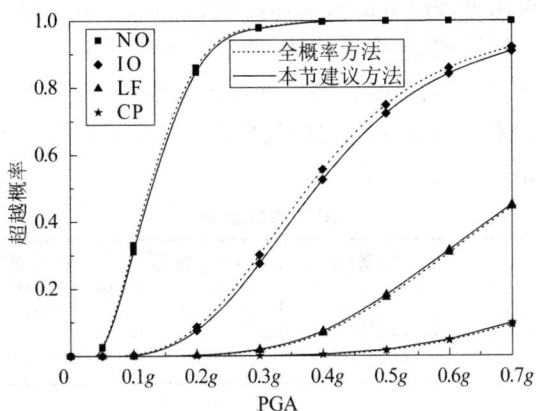

图 10-27　全概率方法和本节建议方法易损性曲线的比较

对于组合梁-方钢管混凝土框架的层间位移角量化指标和钢梁-方钢管混凝土框架的顶点位移角和层间位移角量化指标,采用本节建议方法得到的易损性曲线和全概率方法得到的易损性曲线均比较接近。

由以上分析可知,只要合理考虑性能水平限值的变异性,采用本节建议的基于结构本身随机变量均值得到结构抗震性能水平概率模型均值的方法是可行的。这样不仅可以减少工作量,还可以较为简便地实现对钢-混凝土组合结构的全概率地震易损性分析。

10.9　基于概率的单体组合结构震害指数确定方法

基于性能的结构易损性曲线不仅可以对结构的性能水平进行评价、用于基于性能的结构设计外,还可以给出结构在不同强度地震作用下不同破坏等级发生的概率。虽然易损性曲线能较为详细地给出对应不同强度地震作用下结构发生各级破坏的概率,但在结构震害预测中,工程人员和业主更希望得到对应不同烈度或地震强度时结构的破坏状态。震害指数是目前地震工程界应用比较多的一个量化指标。迄今为止,地震工程界提出过许多对结构的地震破坏状态进行定量评估的方法,其中一个重要方法就是计算结构的震害指数。基于易损性分析结果,建议了一种基于概率的单体组合结构震害指数的确定方法。

10.9.1　震害指数

震害指数是评价某个结构或构件在受到地震作用后破坏状态的无量纲指数,是在震后对受损建筑做出处理决策的重要理论依据。10.2节将建筑物的破坏划分为5个等级,即基本完好、轻微破坏、中等破坏、严重破坏和毁坏。震害指数是这5个破坏等级的量化表示方法,是对结构的震害程度的定量描述,用0表示结构基本完好,用1表示毁坏,中间等级就用0和1之间的数来表征。5个破坏等级对应的震害指数中值和震害指数范围如表10-14所示[11,25]。

表 10-14   **震害指数定义**

破坏等级	基本完好	轻微破坏	中等破坏	严重破坏	毁坏
震害指数中值	0	0.2	0.4	0.7	1.0
震害指数范围	[0, 0.1]	(0.1, 0.3]	(0.3, 0.55]	(0.55, 0.85]	(0.85, 1.0]

10.9.2   组合结构震害指数确定方法

目前对单体结构震害指数的计算方法有很多,也提出了许多震害指数计算模型,但是这些震害指数模型之间没有一个统一的标准,不同震害指数模型对应的结构不同破坏等级的指数范围也不尽相同。诸多的震害指数计算模型多是针对截面和构件层面进行计算,并且普遍存在难以从构件震害指数推算整体结构震害指数的缺陷[26]。此外,确定结构震害指数时均使用确定性的分析方法。

由于地震动随机性较强,很难通过确定性的方法对结构的震害进行评估。同样,结构震害指数的确定也需要考虑结构本身和地震动的随机性。对于所在地区有该类结构的历史震害资料或易损性矩阵的情况,文献[25]给出了确定震害指数的方法。钢-混凝土组合结构这种新型的结构形式,较少经历地震考验,缺乏震害资料,也没有现成的易损性矩阵可用。因此本书以表10-14定义的震害指数为统一标准,参照建筑群或一定范围所有建筑物平均震害指数的定义,给出基于概率的单体组合结构震害指数的确定方法如下。

(1) 确定结构信息。判断结构类型、场地类别、现状、地震动特性等。

(2) 计算结构的易损性矩阵。根据结构类型,考虑地震动和结构本身的不确定性,选择能反映结构性能水平的量化指标,对结构进行易损性分析,进而求得结构的易损性矩阵。

(3) 基于平均震害指数的概念,采用下式计算单体结构的震害指数。

$$d_J = \sum_P D_P \cdot P(D_P/J) \tag{10-12}$$

式中,D_P为P级震害指数中值,取值范围如表10-14所示;$P(D_P/J)$为结构在PGA为J时发生P级破坏状态(Ⅰ级:基本完好,Ⅱ级:轻微破坏,Ⅲ级:中等破坏,Ⅳ级:严重破坏,Ⅴ级:毁坏)的概率值,可以从结构的易损性矩阵得到。

（4）根据 PGA 与中震烈度即设防烈度 I 之间的对应关系[27]

$$PGA = 10^{I\lg2 - 0.1047575} \tag{10-13}$$

求得相应于不同烈度下结构的震害指数。

根据上述方法确定结构在不同烈度下的震害指数后，可以根据表 10-14 中震害指数的范围对结构的破坏等级进行评价。

10.9.3 算例分析

采用建议的单体组合结构震害指数的确定方法，对组合梁-方钢管混凝土柱框架结构（CB-CFSST）和钢梁-方钢管混凝土柱框架结构（SB-CFSST）的震害指数进行计算。以 10.7.2 节中基于层间位移角量化指标得到两种结构的易损性曲线（图 10-19）为例，求得两种结构的易损性矩阵如表 10-15 和表 10-16 所示。

表 10-15　　　　　　　　　　　　CB-CFSST 易损性矩阵

PGA	基本完好	轻微破坏	中等破坏	严重破坏	毁坏
$0.05g$	0.950	0.050	0	0	0
$0.1g$	0.329	0.669	0.002	0	0
$0.2g$	0.004	0.813	0.183	0	0
$0.3g$	0	0.349	0.650	0.001	0
$0.4g$	0	0.085	0.897	0.017	0
$0.5g$	0	0.037	0.848	0.110	0.004
$0.6g$	0	0.014	0.739	0.226	0.020
$0.7g$	0	0.005	0.605	0.340	0.051

表 10-16　　　　　　　　　　　　SB-CFSST 易损性矩阵

PGA	基本完好	轻微破坏	中等破坏	严重破坏	毁坏
$0.05g$	0.976	0.024	0	0	0
$0.1g$	0.519	0.477	0.005	0	0
$0.2g$	0.110	0.631	0.259	0	0
$0.3g$	0.001	0.310	0.686	0.003	0
$0.4g$	0	0.089	0.878	0.032	0.001
$0.5g$	0	0.025	0.859	0.111	0.005
$0.6g$	0	0.008	0.742	0.227	0.023
$0.7g$	0	0.003	0.599	0.335	0.062

根据式(10-12)和式(10-13)计算两种结构对应不同 PGA 和设防烈度时的震害指数,同时根据表 10-14 中震害指数的范围给出两种结构不同设防烈度下的破坏等级,分别如表 10-17 和表 10-18 所示。

表 10-17　　　　　　　**CB-CFSST 震害指数及破坏等级**

PGA	$0.05g$	$0.1g$	$0.2g$	$0.3g$	$0.4g$	$0.5g$	$0.6g$	$0.7g$
设防烈度	6	7	8	9	9	9	9	9
震害指数	0.010	0.135	0.236	0.331	0.388	0.428	0.477	0.531
破坏等级	基本完好	轻微破坏	轻微破坏	中等破坏	中等破坏	中等破坏	中等破坏	中等破坏

表 10-18　　　　　　　**SB-CFSST 震害指数及破坏等级**

PGA	$0.05g$	$0.1g$	$0.2g$	$0.3g$	$0.4g$	$0.5g$	$0.6g$	$0.7g$
设防烈度	6	7	8	9	9	9	9	9
震害指数	0.005	0.097	0.230	0.339	0.392	0.432	0.480	0.537
破坏等级	基本完好	轻微破坏	轻微破坏	中等破坏	中等破坏	中等破坏	中等破坏	中等破坏

从表 10-17 和表 10-18 的对比可以看出,组合梁-方钢管混凝土柱框架结构(CB-CFSST)在设防烈度 8 度和 8 度以下时,震害指数大于钢梁-方钢管混凝土柱框架结构(SB-CFSST),结构破坏程度相对严重,在 PGA≥0.3g 时则相反,但是两个结构的破坏等级相同。

10.10　小　　结

(1) 本章首先给出了一种基于性能的结构整体地震易损性分析方法,该方法既考虑了结构本身的不确定性,又考虑了地震动输入的不确定性,并使计算量控制在可操作范围内,是一种实用性较强的方法,可以广泛应用于各种结构的地震易损性分析中。

(2) 根据结构的 4 个抗震性能水平和地震作用下结构的 5 个破坏等级,定义了对应于 4 个性能水平的结构整体和楼层的 4 个极限破坏状态,从而将结构破坏等级与结构抗震性能水平联系起来;对于钢管混凝土组合框架结构,分别采用顶点位移角和层间位移角作为衡量结构抗震性能水平的量化指标,建立了结构破坏等级与量化指标的对应关系;提出了基于结构极限破坏状态的组合框架结构性能水平限值的确定方法。

(3) 对组合梁-方钢管混凝土柱框架结构(CB-CFSST)和钢梁-方钢管混凝土柱框架结构(SB-CFSST),比较了 3 种不同侧向荷载分布形式下,结构 Pushover 分析结果的不同。结果表明,对于本书举例的钢-混凝土组合框架结构,采用第一振型荷载分布模式比较合理。

(4) 采用侧向荷载为第一振型荷载分布模式进行结构的 Pushover 分析,并基于结构的整体极限破坏状态,计算得到了两种结构以顶点位移角表示的 4 个抗震性能水平限值。基于本书定义的楼层的 4 个极限破坏状态,获得了组合梁-方钢管混凝土柱框架结构(CB-CFSST)和钢梁-方钢管混凝土柱框架结构(SB-CFSST)以层间位移角表示的 4 个性能水平限值。

(5) 采用蒙特卡罗方法考虑结构本身的不确定性和地震动的不确定性,采用随机抽样方法,分别建立了 1280 个组合梁-方钢管混凝土柱框架结构(CB-CFSST)和1280 个钢梁-方钢管混凝土柱框架结构(SB-CFSST)的结构-地震动样本,采用弹塑性动力时程分析法对这些样本进行了概率地震需求分析,分别获得了两种结构对应于不同峰值加速度(PGA)的结构需求的对数正态分布概率密度函数。

(6) 基于钢管混凝土框架结构性能水平确定方法的研究结果,计算了不同 PGA下结构地震需求超过某一性能水平的超越概率,从而得到以 PGA 为变量的结构地震易损性曲线。通过对基于不同量化指标的结构易损性曲线的比较,建议钢-混凝土组合框架结构采用层间位移角量化指标进行地震易损性分析。对比了组合梁-方钢管混凝土柱框架结构(CB-CFSST)和钢梁-方钢管混凝土柱框架结构(SB-CFSST)易损性的差别。结果表明:考虑楼板组合作用的组合梁-方钢管混凝土柱框架结构与不考虑楼板作用的钢梁-方钢管混凝土柱框架结构相比,在不同的性能水平下,组合梁框架结构的易损性并不是都优于钢梁框架结构,因此不能单纯地认为将组合梁作为钢梁考虑在任何情况下都是有利的。针对本章算例组合梁-方钢管混凝土柱框架结构,由于组合梁负弯矩区屈服承载力较低而发生结构轻微破坏的概率较高的情况,建议采用在组合梁的混凝土翼板上部贴钢板等增加组合梁负弯矩区屈服承载力的方法来降低结构正常使用和立即使用性能水平下的破坏概率。

(7) 讨论了地震需求变异性的影响,建议了结构需求统一的对数标准差,为钢管混凝土组合结构的易损性分析提供参考。研究了基于全概率方法和半概率方法的结构易损性分析的差别和两者的转化关系。

(8) 根据易损性分析结果,给出了基于概率的单体组合结构震害指数的确定方法,并计算了组合梁-方钢管混凝土柱框架结构(CB-CFSST)和钢梁-方钢管混凝土柱框架结构(SB-CFSST)在不同设防烈度下的震害指数。

参 考 文 献

［1］吕大刚，李晓鹏，张鹏，等. 土木工程结构地震易损性分析的有限元可靠度方法［J］. 应用基础与工程科学学报，2006，14(4):34-38.

［2］LIU Y B，CHEN F，LIU J B. Present research and prospect of seismic fragility for steel-concrete mixed structures［J］. Applied Mechanics and Materials，2012，166-169：2197-2201.

［3］刘晶波，刘阳冰，闫秋实，等. 基于性能的方钢管混凝土框架结构地震易损性分析［J］. 土木工程学报，2010，43(2)：39-47.

［4］刘阳冰，刘晶波. 钢-混凝土组合框架结构易损性分析［C］//第17届全国结构工程学术会议论文集(第Ⅱ册). 武汉，2008：380-384.

［5］刘阳冰，刘晶波. 基于性能的组合结构的地震易损性分析［C］//第六届全国土木工程研究生学术论坛. 北京，2008.

［6］Federal Emergency Management Agency（FEMA）. Commentary on the guidelines for the seismic rehabilitation of buildings：FEMA 356［S］. Washington，D. C. ：Prepared by American Society of Civil Engineers，2000.

［7］易方民，高小旺，苏经宇. 建筑抗震设计规范理解与应用［M］. 2版. 北京：中国建筑工业出版社，2011.

［8］Seismic evaluation and retrofit of concrete buildings：ATC-40［S］. Redwood City：Applied Technology Council，1996.

［9］中华人民共和国国家质量监督检验检疫总局，中国国家标准化管理委员会. 建(构)筑物地震破坏等级划分：GB/T 24335—2009［S］. 北京：中国标准出版社，2009.

［10］李应斌，刘伯权，史庆轩. 抗震设计中结构的性能等级与设计性能安全指数［J］. 地震工程与工程振动，2004，24(6):73-78.

［11］尹之潜. 地震灾害及损失预测方法［M］. 北京：地震出版社，1995.

［12］中国工程建设标准化协会. 矩形钢管混凝土结构技术规程：CECS 159：2004［S］. 北京：中国标准出版社，2004.

［13］WEI Y K，ELLINGWOOD B R，VEEZIANO D，et al. Uncertainty modeling in earthquake engineering［R］. Mid-America Earthquake Center Project FD-2 Report，2003.

［14］ERBERIK M A，ELNASHAI A S. Fragility analysis of flat-slab structures

［J］. Engineering Structures，2004，26(7)：937-948.

［15］HUESTE M B D，BAI J W. Seismic retrofit of a reinforced concrete flat-slab structure：Part Ⅱ：seismic fragility analysis［J］. Engineering Structures，2007，29(6)：1178-1188.

［16］中华人民共和国住房和城乡建设部. 混凝土结构设计标准(2024 年版)：GB/T 50010—2010［S］. 北京：中国建筑工业出版社，2024.

［17］徐钟济. 蒙特卡罗方法［M］. 上海：上海科学技术出版社，1985.

［18］裴鹿成，王仲奇. 蒙特卡罗方法及其应用［M］. 北京：海洋出版社，1998.

［19］PARK J，TOWASHIRAPORN P，CRAIG J I，et al. Seismic fragility analysis of low-rise unreinforced masonry structures［M］. Engineering Structures，2009，31(1)：125-137.

［20］JEON J S，PARK J H，DESROCHES R. Seismic fragility of lightly reinforced concrete frames with masonry infills［J］. Earthquake Engineering and Structural Dynamics，2015，122(3)：228-237.

［21］徐强，郑山锁，韩言召，等. 基于结构整体损伤指标的钢框架地震易损性研究［J］. 振动与冲击，2014，33(11)：78-82.

［22］MONIRUZZAMAN P K M，OYSHI F H，FARAH A F，et al. Seismic fragility evaluation of a moment resisting reinforced concrete frame［C］// International Conference on Mechanical，Industrial and Energy Engineering 2014，Bangladesh，2014.

［23］SKALOMENOS K A，HATZGEORGIOU G D，BESKOS D E. Modeling level selection for seismic analysis of concrete-filled steel tube/moment-resisting frames by using fragility curves［J］. Earthquake Engineering and Structural Dynamics，2015，44(2)：199-220.

［24］王海良，张铎，王剑，等. 基于 IDA 的钢管混凝土空间组合桁架连续梁桥抗震易损性分析［J］. 世界地震工程，2015，31(2)：76-85.

［25］孙柏涛，孙得璋. 建筑物单体震害预测新方法［J］. 北京工业大学学报，2008，34(7)：701-707.

［26］崔玉红，邱虎，聂永安，等. 国内外单体建筑物震害预测方法研究述评［J］. 地震研究，2001，24(2)：175-182.

［27］王光远. 工程结构与系统抗震优化设计的实用方法［M］. 北京：中国建筑工业出版社，1999.

11　主余震序列作用下
钢管混凝土结构地震易损性分析

　　地震历史记录显示，在主震发生后常常会有一系列破坏性强的余震紧随其后[1-3]，这些主震和余震之间的时间差通常非常短暂，导致受损建筑难以在两次地震之间得到及时且有效的修复与加固。在主震造成的建筑损害基础上，强烈的余震会进一步加剧建筑的损毁，甚至导致建筑物的完全倒塌，从而使得结构损害的累积效应变得尤为突出。因此，在此类地震活动中，主震和余震的关系尤其值得关注[4-5]。近年来，全球多地经历了类似的地震活动，包括 1976 年的中国唐山大地震[6]、1994 年的美国北岭大地震[7]、2008 年的中国汶川大地震[8]、2010 年的新西兰克赖斯特彻奇地震[9]以及 2011 年的东日本大地震[10]等。图 11-1 和图 11-2 分别为中国汶川大地震和新西兰克赖斯特彻奇地震房屋结构的破坏状况。余震虽然在震级上可能不及主震强烈，但其反复且持续的特性，能够使建筑结构产生更加复杂的应力和变形，特别是对于在主震中已经受损的建筑物，余震可能会进一步扩大裂缝，削弱结构的承载能力，甚至导致建筑物的最终倒塌。因此，即使余震的震级较小，考虑余震的潜在影响仍是至关重要的，特别是余震的累积效应。

图 11-1　中国汶川大地震

图 11-2　新西兰克赖斯特彻奇地震

尽管如此,现行的地震规范往往仅考虑一次的地震事件,忽视了随之而来的余震可能带来的连续损伤,这种做法可能会使得建筑设计存在安全隐患。在主震影响之后,建筑结构可能会表现出性能降低和塑性形变等现象,因此,为了保障建筑的结构安全,有必要对其在余震影响下的抗震能力进行更为深入的量化分析。在进行抗震设计与评价时,对已承受过主要地震冲击的建筑,必须充分考虑余震可能对其造成的更严重的影响,应实施必要的策略以提升其耐震性能,防范余震潜在破坏作用。因此,在研究建筑结构的抗震性能时,必须认真考虑余震对结构倒塌性能的影响,通过深入地研究余震影响,为建筑物提供更可靠的抗震设计方案,从而减少地震造成的损失并提高建筑的安全性。

因此,本章在第 10 章钢管混凝土结构性能限值和主震下钢管混凝土结构地震易损性分析的基础上,考虑余震影响,研究主余震序列作用下钢管混凝土结构的地震易损性。

11.1 有限元模型建立及地震波构造

以钢管混凝土框架结构办公楼为对象,通过 MIDAS 有限元分析软件,建立模型并计算未设置屈曲耗能支撑的钢梁-圆钢管混凝土柱框架结构和设置了支撑 BRB 的钢梁-圆钢管混凝土柱框架结构两个不同模型的自振周期,以此来验证有限元模型的可靠性。为确保模型的精确性,进一步选择 10 条不同的地震波作为输入,根据抗震设计的标准对其振幅进行调整,并对建筑结构进行动力时程分析。

11.1.1 工程概况

所选取的实际工程为两个 8 层的钢梁-圆钢管混凝土柱框架结构,其中一个设置 BRB 支撑。框架平面布置为纵向 6 个跨度,总长达 43.2 m,横向 3 个跨度,宽度为 15 m,如图 11-3 所示。首层高度为 4.2 m,其他各层均为 3.3 m,结构立面图如图 11-4 所示。抗震设计参数及各构件参数见表 11-1、表 11-2,楼层活荷载标准值均为 2 kN/m²,屋顶活荷载标准值为 0.5 kN/m²,楼层恒荷载标准值为 3.5 kN/m²,屋顶恒荷载标准值为 5 kN/m²;场地类别为Ⅱ类,抗震设防烈度为 8 度,设计基本地震加速度为 0.2g,地震分组为第二组,设计地震特征周期为 0.4 s,场地类别为Ⅱ类。有限模拟中,梁和柱采用纤维梁单元,楼板采用壳单元,结构三维有限元模型如图 11-5 所示。

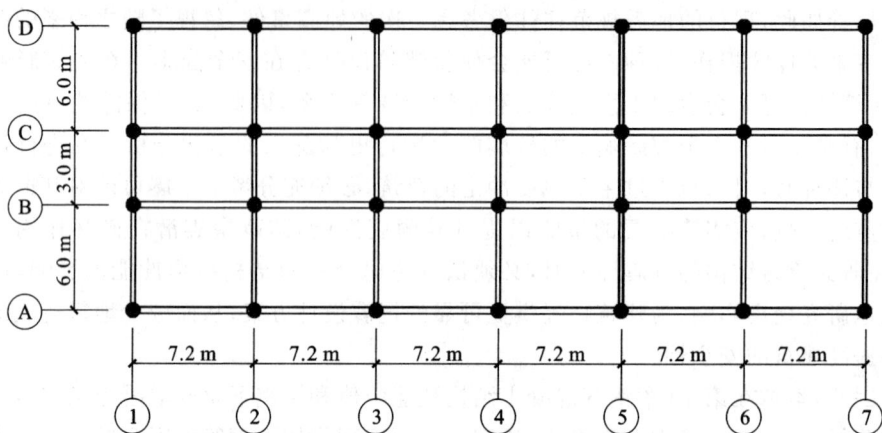

图 11-3　平面布置图

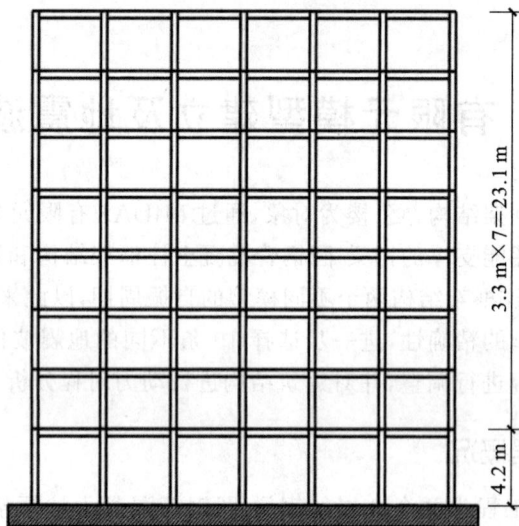

图 11-4　立面布置图

表 11-1　　　　　　　　　　　　　抗震设计参数

地震参数	数值
场地类别	Ⅱ 类
抗震设防类别	C 类
地震分组	第二组
抗震设防烈度	8 度
设计基本地震加速度	$0.2g$
设计地震特征周期	$0.4\,s$

表 11-2 构件参数

构件名称	截面尺寸	材料等级
框架柱	$\phi 600 \times 10$	C30、Q355
纵向框架梁	HM550×300×11×18	Q355
横向框架梁	HM594×302×14×23	Q355

在遵循《高层建筑混凝土结构技术规程》(JGJ 3—2010)[11] 的前提下,钢框架房屋的支撑结构必须满足特定的标准,钢结构框架支撑系统设计为双向对称布局,支撑则采用倒 V 形布置方式,立面图如图 11-6 所示。BRB 支撑参数如表 11-3 所示。BRB 作为一种非弹性部件,具有滞后效应,通过连杆单元对其进行有限元分析。在抗弯约束支撑系统中,支撑主要通过芯材和结构进行连接,确保芯材能独立承担轴向荷载。外部钢管为芯材提供必要的约束,但不与芯材黏合,这样可降低不同材料间的摩擦。根据任重翠等[12]和周小林等[13]提出的约束支撑模型,对比分析后采用 Bouc-Wen 模型模拟滞后行为。结构有限元模型如图 11-7 所示。动力分析过程考虑结构 P-Δ 效应,并基于位移准则来控制结构的收敛,积分求解方法采用 Newmark 积分,使用 Rayleigh 阻尼,结构阻尼比设置为 0.05。

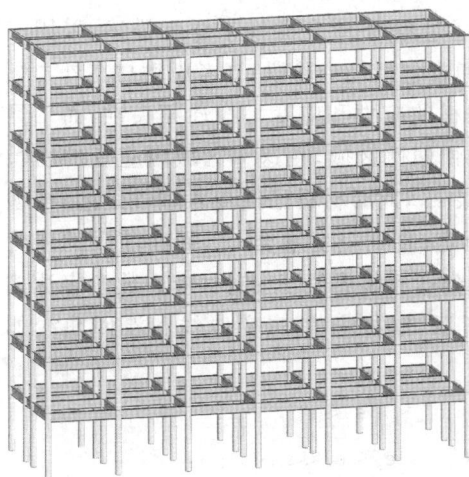

图 11-5 三维有限元模型

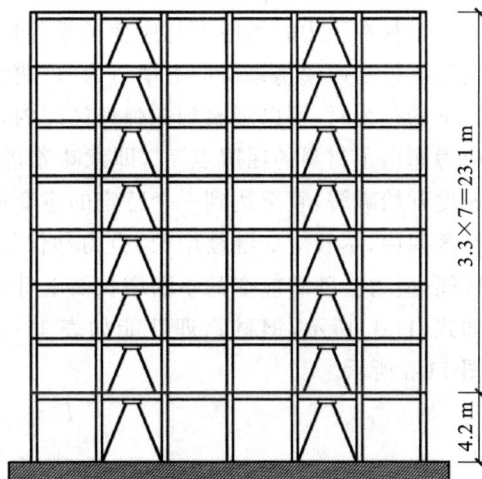

图 11-6 BRB 支撑结构立面图

表 11-3 BRB 支撑参数

楼层	屈服承载力(kN)	有效截面积(mm²)	弹性刚度(kN/mm)
一至四层	1692.81	4906.7	238.22
五至八层	1151.16	3336.7	162.13

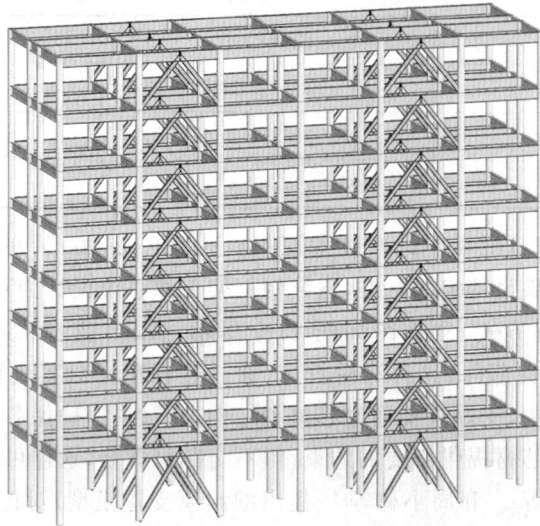

图 11-7　BRB 支撑结构有限元模型

在梁纤维模型中，需要定义材料的本构模型，钢材和混凝土的本构模型如下。

（1）钢材本构模型。

钢材在受力时的应力与应变关系，可以通过应力-应变曲线来详细描述，采用二次塑流模型以模仿钢材的力学行为，该曲线通常包括 5 个阶段；当考虑钢材在外力影响下的行为时，可以观察到在弹性区间内，钢材的应力和应变呈线性相关性，而一旦应力超出了材料的屈服点 f_y，即意味着进入弹塑性区域，在这一区域内应变的增长速度开始减缓，直至达到一个特定的应变极限 ε_{e1}，此时材料已经步入塑性区间；在塑性区间内，尽管应变继续增长，应力却保持恒定，直到应变增至 ε_{e2}，而在随后的强化区间，应力会随着应变的不断增长而上升，直到达到临界值 f_u；钢材应力数学表达式如式（11-1）所示，钢材物理性能如表 11-4 所示，钢材应力-应变曲线和滞回曲线如图 11-8 所示。

$$\sigma_s = \begin{cases} E_s\varepsilon_s & \varepsilon_s \leqslant \varepsilon_e \\ -A\varepsilon_s^2 + B\varepsilon_s + C & \varepsilon_s < \varepsilon_s \leqslant \varepsilon_{e1} \\ f_y & \varepsilon_{e1} < \varepsilon_s \leqslant \varepsilon_{e2} \\ f_y\left(1 + 0.6\,\dfrac{\varepsilon_s - \varepsilon_{e2}}{\varepsilon_{e3} - \varepsilon_{e2}}\right) & \varepsilon_{e2} < \varepsilon_y \leqslant \varepsilon_{e3} \\ 1.6f_y & \varepsilon_{e3} < \varepsilon_s \end{cases} \tag{11-1}$$

式中，$\varepsilon_e = 0.8f_y/E_s$；$\varepsilon_{e1} = 1.5\varepsilon_e$；$\varepsilon_{e2} = 10\varepsilon_{e1}$；$\varepsilon_{e3} = 100\varepsilon_{e1}$；$A = 0.2f_y/(\varepsilon_{e1} - \varepsilon_{e2})^2$；$B = 2A\varepsilon_{e1}$；$C = 0.8f_y + A\varepsilon_e^2 - B\varepsilon_e$。

表 11-4   **钢材物理性能**

密度(kg/m³)	弹性模量(MPa)	泊松比	屈服应力(MPa)
7850	2.06×10^5	0.3	355

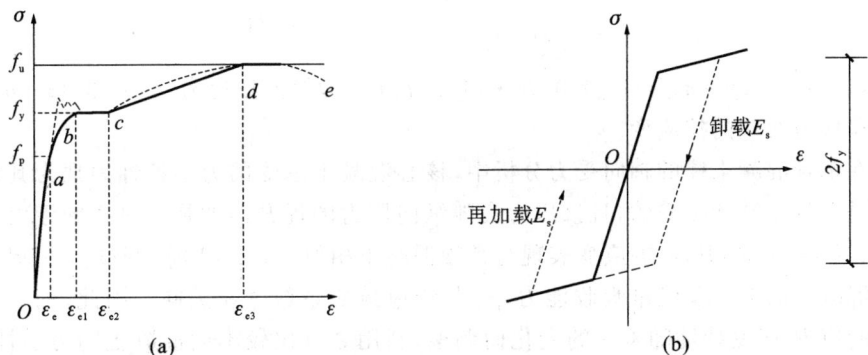

图 11-8　钢材受力曲线

(a)钢材应力-应变曲线;(b)钢材滞回曲线

(2)混凝土本构模型。

在钢管混凝土结构中,内部混凝土的强度及塑性特性因外围钢管的限制而得到提升,韩林海等[14]针对这种现象,定义了一个衡量指标——钢管混凝土约束效应系数(ξ),该系数反映在混凝土整个使用周期内,外侧钢管对其核心混凝土的被动约束作用。

$$\xi = \frac{A_s f_y}{A_c f_{ck}} = \alpha \frac{f_y}{f_{ck}} \tag{11-2}$$

式中,A_s 和 A_c 分别为表面钢管和核心混凝土的截面面积(mm²);α 为钢管混凝土截面的含钢率;f_y 为钢材屈服强度(MPa);f_{ck} 为核心混凝土轴心抗压强度标准值(MPa)。

从图 11-9 的混凝土单轴压缩应力与应变的关系曲线分析可知,在 $30\% \sim 40\%$ 的 f_c' 压力下,混凝土展现出近似线性的响应;当应力增至 $75\% \sim 90\%$ 的 f_c' 时,混凝土进入裂纹发展阶段,此时材料的非线性特性变得尤为突出,一直持续到达到临界应力点;当应力超出 f_c' 的峰值,曲线则呈现下降趋势,直到混凝土开裂并最终破坏。对于本文核心混凝土本构,将在约束理论的基础上,选用由刘威[15]提出的本构模型关系,其具体表达式如下。

受压性能:

$$y = \begin{cases} 2x - x^2 & (x \leqslant 1) \\ \dfrac{x}{\beta_0 (x-1)^\eta + x} & (x > 1) \end{cases} \tag{11-3}$$

式中,$x = \varepsilon/\varepsilon_0$;$y = \sigma/\sigma_0$;$\sigma_0 = f_c'$ 为圆柱体混凝土轴心抗压强度设计值;$\varepsilon_0 = \varepsilon_c + 800\xi^{0.2} \times$

10^{-6}；$\varepsilon_c = (1300 + 12.5 f'_c) \times 10^{-6}$；$\eta = 2$；$\beta_0 = (2.36 \times 10^{-5})^{0.25 + (\xi - 0.5)^{0.7}} \cdot 0.5 f'^{0.5}_c$。

受拉性能：

$$y = \begin{cases} 1.2x - 0.2x^6 & (x \leqslant 1) \\ \dfrac{x}{0.31\sigma_p^2(x-1)^{1.7} + x} & (x > 1) \end{cases} \tag{11-4}$$

式中，$x = \varepsilon_c / \varepsilon_p$；$y = \sigma_c / \sigma_p$；$\sigma_p = 0.26 \cdot (1.25 f'_c)^{2/3}$ 为峰值拉应力；$\varepsilon_p = 43.1 \sigma_p (\mu\varepsilon)$ 为峰值拉应力对应的拉应变。

在钢管混凝土柱的轴向受力分析中，核心混凝土承受的力学特性表现为其侧向压力是混凝土被动接受的，且该压力会随纵向压力的提升而增强。对于钢管内部混凝土，当 $x \leqslant 1$ 时，其应力-应变表现与常规混凝土相似；当 $x > 1$ 时，变量 β_0 可揭示钢管内混凝土的形变及能量吸收能力，β_0 与约束效应系数 ξ 相关联。因此，钢管内混凝土的应力-应变特性随着 ξ 的变化而调整，利用 ξ 可比较不同混凝土的力学性能。选用的混凝土的本构模型，如图 11-9 所示。混凝土材料物理性能如表 11-5 所示。

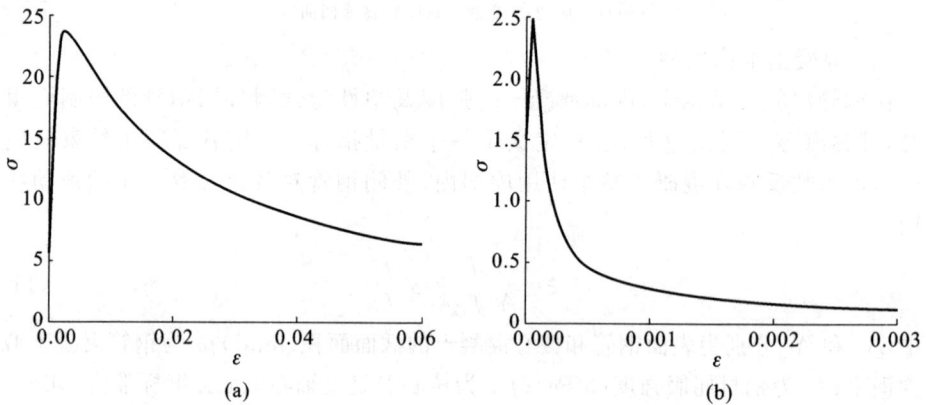

图 11-9　混凝土单轴应力-应变曲线

(a)单轴受压应力-应变曲线；(b)单轴受拉应力-应变曲线

表 11-5　　　　　　　　　　　　**混凝土材料物理性能**

密度(kg/m³)	弹性模量(MPa)	泊松比	受压峰值应力(MPa)	受拉峰值应力(MPa)
2500	3×10^4	0.2	23.69	2.49

11.1.2　模态分析

11.1.2.1　钢梁-圆钢管混凝土框架结构模态分析

采用 MIDAS 和 ABAQUS 有限元分析软件，对加入支撑的钢梁-圆钢管混凝土框架结构进行模态分析。通过 MIDAS 软件得到的结构前四阶振型图如图 11-10 所示。同时,对比这两种软件得出的结构自振频率,具体数据如表 11-6 所示。

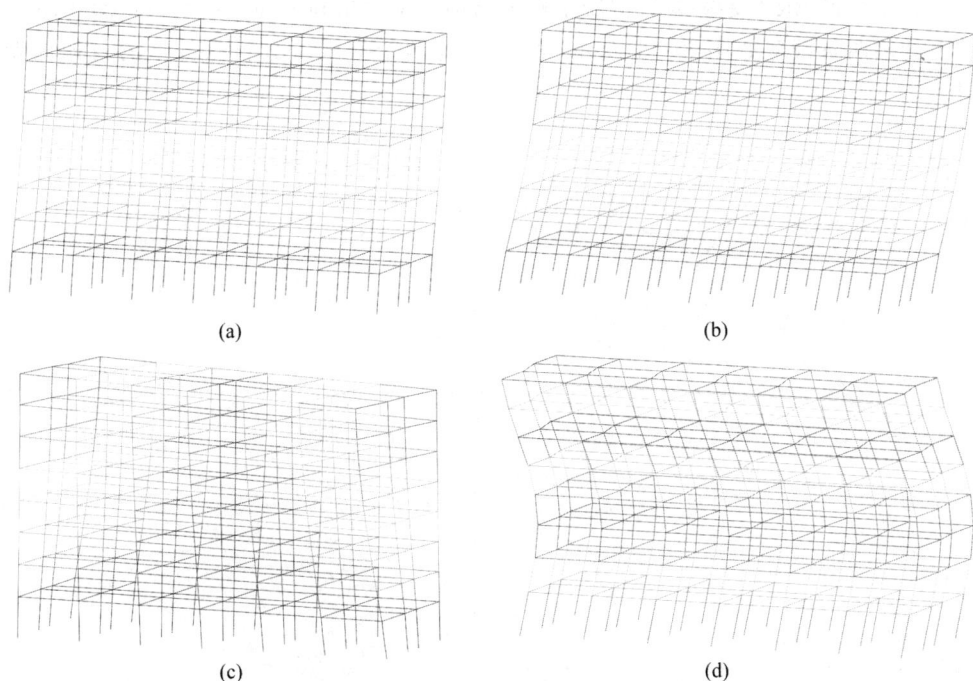

(a)

(b)

(c)

(d)

图 11-10 钢梁-圆钢管混凝土柱框架结构在 MIDAS 下的前四阶振型图

(a)第一阶振型;(b)第二阶振型;(c)第三阶振型;(d)第四阶振型

表 11-6 **钢梁-圆钢管混凝土柱框架结构自振周期对比表**

模态振型	周期(s)		相对偏差
	MIDAS	ABAQUS	
第一阶振型	1.114	1.161	4.2%
第二阶振型	1.001	1.042	4.1%
第三阶振型	0.984	1.022	3.9%
第四阶振型	0.353	0.367	4.0%

从图 11-10 中观察到,第一阶振型主要呈现 X 轴的平面运动,第二阶振型显现出 Y 轴的平面运动,而第三阶振型则未整体扭转。根据表 11-6 的数据,可以得出自振周期的计算误差不超过 4.2%,这表明在两个不同的软件环境中,该模型的动力学特性是一致的,MIDAS 能准确反映钢管混凝土结构模型的动力响应结果。

11.1.2.2 BRB 支撑-钢管混凝土框架结构模态分析

为了验证 BRB 支撑-钢管混凝土框架结构模型的精确度和适用性,在 MIDAS 软件下的前四阶振型如图 11-11 所示,表 11-7 为两个有限元分析软件下的自振周期对比。

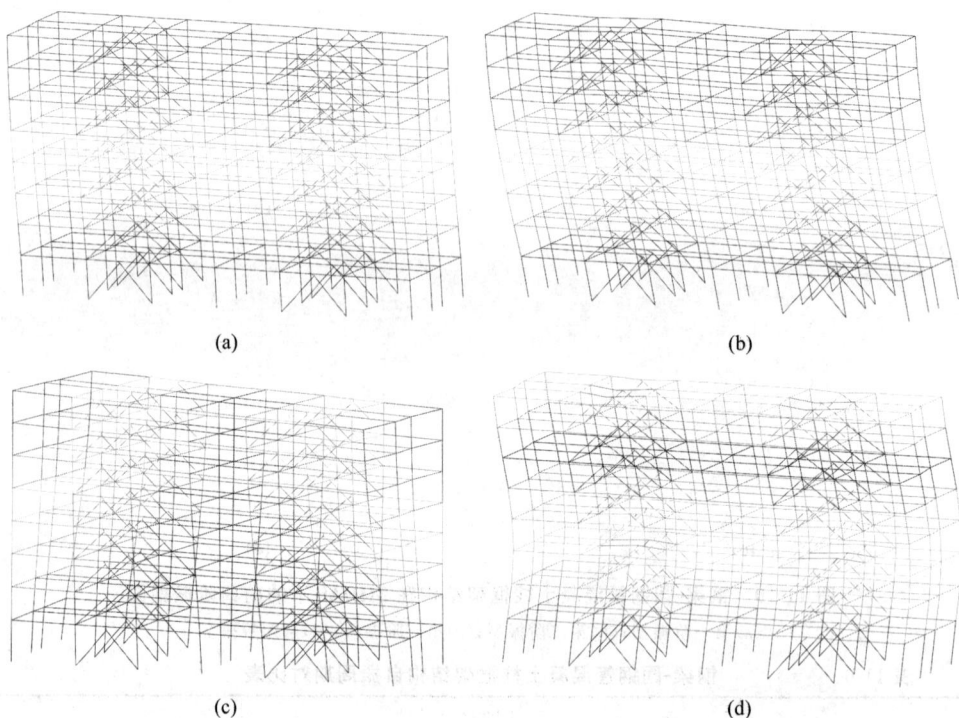

(a)　　　　　　　　　　　　　(b)

(c)　　　　　　　　　　　　　(d)

图 11-11　BRB 支撑-钢管混凝土框架结构在 MIDAS 下的前四阶振型图

(a)第一阶振型;(b)第二阶振型;(c)第三阶振型;(d)第四阶振型

表 11-7　　　　　　　**BRB 支撑-钢管混凝土框架结构自振周期对比表**

模态振型	周期(s)		相对偏差
	MIDAS	ABAQUS	
第一阶振型	1.097	1.142	4.1%
第二阶振型	0.851	0.886	4.1%
第三阶振型	0.624	0.648	3.8%
第四阶振型	0.352	0.366	4.0%

表 11-7 的数据显示,增设 BRB 支撑的钢管混凝土框架结构模型,在两个软件环境中计算得出的自振周期误差不超过 4.1%。两个软件所构建的有限元模型在自振周期和振型方向上基本保持一致且误差范围较小,得出 MIDAS 软件能准确模拟增设 BRB 支撑的钢管混凝土框架结构的动力响应结果。综上所述,由于 MIDAS 建立模型方便,能准确得出结构的动力响应结果,并且可以快速高效地对结果进行分析处理,所以本章采用 MIDAS 有限元分析软件。

11.1.3　主余震序列地震波构造

地震动作为一种宽频带、非稳定性和随机性的振动过程,其复杂性受到众多因素的影响,导致其具备极高的不确定性。同一地震动对不同结构产生的响应差异显著,涉及结构位移、内力等多个层面。为了精确分析结构的地震响应,必须选用合适且有代表性的地震动作为分析输入。在挑选地震动的过程中,地震源、传播路径、场地条件等因素都需被综合考量,并依据工程实际需求进行恰当选择。

11.1.3.1　地震记录选取三要素

(1) 幅值。

地震动记录的幅值包括 3 个参数,分别是加速度、位移和速度,这 3 个参数对应的数值为最大值、有效值和峰值。而进行地震分析时一般采用最大地面加速度作为地震动参数,根据所选的强度参数对实际地震记录按照一定的比例进行调整,而选取的最大地面加速度应该是按照建筑结构所在地区,根据地震烈度对应的多遇地震或者罕遇地震来进行确定,调整公式为:

$$\frac{\alpha'(t)}{\alpha(t)} = \frac{A'_{max}}{A_{max}} \tag{11-5}$$

式中,$\alpha(t)$、$\alpha'(t)$分别为地震刚开始、结束时的地震加速度;A_{max}、A'_{max}分别为地震刚开始、结束时的地震加速度峰值。

(2) 频谱属性。

在地震波中,如果某个简谐波的频率与结构的自振频率相似,就可能引发共振,这是造成建筑损毁的核心要素。地震波的频谱属性为基于反应谱法和模态分析法的抗震设计提供了依据,挑选地震波记录时,必须兼顾地震强度、震源距离及地质条件等多重因素,以确保选取的地震波记录周期与结构的固有周期一致,且所选记录的震源距离要与结构所处位置的实际震源距离接近。

(3) 持续时长。

地震记录的持续时长不同,造成的破坏程度也会有所区别。在筛选地震记录时,应确保包括最大地震强度的持续时间;由于震动模式、场地特性及传播媒介等多种因素的影响,地震波表现出显著的不同特性,因此针对具体场地条件模拟地震波颇具挑战性,故在执行动力时程分析时,挑选合适时间的地震波至关重要。

11.1.3.2 主余震构造方式

在进行结构抗震性能分析时,考虑主余震序列的影响是至关重要的。尽管选用实际地震记录是最理想的选择,但由于数据量有限,通常采用人工合成的主余震序列。合成主余震序列的关键在于选择合适的方法。目前,普遍采用以下 3 种主余震序列合成技术:重复式、随机式和衰减式。

(1) 重复式。

在合成主余震序列的过程中,采用重复式方法虽然简便,但此方法仅以相似地震波作为余震,未能充分反映震间地震波的区别。这与实际发生的主余震序列在特性上有显著不同,因此在利用此方法合成的序列进行结构抗震性能分析时,可能会遇到一些限制。为了提高研究的准确性,未来工作中需要对此合成方法进行深入改进。

(2) 随机式。

使用随机式方法合成主余震序列时,首先筛选一个初始的主震事件,接着从地震资料库中抽取一份记录,以此记录为例来模拟后续的余震活动。该技术依据计算结果对抽取的地震波数据进行整理,以生成预期的主震-余震序列,虽然该方法考虑了余震的频谱属性,但鉴于所选数据源自特定的主震记录,其频谱属性与真实余震之间仍可能存在偏差。因此,在利用这类合成序列评估建筑物的耐震性能时,相较于实际的主震-余震序列,其精确度可能有所不足。

(3) 衰减式。

采用衰减式合成技术可更细致地分析主震和余震序列的不同点。在合成主余震序列时,此方法考虑了震级随距离衰减的规律,据此确立主震与余震之间的联系。尽管这种方法所合成的主余震序列与实际观测数据存在一定的偏差,但相较于其他两种方法,它更接近真实情况,因此能在研究中更准确地评估主余震序列对建筑结构抗震性的影响。

本章选取衰减式方法来合成主余震,具体构造方法如下。

主震与余震之间的震级关系通过 Shcherbakov 等[16] 在 2004 年提出的修正巴特定律得出,计算公式如下。

$$\lg N = b(M_m - \Delta M - M_a) \tag{11-6}$$

式中,N 为地区中超过规定震级的地震发生次数;b 为拟合系数,一般取 1.0;M_m 为主震震级;M_a 为余震震级;ΔM 为主震与余震之间的最小震级差,一般取值为 1.0~1.2。

根据余震震级来确定余震 PGA,可根据 Joyner 等[17] 提出的地震动衰减公式得出,如下式所示。

$$\lg P = 0.49 + 0.23(M-6) - \lg\sqrt{R^2+16} - 0.0027\sqrt{R^2+16} \qquad (11-7)$$

式中,P 为余震 PGA;M 为余震震级;R 为断层距。

11.1.3.3 地震波选取

地震波的选取基于美国太平洋地震工程研究中心的下一代衰减数据库,按照主震的加速度反应谱选择出 10 条地震波,其中 6 条为天然地震波,4 条为人工合成地震波,选取的地震波信息如表 11-8 所示。

表 11-8 地震波信息

序号	地震波名称	台站信息	年份	震级	PGA		持续时间 (s)
					主震	余震	
1	TRB1	Boshrooyeh	1995	6.9	0.28g	0.24g	100
2	TRB2	Sedeh	1995	6.5	0.15g	0.07g	100
3	TRB3	Tabas	1999	7.5	0.85g	0.6g	100
4	TRB4	Amboy	1990	7.5	0.72g	0.5g	100
5	TRB5	Baker	1979	6.6	0.42g	0.33g	100
6	TRB6	Barstow	1979	6.5	0.42g	0.28g	100
7	RGB1	Lucerne	1992	6.7	0.6g	0.51g	100
8	RGB2	Santa	1992	6.6	0.22g	0.16g	100
9	RGB3	Tarzana	1996	7.1	0.62g	0.53g	100
10	RGB4	Crescenta	1998	7.6	1.08g	0.91g	100

图 11-12 为所选地震波的加速度反应谱,采用衰减法构造主余震序列,采用 Hunt&Fill 地震波调幅方法。考虑到地震作用的实际响应特点,在两次输入地震波之间设置 30 s 的间隔时间,这样可以确保结构在第一次地震作用后的响应已经充分完成,并保留第一次地震输入造成的塑性损伤。构造的主余震序列如图 11-13 所示。

在模型中以双向输入方式模拟地震波在结构中的传播,长尺寸方向被定义为主要传播方向,而短尺寸方向则被视为次要传播方向。在主要传播方向上,地震波以其原始形态被直接输入模型中,这样做的目的是尽可能真实地再现地震波在实际环境中的传播行为。对于次要方向,采用折减处理方法,即将输入的地震波乘以一个折减系数,以模拟地震波在该方向上的能量衰减现象,本节折减系数被设定为 0.85。

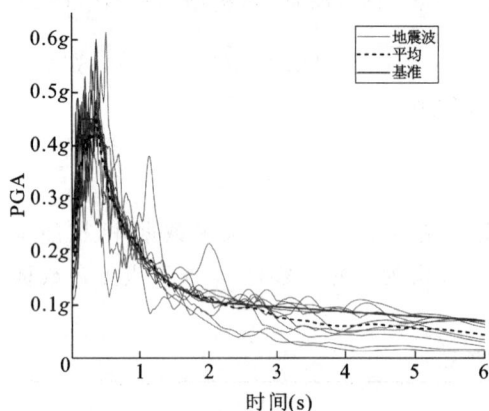

图 11-12　地震记录加速度反应谱

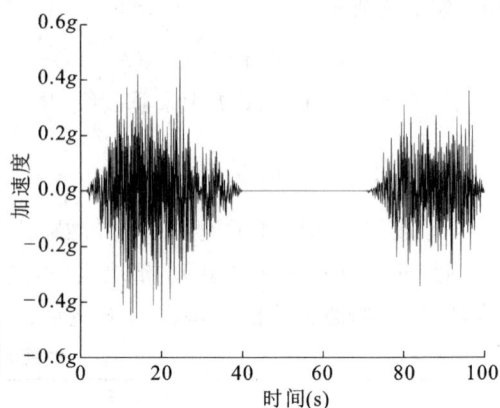

图 11-13　主余震序列

11.2　钢管混凝土框架结构损伤指数分析

结构在地震作用下的破坏本质上是由结构整体的损伤累积导致的,损伤指数是一种能够定量描述结构构件在地震作用后的破坏程度的重要参数,其值越大表示结构构件的破坏程度越严重。为合理地量化损伤指数,需要选用合适的地震损伤模型作为评估结构在不同地震强度下损伤情况的基础。本节基于位移和能量双参数的损伤评估模型,计算 3 种不同条件下的钢管混凝土框架结构的损伤指数并进行对比分析,以探讨不同结构配置对结构抗震性能的影响。

11.2.1　损伤参数模型选取

不同损伤参数模型揭示出各种损伤机制和特性,使得对建筑构件在地震影响下受损水平及性能演变的描述更为精确。结构式构件在地震中的破坏方式和影响因素各异,采用合适的损伤参数模型能够提升对结构损伤评估的准确性和适用性,进而为抗震设计和震后评价提供更加可靠的参考。

11.2.1.1　单参数地震损伤模型

评估构件损伤水平的参数模型采用一系列特定的数学表达式,根据重要变形指标来量化构件或整体结构的损伤情况。若计算结果超越预设的阈值,构件或结构可能会发生损坏,以下列举出一些用于单参数损伤评估的模型。

（1）基于结构变形的地震损伤模型。

在采用单参数损伤评估模型进行变形分析时，一般将构件或结构整体的最大变形视为损伤的指标，进而评定损伤的情况。如采用层间位移角来评估损伤模型，如下式所示：

$$D=\frac{\theta_{\max}}{[\theta]}\qquad(11-8)$$

式中，$\theta_{\max}$ 表示结构中最大层间位移角；$[\theta]$ 表示结构的层间位移角限值。

单参数损伤评估模型以变形为核心变量，其因操作简易而广受欢迎，主要应用于评估地震导致的结构变形及损害，这种模型在某种程度上能揭示地震力对结构变形影响的程度，为分析结构遭受地震作用的影响提供了重要视角。然而该模型在表征地震能量导致的结构损害方面显示出局限性，尤其是在描述由地震能量诱发的损伤时，其表现不够精准。

（2）基于结构刚度的地震损伤模型。

地震会导致结构刚度变化，通常表现为刚度降低，从而影响结构的性能。通过测量结构在地震作用前后的刚度，可以推断结构的损伤情况，如下式所示：

$$D=\frac{K_0-K}{K_0-K_u}\qquad(11-9)$$

式中，K_0 表示结构弹性刚度；K 表示结构最大变形时的结构刚度；K_u 表示结构出现倒塌破坏时的结构卸载刚度。

基于结构刚度的地震损伤模型在整体上评价结构损伤的能力较为突出。尽管如此，它在精确揭示结构各构件损伤如何影响整体性能方面存在不足。特别是在阐述结构内部特定区域损伤及其对总体功能影响时，此模型的应用受到限制。

（3）基于结构能量的地震损伤模型。

结构及其组成部分的能量耗散特性，是衡量其地震抵抗力的关键性指标。这一能力在表征塑性损害积累方面尤显直观。透过对结构在地震作用下能量耗散行为的剖析，能够更透彻地掌握结构损害的深度及受损部位的严重程度。深入剖析结构的能量耗散特性，需综合许多因素，涵盖模型选择的恰当性与位移反应幅度。基于结构能量的单参数地震损伤模型，如下式所示：

$$D=\frac{E_{DE}}{F_y(x_u-x_y)}\qquad(11-10)$$

式中，E_{DE} 表示结构总共耗能能力；x_u 表示结构最大位移；x_y 表示结构屈服时的位移；F_y 表示结构屈服时的剪力。

基于结构能量的地震损伤模型能够在一定范围内揭示地震能量对建筑物或构件损害程度的影响，模型涉及地震能量在建筑物内的传播与分布，为评估损害提供了方法。然而，该模型存在局限性，在建筑物尚未出现塑性形变前，不能进行弹性分析。这表明，在特定情况下，仅使用基于结构能量的地震损伤模型，可能不足以准确预测地震建筑物的反应。

在结构损伤快速评估方面，单参数地震损伤模型确实提供了一定的便捷性，适用于对建筑物或构件的初步损害判断。但是，这类模型在评估能力上存在限制，由于它只涉及单一因素的简化性质，未能充分揭示结构损伤的多维复杂性。在进行更深层次的损伤分析时，依赖单变量的模型往往显得不够全面，因为结构的损伤往往是多因素和多变量共同作用的结果。在深入探讨建筑物或构件损伤时，不推荐单独使用单参数损伤评估模型。为了更精确地掌握结构损伤的实际情况，应考虑采用更为复杂的多变量模型或者结合使用多种评估技术，这种多元化的评估方法能够更综合、更精确地反映出结构的损伤水平。

11.2.1.2 双参数地震损伤模型

双参数地震损伤模型是结构损伤指数分析领域的一项重要改进，相较于传统的单参数评估方法，双参数地震损伤模型综合考虑了两个参数的影响，不再依赖于单一指标。这种方法的出现使得结构的损伤评估更为准确和全面。通过综合考虑结构的多个关键性能参数，模型不仅能够更准确地量化结构损伤的程度，还能够提供更为可靠的决策依据。因此，多参数地震损伤模型及其衍生的双参数损伤模型为工程领域的结构安全评估提供了更科学、精确的方法，为建筑物在地震中的性能提供了更可靠的预测与保障。

（1）P-A 双参数地震损伤模型。

Park 和 Ang[18]第一次提出损伤评估模型，该模型采用形变与耗散能量的组合来评估地震造成的损伤，称为 P-A 双参数地震损伤模型。通过对大量的钢筋混凝土构件进行实验验证，获得能量项组合系数的表达式。此模型综合考虑了结构变形损伤与低周期疲劳损伤，以此来描述结构的最终损毁情况，如下式所示：

$$D = \frac{\Delta m}{\Delta u} + \frac{\beta}{F_y \Delta u} \int dE \tag{11-11}$$

式中，Δm 为地震作用下，结构构件的最大偏移；Δu 为荷载作用下，构件的极限形变；F_y 为结构构件的屈服压力；β 为结构构件的能量损耗系数；E 为构件滞回耗能。

P-A 双参数损伤模型将结构的变形损伤与地震引发的累计性损伤相结合，构建出一种综合性评估体系。此模型与传统损伤评估手段相比，更加注重监测结构在地震中的变形及构件损伤的累积效应，以实现更高的评估精度。模型经过不断的优化迭代，已适配多种结构类型和工程环境，其持续优化显著提升了对地震损伤评估的精确度与可靠性。

（2）改进的 P-A 双参数地震损伤模型。

牛荻涛等[19]对混凝土框架结构的地震损伤模型进行深入研究后,得出一个适用于混凝土框架结构的双参数地震损伤评估方法,如下式所示：

$$D = \left(\frac{\sigma_m}{\sigma_u}\right)^{\beta} + \left(\frac{\varepsilon}{\varepsilon_u}\right)^{\beta} \tag{11-12}$$

式中,σ_m 为构件的最大偏移;σ_u 为构件的极限偏移;ε 为构件的能量耗散;ε_u 为构件的能量吸收能力;β 为结构构件的能量损耗系数。

（3）基于钢结构改进的 P-A 双参数地震损伤模型。

徐强等[20]通过分析钢结构的损害情况,提出一种改进的地震损害评估模型,如下式所示：

$$D = aD_E + bD_\theta = a\frac{E_{DE}}{E_{CE}} + b\frac{\theta_D}{\theta_C} \tag{11-13}$$

式中,E_{DE} 和 θ_D 为地震作用下结构累积滞回耗能能力和最大层间位移角;E_{CE} 和 θ_C 为地震作用下结构极限滞回耗能能力和层间极限位移角;a、b 为对结构破坏的组合系数,根据统计分析可分别取值为 0.7 和 0.3;D_E 和 D_θ 分别表示基于能量耗散和层间位移角的整体损伤指标。

在评定地震影响下建筑物的损害水平时,选用基于钢结构改进的 P-A 双参数地震损伤模型,能够全面考虑建筑物的整体性能指标,包括刚度、强度、延性及耗能特性。其中,位移角与能量耗散是衡量建筑物整体性能的关键指标,分别代表建筑物的变形能力和耗能能力。这些指标能够全面反映结构的抗震能力,从而更精确地判定建筑物的受损程度。因此,本章采用了徐强等提出的结构损伤评估模型,以实现对建筑物在地震作用下损伤的精确评估。

11.2.2　性能等级及相应损伤指数

建筑结构在地震作用下可能会发生不同程度的破坏,这会影响结构的使用功能和安全性能,为了对结构的破坏程度进行合理的评估和判断,需要根据结构或构件在地震中的受力和变形情况,将其划分为不同的破坏等级,并给出相应的损伤指数。损伤指数是反映结构损伤程度的量化指标,它可以用来指导结构的震后评估和处理。参考文献[21]～[23]给出的结构损伤评估标准和第 10 章的分析,同样将结构的破坏程度分为 5 个状态,这 5 个状态分别对应结构的使用功能和安全性能的不同要求,以及结构或构件的震后处理的不同方式,如表 11-9 所示。参考文献[23]、[24]提出的损伤指数范围,对结构的损伤指数范围进行损伤程度划分,如表 11-10 所示。

表 11-9 结构构件破坏程度划分

破坏程度	受力状态	损伤情况	修复工作量	塑性角状态
轻微破坏	构件保持原有强度和刚度，处于弹性工作阶段	完好或出现轻微裂缝	不需修复和稍加修复便可使用	无塑性角
轻度破坏	构件强度和刚度略有退化，可近似看作处于弹性工作状态	出现细小裂缝	稍加修复即可使用	即将形成塑性角
中度破坏	构件丧失部分刚度和强度，开始进入弹塑性工作阶段	出现明显裂缝	加固后可继续使用	开始形成塑性角
严重破坏	构件刚度和强度退化明显，全面进入塑性工作阶段	构件节点附近混凝土被压碎，钢筋开始屈服	经大量维修后可暂时使用	塑性角进一步发展
倒塌破坏	塑性状态	混凝土被压碎，钢筋屈服	不可修复、使用	塑性角充分发展

表 11-10 结构破坏程度对应的损伤指数范围

破坏程度	轻微破坏	轻度破坏	中度破坏	严重破坏	倒塌破坏
损伤指数 D	$0\sim0.2$	$0.2\sim0.5$	$0.5\sim0.8$	$0.8\sim1.0$	$\geqslant1.0$

11.2.3 钢梁-钢管混凝土框架结构层间损伤指数分析

动力响应分析是一种基于结构动力特性变化来评估结构损伤程度的方法，该方法需要选择合适的损伤评估模型，如运用双参数地震损伤模型来描述结构构件的损伤状态。在此基础上，首先利用结构的动力响应测试数据，通过增量动力分析方法，求解出结构中各构件的损伤指数，该指数反映了构件的刚度或阻尼的相对变化；然后依据挑选的损伤评估模型，对每个部件的损伤指数按照一定的权重比例进行权重整合，从而计算出结构的整体损伤指数，此指数全面展示结构的损坏水平及其分布情况；最后根据结构的损伤指数，对结构的安全性和可靠性进行评估和预测。

11.2.3.1 结构层间位移角

结构层间位移角是一个重要的参数，可反映结构在地震下的性能，结构层间位移角的大小和变化对结构的安全性和稳定性具有直接的影响，如层间位移角过大可能导致结构的层间屈服、层间强度不足、层间位移超限等不利后果，结构层间位移角是一个常用的结构损伤评估指标，也是一个重要的结构抗震设计控制参数。经过动力响应分析后选取最大响应的 3 条地震波结果，如图 11-14 所示。

根据图 11-14 的数据,结构在多遇地震下经历主余震序列地震的作用后,结果显示结构的最大层间位移角在主震地震波后为 0.00182,表明结构仍处于正常运行状态,在经历余震地震波的作用后,结构的最大层间位移角增至 0.0022,尽管仍符合正常运行状态的要求,但相较于主震后有所增加,这表明结构在地震荷载下经历了一定的变形,但仍未达到破坏的程度。进一步分析显示,结构在多次地震波的作用下均未发生塑性破坏,而是表现为弹性破坏,结构满足了抗震设防标准中的"小震不坏"的抗震设防要求,并且具有一定的安全储备,能够在一定程度上承受地震的影响。

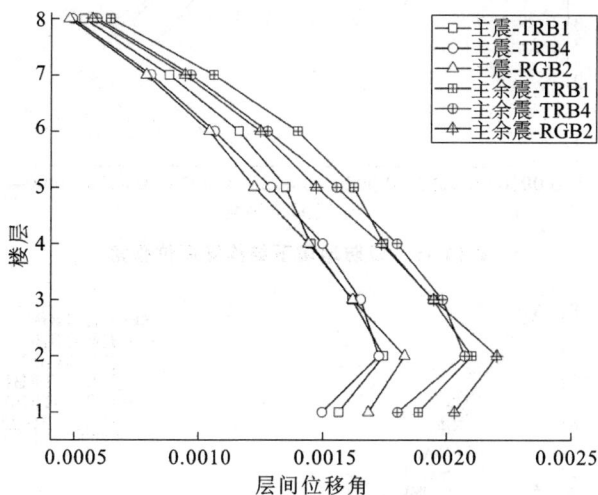

图 11-14　多遇地震下结构层间位移角

图 11-15 给出了设防地震下结构的层间位移角包络值,通过分析可知,在多次地震波的作用下,结构在主震地震波下的最大层间位移角为 0.0036,而在余震地震波下增加至 0.0038,尽管这些数值超过了结构的弹性极限,但远远低于其塑性限值,意味着结构在地震荷载下虽然发生一定程度的塑性变形,但仍然具备较大的弹塑性储备,满足"中震可修"的抗震设防要求,在这种情况下结构在设防地震中具有一定的抗震性能,能够在一定程度上减轻地震对结构整体的破坏并保持相对的稳定性。

通过对图 11-16 的分析可知,在地震波的作用下,主震地震波下结构的最大层间位移角为 0.0116,而在余震地震波下,该值增至 0.0128,这两种条件下的层间位移角均小于塑性破坏的限值 0.02,说明结构在罕遇地震中不会发生倒塌,满足抗震设防标准中的"大震不倒"的抗震设防要求。

在多遇地震强度作用下,各地震波之间的层间位移角曲线呈现出较大的分散性,随着地震强度逐渐增加至罕遇地震强度,不同地震波作用下的层间位移角曲线逐渐趋于重合。这种现象可以归因于结构构件在经历从多遇地震强度到罕遇地震强度地

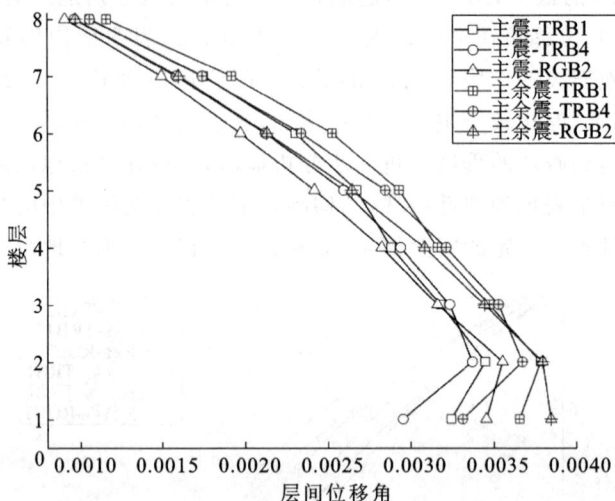

图 11-15　设防地震下结构层间位移角

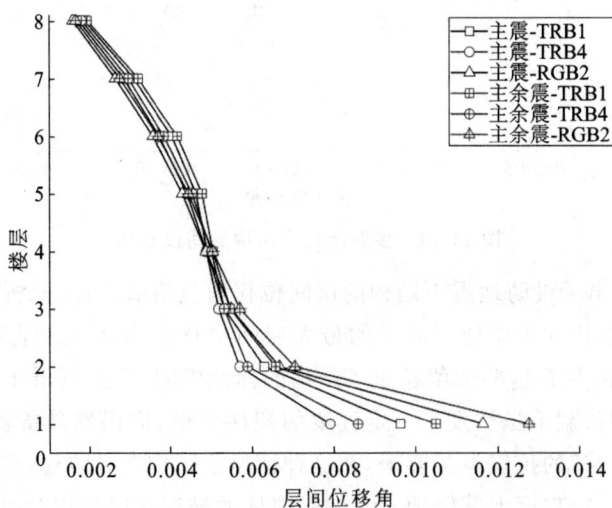

图 11-16　罕遇地震下结构层间位移角

震作用的过程中,逐渐由弹性破坏转变为塑性破坏,随着结构构件进入塑性阶段,层间位移角曲线的趋势逐渐变得一致,反映出结构在高强度地震作用下的变形行为趋于一致。

11.2.3.2　结构能量

结构能量的分析是一种基于结构能量平衡原理来评估建筑物在地震中的稳定性

的方法,通过计算和比较结构中的动能、阻尼耗能和塑性应变能三种能量,可以预测建筑物在地震中的响应和结构整体的破坏情况,如结构的延性、韧性、破坏模式等,评估建筑物对地震的抵抗能力和耐久性。本章结构在罕遇地震下 100 s 时能量占比如图 11-17 所示,罕遇地震 TRB3 下结构能量时间曲线如图 11-18 所示。

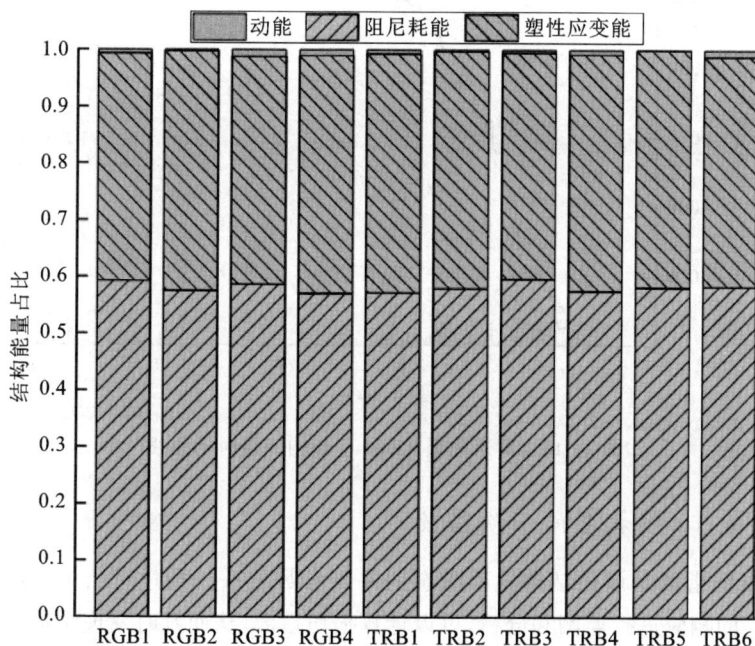

图 11-17　罕遇地震下结构能量占比

从图 11-17 中可以发现结构阻尼耗能与塑性应变能在总能量中所占比例平均为 58％与 40％,结构主要依靠阻尼及构件的塑性形变来消耗地震能量,CFST 结构展现出在吸纳地震能方面的高效性,同时也表现出优秀的延展性与韧性。分析图 11-18 可知,塑性应变能和阻尼耗能在主震地震波下快速增加,在余震地震波下增加速度明显下降,这是由于地震刚开始时结构整体未发生破坏,结构通过自身阻尼和变形可有效吸收地震能量,地震进行到余震作用时,结构中构件已出现部分塑性破坏,结构吸收地震能量的能力变弱,但仍可继续吸收大部分的地震能量,保持结构的稳定性;可以看到结构动能随着时间的推移会呈现一定的波动,并通常会在地震过后降至零,但这不代表结构动能的作用可以被忽视,动能的波动反映结构运动速度的改变,在两次地震序列的 30 s 间歇期,结构的总能量及其他形式的能量耗散保持稳定,这一点对于理解建筑在地震影响下的能量耗散机制有着至关重要的意义,并为地震防护设计提供宝贵的参考资料。

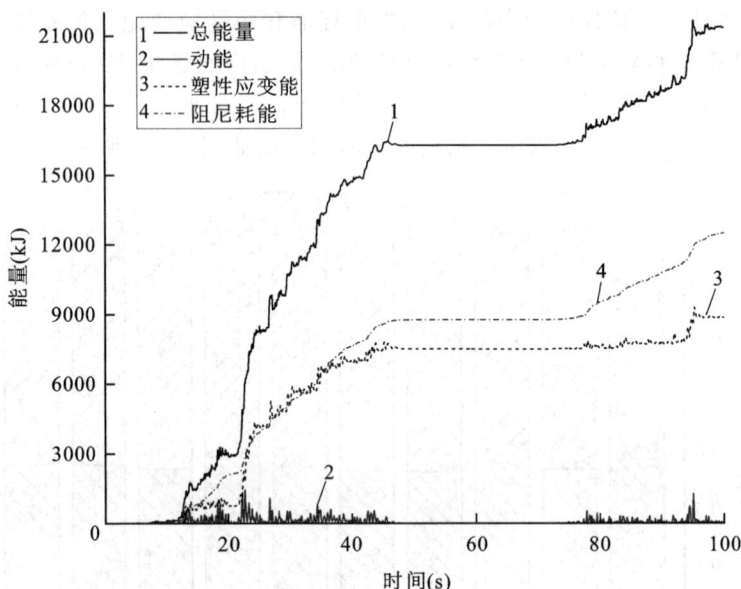

图 11-18　罕遇地震 TRB3 下结构能量时间曲线

11.2.3.3　结构层间损伤指数

结构损伤指数是评估结构健康状态的关键参数之一。通过对结构在地震或其他外部加载下的响应进行监测和分析,可以计算损伤指数,从而及时发现结构的损伤程度和位置,这有助于预测结构的寿命和提前采取必要的维修或加固措施,以确保结构的安全性和稳定性。根据动力分析得出的结构变形参数和能量参数,通过式(11-13)可计算得出结构层间损伤指数,选择最大的损伤指数进行分析,如表 11-11、图 11-19 所示。

表 11-11　　　　　　　　钢梁-圆钢管混凝土框架结构层间损伤指数

楼层	0.1g		0.2g		0.4g		0.7g	
	主震	余震	主震	余震	主震	余震	主震	余震
1	0.054	0.073	0.169	0.211	0.510	0.548	1.102	1.106
2	0.053	0.070	0.157	0.183	0.412	0.438	0.808	0.824
3	0.047	0.062	0.138	0.161	0.353	0.374	0.669	0.693
4	0.041	0.054	0.119	0.138	0.301	0.318	0.554	0.580
5	0.035	0.045	0.099	0.114	0.249	0.263	0.452	0.472
6	0.028	0.036	0.077	0.089	0.193	0.204	0.348	0.363
7	0.020	0.026	0.054	0.062	0.134	0.142	0.239	0.250
8	0.011	0.014	0.030	0.034	0.072	0.076	0.126	0.131

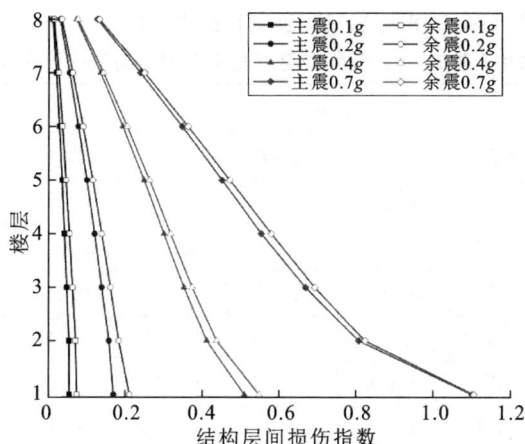

图 11-19　钢梁-圆钢管混凝土柱框架结构层间损伤指数

由表 11-11 和图 11-19 可得出,在 0.1g 条件下,结构的损伤指数均低于 0.1,表明结构处于轻微破坏阶段,结构整体保持完整,仅出现轻微的裂缝,满足"小震不坏"的要求;在余震作用之后,结构的损伤指数提升了 35%,说明余震对结构的损伤有一定的影响,但仍然处于轻微破坏阶段。在 0.2g 条件下,主震下的结构的损伤指数介于 0.1～0.2 之间,表明结构处于轻微破坏阶段,结构出现微小裂缝,但没有发生明显的变形;在余震作用后,结构的损伤指数提升了 24%,介于 0.2～0.3 之间,表明结构处于轻度破坏阶段,结构的裂缝有所扩展,但没有发生严重的破坏,满足中震可修的要求。在 0.4g 条件下,主震下结构的损伤指数介于 0.5～0.6 之间,表明结构处于中度破坏阶段,结构构件出现明显裂缝,部分构件发生屈服;在余震作用后,结构的损伤指数提升了 8%,仍在 0.5～0.6 之间,但底层的损伤值增大,结构的裂缝进一步扩展,部分构件发生断裂或脱落,满足"大震不倒"的要求。在 0.7g 条件下,结构的损伤指数超过 1,地震作用下发生倒塌破坏,结构构件大量断裂或脱落,构件丧失承载能力。

11.2.4　结构层间损伤指数影响因素分析

本节通过改变结构柱截面含钢率、结构层数和增设防屈曲约束支撑,对结构进行损伤分析并与原结构方案进行比较,旨在探究各参数对结构损伤的影响规律,最终选取最佳结构方案。

11.2.4.1　结构柱截面含钢率

为研究结构拉截面含钢率对结构的影响,在保持柱截面大小不变的前提下,对结构进行不同厚度的外部钢管的设计,结构在不同强度的地震动作用下,每层结构的损伤指数如表 11-12、图 11-20 和表 11-13、图 11-21 所示。

表 11-12 　　　结构柱含钢率 **5.26%** 的钢管混凝土框架结构层间损伤指数

楼层	0.1g		0.2g		0.4g		0.6g	
	主震	余震	主震	余震	主震	余震	主震	余震
1	0.068	0.092	0.213	0.249	0.614	0.657	1.150	1.207
2	0.064	0.086	0.191	0.220	0.475	0.506	0.879	0.923
3	0.057	0.076	0.167	0.192	0.406	0.431	0.728	0.765
4	0.050	0.066	0.144	0.165	0.344	0.365	0.609	0.639
5	0.042	0.055	0.119	0.137	0.283	0.300	0.498	0.522
6	0.033	0.044	0.093	0.107	0.219	0.232	0.385	0.403
7	0.023	0.031	0.065	0.074	0.151	0.160	0.266	0.278
8	0.013	0.017	0.035	0.040	0.080	0.085	0.140	0.147

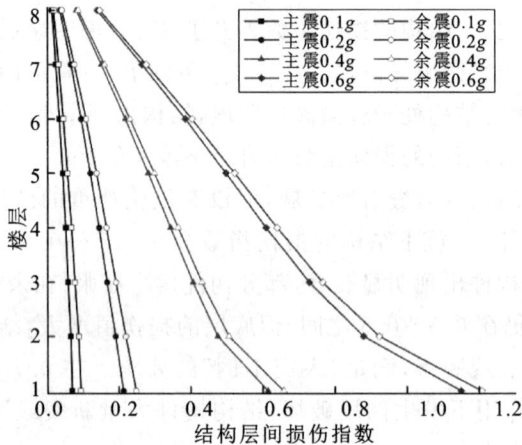

图 11-20 　结构柱含钢率 **5.26%** 的钢管混凝土框架结构层间损伤指数

表 11-13 　　　结构柱含钢率 **7.84%** 的钢管混凝土框架结构层间损伤指数

楼层	0.1g		0.2g		0.4g		0.7g	
	主震	余震	主震	余震	主震	余震	主震	余震
1	0.041	0.053	0.116	0.137	0.425	0.467	1.086	1.127
2	0.041	0.053	0.111	0.129	0.337	0.366	0.823	0.853
3	0.037	0.048	0.099	0.115	0.289	0.313	0.680	0.705
4	0.032	0.042	0.086	0.099	0.247	0.267	0.569	0.589

续表 11-13

楼层	0.1g		0.2g		0.4g		0.7g	
	主震	余震	主震	余震	主震	余震	主震	余震
5	0.028	0.035	0.072	0.084	0.206	0.222	0.466	0.482
6	0.023	0.029	0.057	0.066	0.161	0.175	0.361	0.373
7	0.017	0.021	0.041	0.047	0.112	0.121	0.250	0.258
8	0.01	0.012	0.023	0.026	0.061	0.065	0.132	0.137

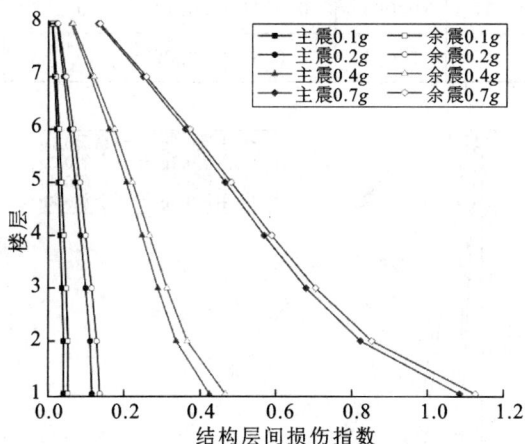

图 11-21　结构柱含钢率 7.84% 的钢管混凝土框架结构层间损伤指数

　　根据表 11-12 和表 11-13 的数据,对结构柱的性能进行分析,发现在柱截面尺寸固定不变的情况下,提高柱的含钢率可以有效地降低结构柱在地震作用下的损伤程度,这是因为含钢率越高,柱的延性和耗能能力越强,从而提高了结构的抗震性能;从图 11-19～图 11-21 中可以看出,在 0.4g 下,当截面含钢率由 6.56% 减少到 5.26% 时,结构柱的首层损伤指数由 0.510 增大到 0.614,结构处于中度破坏状态,增幅为 20%;而当截面含钢率由 6.56% 增加到 7.84% 时,结构柱的首层损伤指数由 0.510 减小到 0.425,结构处于轻度破坏状态,降幅为 16%。这说明截面含钢率对结构柱的损伤指数有明显的影响,增加外层钢管的厚度,可以提高结构柱的抗侧刚度,从而增强结构柱对地震作用的抵抗能力。

11.2.4.2　结构层数

　　为研究结构层数对结构的影响,对不同层数的结构进行相同强度的地震动模拟。结构在不同地震动作用下,每层结构的损伤指数如表 11-14、图 11-22 和表 11-15、图 11-23 所示。

表 11-14   **6 层钢管混凝土框架结构层间损伤指数**

楼层	0.1g		0.2g		0.4g		0.8g	
	主震	余震	主震	余震	主震	余震	主震	余震
1	0.054	0.072	0.163	0.190	0.436	0.465	1.073	1.110
2	0.050	0.066	0.144	0.165	0.335	0.355	0.763	0.788
3	0.043	0.056	0.120	0.137	0.276	0.291	0.605	0.624
4	0.034	0.045	0.094	0.108	0.215	0.227	0.460	0.474
5	0.024	0.031	0.065	0.074	0.149	0.157	0.314	0.324
6	0.013	0.017	0.034	0.039	0.078	0.083	0.164	0.169

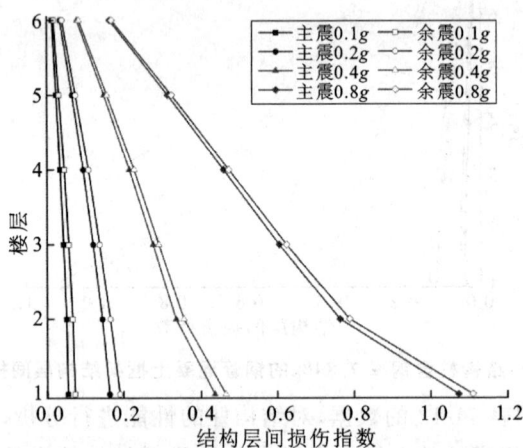

图 11-22 6 层钢管混凝土框架结构层间损伤指数

表 11-15   **10 层钢管混凝土框架结构层间损伤指数**

楼层	0.1g		0.2g		0.4g		0.6g	
	主震	余震	主震	余震	主震	余震	主震	余震
1	0.067	0.091	0.209	0.244	0.612	0.659	1.085	1.136
2	0.064	0.085	0.180	0.207	0.468	0.501	0.810	0.850
3	0.058	0.077	0.160	0.183	0.411	0.438	0.700	0.732
4	0.052	0.069	0.143	0.164	0.362	0.385	0.611	0.639
5	0.047	0.062	0.127	0.145	0.314	0.334	0.525	0.548
6	0.041	0.054	0.109	0.125	0.267	0.284	0.442	0.462

续表 11-15

楼层	0.1g		0.2g		0.4g		0.6g	
	主震	余震	主震	余震	主震	余震	主震	余震
7	0.034	0.045	0.091	0.103	0.220	0.234	0.360	0.376
8	0.027	0.035	0.071	0.081	0.171	0.182	0.278	0.289
9	0.019	0.025	0.049	0.056	0.119	0.126	0.192	0.200
10	0.011	0.014	0.027	0.031	0.064	0.068	0.102	0.106

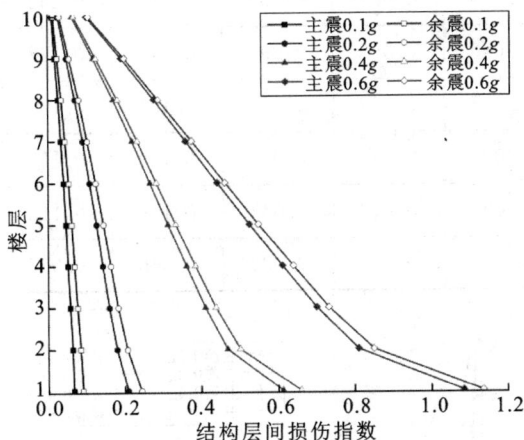

图 11-23　10 层钢管混凝土框架结构层间损伤指数

根据表 11-14 和表 11-15 中的数据,对不同层数的结构在罕遇地震下的损伤指数进行分析,对比表 11-11 中 8 层的结构损伤指数,结果表明 0.4g 时,6 层结构在主震和余震作用下,损伤指数均低于 0.5,说明结构还处于轻度破坏阶段,结构的完整性和稳定性没有受到严重影响;10 层结构的损伤指数超过 0.5,处于中度破坏阶段,结构中部分构件发生破坏。从图 11-22 和图 11-23 中可以看出,与原有结构相比较,6 层建筑的损伤指数下降 14%,尤其是在经历余震之后,该指标的增长率均未超过5%,表明该结构在抵抗地震和承受余震方面具有优良性能,而 10 层结构在主震及余震的影响下,其损伤指标均超过 0.6,表明结构已进入中度破坏阶段,其完整性与稳定性受到影响,相比于 8 层结构损伤指数增加 20%,特别是在余震作用后,结构的损伤指数增幅均超过 8%。

11.2.4.3　防屈曲约束支撑

以原框架结构为基础,通过在框架的柱之间增设 BRB 支撑,来提高结构的抗震性能。BRB 支撑是一种具有良好耗能特性的支撑,能够在主余震序列下有效地减小结构的损伤。动力弹塑性分析得到的损伤指数如表 11-16、图 11-24 所示。

表 11-16 　　　　　　　　**BRB 支撑-钢管混凝土框架结构层间损伤指数**

楼层	0.1g		0.2g		0.4g		0.9g	
	主震	余震	主震	余震	主震	余震	主震	余震
1	0.036	0.046	0.098	0.114	0.331	0.352	1.136	1.177
2	0.035	0.045	0.096	0.112	0.283	0.304	0.965	0.998
3	0.034	0.043	0.089	0.103	0.245	0.262	0.785	0.810
4	0.031	0.040	0.080	0.092	0.215	0.228	0.641	0.661
5	0.027	0.035	0.069	0.079	0.184	0.193	0.519	0.535
6	0.023	0.029	0.057	0.065	0.149	0.155	0.402	0.414
7	0.018	0.022	0.042	0.048	0.109	0.112	0.283	0.292
8	0.012	0.014	0.027	0.030	0.066	0.067	0.158	0.163

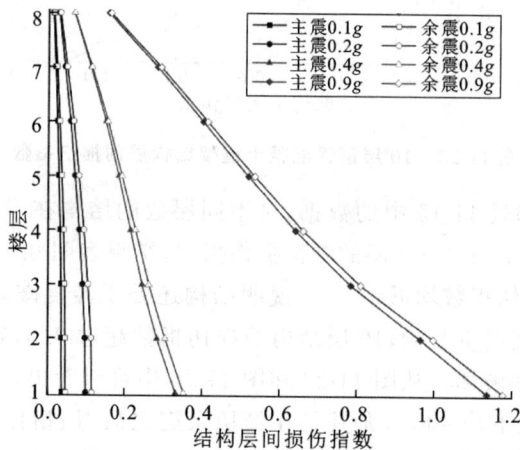

图 11-24　BRB 支撑-钢管混凝土框架结构层间损伤指数

　　将表 11-16 所示的结构损伤指数结果与表 11-11 进行对比分析,得出不同地震强度下的结构损伤破坏情况,在罕遇地震(0.4g)作用下,结构的最大损伤指数为0.352,表明结构只发生轻微的非主要构件损伤,出现微小裂缝,不影响结构的承载能力和使用功能;图 11-19 与图 11-24 对比分析得出,增设 BRB 支撑的结构的最大结构损伤指数降低 35%,说明在结构上增设防屈曲约束支撑能够有效地提高结构的抗震性能,减少地震造成的损失。对结构的极限状态进行分析,发现该结构在地震强度达到 0.9g 时才会发生倒塌破坏,说明该结构具有较高的安全储备能力,通过在结构上增设防屈曲约束支撑,可以有效降低地震的破坏程度,增加结构整体刚度,提高结构发生倒塌破坏的界限,从而提高结构的抗震安全性。

11.3 基于 IDA 圆钢管混凝土结构易损性分析

基于第 10 章的地震易损性分析原理,对圆钢管结构进行地震易损性对比分析。

11.3.1 地震动参数和结构性能参数确定

地震动参数(IM):在选择适当的地震动参数时,需要考虑参数的合理性、有效性和准确性等方面。虽然有许多地震动参数可供选择以满足研究需求,但地震动参数的选择必须考虑其适用性和有效性,以便准确地评估地震作用对建筑物和其他结构的影响。合适的地震动参数可以帮助研究人员更好地理解地震强度与建筑结构的关系,进而预测和评估结构的抗震性能。同时,由于不同地区和不同类型的地震动具有不同的特征,因此选择合适的地震动参数也需要考虑到不同地区和不同类型地震的特征。总之,合适的地震动参数的选择是预测和评估建筑物和其他结构的抗震性能的重要步骤。

结构性能参数(DM):结构性能参数数值会随着地震作用的增强而发生变化,可以有效反映地震对结构的影响。在进行易损性分析时,通常会使用最大层间位移角作为性能指标,因为它能精确地反映出结构各层构件的形变状况。将最大层间位移角作为结构性能参数,能够为研究结构的抗震性能提供基础指标,并更加细致地分析地震对结构的影响。

参照第 10 章,对结构体系进行增量动力分析时,同样选用 PGA 作为地震动参数,层间位移角 θ 作为结构性能参数。

11.3.2 结构极限状态划分

参照第 10 章定义的 4 个性能水平,为了简化计算,性能水平限值直接参考《高层建筑混凝土结构技术规程》(JGJ 3—2010)[11] 中关于地震作用下混合框架结构的变形限制建议,以及《抗震规范》[25] 对不同破坏阶段结构构件的抗震性能要求。对结构定义的 4 种性能水平状态:正常使用(NO)、立即使用(IO)、生命安全(LS)和防止倒塌(CP),每种状态的层间位移角限值见表 11-17。

表 11-17　　　　　　　　　　　　　结构不同性能水平状态

极限状态	NO	IO	LS	CP
层间位移角限值	1/550	1/250	1/120	1/50

11.3.3　增量动力分析原理

在土木工程领域中,结构抗震性能的评估是一项非常重要的工作,为了评估结构的抗震性能,需要选择合适的分析方法,以便能够准确地反映结构在地震作用下的响应和破坏情况,目前广泛应用的分析方法是动力弹塑性时程分析,这种方法能够精确地反映结构在地震荷载作用下的动态行为。

地震增量动力分析(IDA)一种用于评价结构在动力作用下响应的参数化技术,其关键思想是通过对结构施加逐渐增强的地震波,模拟结构在地震动力作用下的响应与破坏过程。在此过程中,随着地震波强度的持续提升,结构的形变和内部力量也相应增长,直至达到极限状态或发生崩塌。记录下结构在不同动力作用下的性能指标及其与地震波强度之间的关系,便能够绘制出 IDA 曲线。这一曲线揭示了结构的动力特性,涵盖了屈服强度、最大承受强度、延性比例及破坏几率等方面。IDA 分析的优势在于其能全面地评价结构的动力表现,展现了结构从弹性状态到弹塑性变形,直至完全崩溃的整个过程,为结构的设计与优化提供了基于真实非线性动力响应的可信依据。

IDA 方法能够提供更真实的非线性动力响应,更准确地评估结构的抗震性能,为结构工程的可靠性和安全性提供更全面的分析手段。因此,在评估结构的抗震性能时,需要根据结构的特点和分析的目的,选择合适的分析方法,以便能够对结构的安全性有全面的认知,为结构的设计和改进提供有效的参考。

11.3.4　增量动力分析曲线

调整 11.1.3 节中 10 条地震波的地面峰值加速度(PGA)时,逐步将 PGA 值从 0.1g 开始增加,对结构进行弹塑性结构动力分析,结果如图 11-25 和图 11-26 所示,其中横轴表示结构的最大峰值加速度,纵轴表示最大层间位移角。

通过观察图 11-25 和图 11-26 可以得出,在地震动作用较弱的情况下,结构尚未进入弹塑性阶段,因此 IDA 曲线呈现出近似直线的趋势,随着地震强度的逐渐提高,结构开始逐渐进入弹塑性阶段和塑性阶段,钢材开始发生屈服,混凝土被压碎,而 IDA 曲线的斜率也相应发生变化,在整个过程中曲线的斜率随着地震动强度的增加而逐渐变大,呈现出硬化的趋势,这种现象的发生与多个因素密切相关,包括建筑结构的形式、所选用的地震波、地震持续时间以及地震作用角度等。值得注意的是,

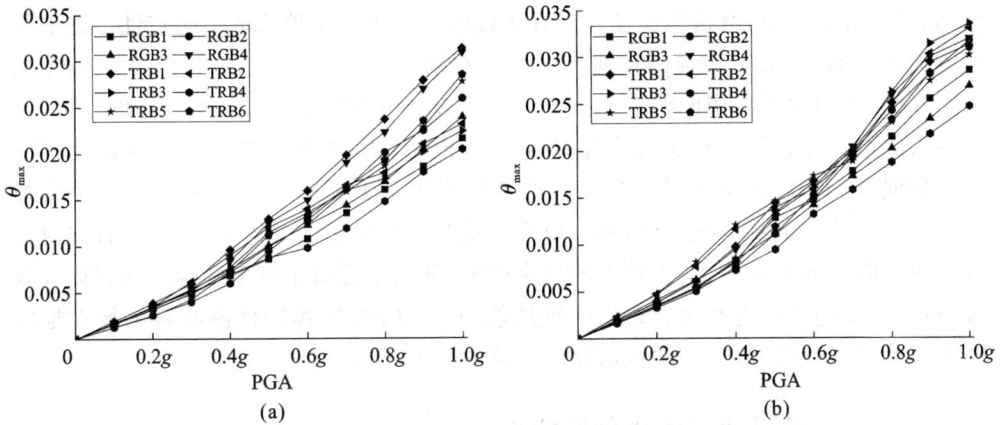

图 11-25　钢梁-圆钢管混凝土柱框架结构 IDA 分析曲线
（a）主震 IDA 曲线；（b）余震 IDA 曲线

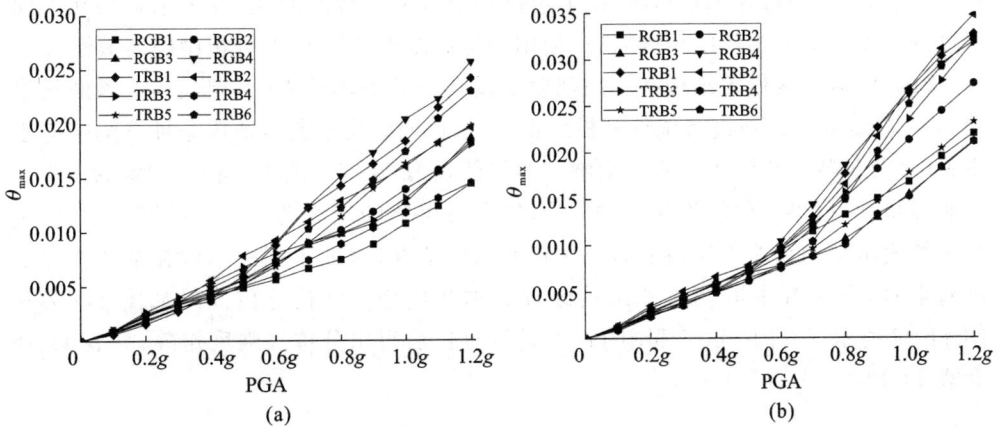

图 11-26　BRB 支撑-钢管混凝土框架结构 IDA 分析曲线
（a）主震 IDA 曲线；（b）主余震 IDA 曲线

IDA 曲线的行为并非完全随机，而是受到多种复杂要素的影响，建筑结构的不同类型可能在地震作用下呈现出不同的响应，因此在分析和预测过程中必须考虑这一因素；地震波的选取同样是一个重要的考虑因素，不同类型的地震波可能引发结构不同的反应；地震持续时间以及地震作用方向同样会对 IDA 曲线的形状和行为产生显著影响。

由图 11-25 和图 11-26 可以看出，两种结构的 IDA 曲线簇整体收敛性均较好，表明结构在地震作用下的响应相对稳定，当 PGA 值增长时，观察到结构的 $\theta_{\max}$ 值也随之上升，在 PGA 小于 0.2g 的情况下，结构的层间位移反应显示出高度一致性，当 PGA 值超过 0.3g，IDA 曲线开始显现出明显的差异化趋势，且这种差异化分布相对平均,这一现象表明,所选地震动在设计中已经充分考虑了地震的不确定性。在更强烈的地震影响下,两类结构的反应差异开始显现。当 PGA 小于构件的极限工作条件时,能有效地发挥防屈曲约束支撑构件对地震能量的吸收和对结构支撑的作用,保证结构的稳定性;当 PGA 超过构件的极限工作条件后,两种框架结构的地震动反应开始相似,但 BRB 支撑-钢管混凝土框架结构的地震动反应明显更小,这是因为支撑构件还能继续约束结构的位移,减小地震对建筑物的损伤。总体来说,主震首先对结构造成了明显的损伤,产生了较大的残余变形,随后余震对主震下结构损伤有放大效应,进一步影响了结构对地震作用的抵抗能力,但 BRB 支撑构件能改善结构在地震作用下的变形幅度,增加结构抵御侧向位移的刚度,提升整体稳定性。

11.3.5　增量动力分析分位曲线

在钢管混凝土结构中输入不同强度的地震动记录时,IDA 曲线存在一定的离散性,分位曲线是通过在 IDA 曲线簇中选择特定百分位数的曲线,以表示结构在不同强度地震下的动力响应的不同状态,使用分位曲线来降低 IDA 分析中的离散性。

50%中值曲线代表结构在不同强度地震动下的平均动力响应状态,这条曲线是对 IDA 曲线簇的趋势进行统计分析后得出的,说明结构在典型地震条件下的响应水平;16%分位数曲线代表结构动力响应的较低状态,在实际地震中存在一定的不确定性和随机性,提供一种较为保守的估计,以考虑可能的较低动力响应情况;84%分位数曲线表示结构在地震作用下的潜在较大响应情况,有助于识别结构在某些情况下的脆弱性,并引导采取相应的结构改进或加强措施。结构分位曲线如图 11-27 和图 11-28 所示。对图 11-27 和图 11-28 进行分析后得出分位线强度矩阵,见表 11-18和表 11-19。

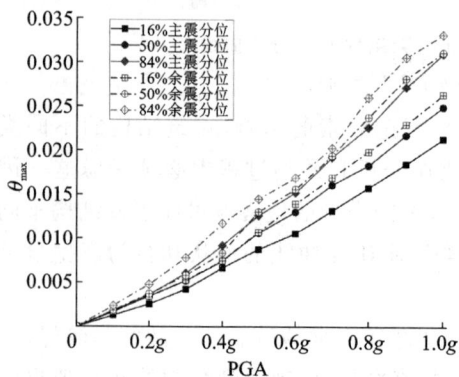

图 11-27　钢梁-圆钢管混凝土框架
　　　　　　结构分位曲线

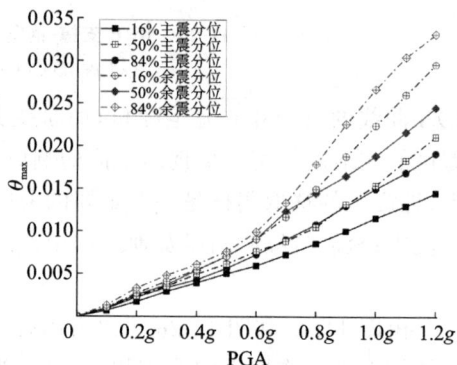

图 11-28　BRB 支撑-钢管混凝土框架
　　　　　　结构分位曲线

表 11-18   **钢梁-圆钢管混凝土框架结构极限状态分位线强度矩阵**

百分位	主震				余震			
	NO	IO	LS	CP	NO	IO	LS	CP
16%	0.143	0.286	0.479	0.955	0.107	0.232	0.426	0.805
50%	0.108	0.232	0.427	0.850	0.100	0.214	0.399	0.714
84%	0.103	0.216	0.372	0.723	0.078	0.169	0.313	0.692

表 11-19   **BRB 支撑-钢管混凝土框架结构极限状态分位线强度矩阵**

百分位	主震				余震			
	NO	IO	LS	CP	NO	IO	LS	CP
16%	0.208	0.407	0.781	1.200	0.159	0.333	0.656	1.161
50%	0.168	0.368	0.660	1.192	0.146	0.292	0.532	0.933
84%	0.154	0.319	0.562	1.141	0.126	0.246	0.530	0.845

对图 11-27 和图 11-28 进行分析得出,结构 IDA 曲线显示出良好的离散性,表明该 IDA 曲线能够精确地描绘出结构在地震影响下的动力响应结果;由表 11-18 和表 11-19 得出,相同破坏条件下,余震界限强度均低于主震作用时,强度降低约 16%~21%,这是由于在地震的首次作用后,结构遭受显著损害并留下残余变形,继而余震对已受损的结构造成进一步的放大作用,降低了结构的抗震能力。但通过引入防屈曲约束支撑,使相同破坏条件下结构的强度提升约 31%~36%,增设支撑不仅减少地震引起的变形程度,还增强结构抗侧向位移的能力,从而显著提高了整体的稳定性。

11.4   地震易损性分析

钢管混凝土框架结构在地震序列作用下的易损性分析,采用 4 个不同的性能水平,为考虑地震序列的影响,选取了 2 种不同的地震序列,一种为主震序列,即只考虑主震的作用,另一种为主余震序列,即考虑主震和余震的连续作用。将 PGA 选定为衡量地震强度的指标,并逐步提高 PGA 值以模拟不同等级的地震影响,通过分析结构在多种 PGA 水平和地震序列中的性能超越概率来评价地震易损性,直接反映结构倒塌风险和抗震能力的变化。

11.4.1 地震概率需求模型

在第 10 章的基础上,将地震概率需求模型进一步简化,认为地震需求的对数值与地震动参数的对数值呈线性关系,进一步简化失效概率的计算过程,两者之间的关系如下:

$$\ln\theta_{max} = \beta_0 + \beta_1 \ln(PGA) \tag{11-14}$$

通过 Origin 软件实施数据拟合,从而获得一条线性方程拟合曲线。在该方程中,β_0 代表截距,而 β_1 表示斜率,计算出 β_0 和 β_1 的确切数值,利用增量动力学分析所得数据进行回归分析,以 PGA 的对数作为独立变量,以 θ_{max} 的对数作为因变量,构建函数关系并绘制回归分析图如图 11-29、图 11-30 所示。

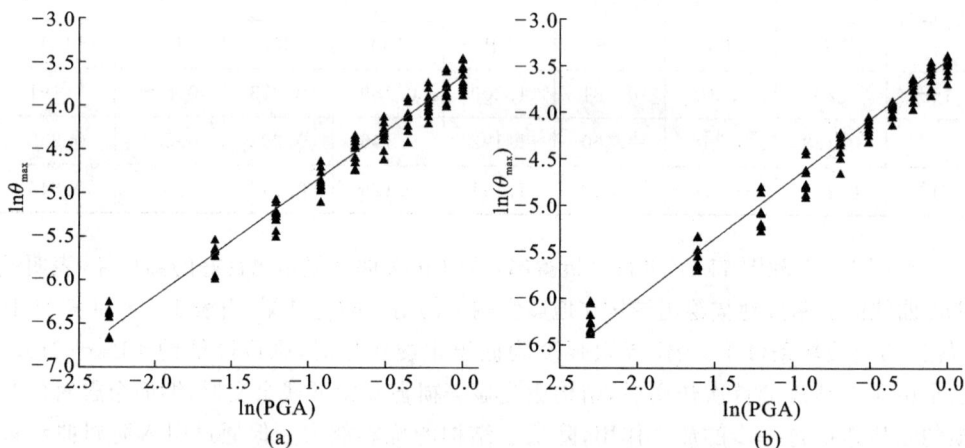

图 11-29 钢梁-圆钢管混凝土框架结构数据拟合

(a)主震拟合;(b)主余震拟合

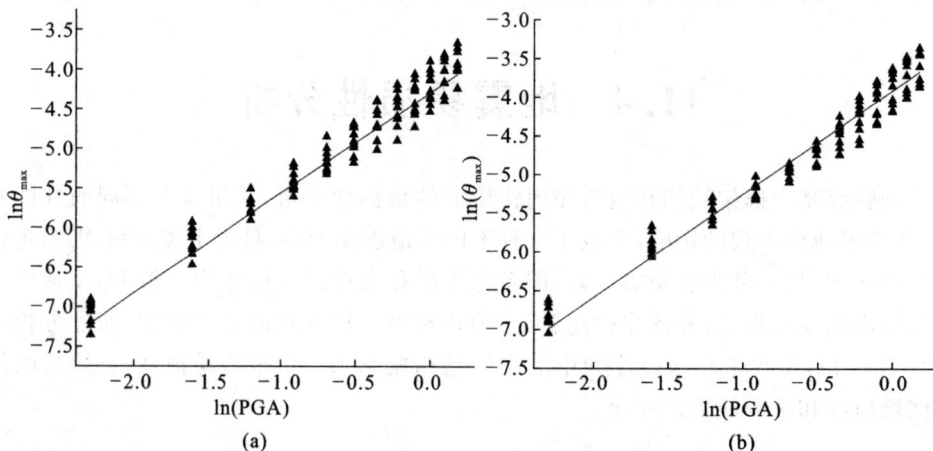

图 11-30 BRB 支撑-钢管混凝土框架结构数据拟合

(a)主震拟合;(b)主余震拟合

通过拟合分析后得出主震基于层间位移角的地震动强度的地震需求概率函数关系式如下。

钢梁-圆钢管混凝土柱框架结构：

$$\ln\theta_{\max} = 1.2657\ln(\text{PGA}) - 3.6586 \tag{11-15}$$

BRB 支撑-钢管混凝土框架结构：

$$\ln\theta_{\max} = 1.2659\ln(\text{PGA}) - 4.2935 \tag{11-16}$$

同理可以得出主余震的地震需求概率函数关系式。

钢梁-圆钢管混凝土柱框架结构：

$$\ln\theta_{\max} = 1.3139\ln(\text{PGA}) - 3.4326 \tag{11-17}$$

BRB 支撑-钢管混凝土框架结构：

$$\ln\theta_{\max} = 1.3363\ln(\text{PGA}) - 3.9116 \tag{11-18}$$

由上式所得的参数值即可得出结构的超越概率表达式。

主震序列下钢梁-圆钢管混凝土柱框架结构：

$$P_{\text{f}} = \Phi\left\{\frac{\ln\left[0.0258(\text{PGA})^{1.2657}\right]/[\theta]}{0.5}\right\} \tag{11-19}$$

主震序列下 BRB 支撑-钢管混凝土结构：

$$P_{\text{f}} = \Phi\left\{\frac{\ln\left[0.0137(\text{PGA})^{1.2659}\right]/[\theta]}{0.5}\right\} \tag{11-20}$$

主余震序列下钢梁-圆钢管混凝土柱框架结构：

$$P_{\text{f}} = \Phi\left\{\frac{\ln\left[0.0323(\text{PGA})^{1.3139}\right]/[\theta]}{0.5}\right\} \tag{11-21}$$

主余震序列下 BRB 支撑-钢管混凝土结构：

$$P_{\text{f}} = \Phi\left\{\frac{\ln\left[0.0201(\text{PGA})^{1.3363}\right]/[\theta]}{0.5}\right\} \tag{11-22}$$

11.4.2　地震易损性曲线

根据计算得出各个性能指标及不同 PGA 下结构的超越概率,绘制地震易损性概率曲线,如图 11-31 所示。

两个结构在主震和余震作用下,于不同 PGA 下的超越概率如表 11-20 和表 11-21 所示。

(a)

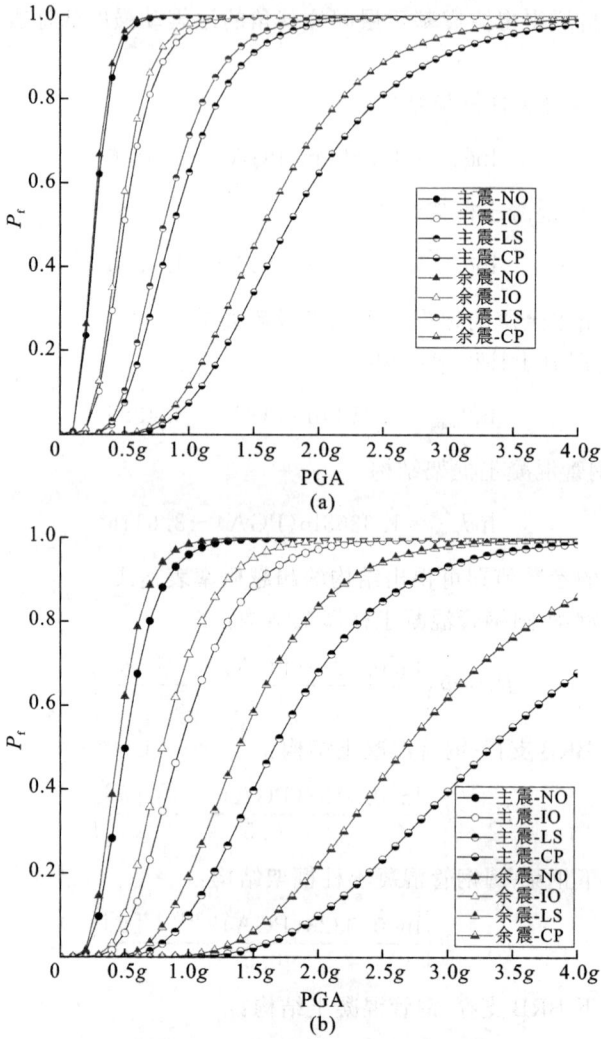

(b)

图 11-31　结构地震易损性曲线

(a)钢梁-圆钢管混凝土柱框架结构;(b)BRB 支撑-钢管混凝土框架结构

表 11-20　　**钢梁-圆钢管混凝土柱框架结构在不同极限状态下的超越概率**

PGA	主震				余震			
	NO	IO	LS	CP	NO	IO	LS	CP
0.2g	23.6%	1.1%	0	0	26.3%	1.3%	0	0
0.4g	84.9%	29.5%	2.2%	0	88.2%	35.1%	3.2%	0
0.6g	98.1%	68.7%	16.5%	0.3%	98.7%	75.1%	21.7%	0.5%

续表 11-20

PGA	主震				余震			
	NO	IO	LS	CP	NO	IO	LS	CP
0.8g	99.7%	88.7%	40.3%	2.2%	99.8%	92.4%	49.1%	3.7%
1.0g	99.9%	96.2%	62.5%	7.5%	100%	95.9%	71.3%	11.5%
1.2g	100%	98.7%	78.2%	16.4%	100%	99.3%	85.1%	23.6%
1.4g	100%	99.5%	87.9%	27.8%	100%	99.8%	92.6%	37.7%
1.6g	100%	99.8%	93.4%	40.1%	100%	100%	96.4%	51.5%
1.8g	100%	99.9%	96.5%	51.9%	100%	100%	98.2%	63.6%
2.0g	100%	100%	98.1%	62.4%	100%	100%	99.4%	73.4%
2.4g	100%	100%	99.4%	78.1%	100%	100%	99.7%	86.5%
2.8g	100%	100%	99.8%	87.8%	100%	100%	99.9%	93.4%
3.2g	100%	100%	100%	93.4%	100%	100%	100%	96.8%
3.6g	100%	100%	100%	96.4%	100%	100%	100%	98.4%
4.0g	100%	100%	100%	98.1%	100%	100%	100%	99.2%

表 11-21　　**BRB 支撑-钢管混凝土框架结构在不同极限状态下的超越概率**

PGA	主震				余震			
	NO	IO	LS	CP	NO	IO	LS	CP
0.2g	0.9%	0	0	0	1.6%	0	0	0
0.4g	28.3%	1.5%	0	0	38.7%	3.1%	0	0
0.6g	67.5%	13.1%	0.4%	0	78.7%	21.8%	1.2%	0
0.8g	88.1%	34.7%	3.2%	0	94.1%	49.6%	7.1%	0
1.0g	95.9%	56.8%	9.9%	0.1%	98.4%	72.1%	19.1%	0.4%
1.2g	98.6%	73.7%	20.4%	0.5%	99.5%	85.8%	35.1%	1.6%
1.4g	99.5%	84.7%	33.1%	1.4%	99.8%	93.1%	51.2%	4.6%
1.6g	99.8%	91.3%	46.1%	3.2%	100%	96.7%	64.9%	8.4%
1.8g	100%	95.2%	57.9%	5.9%	100%	98.4%	75.7%	14.5%
2.0g	100%	97.3%	67.9%	9.8%	100%	99.2%	83.6%	21.8%
2.4g	100%	99.1%	82.3%	20.3%	100%	99.8%	92.8%	38.5%
2.8g	100%	99.7%	90.6%	33.1%	100%	100%	96.9%	54.8%

续表 11-21

PGA	主震				余震			
	NO	IO	LS	CP	NO	IO	LS	CP
3.2g	100%	100%	95.1%	45.9%	100%	100%	98.7%	68.3%
3.6g	100%	100%	97.4%	57.8%	100%	100%	99.4%	78.5%
4.0g	100%	100%	98.6%	67.9%	100%	100%	99.8%	85.8%

由图 11-31 可知,在相同性能水平下,结构的超越概率随着 PGA 的增加而逐渐增加。当 PGA 较小时,结构的位移反应较小,很容易满足正常使用的要求,因此正常使用的超越概率较高;当 PGA 较大时,结构的位移反应较大,很难满足防止倒塌的要求,因此防止倒塌的超越概率升高。这说明了结构的性能水平与 PGA 的关系是非线性的,随着 PGA 的增加,结构的性能状态呈现出从高到低的递减趋势。

在正常使用阶段,钢梁-圆钢管混凝土柱框架结构被完全超越的主震和余震 PGA 分别为 1.2g 和 1.0g,增设 BRB 支撑结构被完全超越的主震和余震 PGA 分别为 1.8g 和 1.6g,PGA 的少量增大就会导致结构进入弹塑性状态,因此易损性曲线的斜率较大。PGA 继续增加时,结构的损伤累积效应显现,结构的性能水平下降,因此易损性曲线的斜率逐渐减小,这说明结构的易损性与 PGA 的关系也是非线性的,随着 PGA 的增加,结构的易损性超越概率呈现出从小到大的递增趋势。结构在正常使用阶段,两种地震序列作用下的易损性曲线几乎重合,说明该性能水平下结构的弹性位移反应受地震序列影响较小,超越概率趋于一致,这是因为在正常运行阶段,结构的位移反应主要由主震决定,余震的作用相对较小,因此地震序列的差异对结构的性能水平影响不大。

在立即使用和生命安全阶段,钢梁-圆钢管混凝土柱框架结构被完全超越的主震和余震 PGA 分别为 2.0g 和 1.6g,增设 BRB 支撑结构被完全超越的主震和余震 PGA 分别为 3.2g 和 2.8g。易损性曲线之间的差距逐渐扩大,说明结构在主震作用下发生了一定程度的塑性破坏,而余震序列会加剧结构的塑性损伤,使结构的性能表现出更大的不稳定性,这是因为在这两个阶段,结构的位移反应已经进入了弹塑性范围,余震的作用会对结构的残余变形和承载能力产生影响,因此在这两个阶段地震的余震影响不可忽略。

在防止倒塌阶段,随着 PGA 的不断提高,易损性曲线逐渐趋于平缓,主震与余震的易损性曲线之间的间隔更大,余震使结构的倒塌概率增加约 4%～8%,反映出结构逐渐达到弹塑性极限状态,而这种平缓的曲线也体现出钢管混凝土框架结构具有一定的耗能和延性能力,表明了结构具备抵抗倒塌的能力。在防止倒塌阶段,结构的位移反应已经超过了生命安全的限值,结构的损伤程度非常严重,但结构仍然能够保持一定的整体稳定性,不会发生突然的破坏或倒塌,这说明钢管混凝土框架结构在极限状态下仍然具有一定的韧性,能够有效地分散和消耗地震能量,避免了结构的脆性破坏。在相同 PGA 条件下,BRB 支撑结构相对于钢梁-圆钢管混凝土柱框架结构显著降低了结构倒塌的风险,展现出更高的抗震能力和更可靠的结构性能,这是因为设置 BRB 支撑,增加了结构的刚度和强度,提高了结构的抗侧能力,减少了结构的位移反应,从而降低了结构的易损性。BRB 支撑结构的主余震易损性曲线呈现更大的间隔,表明其有良好的地震能量吸收和分散能力。由于 BRB 支撑在地震作用下能够发挥良好的耗能作用,同时也能够限制构件的屈曲变形,保持结构的完整性和连续性,从而提高结构的抗震性能。

通过对比分析钢梁-圆钢管混凝土柱框架结构和 BRB 支撑结构在不同 PGA 和不同地震序列下的 4 个性能水平的超越概率曲线,揭示了结构的易损性与 PGA 和地震序列的关系。在相同地震峰值加速度条件下,相对于钢梁-圆钢管混凝土柱框架结构,BRB 支撑结构倒塌的风险降低约 25%,展现出更高的抗震能力和更可靠的结构性能;BRB 支撑结构的主余震易损性曲线呈现更大的间隔,表明其有良好的地震能量吸收和分散能力。在地震序列作用下,BRB 支撑降低了结构构件塑性变形程度,从而保障了结构承载能力,降低了结构整体失效的风险。

11.4.3 地震易损性矩阵

根据图 11-31 的易损性曲线可预测结构在多遇地震(0.07g)、设防地震(0.2g)和罕遇地震(0.4g)强度下超出每个极限状态的概率,并计算结构地震易损性矩阵,如表 11-22 和表 11-23 所示。

表 11-22

钢梁-圆钢管混凝土柱框架结构地震易损性矩阵

地震等级	主震				余震			
	NO	IO	LS	CP	NO	IO	LS	CP
多遇地震	0.6%	0	0	0	0.8%	0	0	0
设防地震	23.6%	1.1%	0	0	26.4%	1.5%	0	0
罕遇地震	85.0%	29.5%	2.3%	0	88.3%	35%	3.3%	0

表 11-23

BRB 支撑-钢管混凝土结构地震易损性矩阵

地震等级	主震				余震			
	NO	IO	LS	CP	NO	IO	LS	CP
多遇地震	0.1%	0	0	0	0.2%	0	0	0
设防地震	1.0%	0.2%	0	0	1.6%	0.5%	0	0
罕遇地震	38.4%	8.5%	0.5%	0	45.7%	11.3%	1.0%	0

从表 11-22 和表 11-23 中可以看出,在多遇地震强度下,钢梁-圆钢管混凝土柱框架结构和增设 BRB 的结构在主要地震中达到正常使用极限状态的超越概率分别为 0.6% 和 0.1%。在增加余震后,超越概率分别增加了 0.2% 和 0.1%,其他极限状态的概率未超越,结构符合"小震不坏"的地震要求,即结构在小震下不会出现明显的破坏和失效,只需进行必要的检查和维修,就可以恢复结构的功能。

在设防地震强度下,钢梁-圆钢管混凝土柱框架结构和增设 BRB 支撑的结构在主要地震中达到立即使用极限状态的超越概率分别为 1.1% 和 0.2%。在添加余震后,超越概率分别增加了 0.4% 和 0.3%。结构的生命安全极限状态没有超越概率。结构主要受到轻微损坏,并符合"中震可修"的地震要求,指结构在地震后能够立即恢复使用的状态,结构的响应不超过一定的限值,结构的损伤程度较轻,不影响结构的承载能力和刚度。

在罕遇地震强度下,钢梁-圆钢管混凝土柱框架结构和增设 BRB 支撑的结构在主要地震中达到生命安全极限状态的超越概率分别为 2.3% 和 0.5%,增加余震后,超越概率分别增加了 1.0% 和 0.5%,结构发生倒塌的概率会超越。结构主要受到中度损坏,并符合"大震不倒"的地震要求。结构在地震后不能立即恢复使用,但能够保证人员的安全撤离,结构的响应超过一定的限值,结构的损伤程度较重,影响结构的承载能力和刚度。

综上所述,余震会使得主震期间损害的建筑进一步破坏,采用 BRB 抗震体系的建筑达到损坏状态的可能性大幅降低,恰当运用 BRB 能有效减轻地震对建筑造成的伤害,同时增强建筑的稳固性与安全水平。BRB 作为一种高效耗能的抗震元件,其吸收地震动力的能力极强,能显著减缓建筑反应,提升建筑的柔性与坚韧度,从而降低建筑遭受破坏的可能性[26]。

11.5 小　　结

本章利用有限元软件对钢梁-圆钢管混凝土柱框架结构进行建模,选用基于钢结构改进的 P-A 双参数地震损伤模型,分析结构中柱的钢管含钢率、层数以及 BRB 支撑对结构稳定性的影响;通过 IDA 分析方法,绘制出结构在不同地震动强度条件下的易损性曲线,探究余震以及 BRB 支撑对建筑抗震性能的影响。得出的结论如下:

(1)为量化主震及余震对建筑破坏的影响,运用基于钢结构改进的 P-A 双参数地震损伤模型,探究在不同极限状态下余震对建筑的损伤程度,得出考虑余震影响的结构损伤指数高于单独考虑主震的结果,余震使结构损伤指数提高约 7%~9%。

(2)基于地震损伤模型,分析结构中柱截面含钢率的变化、结构层数和增设 BRB

支撑对结构损伤指数的影响规律,得出当截面含钢率由 6.56% 减少到 5.26% 时,结构柱的首层损伤指数由 0.510 增大到 0.614,结构处于中度破坏状态;而当截面含钢率由 6.56% 增加到 7.84% 时,结构柱的首层损伤指数由 0.510 减小到 0.425,结构处于轻度破坏状态,降幅为 16%。结构从 6 层到 10 层,损伤指数不断增加,其中 10 层结构在主震及余震的影响下相比于 8 层结构,其损伤指数增加了 20%。增设 BRB 支撑对结构损伤的影响最为显著,约 35%。

(3) 地震易损性分析表明,钢梁-圆钢管混凝土柱和 BRB 支撑-钢管混凝土框架结构在主余震序列作用下的超越概率大于单独主震作用下的超越概率。在结构正常使用阶段,主震型地震和主余震型地震对结构的地震易损性曲线影响较小;在后续的三个破坏阶段,随着主震和余震序列的持续作用,易损性曲线之间的差异逐步扩大,主震后结构展现出明显的塑性损伤特征,余震会导致结构倒塌概率增加 4%~8%;通过增设 BRB 支撑,可以将结构的倒塌概率降低约 25%。这表明余震对结构稳定性的影响不可忽视,采用屈曲约束支撑是提升结构抗震能力的有效策略。

参 考 文 献

[1] LEE Y T, TURCOTTE D L, RUNDEL J B, et al. Aftershock statistics of the 1999 Chi-Chi, Taiwan earthquake and the concept of Omori times[J]. Pure and Applied Geophysics, 2013, 170(1): 221-228.

[2] WANG W L, WU J P, FANG L H, et al. Relocation of the Yushu M_s 7.1 earthquake and its aftershocks in 2010 from HypoDD[J]. Science China Earth Sciences, 2013, 56: 182-191.

[3] 杜方. 2022 年地震活动综述[J]. 四川地震, 2023 (2): 1-11.

[4] LI Q, ELLINGWOOD B R. Performance evaluation and damage assessment of steel frame buildings under main shock-aftershock earthquake sequences[J]. Earthquake Engineering and Structural Dynamics, 2007, 36(3): 405-427.

[5] 刘洁亚, 黄小宁, 何婷, 等. 主余震序列作用下层间隔震结构倒塌地震风险分析[J]. 振动与冲击, 2023, 42(19): 194-203.

[6] 仲秋, 史保平. 1976 年唐山 M_s 7.8 地震余震序列持续时间及对地震危险性分析的意义[J]. 地震学报, 2012, 34(4): 494-508.

[7] HAUKSSON E, JONES L M, HUTTON K. The 1994 Northridge earthquake sequence in California: seismological and tectonic aspects[J]. Journal of Geophysical Research: Solid Earth, 1995, 100(B7): 12335-12355.

[8] 李宏男，肖诗云，霍林生. 汶川地震震害调查与启示[J]. 建筑结构学报，2008，29(4)：10-19.

[9] 张晁军，侯燕燕，胡彬，等. 新西兰 2010 年 $M7.1$ 地震与 2011 年 $M6.3$ 地震活动和灾害分析[J]. 国际地震动态，2011 (4)：44-51.

[10] GODA K，POMONIS A，CHIAN S C，et al. Ground motion characteristics and shaking damage of the 11th March 2011 M_w 9.0 Great East Japan earthquake[J]. Bulletin of Earthquake Engineering，2013，11：141-170.

[11] 中华人民共和国住房和城乡建设部. 高层建筑混凝土结构技术规程：JGJ 3—2010[S]. 北京：中国建筑工业出版社，2010.

[12] 任重翠，徐自国，肖从真，等. 防屈曲支撑在超高层建筑结构伸臂桁架中的应用[J]. 建筑结构，2013 (5)：54-59.

[13] 周小林，雷劲松. 屈曲约束支撑力学模型对比分析[J]. 四川理工学院学报(自然科学版)，2015，28(5)：21-26.

[14] 韩林海，陶忠，刘威. 钢管混凝土结构：理论与实践[J]. 福州大学学报(自然科学版)，2001，29(6)：24-34.

[15] 刘威. 钢管混凝土局部受压时的工作机理研究[D]. 福州：福州大学，2005.

[16] SHCHERBAKOV R，TURCOTTE D L. A modified form of Båth's law[J]. Bulletin of the Seismological Society of America，2004，94(5)：1968-1975.

[17] JOYNER W B，BOORE D M. Prediction of earthquake response spectra[R]. US：Geological Survey，1982：82-99.

[18] PARK Y J，ANG A H S. Mechanistic seismic damage model for reinforced concrete[J]. Journal of Structural Engineering，1985，111(4)：722-739.

[19] 牛荻涛，任利杰. 改进的钢筋混凝土结构双参数地震破坏模型[J]. 地震工程与工程振动，1996，16(4)：44-54.

[20] 徐强，郑山锁，韩言召，等. 基于结构整体损伤指标的钢框架地震易损性研究[J]. 振动与冲击，2014，33(11)：78-82.

[21] 李应斌，刘伯权，史庆轩. 抗震设计中结构的性能等级与设计性能安全指数[J]. 地震工程与工程振动，2004，24(6)：73-78.

[22] 刘晶波，刘阳冰. 基于性能的方钢管混凝土框架结构地震易损性分析[J]. 土木工程学报，2010，43(2)：39-47.

[23] 刘阳冰. 钢-混凝土组合结构体系抗震性能研究与地震易损性分析[D]. 北京：清华大学，2009.

[24] 门进杰，张谦，徐超，等. 基于改进 Park-Ang 双参数模型的 RCS 混合框架结构地震损伤评估[J]. 工程力学，2020，37(9)：133-143.

[25] 中华人民共和国住房和城乡建设部. 建筑抗震设计标准（2024 年版）：GB/T 50011—2010[S]. 北京：中国建筑工业出版社，2024.

[26] ZHANG C L，LI J，LIU Y B，et al. Seismic vulnerability analysis of concrete-filled steel tube structure under main-aftershock earthquake sequences[J]. Buildings，2024，14(4)：869.

12　结论与展望

12.1　主要成果及结论

本书主要采用理论分析、数值模拟和试验研究等方法对钢筋混凝土框架结构和钢管混凝土框架结构的非线性静力和动力分析方法、抗震性能、地震易损性进行系统的研究,完成的工作和获得的主要结论如下。

12.1.1　基于损伤过程的 RC 框架结构非线性静力分析方法研究

在前人研究工作的基础上,进一步完善了简化损伤单元的步骤,提出了弹塑性损伤单元,推导和讨论了单元的刚度矩阵,并对内变量演化方程的物理意义给予了明确的说明。讨论了不同轴力作用对弹塑性损伤单元模型参数的影响。基于弹塑性损伤单元模型,对钢筋混凝土梁构件进行非线性静力全过程分析,并与材料模型和弹塑性模型的分析结果进行比较,得出此单元模型对于构件的非线性分析有良好的适应性,并得到了直接从力学意义出发的反映构件损伤状态的损伤内变量,根据损伤内变量的取值把构件荷载-位移全过程曲线分为 4 个阶段。引入弹塑性损伤单元,编制了基于损伤的钢筋混凝土平面框架非线性静力全过程分析程序 DAMAGE2D。根据钢筋混凝土框架结构中出现耗能铰情况的不同,把结构划分为 4 个阶段,即无损伤阶段、弹性损伤阶段、弹塑性损伤阶段和极限状态。对钢筋混凝土框架结构在不同阶段的受力状态进行分析,讨论了弹塑性损伤单元用于结构分析的力学意义;对结构进行非线性静力全过程分析(Pushover 分析),通过与 DRAIN-2D＋计算结果和试验结果的比较,说明弹塑性损伤单元对钢筋混凝土框架结构静力弹塑性分析具有良好的模拟精度,验证了单元的有效性和适应性。

12.1.2　RC现浇和装配整体式框架结构抗震性能对比分析

以实际工程项目为基础,选用现浇钢筋混凝土框架和装配整体式混凝土框架两种结构方案,采用有限元软件对两种结构方案进行小震下的弹性反应谱分析、弹性时程分析和大震下的弹塑性反应分析。旨在通过全面对比和分析两种结构方案在受力、变形、抗震性能和破坏形态的差别,在深入了解两种结构方案的优缺点的基础上,为该类结构的设计和应用提供合理的建议和参考。

12.1.3　钢管混凝土框架结构Pushover分析

在已有钢-混凝土组合构件结构试验和理论研究的基础上,通过对试验结果的数值模拟和理论分析,对现有钢-混凝土组合梁和方钢管混凝土柱的三折线弯矩-曲率关系曲线进行了修正,提出了适用于钢-混凝土组合梁和方钢管混凝土柱弹塑性分析的四折线弯矩-曲率本构曲线。基于现有的方钢管混凝土柱轴力-弯矩相关的极限破坏面,通过理论和参数分析,提出了一种方钢管混凝土柱塑性屈服面的简化确定方法。并通过与试验结果的对比对本书所建立的弹塑性模型进行了验证,为钢-混凝土组合结构整体的弹塑性反应分析奠定基础。

在钢管混凝土柱和组合梁弹塑性模型研究的基础上,采用SAP2000建立了组合梁-方钢管混凝土柱框架结构的空间弹塑性有限元计算分析模型,并对结构进行结构性能分析。探讨了Pushover分析法在该体系中的合理性及应用,提出了结合ATC-40需求谱求解性能点的方法。讨论了Pushover分析中采用不同侧向荷载分布所得结果的差异,建议对结构进行Pushover分析时应该采用多种侧向荷载分布模式进行综合评价。

12.1.4　不同形式框架结构体系抗震性能对比分析

在钢-混凝土组合构件模型研究工作的基础上,开展了组合梁-方钢管混凝土柱框架结构,钢梁-方钢管混凝土柱框架结构、组合梁-等刚度RC柱框架结构、钢梁-等刚度RC柱框架结构和RC框架结构的抗震性能分析。对这5种类型的框架结构分别进行了模态分析、多遇地震下的反应谱分析和弹性时程分析,比较了结构主要承重构件内力设计控制值、结构位移反应和动力特性的差别。

着重研究了组合梁-方钢管混凝土柱框架结构、钢梁-方钢管混凝土柱框架结构和钢梁-RC柱框架结构在罕遇地震下的变形性能和破坏状态。分析结果表明:考虑楼板组合作用后,框架梁刚度和承载能力得到提高,总体上组合梁-方钢管混凝土柱框架结构位移反应小于钢梁-方钢管混凝土柱框架结构;由于组合梁刚度和承载能力的提高,改变了梁、柱线刚度比和承载力比,进而改变了结构的整体刚度和承载能力,使两种结构在罕遇地震下的破坏状态并不相同,因此忽略楼板组合作用,不能反映结构的真实破坏状态。

12.1.5　钢管混凝土组合框架结构"强柱弱梁"问题分析

对依据现有规程设计的钢梁-圆钢管混凝土柱组合框架结构,进行不同侧向荷载分布模式下的 Pushover 分析和动力时程分析,对比多遇地震、罕遇地震性能点时结构整体反应(层侧移、层间位移角)与局部反应(塑性铰分布、杆端曲率延性)的差异。结果表明,对于本书的钢管混凝土组合框架结构,采用第一振型荷载分布模式得到的 Pushover 分析结果是比较合理的。

在此基础上,采用 Pushover 分析法,对钢梁-圆钢管混凝土柱组合框架结构和组合梁-方钢管混凝土框架结构的破坏形态进行了分析,初步探讨了这两种结构实现"强柱弱梁"的设计方法。讨论了柱和梁的极限弯矩比、梁柱线刚度比和轴压比对破坏机制的影响。结果表明,柱和梁的极限弯矩比控制了结构的破坏机制,在一定的轴压比与线刚度比下,增大柱梁的极限弯矩比,结构的破坏模式逐渐由柱铰破坏机制过渡到混合破坏机制,直至形成梁铰破坏机制。梁柱线刚度比的改变对结构的破坏机制几乎没有影响。对于本书算例,梁柱线刚度比的减小会延迟底层柱端首个柱铰的出现,并进一步影响结构的极限承载能力,但是结构破坏模式与塑性铰出现顺序总体上没有变化。初步提出了钢管混凝土柱组合框架结构实现"强柱弱梁"的设计建议,为该类结构的抗震设计提供参考。

12.1.6　基于性能的钢管混凝土结构地震易损性分析

将基于性能抗震设计的概念引入结构的整体地震易损性分析中,给出了一种基于性能的结构地震易损性分析方法。根据结构的 4 个抗震性能水平和 5 个地震破坏等级定义了结构整体和楼层的 4 个极限破坏状态,从而将结构抗震性能水平与结构的破坏等级联系起来,提出了基于结构极限破坏状态确定结构抗震性能水平限值的方法。对两种类型的钢-混凝土组合框架结构,分别采用顶点位移角和层间位移角作为衡量结构抗震性能水平的量化指标,采用本书建议方法,给出了组合梁-方钢管混凝土柱框架结构和钢梁-方钢管混凝土柱框架结构的 4 个性能水平量化指标限值。

采用建议的基于性能的结构地震易损性分析方法,对组合梁-方钢管混凝土柱框架结构和钢梁-方钢管混凝土框架结构进行了地震易损性分析,对结构的易损性进行评估。通过对不同量化指标易损性分析结果的比较,对钢-混凝土组合框架结构,建议采用层间位移角量化指标进行地震易损性分析。基于顶点位移角的易损性曲线可以作为基于层间位移易损性曲线的补充,从而对结构的易损性进行较全面的评估。比较了组合梁-方钢管混凝土柱框架结构和钢梁-方钢管混凝土柱框架结构易损性的差别。

讨论了结构-地震动系统的随机性的影响,对不同强度地震下结构的需求(顶点最大位移角和最大层间位移角)给出了统一的对数标准差建议,并通过与原有基于实际统计分析得到的对数标准差计算得到的易损性曲线比较,验证了本书建议取值的正确性。该取值可为钢-混凝土组合框架结构的地震易损性分析提供参考,从而达到简化地震易损性分析的目的。

通过对现有地震易损性分析方法的总结,将现有分析方法分为 2 类,根据不同的需求建议分别采用基于全概率方法和半概率方法进行结构抗震性能水平分析,研究了基于全概率和半概率结构地震易损性分析方法的差别,提出了通过半概率分析实现结构全概率地震易损性分析的简化方法。

基于易损性分析结果,提出了基于概率论的单体结构震害指数的确定方法,并计算了组合梁-方钢管混凝土柱框架结构和钢梁-方钢管混凝土柱框架结构在不同设防烈度下的震害指数。

12.1.7 主余震序列作用下钢管混凝土结构地震易损性研究

在基于性能地震易损性研究的基础上,考虑余震的影响,以钢梁-圆钢管混凝土柱框架结构为例,采用有限元分析软件 MIDAS 分别对其进行主震和主余震下的地震易损性对比分析。选用基于钢结构改进的 P-A 双参数地震损伤模型,分析结构柱截面含钢率、层数以及 BRB 支撑对结构损伤的影响;通过 IDA 分析方法,绘制出钢管混凝土框架结构在不同地震动强度条件下的易损性曲线,探究余震以及 BRB 支撑对建筑抗震性能的影响。结果表明:钢梁-圆钢管混凝土柱框架结构和 BRB 支撑钢梁-钢管混凝土柱框架结构在主余震序列作用下的超越概率大于单独主震作用下的超越概率。在结构正常使用阶段,主震型地震和主余震型地震对结构的地震易损性曲线影响较小;在后续的 3 个破坏阶段,随着主震和余震序列的持续作用,易损性曲线之间的差异逐步扩大,主震后结构展现出明显的塑性损伤特征,余震会导致结构倒塌概率增加 4%～8%;通过增设 BRB 支撑,可以将结构的倒塌概率降低约 25%,表明余震对结构稳定性的影响不可忽视,而采用抗屈曲约束支撑是提升结构抗震能力的有效策略。

12.2 研究工作展望

随着计算机技术的发展和钢管混凝土结构逐渐在我国高烈度区开始应用,钢管混凝土结构的抗震性能和地震易损性越来越受到重视。本书的研究成果对验证这种结构设计方法的合理性和可靠性具有参考价值,但由于所研究问题本身的复杂性与研究手段的局限性,还需要在下述几个方面开展进一步的研究。

(1) 由于混凝土弹塑性损伤理论本身的不完备性,尤其是对于进入塑性的构件而言,内变量演化方程的适用性等问题给混凝土结构的程序编制带来了很多困扰。Pushover 分析过程中可能出现切线刚度矩阵奇异或负定,引起数值算法不稳定,这些困难使得程序使用范围受到一定的限制。因此本书的损伤单元模型有以下不足,需要进一步改进。

① 目前的弹塑性损伤梁单元模型没有考虑剪切变形的影响,对此应进一步开展研究工作,以完善损伤梁单元模型。

② 损伤内变量只能取到极限弯矩对应的值,不能有效反映最大承载力以后的情况,对于实现结构损伤、破坏过程的完整模拟,这是一项重要的但难度很大的研究内容。

③ 应进一步完善弹塑性损伤单元反向加载段的研究,以得到直接从力学意义出发的恢复力模型,用于钢筋混凝土框架结构地震反应分析。

④ 构件的损伤破坏状态与损伤内变量关系的定量化描述以及结构的整体破坏与各构件损伤内变量的关系的建立,是损伤理论走向实用化的重要环节,对此尚需要开展更深入且系统的研究。

⑤ 模型的计算稳定性仍不令人很满意。

(2) 目前在钢-混凝土组合结构研究中,对结构或构件的非线性性能,特别是承载力下降以后的强非线性性能研究得尚不够充分。或由于试验手段、条件的限制,或由于试验目的的局限,试验给出的承载力下降段构件性能变化较大,存在较大的离散性,这将导致组合结构构件弹塑性建模中存在较大的不确定性,直接影响了对结构强地震反应的模拟,特别是结构强非线性、倒塌过程模拟。因此开展组合构件和组合结构子结构的强非线性、弹塑性性能试验,检验组合结构构件弹塑性本构模型,检验组合结构的强非线性、弹塑性模型的合理性和可靠性是十分必要的。

(3) 只对钢梁-圆钢管混凝土柱框架结构和组合梁-方钢管混凝土柱框架结构的"强柱弱梁"问题进行了研究,初步提出了实现钢管混凝土柱组合框架"强柱弱梁"的设计方法。且对钢管混凝土组合框架结构破坏模式进行考察,主要是采用 Pushover分析,且只选择了 3 层、5 层、8 层、11 层框架进行分析,为了得到更加具有代表性的结果,需要更多算例作为支撑。结构层数更多的框架,受高阶振型的影响更明显,Pushover 分析法的使用可能会受到限制。

另外,由于组合构件特性相差较大,尚需进一步对不同组成的组合框架开展大规模的试验研究和理论分析,以期提出使钢管混凝土柱组合框架结构实现"强柱弱梁"的普遍适用方法。

(4) 对钢-混凝土组合框架结构进行了地震易损性分析,但只选用了峰值加速度

（PGA）作为地震动参数来表达结构反应和易损性曲线。之后可以采用结构基本周期对应的加速度反应谱之类的物理量作为地震动参数，对不同组合结构体系的易损性进行研究，以寻求更合适的地震动参数，即有普遍的适用性且结构反应数据的离散性较小。

（5）本书所给出的基于性能的结构地震易损性分析方法中，分别采用顶点位移和层间位移作为衡量结构抗震性能水平的量化指标，给出了框架结构不同性能水平量化指标限值。采用控制部位的位移或变形确定结构破损指标，以衡量结构的破坏状态，对于进行结构地震反应分析和抗震设计无疑是最直观、最方便和最有效的。但从研究角度来看，结构的破坏不但与位移或变形大小有直接关系，有时也受结构其他反应量的影响，例如，能反映地震持续时间影响的结构滞回耗能等。因此，开展多参数的结构破损指标的基于性能的结构地震易损性分析工作也是有价值的。

（6）在对钢管混凝土框架结构进行数值模拟时，模型尚未包含填充墙、基础类型以及地下室对结构的影响。此外，结构的平面和立面的不规则性也未进行考量，可进一步全面考虑这些因素对模型的影响。进行钢管混凝土地震易损性分析时，尚未考虑外部钢管结构的低周疲劳损伤，有待进一步进行深入研究。选择合适的防屈曲支撑构件及类型对于确保建筑物的抗震性能至关重要，支撑类型与布局策略的优化值得进行更深入的研究。